Heilsamer Zauber

T0208239

Heilsamer Zauber

Psychologie eines neuen Trends

Eckart R. Straube

Unter Mitarbeit von:
Claudia Schneider, Dipl.-Psych., Dipl.-Soz. Päd. (Gesamttext),
Frauke-Maria Eidam, Dipl.-Psych., Dipl.-Päd. (Kap. 4.1)
und Gregor Julien Straube, M.A. (Kap. 2.2)

ELSEVIER
SPEKTRUM
AKADEMISCHER
VERLAG

Spektrum
AKADEMISCHER VERLAG

Zuschriften und Kritik an:
Elsevier GmbH, Spektrum Akademischer Verlag, Katharina Neuser-von Oettingen,
Slevogtstraße 3–5, 69126 Heidelberg

Wichtiger Hinweis für den Benutzer
Der Verlag und der Autor haben alle Sorgfalt walten lassen, um vollständige und
akkurate Informationen in diesem Buch zu publizieren. Der Verlag übernimmt
weder Garantie noch die juristische Verantwortung oder irgendeine Haftung für die
Nutzung dieser Informationen, für deren Wirtschaftlichkeit oder fehlerfreie Funktion
für einen bestimmten Zweck. Der Verlag übernimmt keine Gewähr dafür, dass die
beschriebenen Verfahren, Programme usw. frei von Schutzrechten Dritter sind. Der
Verlag hat sich bemüht, sämtliche Rechteinhaber von Abbildungen zu ermitteln.
Sollte dem Verlag gegenüber dennoch der Nachweis der Rechtsinhaberschaft geführt
werden, wird das branchenübliche Honorar gezahlt.

Bibliografische Information Der Deutschen Bibliothek
Die Deutsche Bibliothek verzeichnet diese Publikation in der Deutschen National-
bibliografie; detaillierte bibliografische Daten sind im Internet über http://dnb.ddb.de
abrufbar.

Planung und Lektorat: Katharina Neuser-von Oettingen, Anja Groth
Herstellung: Ute Kreutzer
Umschlaggestaltung: WSP Design, Heidelberg
Titelmotiv: Victor Brauner: Origine de Vorba, 1946. © VG Bild-Kunst, Bonn 2005
Zeichnungen: Martin Lay
Layout/Gestaltung: Typo Studio Tobias Schaedla, Heidelberg
Satz: Mitterweger & Partner, Plankstadt
Druck und Bindung: Krips b.v., Meppel

ISBN 978-3-8274-1377-2 (Hardcover)

ISBN 978-3-8274-3106-6 (Softcover)

Aktuelle Informationen finden Sie im Internet unter www.elsevier.de

Für Agustina

In Dankbarkeit gewidmet:
Prof. Dr. phil. Johannes Mischo, 1930–2001
Ehemaliger Direktor des Instituts für Grenzgebiete der Psychologie und Psychohygiene von 1991 bis 2001. Inhaber des Lehrstuhls für Psychologie und Grenzgebiete der Psychologie der Albert-Ludwigs-Universität, Freiburg i. Br. von 1975 bis 2000.

Ferner meinem Mentor in den verschiedensten Stadien meines akademischen Lebens:
Prof. Dr. med. Hans Heimann

Vorwort

Über Glauben zu schreiben, ist heikel. Jedoch, was heikel ist, interessiert uns umso mehr. Als Wissenschaftler über Psychologie des Glaubens zu schreiben, ist extrem heikel. Mit ein Grund, warum in Deutschland bisher kein Lehrstuhl für Religionspsychologie existiert. Die Anmerkung von Hans Küng, dass Religion eines der letzten Tabus der Psychologie sei, trifft nach wie vor zu. Auch der Verfasser dieses Buches scheute lange Zeit davor zurück, sich intensiver mit dem Thema zu beschäftigen. Mein eigentliches Aufgabengebiet war es, zusammen mit meiner Forschungsgruppe seelische Störungen und deren Niederschlag in veränderten Körper- und Hirnfunktionen zu untersuchen, einschließlich der Anwendung von Psychotherapie. Vor etwa 15 Jahren brachten neue, uns damals unerklärliche Befunde die Wende. Wir untersuchten Personen mit sog. schizotypischer Persönlichkeitsveränderung. Uns fiel auf, wie oft und wie intensiv diese Personen magische und andere außergewöhnliche religiöse Erfahrungen berichteten. Da einige dieser Personen später an Schizophrenie erkrankten, erinnerte uns dieser Befund an die immer wieder kolportierte uralte These, dass Religion und Wahn zusammenhängen würden. Selbst der in dieser Hinsicht als unvoreingenommen einzuschätzende Albert Schweizer beschäftigte sich in seiner Doktorarbeit mit der Frage, ob es sich bei Jesus Christus etwa um einen Psychotiker gehandelt haben könnte. Entsprechend dieser Tradition erklärte Sigmund Freud Religion als Regression in vorrationale naive Stadien der Kindheit beziehungsweise als eine Form von Neurose.

Wir merkten bald, dass solche vereinfachenden (abwertenden wie auch pathologisierenden) Erklärungsmuster nicht greifen. Andererseits konnten wir unsere eigenen Befunde nicht stimmig erklären. Inwiefern besteht zwischen dem Erleben religiöser Inhalte und der späteren Erkrankung ein Zusammenhang? Sind religiöse Visionen etwa doch Vorläufer des Wahns? Wohl kaum. Zumindest nicht so ohne weiteres. Uns wurde bald klar, dass zur Klärung dieser Frage noch weiteres intensives Forschen und Nachdenken nötig sind. Ein Anruf von Prof. Johannes Mischo, dem damaligen Leiter des Instituts für Grenzgebiete der Psychologie und Psychohygiene in Freiburg im Breisgau, brachte uns entscheidend weiter. Er hatte von unseren Forschungen gehört und war interessiert. Es war der Beginn einer langjährigen fruchtbaren Zusammenarbeit. Gemeinsame Projekte wurden in Angriff genommen. Später auch finanziert aus Stiftungsgeldern, welche dem Freiburger Institut zur Verfügung standen, und zuletzt dann auch von der Deutschen Forschungsgemeinschaft (DFG).

Als Frau Neuser-von Oettingen von Elsevier/Spektrum Akademischer Verlag mir vorschlug, ein religionspsychologisches Buch zu schreiben, war ich nach anfänglichem Zögern angesichts der Schwierigkeit des Themas und der voraussichtlichen Leidensperiode, welche ein chronisch überbeschäftigter Wissenschaftler und Therapeut beim Schreiben größerer Abhandlungen durchmacht, zunächst zurückhaltend. Dann jedoch, nach längerem Nachdenken überwog die Attraktion des Themas – trotz oder gerade wegen seiner Brisanz. Wahrscheinlich liegt dies in der Person des Autors begründet, den gerade die rätselhaften, nur schwer aufklärbaren Themen reizen.

Allerdings war mir bald klar, dass ein Werk über Psychologie der Religion mich vor eine schier unlösbare Aufgabe stellen würde. Ich griff deswegen ein Thema auf, welches mir näher lag: die therapeutische Dimension von Religionen. Das Thema lag auch insofern nahe, als die Macht zu heilen in verschiedensten Religionen als „Beweis" der besonderen Macht des angerufenen außerirdischen Wesens gilt. Besonders spannend war für mich, dass ich durch das Schreiben für eine längere Periode gezwungen war, systematisch über ein so komplexes Thema nachzudenken. Interessant fand ich die Frage, warum gerade heute immer mehr Menschen Heil und Heilen außerhalb der Kirchen suchen, und besonders letzteres auch außerhalb der akademischen Behandlungsangebote der Medizin oder der Psychologie. Ganz offensichtlich leben wir gegenwärtig in einer Umbruchphase, in der neue (uralte) Optionen attraktiv werden. Gerade an dieses Thema haben sich bisher nur sehr wenige Wissenschaftler gewagt – aus nachvollziehbaren Gründen. Andererseits ist gerade die Psychologie aufgerufen, nach den Motiven für diese Hinwendung zu alternativen magischen Heilangeboten (spiritueller Heiler, sog. Esoterikwelle etc.) zu fahnden.

Ich kam bald zu der Überzeugung, dass in diesen neuen Heiltrends ein Urbedürfnis, welches beim Überlebenskampf in der Savanne entstanden sein könnte (Kap. 2), wieder durchbricht. Stefan Zweig trifft mit seinem spöttischen Aperçu den Kern des Problems: Die Tatsache, dass Eisenbahnzüge fahren, hat nichts an der seelischen Konstitution des Menschen ändern können. Hingegen bestand in der Beurteilung solcher Phänomene immer die Tendenz, die von den jeweiligen Kulturepochen gesetzten Standards bzw. Verhaltensnormen mit der seelischen Grundkonstitution des Menschen gleichzusetzen (siehe Freuds Kampf für die Anerkennung seiner These, dass dem Sexualtrieb und seinen Störungen eine wichtige Rolle in der Entwicklung des Individuums zukomme). Dieses Vorherrschen idealisierenden Normdenkens beansprucht auch heute noch die Definitionshoheit, wenn auch in abgeschwächter Form (dies selbst in der modernen Psychologieforschung, welche lange ignorierte, dass „illusorische" Denkfiguren zur Grundausstattung des Menschen gehören; Kap. 4). Gerne wird deshalb alternativen Heilern und ihren Klienten die Ecke der Verrücktheit und brachliegender Intelligenz zugewiesen (wo sie dann auch zu bleiben haben). Solche Argumente sind – zugegebenermaßen – nahe liegend. Jedoch hat eine psychologische Analyse, welche wertet oder gar abwertet, ihr Thema verfehlt. Im Gegenteil, das Auftreten neuer, alter „Verrücktheiten" im Gewand des Heilens bedeutet Herausforderung und einzigartige

Chance, zugleich auch die psychischen Mechanismen einschließlich ihrer besonderen Potentiale hinter der Oberfläche des normgerechten Verhaltens bloßzulegen (Kap. 4.2).

Letztlich geht es mir darum – im Gegensatz zu manchen akademischen Abhandlungen über sog. Esoterik bzw. spirituelles Heilen –, diese neuen Bestrebungen ernst zu nehmen und den Heilern und besonders ihren Not leidenden Klienten den nötigen Respekt als Psychologe und Psychotherapeut zu zollen. Meine Grundüberzeugung ist, dass wir als Vertretener der staatlich anerkannten akademischen Therapien diese sich nun verstärkt artikulierenden Bedürfnisse zum Anlass nehmen sollten, auch über unser eigenes Tun nachzudenken. Treffen wir mit unseren eigenen Heilverfahren, welche im Wesentlichen bei der Ratio ansetzen, wirklich den Kern? Eine vorurteilslose wissenschaftliche Beschäftigung mit der Psyche des Menschen sollte auch die sich erneut artikulierenden Bedürfnisse nach „überwältigenden Erfahrungen" im Heilprozess (z. B. auch um Selbstheilungsprozesse zu stimulieren) erst nehmen. Auch eingedenk der Tatsache, dass manche dieser „Alles-geht-Verfahren" (Kap. 3.2) viele Trittbrettfahrer anlocken, welche mit großartigem Budenzauber „Wunder"-Effekte erzeugen, und mancher Scharlatan es leicht hat, die großartig inszenierte Verführung zu veranstalten. Aber selbst dies sollte ein zusätzlicher Anlass für die Psychologie sein, die hinter Verführung und Verführbarkeit liegenden Mechanismen aufzudecken bzw. es zumindest zu versuchen (Kap. 4.1).

Religion mit all ihren Schattierungen und speziell Heilen durch Religion und Glauben unter Einschluss körperlicher Erkrankungen bergen für die Psychologie- bzw. Psychosomatikforschung neue Quellen der Einsicht. Bezeichnenderweise ist der *homo religiosus* selbst in unserer technisierten Welt nur scheinbar in den Hintergrund geraten. Er ist ganz offensichtlich nicht untergegangen, er wandelt nur seine Gestalt. Überraschend ist, dass dieser Wandel hin zu archaischen Heilriten letztlich auch die akademischen Therapieangebote indirekt tangiert, da viele Menschen beide Angebote parallel nutzen – ohne dass sie dies ihrem „Doktor" beichten. Ein Leben in einer Parallelgesellschaft entsteht, für Heiler wie auch für ihre Klienten. Informationen darüber sind deswegen nicht so leicht zu beschaffen. Dass dies nun doch ansatzweise möglich ist, verdanken wir einigen beherzten Forschergruppen, welche dieses Leben im Verborgenen, unterhalb der sichtbaren Welt der Esoterikangebote in den Buchläden (welche damit schöne Umsätze machen) und den Vortrags- und Wochenendkursen, untersuchten.

Ich hoffe, dass es mir mit dem vorliegenden Text gelungen ist, neue Denkanstöße bezüglich der uralten anthropologischen Frage zu liefern: „Was ist der Mensch?" Hier ergänzt um die Dimension religiöser und verwandter Heilriten. Ich hoffe auch, dass ich besonders den – angesichts des heiklen Themas – skeptischen Leser wenigstens ein wenig ins Grübeln bringen kann. Innehalten im Gewohnten kann der Beginn von etwas Neuem sein!

Inhalt

1 Die Ausgangslage: Glaubensszenen heute

Christlicher Glauben in Deutschland

Ist Deutschland in absehbarer Zeit nicht mehr Teil des sog. christlichen Abendlandes? Manches scheint dafür zu sprechen. Beispielsweise verlor die evangelische Kirche innerhalb von nur zwei Generationen – allein in Westdeutschland – 17 Millionen ihrer Mitglieder. Zwar ist die Mehrheit

Motto: „Nichts ist so geeignet, das Gesicht Gottes zu verbergen, wie Religion."
Martin Buber

der Bevölkerung nach wie vor Mitglied einer der beiden christlichen Großkirchen, aber wenn wir die Entwicklung unter einer erweiterten Zeitperspektive betrachten, dann wird die Dramatik der soziokulturellen Veränderungen deutlich. Denn schon im 17. bis 18. Jahrhundert zeichnete sich eine zunehmende Emanzipation von der Kirche ab. Dies führte allerdings nicht zu den heute gängigen Massenaustritten. (Noch 1950 waren z. B. 96 % der westdeutschen Bevölkerung Mitglied einer der beiden Großkirchen.) In Ostdeutschland befinden sich Anhänger christlicher Kirchen mittlerweile in einer Minderheitenposition (siehe Kasten 1a, späterer Abschnitt).

Der kontinuierliche Mitgliederverlust in Westdeutschland könnte auch hier in absehbarer Zeit ostdeutsche Verhältnisse eintreten lassen. Als „beängstigend" im Hinblick auf die Zukunft der Kirchen bezeichnet Kardinal Lehmann[1] die Lage, wobei er betont, dass ihm besonders der starke Rückgang der Taufen Sorgen bereite. Aber die Zukunft ist sozusagen schon eingetreten. Denn wie jüngste diesbezügliche Allensbach-Umfragen ergeben, sind nur 8 % der Katholiken und nur 5 % der Protestanten an Belangen

---

[1]   Interview, *Der Spiegel* 26, 2002.

Kasten 1a

Christen in Deutschland – Mitglieder in den beiden Hauptkirchen
(Angaben in Prozent)

Merkmal	Gesamt	West (mit Gesamt-Berlin)	Ost (ohne Berlin)
Protestanten	32,1	35,2	19,9
Katholiken	32,3	38,7	4,8
Gesamtbevölkerung	64,4	73,9	24,7

Quellen: Statistisches Bundesamt 2001 für Spalte „Gesamt", Deutsche Bischofs-
konferenz Bonn, Abt. Statistik 2001 für Zeile „Katholiken", Kirchenamt der EKD,
Referat Statistik 2001 für Zeile „Protestanten".

Kasten 1b

Interesse an der Kirche (Angaben in Prozent)
Frage: „Inwieweit interessieren Sie sich für alles, was mit der Kirche zu tun
hat?"

	Bevölkerung insgesamt	West	Ost	Katho- liken	Protes- tanten
sehr	5	5	3	8	5
ziemlich	16	17	10	26	16

Quelle: Allensbach Demoskopie 1999; Noelle-Neumann & Köcher, 2002 (Tabelle
verkürzt).

Kasten 1c

Gottesdienstbesuch (Angaben in Prozent)
Frage: „Wie oft besuchen Sie den kirchlichen Gottesdienst?"

	Katholiken		Protestanten	
	West	Ost	West	Ost
jeden Sonntag	10	12	2	2
fast jeden Sonntag	18	20	6	9

Quelle: Allensbach Demoskopie 2001; Noelle-Neumann & Köcher, 2002 (Tabelle
verkürzt).

der Kirche „sehr interessiert" (siehe Noelle-Neumann & Köcher, 2002; Kasten 1b). Auch wenn man die Gruppe der „ziemlich Interessierten" hinzurechnen bzw. diese als ebenfalls kirchennah auffasst, handelt es sich selbst in der katholischen Kirche gerade mal um ein Drittel der Mitglieder[2]. Ähnliche Verhältnisse bzw. Hinweise auf eine noch dürftigere Kirchenbindung ergeben sich, wenn man die Häufigkeit des Gottesdienstbesuches zum Maßstab der Bindung an die Kirche macht (siehe Kasten 1c).

Diese und ähnliche Umfrageergebnisse erwecken den Eindruck, als sei die Bevölkerung insgesamt kaum noch an Fragen der Religiosität ernsthaft interessiert. Dies ist jedoch nicht unbedingt der Fall. Denn Merkmale der Bindung an eine bestimmte Kirche erlauben in unserer pluralen Gesellschaft keinen zwingenden Rückschluss auf religiöse Grundeinstellungen und Bedürfnisse. Das belegen in etwa die in Kasten 1d wiedergegebenen Umfrageergebnisse. Immerhin bezeichnen 43 % der Bevölkerung sich als „religiös". Allerdings könnte der Terminus „religiös" alles Mögliche bedeuten. Deswegen ist zu prüfen, welche Bedeutung „religiös" für die Betroffenen haben könnte. Die Frage ist folglich: Ist der Begriff trotz der Distanz zur Institution Kirche inhaltlich mit Bekenntnissen zu wesentlichen christlichen Inhalten angefüllt? Auch diese Fragestellung ist in extenso vom Institut für Demoskopie in Allensbach und teilweise vom EMNID-Institut

Kasten 1d

Religiosität (Angaben in Prozent)
Frage: *„Einmal abgesehen davon, ob Sie in die Kirche gehen oder nicht – würden Sie sagen, Sie sind ein religiöser Mensch oder Atheist?"*

	Bevölkerung insgesamt	West	Ost
ein religiöser Mensch	43	48	23
kein religiöser Mensch	35	32	46
ein überzeugter Atheist	8	4	22
unentschieden	14	16	9
Summe	100	100	100

Quelle: Allensbach Demoskopie 2001; Noelle-Neumann & Köcher, 2002.

---

[2] Die unterschiedliche Bindung der Mitglieder an die katholische und evangelische Kirche ist zwar interessant, doch kann hier nicht näher darauf eingegangen werden, da zunächst Informationen zur traditionellen vs. nichttraditionellen religiösen Prägung im Vordergrund der Erörterungen stehen.

beforscht worden. Wie fast zu erwarten, bekennen sich nur sehr wenige Personen aus der Gesamtbevölkerung zu Kernaussagen der christlichen Lehre oder kennen diese überhaupt, wie etwa die jungfräuliche Mutterschaft Marias, die Dreifaltigkeit oder die Bedeutung des Pfingstfestes (die Angaben schwanken hierzu zwischen 7 % und 20 %).

Bereits 1965, als sich noch keineswegs ein so deutlicher Trend in den Umfragewerten abzeichnete, folgerte der Soziologe Schelsky, dass die Führerschaft in Sachen Weltinterpretation mittlerweile anderen Kräften überlassen wird. Fragt man heute beispielsweise, von wem bzw. nach wessen Ideen die Zukunft gestaltet werde, nennt die Bevölkerung „Naturwissenschaftler", aber auch „Ingenieure" und „Unternehmer" (Piel, 2001). Der Philosoph Sloterdijk verkürzt den aktuellen Zustand des Zeitgeistes demgemäß auf das Aperçu: Die Gentechnik sei die säkulare Sprache für Probleme, die früher von der Religion behandelt wurden[3]. Manche Essayisten beklagen angesichts des Einflussschwundes der Kirchen ein ethisches Vakuum. Die Antwortmuster der verschiedenen Befragungen lassen einen solchen Schluss nicht unbedingt zu. Auch wenn beispielsweise Unternehmern realistischerweise ein Einfluss auf die zukünftige Entwicklung zugesprochen wird, haben Vorbildfunktion nach wie vor Personen, welche für Gerechtigkeit und Nächstenliebe einstehen, wie beispielsweise Mutter Theresa oder Albert Schweizer.

Piel (2001) vom Allensbacher Institut macht in seiner Analyse der aktuellen Entwicklung darauf aufmerksam, dass eine Verschiebung innerhalb religiöser Einstellungsmuster stattfindet: weg vom institutionell sanktionierten Dogma hin zu individuelleren Weltinterpretationen bzw. individuelleren Formen des Glaubens. Menschen, welche sich in den Umfragen als religiös bezeichnen, meinen offensichtlich zu einem hohen Prozentsatz eine Religiosität oder zumindest ein religiöses Suchen jenseits der Institution Kirche und ihren Dogmen. Zwar glaubt immer noch eine Zweidrittel-Mehrheit der Bevölkerung an die Existenz eines Gottes. Nur eben ist dieser nicht mehr unbedingt ein kirchlich definierter Gott, wie aus dem Gesamt-Antwortmuster zu schließen ist. Eine entsprechende EMNID-Umfrage ergibt, dass die Vorstellung eines persönlichen Gottes weitgehend der Auffassung einer unpersönlichen, abstrakten göttlichen Kraft gewichen ist. Denn stellt man in den einschlägigen Umfragen die Frage nach religiösen Bedürfnissen in allgemeinerer Form, dann erklären erstaunlicherweise nur 8 % der Bevölkerung, dass sie keine Religion benötigen. Zu fragen ist hier: welcher Glauben – wenn es nicht mehr unbedingt der traditionelle christliche sein darf?

---

[3] *Frankfurter Allgemeine Zeitung*, 13.10.2001.

Alternative Glaubensszenen

Was bedeutet dies?

Zunächst ein Versuch der Begriffsklärung: Die verschiedenen Formen von Religiosität sind besonders bezüglich ihrer Randformen schwer bestimmbar. Speziell dann wird es problematisch, wenn mit den verwendeten Begriffen Normverletzungen angedeutet werden. Beispielsweise wird im anglo-amerikanischen Sprachraum für einen Teil der außerhalb der christlichen Kirche angesiedelten Glaubensformen der Ausdruck *paranormal beliefs* angewendet. Auch in der deutschen Forschung hat sich der Ausdruck leider eingebürgert. Der Terminus drückt eine Normverletzung aus. Da christlicher Glauben, wie wir sahen, heute eben nicht mehr unbedingt „Normalität" definiert – ganz abgesehen von der Problematik eines jeden Normbegriffs –, verwende ich hier den weniger belasteten Terminus „alternative Glaubensformen". Ein Überbegriff, welcher wertneutraler ist. Dies ist besonders dann wichtig, wenn wir uns den verschiedenen Formen des religiösen Heilens zuwenden. An die verschiedenen Formen religiöser Hilfsangebote knüpfen Menschen in Not ihre Heilserwartungen. Schon von daher kann ihr Tun und Streben nicht in abwertender Form geschildert werden. Normierungen sind in psychologischer Hinsicht obsolet.

Allerdings enthebt uns auch diese begriffliche Festlegung nicht des Grundproblems der Religionsforschung: die Vielgestaltigkeit der Erscheinungsformen. Erst recht auf dem Sektor der – zu den traditionellen christlichen Auffassungen – alternativen Glaubenshaltungen bzw. Überzeugungen ist die Vielgestaltigkeit geradezu Programm. Deshalb kann hier nur eine Minimaldefinition des sog. alternativen Glaubens gegeben werden: Alternativer Glaube beinhaltet Annahmen über Wechselwirkungen zwischen Dingen bzw. Personen und Dingen (sog. magische Beziehungen) sowie Annahmen über Phänomene, welche aufgrund des gegenwärtigen Erkenntnisstandes der Wissenschaften z. B. physikalisch nicht gegeben sind bzw. einer darauf basierenden Realitätsprüfung nicht standhalten würden. Deswegen wird für entsprechende Erfahrungen, Annahmen und Fähigkeiten oft auch der Ausdruck „übernatürlich" oder „übersinnlich" gebraucht. Da die Definition aufgrund der Heterogenität der ihr zuordenbaren Phänomene sehr weit gefasst sein muss, schließt sie manches Phänomen ein, welchem wir – auf den ersten Blick – keine Nähe zu religiösen oder auch nur religionsnahen Phänomenen attestieren würden (ich komme darauf noch zurück).

Jede Form von Religion besteht in ihrem Kern aus starkem *subjektiven* Empfinden, *subjektiven* Erleben sowie daran anknüpfenden unabdingbaren Überzeugungen. Jedoch erleben Menschen beim Erklingen mancher

Musikstücke, bei starken Liebesgefühlen, beim Schreiben von Lyrik und natürlich in religiösen Visionen „Wahrheiten", welche für den Außenstehenden oft nicht nachvollziehbar bzw. nicht objektivierbar sind, d. h., die Grenzen zwischen so gearteten unterschiedlichen Empfindungen, Ansichten und darauf folgenden entsprechenden Handlungen sind in psychologischer Hinsicht fließend. Das bedeutet jedoch kein definitorisches Unglück, sondern zeigt die Verwandtschaft bzw. den ähnlichen Ursprung religiöser und anderer Reaktionsformen in der Psyche (siehe dazu ausführlicher Kap. 5). Nicht von ungefähr spricht Max Weber von einer „Verzauberung der Welt" durch Religion und propagiert deren Verschwinden. Einwenden können wir nun, dass auch die Verzauberung durch Musik etc. nicht verschwinden wird. Wenn wir folglich die These aufstellen können, dass ein anhaltendes Bedürfnis besteht, „Verzauberung" zu erfahren, und wenn sich das in der geringen Anzahl derer ausdrückt, welche angeben, keine Religion zu benötigen (siehe oben), dann werden wir weiter annehmen müssen, dass bei der am Anfang des Kapitels festgestellten Kirchenferne ganz offensichtlich heute andere Zugangswege beschritten werden.

In der Tat handelt es sich bei den aktuellen Formen der „Religiosität" – wie schon angedeutet – nicht um eine Religiosität, welche einem vorgegebenen Kanon folgt oder vom Betroffenen als konsistentes Muster über die Jahre beibehalten wird. Das bedeutet, dass moderne alternative Glaubensszenen in den nachfolgenden Texten nur anhand von Schlaglichtern illustriert werden können, welche exemplarisch für Glaubensvorstellungen und Riten in den aktuellen alternativen Glaubensszenen sind. Deswegen ist es auch nicht möglich, die Ausprägung alternativer Glaubensformen in der Bevölkerung in Prozentangaben (Mitgliedzahlen etc.) exakt anzugeben, da es sich nicht um eine irgendwie organisierte Form des Glaubens handelt oder – was uns hier speziell interessiert – eine einzige Form religiösen Heilens die Szene beherrscht.

Von manchen Religionswissenschaftlern würde sogar bestritten, ob hier überhaupt eine Form von Religion vorliegt. Da, wie wir im Glossar sehen, das, was Religion ist, nicht exakt zu definieren ist, möge jeder Leser für sich selbst entscheiden, ob er in den Beispielen einen Ausdruck von Religion, religionsnahen oder gar von pseudoreligiösen Bedürfnissen sieht. Ebenso verhält es sich mit den Termini „Aberglauben" oder „Magie", welche von manchen Religionswissenschaftlern immer noch als Abarten des „richtigen" Glaubens behandelt werden, obwohl es sich nicht leugnen lässt, dass selbst in sog. Hochreligionen die Magiekerne florieren (siehe Kap. 3.1 und Heiler, 1999). Immerhin verfügen solche Randformen oder alternativen Glaubensformen über historische Wurzeln, welche ganz offensichtlich in die Frühzeit der Menschheitsentwicklung hineinreichen (Kap. 2.1), und sind damit für die Psychologie besonders interessant.

Aberglaube und Alltagsmagie

Im sog. Volksaberglauben leben Restbestände heidnischer magischer Formen der Frömmigkeit weiter. Hierauf wies bereits Frazer (1890; Neuaufl. 2002) hin, einer der ersten prominenten wissenschaftlichen Autoren der Religionsethnologie. Frazer widmete diesem Thema ein zwölfbändiges Werk. Darin versuchte er u. a. nachzuweisen, dass eine Vielzahl von magischen Bräuchen und Glaubenssätzen überall in der Welt in ähnlicher Form auftreten, so z. B. Glaubensformen, welche die magische Wirkung bestimmter Gegenstände, Personen oder Handlungen beinhalten, wie beispielsweise die Annahme, dass bestimmte Personen durch den sog. bösen Blick auf Personen und Tiere negativ einwirken können, der Glaube an die Wirkung eines Liebeszaubers oder der Glauben, dass Geister in die hiesige Welt eingreifen. Seit der Etablierung der christlichen Religion als Staatsreligion wurden solche Formen des Volksglaubens von dieser bekämpft. Die Semantik des Begriffes „Aber"-Glauben spiegelt den Kampf der Kirche mit der Magie. Die etymologische Wurzel des Wortes „aber" in der ehemaligen Bedeutung von „weg", also etwas, das vom Glauben, in diesem Fall dem „richtigen" christlichen Glauben, wegführte, verweist hierauf. Die lange, leidvolle Geschichte der Hexenverfolgung ist für das damalige Unterdrückungsregime der Kirche exemplarisch (siehe Kap. 2.2). Offensichtlich haben die über die Jahrhunderte andauernden religiösen „Säuberungsaktionen" – zumindest in unseren Breiten – in der Regel nur relativ „unschuldige" Varianten magienahen Volksaberglaubens überleben lassen. Vom vierblättrigen Kleeblatt über das Hufeisen bis zur schwarzen Katze werden harmlose Formen des Aberglaubens von relativ vielen Menschen heute noch geteilt. Folglich Annahmen, dass von Gegenständen bzw. Menschen gute oder schädigende, ansonsten aber nicht weiter definierte Kräfte ausgehen. In der jüngsten diesbezüglichen Allensbach-Umfrage nennen zwei Drittel der Befragten mindestens irgendeinen Gegenstand oder ein Ereignis, welchem sie persönlich eine besondere Bedeutung beimessen (siehe Kasten 1e). Natürlich hat dies nicht den Stellenwert eines irgendwie gearteten, ausformulierten religiösen Bekenntnisses. In der Regel handelt es sich um spielerische, nicht sehr ernsthafte Vorstellungen und Assoziationen. Man liest das tägliche Horoskop, um sich zu zerstreuen, oder murmelt: „Ah, eine schwarze Katze von links, was bedeutet das wohl?", ohne sich viel dabei zu denken, allenfalls noch im Sinne eines „Man-kann-ja-nie-wissen". Das „Bekenntnis" des Nobelpreisträgers für Physik Niels Bohr ist hierfür bezeichnend. Als ein Bekannter diesen in seinem Ferienhaus an der dänischen Küste aufsuchte und ein Hufeisen über der Eingangstür bemerkte, fragte er Bohr, ob er denn an so etwas glaube. Bohr antwortete sinngemäß: Er glaube zwar nicht daran, aber die Leute sagten, es würde Glück bringen.

Trotzdem verweist der sog. Volksaberglauben auf psychologische Grundströmungen, auf ein Surrogat mit Bezug zu anderen „religiösen" Ebenen.

Kasten 1e

Beispiele für sogenannten Volksaberglauben

Positive Folgen möglich	Negative Folgen möglich
vierblättriges Kleeblatt	schwarze Katze von links
Sternschnuppen	die Zahl 13
Schornsteinfeger	Spinne am Morgen
Kuckuck ruft, dann Geldbörse schütteln	der Freitag
ein Hufeisen finden	
Schwalbennester am Haus	

Die zehn häufigsten Nennungen. Quelle: Allensbach Demoskopie 2000; Noelle-Neumann & Köcher, 2002.

Wie die kontinuierlichen Befragungen des Allensbacher Institutes seit 1973 zeigen, nehmen die verschiedenen Varianten des Volksaberglaubens wieder zu! Im Jahr 2000 bekennen laut Umfrageergebnis beispielsweise immerhin 41 % der westdeutschen Bevölkerung, dass Sternschnuppen für sie etwas bedeuten. Im Jahr 1973 waren jedoch nur 22 % dieser Ansicht. Folglich, dass Ereignisse im Kosmos eine persönliche schicksalhafte Bedeutung haben könnten. Auch das vierblättrige Kleeblatt hat beispielsweise wieder mehr Anhänger. Bemerkenswerterweise besteht im Gegensatz zur kirchlichen Anhängerschaft bezüglich des Alltagsaberglaubens kein Unterschied zwischen Ost und West – ein Hinweis darauf, dass Anhängerschaft bzw. Mitgliedschaft in einer Kirche und Aberglauben unterschiedlichen psychosozialen Bereichen zuzuordnen sind.

Dass solche zunächst harmlosen Formen des Alltagsaberglaubens die Oberfläche tiefer liegender psychologischer Mechanismen und Bedürfnisse reflektieren, darauf weist z. B. auch der amerikanische Wissenschaftler Vyse (1999) in seiner Monographie *Die Psychologie des Aberglaubens* hin. Vyse zeigt darin, dass viel deutlicher als die Ergebnisse von Bevölkerungsumfragen die dort nicht erfassbaren, privaten Formen magischer Alltagsriten etwas über entsprechende psychologische Grundeinstellungen aussagen. Vyse demonstriert dies anhand alltäglicher, nicht rational begründbarer Absicherungen und Rituale, welche wir besonders gern in kritischen Lebenssituationen einsetzen. Gegenstände, welche beispielsweise schon einmal „Glück brachten", werden zukünftig als Talisman verwendet. Nach einem erfolgreichen Examen wird z. B. dieselbe grüne Tasche bei der darauf folgenden Prüfung mitgeführt, und zusätzlich wird das Manuskript mit dem Prüfungsstoff nachts unters Kopfkissen gelegt. Beim nächsten Wettkampf sind die gleichen ungeputzten Schuhe, welche beim letzten Sieg getragen wurden, wieder dabei etc. Vyse berichtet von einem Pianisten, welcher die Bühne immer mit dem rechten Fuß zuerst betreten musste, sonst wäre er nicht sicher gewesen, dass das Konzert gelingen würde. In der Monographie von Vyse wird u. a. auch auf die Glück-Versicherungs- rituale der Deutschen Mannschaft bei der Fußball-WM 1998 eingegangen, z. B. habe der Torwart bewusst dasselbe Armband getragen, welches er schon bei der EM 1996 dabeihatte. Bei Bundesligaspielen musste sich z. B. die Frau eines Trainers immer mit dessen grünem Jackett auf die Tribüne setzen. In einem von Vyse erwähnten entsprechenden Forschungsprojekt wurden Basketballspieler nach ihren das Spielglück absichernden Ritualen gefragt. Unter anderem wurden folgende Rituale genannt: auf die Hand des Torschützen schlagen, vor dem freien Wurf den Ball in gleicher Weise aufprallen lassen, einen Talisman mitnehmen oder Socken von innen nach außen tragen. Natürlich konnte noch niemand beweisen, dass das tatsäch- lich immer hilft. Die Befragten sind sich bezeichnenderweise jedoch relativ sicher, dass solche Rituale ihre Chancen verbessern.

Was liegt hier aus psychologischer Sicht vor? Eine relativ x-beliebige Sache wird mit der Erwartung des zukünftigen Glücks verknüpft. Da aus- zuschließen ist, dass z. B. umgedrehte Socken tatsächlich etwas mit dem Spielausgang zu tun haben, spricht die Psychologie hier von einer illusi- onären Korrelation. Wie wir in Kapitel 4.2 sehen werden, handelt es sich hierbei um eine geradezu gesetzmäßig auftretende mentale Reaktionsbe- reitschaft, auch außerhalb magischer Kontexte. Solche Illusionen sind unter psychologischem Gesichtspunkt nützlich, da sie das Gefühl der Kontrolle über zukünftige Ereignisse vermitteln. Ein Gefühl der Sicherheit stellt sich ein. Es mag dann schon sein, dass man bei Beachtung des Rituals tatsäch- lich etwas gelungener Klavier oder Basketball spielt. Nur bleibt der Effekt eben im Wesentlichen auf der psychologischen Ebene – was ja durchaus so in Ordnung ist – und wirkt sich nicht als objektivierbarer, d. h. statistisch nachweisbarer, Erfolg aus.

Sehr einfach lässt sich der entsprechende psychologische Mechanismus anhand des Verhaltens von Menschen beim Würfelspiel demonstrieren. Untersuchungen ergaben, dass Menschen im Allgemeinen der Ansicht sind, dass ein besseres Ergebnis zustande kommt, wenn man z. B. den Wurf *selbst* ausführt, und nicht, wenn eine andere Person den Wurf stellvertre- tend für diese Person ausführt. Ein rein psychologisches Momentum, denn wenn man selbst den Wurf ausführt, hat man das Gefühl, Kontrolle über das Ergebnis zu haben, was natürlich nicht der Fall ist. Denn bei nüchterner Betrachtung wirken beim Würfeln nur Gesetze der Physik und des Zufalls. So verwenden – wie der amerikanische Soziologe James Henslin beobach- tete – Taxifahrer in St. Louis bei einer Kombination von Wett- und Wür- felspiel besondere magische Rituale. Sie vertreiben sich damit die Wartezeit bis zum nächsten Taxikunden. Um die Gewinnchancen zu verbessern, verwenden sie bestimmte Rituale: z. B. Fingerschnippen vor dem Wurf oder

langsames Würfeln, um niedrige Zahlen, und schnelle Würfe, um hohe
Zahlen zu erreichen etc. (zitiert in Vyse, 1999).

Man könnte nun auch hier wieder argumentieren, die Beispiele böten
höchstens einen Hinweis auf ein scherzhaftes „Spiel" mit magischen Ritualen und nicht auf ernsthafte Gläubigkeit. Das mag wohl in manchen Fällen
so sein. Aber wie schon oben angemerkt, verweisen die Beispiele dennoch
auf einen gemeinsamen und wesentlichen psychologischen Kern. Wenn
Menschen schon beim Glücksspiel zu nicht rational begründbaren Ritualen
greifen, um ihre Chancen zu verbessern bzw. wenigstens das Gefühl – deutlicher gesagt die Illusion – der Kontrolle über das Ergebnis zu erreichen,
warum sollten sie diese nicht erst recht in kritischeren Lebenssituationen
einsetzen?

Okkulte Praktiken

Die *New York Daily News* meldete im August 2002, dass Lisa Marie Presley
und der Schauspieler Nicolas Cage vor ihrer Hochzeit in einer okkultistischen Sitzung die Erlaubnis des vor 25 Jahren verstorbenen Vaters bzw.
Schwiegervaters, Elvis Presley, eingeholt hätten. Presley und Cage bedien-
ten sich dabei einer uralten Methode, welche zu allen Zeiten und in nahezu
allen Gegenden der Erde verbreitet war und teilweise noch ist. Im Kern
handelt es sich um okkultistische Sitzungen, in welchen die Geister Verstorbener angerufen werden. Die Verstorbenen werden nach deren geheimem
(okkultem) Wissen befragt und geben Antworten durch Bewegen von
Gegenständen über Buchstaben oder im einfacheren Fall durch ein Signal
auf eine mit „ja" oder „nein" zu beantwortende Frage (siehe Kasten 1f). Die
Begründung für diese Kontaktmöglichkeit ergibt sich aus der Annahme,
dass der Geist der Verstorbenen in einem Art Zwischenreich auch auf der
Erde weilt.[4] Angaben zur Anzahl der Anhängerschaft in der Bevölkerung
existieren bisher nicht. Wir wissen jedoch, dass bei Jugendlichen ein erheb-
liches Interesse an den Praktiken der okkulten Sitzungen besteht. Diese
sind besonders in den letzen 20 Jahren wieder sehr in Mode gekommen
(siehe auch Kasten 1g).

Kultusministerien und Schulbehörden der Länder waren deshalb zunehmend alarmiert und förderten die wissenschaftliche Untersuchung des Phänomens. Inzwischen liegen einige groß angelegte, teilweise auch repräsentative Befragungen vor. Danach haben – je nach Studie – bis zu einem Drittel
der Jugendlichen schon mal Okkultismus praktiziert, allerdings in den
meisten Fällen aus eher jugendtypischen Motiven heraus, aus Spaß, Neugier,

---

[4] Es handelt sich um Vorstellungen, welche z. B. im schamanischen Glauben heute noch lebendig sind, vor allem in asiatischen und iberoamerikanischen Kulturen (siehe Kap. 2.1).

Spiel mit dem Risiko und Sensationslust. Oft war und ist es lediglich eine modische Partybeschäftigung. Allerdings existiert eine Kerngruppe, welche Okkultismus aus ernsthaften Motiven heraus praktiziert bzw. bei welcher ein entsprechender weltanschaulicher Hintergrund vorhanden ist, wie aus der Tabelle in Kasten 1h hervorgeht. Eine größere Gruppe ist sich nicht ganz sicher, schließt aber die Möglichkeit unmittelbarer Kontakte über den Geist Verstorbener nicht gänzlich aus. Eine Teilnehmerin an der Interview-Studie

Kasten 1f

Die okkultistische Sitzung oder Séance

Oft geschieht die Anrufung der Geistwesen – in der Regel kürzlich verstorbene Verwandte oder Freunde der Teilnehmer – über schriftliche Botschaften. Alle Teilnehmer der okkultistischen Sitzung berühren zusammen ein Glas oder halten gemeinsam ein Pendel, manchmal auch ein kleines fahrbares Tischchen, an dem ein Stift befestigt ist. Im Falle des Tischchens, der sog. *planchette*, werden mit dem Stift schriftliche Botschaften durch vorgeblich unwillkürliche Bewegung aller Teilnehmer, welche das Tischchen berühren, übermittelt. Dies spricht man dann Geistwesen zu. Beim Glas oder Pendel werden Buchstaben etwa in Kreisform über den Tisch verteilt; durch die Bewegung des Glases oder des Pendels von Buchstaben zu Buchstaben setzt sich dann eine Botschaft zusammen. Eine einfachere Version erlaubt nur Ja- oder Nein-Antworten auf gezielte Fragen.

Die Séancen finden in der Regel unter Herstellung besonderer Szenarien statt: abgedunkelte Räume, Kerzenschein, manchmal auch ein mit Schleiern verhängter Spiegel (in dem dann u. U. der angerufene „Geist" sichtbar werden kann). Die Anhänger nehmen an, dass diese Botschaften tatsächlich vom angerufenen Geist stammen. Es sind natürlich auch andere Erklärungen möglich, wie z. B. Zustände leichter Trance. Damit werden wir uns in Kapitel 4.2 auseinander setzen.

Eine weitere Methode ist das so genannte Tischerücken. Hier berühren alle Teilnehmer mit Daumen und kleinem Finger die Außenkante des nicht zu schweren Tisches. Die Bewegung des Tisches bei Befragung des Geistwesens gilt als Antwort (Zustimmung oder Verneinung der Frage der Teilnehmer an der Séance). Teilweise kann dies auch ein Klopfsignal sein – erzeugt durch Heben und Senken eines Tischbeins auf dem Fußboden. (Weitere Methoden wie z. B. Kristallkugelsehen sind ebenfalls in Gebrauch – jedoch beim Jugendokkultismus nicht so häufig. Durch Blicken in eine Kristallkugel, deren Inneres z. B. mit einer milchigen oder schimmernden Substanz gefüllt ist, wird – psychologisch gesehen – eine „Projektionsfläche" für Deutungen der Zukunft geschaffen.)

des Freiburger Instituts[5] äußert sich dazu z.B. so: „Ich habe gedacht, es hat etwas mit der Kraft, die um uns ist und alles verbindet, zu tun … Ich meine damit, dass um uns herum irgendetwas ist, was uns steuert …" (Daniela, 14 Jahre; Mischo, 1991, S. 51). Zwar schließt der Glaube an Geister heutzutage das Vorhandensein eines gleichzeitigen christlichen Bekenntnisses nicht aus, wie wir aus verschiedenen Untersuchungen wissen (Kap. 3.2). Daniela

Kasten 1g

Der Großvater erscheint als Geist

„Auf dem Boden des dunklen Zimmers haben wir auf einem hohen Ständer eine Kerze aufgestellt. Vor uns stand ein hoher Spiegel, ganz locker mit durchsichtigen, hellen und leichten Tüchern bedeckt. Wir saßen im Halbkreis davor … es gab nur das Kerzenlicht … zuerst habe ich halt einen dunklen Fleck gesehen … dann sind mehrere dunkle Flecken entstanden, Augen, Haare, und langsam wurde es dann etwas klarer, aber ganz klar war es nie … eben nur die Stimme oder durch das, was die Person geredet hat." Bericht über eine okkultistische Sitzung, Daniela, 14 Jahre, Interview-Studie, Mischo, 1991, S. 53, 54. Allerdings sind solche direkt empfangenen Botschaften eher selten. Schriftlich erstellte Botschaften sind häufiger.

Kasten 1h

Kontakt mit jenseitiger Welt (Angaben in Prozent)
Frage: *„Wovon bist Du überzeugt?"*

	Stimmt völlig/über- wiegend	Stimmt teils/ etwas	Stimmt gar nicht	keine Angabe
jenseitige Welt setzt sich mit uns in Verbindung	15	38	47	—
besonders begabte Menschen können mit Verstorbenen Verbindung aufnehmen	11	34	54	1

Quelle: Repräsentative Befragung von Thüringer Schülern (Alter: 13–19 Jahre) Petzold, K., Straube, E., Selinger, K., Köser, S., Sporer, T. (2002). Ergebnisbericht für die Deutsche Forschungsgemeinschaft (DFG).

meint jedoch: „Ich glaube nicht an Gott, wie er einem in der Kirche vermittelt wird … überall ist die Macht, immer um uns herum, füllt das aus, was wir nicht sehen" (S. 56).

Wenn Okkultismus aus ernsthaften, intrinsischen Motiven betrieben wird, dann steht bei Jugendlichen die Suche nach Hilfe und Beratung in schwierigen Lebenslagen im Vordergrund. Das zeigen fast alle einschlägigen Untersuchungen – einschließlich unserer eigenen. Bei Erwachsenen ist der Beratungsaspekt sogar ein noch wichtigerer Bestandteil, wie Johannes Mischo und seine Mitarbeiter vom Freiburger Institut betonen. Damit ist selbst in okkultistischen Sitzungen ein potentieller quasitherapeutischer Aspekt enthalten. Die Sache ist jedoch zweischneidig. Im Falle der okkultistischen Sitzung können Prophezeiungen und andere Botschaften u. a. auch Angst auslösen: „Es ist jetzt so, dass ich viele Dinge nicht mehr machen würde aus Angst, dass ich dann irgendwie im Jenseits Schwierigkeiten hätte …" (Silke, 15 Jahre; Mischo 1991, S. 49). In einer Befragung von Streib und Schöll von der Universität Bielefeld äußert ein Jugendlicher, dass er nach einer Okkult-Sitzung vermehrt Angst hat: „Ja, abends hab ich manchmal Angst, aber weil … wenn's windig ist, da hab ich immer irgendwie Angst, dass da irgendwie was passiert oder so" (Streib & Schöll, 1999, S. 209). Eine andere Jugendliche befragt den Geist der verstorbenen und sehr geliebten Reitlehrerin bezüglich ihrer Zukunft: „Ich habe gefragt, ob ich irgendwann einmal einen schweren Autounfall oder einen Fahrradunfall haben werde. Und da hat sie gesagt, ja … Danach hatte ich einen Fahrradunfall, da habe ich jetzt am Bein noch eine ganz große Narbe, die rundherum geht." (Sonja, 13 Jahre; Mischo, 1991, S. 63). Das Faszinosum der Möglichkeit des direkten Kontaktes zu dem „höheren" Wissen der Jenseitigen kann je nach Botschaft und Lebenssituation des Empfängers von diesem als guter Rat aufgefasst werden oder ihn in noch tiefere Probleme treiben. Im letzteren Fall erfüllt sich möglicherweise die Prophezeiung durch die so gesteigerte Erwartung bzw. Angst und Unsicherheit in Erwartung des nun als unausweichlich angesehenen Ereignisses. Ein bekannter psychologischer Mechanismus, die sog. *self-fulfilling prophecy*, welche je nach Vorhersage des „wissenden Überirdischen" sowohl einen positiven wie auch selbstschädigenden Ausgang nehmen kann, da sich das Verhalten des Betroffenen entsprechend ändert (siehe bes. Kap. 4.1 und 4.2).

---

[5] Das Freiburger Institut für Grenzgebiete der Psychologie und Psychohygiene hat sehr viele einschlägige Arbeiten über die Grenzgebiete der Psychologie durchgeführt unter seinem früheren Leiter Prof. Dr. Johannes Mischo und jetzt unter Prof. Dr. Dieter Vaitl. Zahlreiche Studien aus dem Institut sind deswegen im vorliegenden Buch erwähnt. Der Einfachheit halber spreche ich in nachfolgenden Texten immer nur vom „Freiburger Institut". Ferner verwaltet das Institut eine Stiftung, welche Untersuchungen zahlreicher Wissenschaftler auf dem Gebiet der paranormalen Phänomene mit Finanzmitteln fördert.

Sekten

Meine ehemalige Mitarbeiterin Kathrin Selinger und ich waren im Rahmen wissenschaftlicher Studien immer wieder gezwungen, uns auch mit der psychologischen Attraktivität von „Sekten"[6] zu beschäftigen. Wir kannten natürlich die unzähligen Berichte über problematische Vorkommnisse besonders bei Jugendlichen. Umso überraschter waren wir, als wir feststellten, dass die Attraktivität von Sekten bei Jugendlichen äußerst gering ist. Nicht nur in den neuen Bundesländern, auch in den alten Bundesländern überschreitet das Interesse nicht einmal einen Anteil von 1 % der jugendlichen Bevölkerung. Auch wenn man Verleugnungstendenzen vermuten würde, ist doch festzustellen, dass das Attraktivitätspotential keineswegs hoch ist, worauf auch andere Quellen hinweisen (z. B. Deutscher Bundestag, 1998). Dies steht in Diskrepanz zu Berichten in den Medien über den großen Einfluss von Sekten. Meist ist der publizistische Aufhänger ein drastisches Vorkommnis infolge von Abhängigkeiten gegenüber einem

Kasten 1i

Dem Erleuchteten ergeben – der Mount-Carmel-Sekte

„Er ließ den Sarg der … Anna Hughes ausgraben und wollte sie zum Leben erwecken … dann intonierte der selbsternannte Messias tagelang Fürbitten und Beschwörungsformeln und flehte um göttliche Gnade … Nachdem Howell sich als Lebender Prophet etabliert hatte, spendeten die meisten Davidsjünger ihr gesamtes oder beinahe ihr gesamtes Einkommen der Sekte … Howell gewann etwa ein Dutzend neuer Mitglieder aus den Kirchen von Manchester, von denen die meisten junge Hochschulabsolventen waren."

Infolge eines Gerichtsbeschlusses gegen die Sekte belagerten die US-amerikanischen Behörden das Anwesen der Sekte in Waco/Texas:

„Pilger kamen aus angrenzenden Staaten nach Waco gewandert. Sie trugen selbst gebastelte Holzkreuze und forderten Verständnis und ein friedliches Ende der Belagerung."

Die Belagerung endete in einem Kampf und mit vielen Toten, da der Sektenführer sich weigerte, sich den Behörden zu stellen. Viele Getreue waren bis zum Ende bei ihm und fanden den Tod.

(Auszüge aus: Linedecker, C. L. (1993). Sektenführer des Todes. München: Heyne, S. 61, 76, 147.)

---

[6] Der Terminus „Sekten" wird hier synonym für „nicht kirchennahe religiöse Vereinigungen" verwendet; diese werden z. T. auch als „neureligiöse Bewegungen" oder „Jugendreligionen" bezeichnet.

Sektenguru (siehe Kasten 1i). Auch bei der erwachsenen Bevölkerung ist das Interesse an Sekten gering. Laut einer Umfrage von Infratest im Jahr 1997 ist etwas mehr als 1% der erwachsenen Bevölkerung Mitglied einer Sekte. Zu berücksichtigen ist hierbei, dass die Mehrheit der Sektenmitglieder kirchennahen bzw. christlichen Sondergemeinschaften angehört, wie z. B. den Zeugen Jehovas oder Pfingstlern etc. Gemäß den Hochrechnungen von Infratest sind z. B. etwa 100 000 Personen den Zeugen Jehovas zuzurechnen, der stärksten christlichen Gruppierung in Deutschland. Die Osho/Bagwan-Bewegung, welche vom indischen Guru Bagwan Rajneesh gegründet wurde, ist gemäß dieser Untersuchung mit etwa 10 000 Mitgliedern in Deutschland die stärkste nichtchristliche religiöse Bewegung[7]. Man kann somit feststellen, dass im Gegensatz zum Okkultismus oder, wie wir noch sehen werden, zu esoterischen Lehren und Heilsangeboten Sekten in der Bevölkerung auf wesentlich weniger Resonanz stoßen. Zu demselben Ergebnis kommt auch die schon erwähnte, vom Bundestag eingesetzte Enquête-Kommission in ihrem Endbericht aus dem Jahr 1998.

Wenn auch die Resonanz recht gering ist, ist es unter psychologischem Gesichtspunkt interessant, dass Menschen unter Umständen bereit sind, äußerst extreme Sichtweisen zu übernehmen bzw. diese auch dogmatisch bis fanatisch gegen andere Auffassungen zu verteidigen (siehe hierzu Begründungen in Kap. 4.2). Unter mannigfachen anderen Gründen für den Übertritt in eine Sekte finden sich auch hier Aspekte der Hilfe in schwierigen Lebenslagen. Als das „rettende Prinzip" bezeichnet deshalb der Sektenexperte Friedrich-Wilhelm Haag die Gründe, warum den Heilsversprechen selbst extremer Sekten Glauben geschenkt wird – selbst dann, wenn extreme Entsagungen, absoluter Gehorsam sowie Kritiklosigkeit gegenüber den Handlungen und Äußerungen des Sekten-Guru verlangt werden. So äußert sich z. B. einer der sog. Sekretäre des Maharaj Ji: „Was immer Maharaj Ji tut, ist für das Wohl der Menschheit. Ob er heiratet, ob er dieses oder jenes tut – es ist zu unserem Wohl" (Haack, 1994, S. 72). Der Hintergrund dieser Äußerung: Der 16-jährige Guru heiratet seine um acht Jahre ältere Sekretärin, was zu Beunruhigung unter den Mitgliedern der Sekte führt. Es handelt sich um die Divine-Light-Mission-Sekte. In den Schriften der Sekte wird immer wieder der Absolutheitsanspruch des Sektenführers bzw. die Unterwerfung unter diesen betont, um Erlösung vom Leid zu erlangen: „Die ganze Welt ist ein Strudel von Leiden, Verwirrungen, Zweifel und Angst, aber in der Mitte ist vollkommene Ruhe und Frieden, ist Guru Maharaj Ji, der lebende vollkommene Meister dieser Zeit … Guru Maharaj Ji gibt uns das vollkommene Wissen um den einen Weg …" (ebenda). Eine Forderung,

---

[7] Um dem Problem der Verleugnung in der direkten Befragung zu begegnen, hat Infratest die Zahlen durch indirekte Befragungen, d. h. durch Interviews mit Angehörigen abgesichert.

die einer totalen Veränderung von Wahrnehmung und Denken gleichkommt. Im Prinzip ähneln sich hierin alle extremen Sektenformationen.
Beachtung in den Medien erreichen Sekten dann, wenn diese Unterwerfung
unter die neuen Sichtweisen und Regelsysteme zu dramatischen Aktionen
führen. Massenselbstmorde beispielsweise der Sonnentempler-Sekte in Europa oder der Havens-Gate-Sekte in den USA bzw. die sich manchmal bis
zu kriminellen Akten steigernden Verhaltensveränderungen wie z. B. bei der
im Kasten 1i erwähnten Mount-Carmel-Sekte in Texas belegen, wie weit die
Realitätsverzerrungen gehen können.

Es ist hier jedoch ausdrücklich zu betonen, dass in der Mehrzahl der
verschiedenartigen Sektenformationen derartige Exzesse nicht zu beobachten sind. Zwar sind Menschen in schwierigen Lebenssituationen für
das Heilsversprechen von Sekten besonders empfänglich; insofern kommt
ihnen ein Platz im Konzert religiöser und quasireligiöser Heilssysteme
– dem Thema dieses Buches – zu. Da aber Sekten im Vergleich zu anderen
alternativen religiösen und quasireligiösen Angeboten in der Bevölkerung insgesamt gesehen nur eine marginale Wirkung entfalten, werden
im Folgenden die Aktivitäten der Sekten nicht im Mittelpunkt unserer
Ausführungen stehen. Es scheint im Gegenteil so zu sein, dass Sekten im
Gegensatz zu anderen alternativ-religiösen Lebensentwürfen, welche keine
engen und dauerhaften Bindungen verlangen (siehe unten), kaum pluralen
Tendenzen der heutigen Gesellschaft entsprechen. Oder, wie es der Soziologe Peter Gross (1994) ausdrückt, haben Sekten nur wenig Platz in der
modernen „Multioptionsgesellschaft". In gewisser Hinsicht – wenn auch
nur in abgeschwächter Form – teilen Sekten das Schicksal mit anderen religiösen Gemeinschaften, welche für viele Bereiche des Lebens normativ sein
wollen. Eine zu enge Bindung an dezidierte Inhalte verengt das Ausmaß
möglicher Optionen. Andererseits: „Wer Selbstverständlichkeit verliert, ist
gezwungen, sein Leben zu variieren …" (S. 227). Dennoch bleibt neben
der vermehrten Offenheit auch immer die „unmoderne" Option, sich in
den geschlossenen Schutzraum höherer Gewissheit zu begeben. Zu viele
Optionen ängstigen und überfordern auch.

Alternative religiöse und quasireligiöse Tendenzen: Esoterik

Esoterik in all ihren unterschiedlichen Facetten erfreut sich großer Beliebtheit in der Bevölkerung. Esoterik ist mittlerweile mehr oder weniger zu
einem Teil unserer Alltagskultur geworden. Nach Piel (2001) vom Institut
für Demoskopie in Allensbach kann nur noch eine Minderheit der Bevölkerung als ausgesprochene Esoterikverweigerer bezeichnet werden (siehe
dazu auch Kasten 1j). Das hohe Interesse für Esoterik bedeutet jedoch
nicht automatisch Ablehnung anderer Weltauffassungen. Alle Kombina-

Kasten 1j

Alternatives „Glaubensbekenntnis" (Angaben in Prozent)
Frage: *„Was trifft Ihrer Meinung nach zu?"*

	Trifft zu
Nichtschulmedizinische Heilverfahren wie z. B. die Homöopathie, Bach-Blüten-Therapie oder Ayurveda sind kein Humbug, sondern wirksame Heilmethoden.	76
Sowohl das körperliche als auch das seelische Wohlbefinden werden vom Stand der Sterne oder des Mondes beeinflusst.	48
Es gibt Menschen, die besitzen hellseherische Fähigkeiten.	57
Es gibt geheime magische Kräfte, die auf den Menschen wirken.	42
Es gibt UFOs, mit denen Außerirdische unsere Welt besuchen oder besucht haben.	19
Ich glaube nur an Phänomene, die bereits klar wissenschaftlich bewiesen sind.	5

Quelle: EMNID, Demoskopie 2001; EMNID-Institut, 1999–2003 (Tabelle verkürzt).

tionen sind möglich. Die oben berichtete Distanz zur Institution Kirche und ihren Dogmen bedeutet bei vielen Anhängern der Esoterik nicht immer eine totale Abkehr vom christlichen Glauben. Zur Charakterisierung des aktuellen Zustandes der Glaubensszene in Deutschland und in anderen Industriestaaten (siehe letzter Abschnitt) hat sich deshalb der Terminus „Patchwork-Glauben" eingebürgert. Glauben setzt sich heute zunehmend aus weltanschaulichen Bruchstücken zusammen. Die oben erwähnten modernen Multioptionen bezeichnet der Wissenschaftssoziologe Luckmann (1991) hinsichtlich des religiösen Lebens despektierlich als spirituelles „Warenlager". Man geht zum Heiler, macht beim indischen Guru am Wochenende Gruppensitzungen und lässt trotzdem seine Kinder christlich taufen.

Dass sich esoterische Auffassungen ebenso wie der Okkultismus auch aus – überholt geglaubten – magischen Quellen speisen und somit deutlich außerhalb der offiziellen Dogmen der traditionellen christlichen Kirchen liegen, scheint für viele Anwender kein Widerspruch zu sein. In New-Age- bzw. esoterischen Lehren werden bestimmten Gegenständen, Orten in der Natur, Lebewesen oder Personen spirituelle Kraftfelder, d. h. Energien metaphysischen Ursprungs, zugeschrieben. Solche Energiefelder werden

gemäß esoterischer Lehren durch bestimmte rituelle Handlungen oder
durch Veränderung des Bewusstseins zugänglich und „nutzbar". Starken
Einfluss auf esoterische Lehren haben Elemente östlicher Religionen wie
z. B. Buddhismus oder Hinduismus. Aber auch Magielehren oder Praktiken
aus indigenen Kulturen werden einbezogen, wie z. B. indianisch-schama-
nische Auffassungen und Heilpraktiken (siehe ausführlichere Darstellung in Kap. 3.2). Unter der Sammelbezeichnung „Esoterik" ist deswegen
keine abgeschlossene Lehre zu verstehen. Im Sinne eines Patchwork-Glau-
bens werden Versatzstücke aus den verschiedensten Bereichen individuell
zusammengestellt.

Wie schon erwähnt, wollen wir im nachfolgenden Text neutralere
Begriffe für diese neuen religiösen oder – je nach Standort – religionsnahen
Tendenzen verwenden. Denn oft werden nur einzelne Elemente übernommen, ohne einen übergreifenden weltanschaulichen Entwurf für sich als
bindend zu betrachten, so wie es etwa bei der Anwendung einer Bach-Blüten-Therapie der Fall ist (siehe Kasten 1k). Aber auch bei weiterreichenden
esoterischen bzw. alternativ-religiösen Bekenntnissen kann oft nicht von

Kasten 1k

Bach-Blüten-Therapie oder die Magie der Pflanze

*Eine alternative Therapieform, welche vom englischen Physiker und Arzt
Edward Bach (1886–1936) entwickelt wurde. Aufgrund seiner Theorie
– hier in Kurzform wiedergegeben – ist die Ursache von Krankheiten ein
„Konflikt zwischen Höherem Selbst und der Persönlichkeit". Deswegen
sollten Gefühle und Gedanken spirituell in Harmonie gebracht werden.
Hierzu entwickelte er eine Therapie mit Essenzen von Blumen, Teilen von
Sträuchern und Bäumen. Die Pflanzenteile werden unter Einhaltung ritu-
eller Vorschriften zu Essenzen verarbeitet. Wichtig sind hierbei die in den
Pflanzen enthaltenen „Energiemuster".*

*Die Behandlung wird mit einer intuitiv gestellten Diagnose eingeleitet,
manchmal durch Vorlage eines Fragebogens oder anderer alternativer,
esoterischer Diagnoseverfahren. Das passende Mittel wird daraufhin über-
reicht. Angegeben wird in den einschlägigen Ratgebern, dass Bach-Blüten-Therapie bei psychischen und psychosomatischen Beschwerden helfe.
Hierbei werden in der Regel spezielle Essenzen bestimmten psychischen
Problemen zugeordnet. Die Essenz der Stechpalme soll z. B. gegen Eifersucht, Misstrauen und Neid helfen, die Essenz des gelben Sonnenröschens
gegen Angstzustände. Auch ein Notfall-Hilfe-Set (sog. rescue drops) steht
zur Verfügung, welches dann in emotionalen Stresssituationen schnell zur
Hand ist.*

Religion im Sinne eines geschlossenen Weltbildes mit entsprechendem Normensystem gesprochen werden (siehe Glossar). In der Regel bestimmt kein verpflichtendes Dogma den richtigen Weg – was allerdings dogmatische Verteidigung der eigenen Auffassung nicht ausschließt. Die Situation ist in gewisser Weise paradox: teilweise ein Zurückgehen zu magischen Auffassungen aus der Frühzeit der Menschheit, wie schon angedeutet, und andererseits eine sehr moderne Handhabung weltanschaulicher Fragen – ein Pluralismus an Zugängen, Auffassungen und Praktiken. Person XY mag sich zwar bei psychischen Problemen vom traditionell arbeitenden Psychotherapeuten behandeln lassen, wendet aber auch Bach-Blüten-Heilung an, geht am Wochenende zum Reiki-Workshop, macht Reisen zu indianischen Kraftorten und lässt ihre Rückenprobleme u. U. auch noch zusätzlich traditionell medizinisch behandeln. Wenn man unter der Vielfalt esoterischer Angebote und Auffassungen nach einem einheitlichen Grundprinzip sucht, dann besteht dieses noch am ehesten im Glauben an persönlich zugängliche, aber mit dem Kosmos verbundene Energien/Kräfte, wobei beide, Person und Kosmos, als Einheit aufgefasst werden.

Die heilende Dimension ist ein wichtiges und spezifisches Element der Esoterik bzw. der alternativen spirituellen Weltanschauungen. Von der spirituellen „Diagnostik", welche gestörte Energiefelder am Körper aufdecken will, bis zur Heilung durch Energieübertragung reicht das Angebot. Die einzelnen Methoden oder der Methodenmix sind kaum überschaubar. Bei unserer eigenen Befragung waren Reiki, Kinesiologie, Kristalltherapie, Bach-Blüten-Therapie, Reinkarnationstherapie, schamanische Praktiken, Bioresonanztherapie, Rebirthing, Quigong, Bioenergetik die am häufigsten genannten Methoden (siehe dazu weitere Ausführungen in Kap. 3.2).

Letztlich handelt es sich um ein Angebot mit psychotherapeutischem und medizinischem Anspruch, welches aber mit dem zusätzlichen Image eines mächtigen Heilsystems ausgestattet ist, da vorgebliche übernatürliche Kräfte im Spiel sind. Alternativ-spirituell arbeitende Heiler können sich nicht über mangelnden Zulauf beklagen, wie unsere eigenen Umfrageergebnisse zeigen. 30 % der von uns befragten Personen sagen, dass sie bei psychischen oder psychosomatischen Problemen sogar *eher* ein alternatives Heilangebot wählen würden, als sich einer traditionellen psychotherapeutischen oder medizinischen Behandlung zu unterziehen. Viele nutzen beide Systeme parallel. Der alternative Heilsektor ist inzwischen ein starker Marktsektor innerhalb des Gesundheitswesens und außerhalb des klassischen medizinischen und psychotherapeutischen Versorgungssektors. Die an spirituellen Heilverfahren interessierten Personen investieren hierfür nicht unerhebliche Beträge, wie wir in Kap 3.2 noch sehen werden. Man bedenke hierbei, dass solche Leistungen nicht von den Krankenkassen erstattet werden. Ein erstaunliches finanzielles Engagement, betrachtet man dies vor dem Hintergrund der andauernden politischen Diskussion zur Finanzierung der Krankenkassenleistungen!

Frauen glauben, Ostdeutsche manches nicht

Wenige Befunde der Religionspsychologie sind so eindeutig. Der weibliche Teil der Gesellschaft fühlt sich offensichtlich stärker zu Glaubensbotschaften hingezogen. Männer sind demgemäß in allen Sektoren des Glaubens unterrepräsentiert, sei es nun der traditionelle christliche Glauben oder die jetzt wieder aktuellen magienahen Varianten des Glaubens. Paradoxerweise sind die Gründe für etwas, das so eindeutig daherkommt, bisher nicht restlos aufgeklärt. Die höhere Lebenserwartung von Frauen und die vermehrte Beschäftigung mit dem Transzendenten in den höheren Lebensjahren erklären nicht ausreichend die Schiefe der Verteilung zugunsten der Frauen. Denn in den repräsentativen Befragungen Jugendlicher findet sich der gleiche Trend. Beispielsweise beten weibliche Jugendliche weit häufiger im Vergleich zu ihren männlichen Pendants (31 % vs. 18 % gemäß Angaben in Deutsche Shell, 2000). Auch auf dem Sektor alternativen Glaubens sehen wir den gleichen Trend. Viele Deutungsversuche existieren bisher. Eine einfache Antwort auf diese Frage ist nicht möglich. In seinem Standardwerk *Religionspsychologie* versucht Bernhard Grom eine Erklärung. Da Lebensbewältigung eine wichtige Komponente im religionspsychologischen Motivgeflecht sei, vermutet der Autor, dass dies zum Teil den Unterschied erklären könnte. In der Tat wissen wir aus klinisch-psychologischen Studien, dass Männer und Frauen grundsätzlich sehr unterschiedlich auf Belastungen reagieren. Frauen reagieren wesentlich sensitiver auf psychische Belastungen – und dies jedoch auch anhaltender. Depressionen oder Angststörungen können die Folge sein. Aber damit nicht genug. Auch wegen körperlicher Beschwerden gehen Frauen im Vergleich zu Männern wesentlich häufiger zum Arzt. Warum dies so ist, dies ist – wie gesagt – nicht so einfach zu beantworten. Es handelt sich um ein Geflecht vieler Faktoren, welche teilweise biologischer, teilweise soziokultureller Natur sind (hormonelle Unterschiede, unterschiedliche Rollenerwartungen etc.).

Nun zu den scheinbar „ungläubigen" Ostdeutschen. Die Überschrift verführt zu Gedankenspielen. Danach würde die Kombination „ostdeutsch" und „Mann" angesichts der geschlechtsspezifischen Religiosität und wegen vierzig Jahren religionsfeindlicher Staatsdoktrin den Skeptikerpreis erhalten. Sie würde den Preis allerdings nur mit Einschränkungen erhalten. Zwar stehen Ostdeutsche traditionellen christlichen Inhalten noch indifferenter bzw. ablehnender gegenüber als Westdeutsche. (Beispielsweise glauben nur 25 % der Menschen aus dem Osten Deutschlands an einen Gott. Im Westen sind es fast dreimal so viel; Allensbach-Demoskopie Jahr 2001). Aber zu anderen Inhalten, welche Merkmale einer eher engen Kirchenbindung abbilden, bekennen sich, wie wir gesehen haben, auch im Westen nur noch sehr wenige Menschen. Hier sind die Unter-

schiede zwischen Ost und West nur noch gering (Kasten 1b). Beispielsweise wird die Bibel in beiden Teilen der Nation nur noch von wenigen
Menschen regelmäßig gelesen, um Halt darin zu finden (9 % im Westen
und 2 % im Osten; EMNID-Umfrage, 2002).

Angesichts der kontinuierlich wachsenden Abwendung von traditionellen kirchlichen Heilssystemen im Westen könnte man sogar vermuten,
dass die Entwicklung in Ostdeutschland in gewisser Weise eine Vorweg-
nahme der weltanschaulichen Zukunft des Westens bedeute. Interessant
ist es deshalb zu erfahren, welche Einstellung die zukünftige Elterngene-
ration hat. Zieht man wieder die repräsentative Deutsche-Shell-Jugend-
studie zu Rate, welche seit 1991 Jugendliche in Ost und West kontinuierlich zu traditionell christlichen und zu alternativen Glaubensinhalten
befragt, dann stellt man bei Durchsicht des Ergebnis-Bandes aus dem
Jahr 2000 fest, dass die Zustimmung zu Fragen des christlichen Glaubens
(z. B. des Glaubens an ein Leben nach dem Tod) sowie die Ausübung von
religiösen Praktiken wie z. B. Beten und Gottesdienstbesuch bei Jugendlichen im Westen teilweise dramatisch abgenommen haben. Von Interesse
für die zukünftige Entwicklung ist die Antwort auf die Frage, ob die
Jugendlichen „auf jeden Fall" ihre Kinder religiös erziehen werden. Nur
13 % der westdeutschen Jugendlichen bejahen dies (Jugendliche im Alter
von 15 bis 25 Jahren). Insgesamt haben jedoch die westdeutschen Jugendlichen noch nicht vollständig dasselbe Niveau der Glaubensverweigerung
gegenüber traditionellen christlichen Inhalten wie die Jugendlichen im
Osten erreicht. Im Kontrast hierzu ist die relativ hohe Zustimmung zu
Fragen des alternativ-spirituellen Bereichs wiederum bemerkenswert.
61 % der westdeutschen Jugendlichen glauben an die Existenz übernatürlicher, unerklärlicher Kräfte. Auch hier sind die ostdeutschen Jugendlichen etwas zurückhaltender. Aber immerhin 45 % glauben ebenfalls
daran.

Resümee: Glauben und Unglauben
in Deutschland und anderswo

Das von Max Weber vorausgesagte Verschwinden des Religiösen findet
offensichtlich nicht statt. Zu fragen bleibt allerdings, wie man „religiös"
definiert. Fasst man „religiös" nicht nur als institutionell organisierte Form
der Befolgung bestimmter Riten und Dogmen auf, sondern sieht den
Kern jeglicher religiöser Anschauung in Anlehnung an Friedrich Heiler
(1999) „im Fürwahrhalten von mit übernatürlicher Kraft erfüllten Dingen,
Lebewesen und Handlungen", dann sind religiöse Überzeugungen nach
wie vor in der Bevölkerung deutlich vorhanden. Dieser Befund stützt die
Naturaliter-religiosus-These der Religionswissenschaft. Frei übersetzt: Der

Mensch ist von Natur aus religiös[8] (siehe hierzu auch Stolz, 1997). Allerdings manifestiert sich das „Religiöse" nun kaum noch im herkömmlichen offiziellen Rahmen (etwa im Gottesdienstbesuch), sondern eher als private Mixtur aus magienahen Praktiken, Versatzstücken christlicher Elemente und Inhalten nichtchristlicher Hochreligionen (wie z. B. des Buddhismus). Eine Situation, in der eine moderne Gesellschaft auch auf diesem Sektor Meinungspluralismus vollzieht.

Trifft somit das spöttische Aperçu von Nietzsche in abgewandelter Form den Sachverhalt, dass wir Gott nicht loswerden, solange wir an Grammatik glauben? Es scheint so zu sein. Nur 15 % der Weltbevölkerung bezeichnet sich als areligiös. In den westlichen Industrienationen ist dieser Anteil größer. Andererseits behaupten beispielsweise in Deutschland nur relativ wenige Menschen, dass man ohne Religion auskommen könne. Der Rückzug der Religion ins Private scheint zumindest in allen westlichen europäischen Ländern (für die neuere Statistiken vorliegen) stattgefunden zu haben. Beispielsweise nehmen in einem offenbar so christlich geprägten Land wie Italien nur noch 5 % der katholischen Bevölkerung regelmäßig am Gottesdienst teil. Ebenso in Großbritannien, wo sogar noch weniger Kirchenmitglieder regelmäßig in den Kirchen anzutreffen sind. Eine gewisse Ausnahme unter den Industrienationen bilden die Vereinigten Staaten mit 40 % regelmäßigen Gottesdienstteilnehmern. Ob dies dem Pluralismus der dort in einem sehr breiten Spektrum auftretenden christlichen Glaubensgemeinschaften geschuldet ist, wissen wir nicht, wäre aber als einer der möglichen Gründe in Betracht zu ziehen, da damit wiederum wesentliche Merkmale einer modernen Gesellschaft erfüllt sind. Der Tabelle in Kasten 11 ist zu entnehmen, dass z. B. die Situation in Frankreich wie in England bezüglich vieler Inhalte des christlichen Glaubens der unseren gleicht. Ferner ist der Tabelle zu entnehmen, dass in den USA die hohe Glaubensbereitschaft sich nicht nur im äußerlichen Ritual des Gottesdienstbesuchs manifestiert, sondern auch in der sehr viel höheren Anhängerschaft bezüglich christlicher Inhalte wie des Glaubens an Gott, der Vorstellung eines Himmels oder eines Lebens nach dem Tod etc.

Zumindest in den USA scheint – auf den ersten Blick – das Homo-naturaliter-religiosus-Bedürfnis von dem dort breiteren Spektrum christlicher Überzeugungsangebote absorbiert zu werden. Zu denken gibt jedoch, dass die modernen Varianten alternativer nichtchristlicher Lehren zum großen

---

[8] Die Homo-naturaliter-religiosus-These geht zurück auf eine Schrift des einflussreichen christlichen Theologen und Kirchenvaters Tertullian aus dem Jahr 197 n. Chr. Die darin geäußerte These lautet allerdings, dass der Mensch ein Homo naturaliter christianus sei, folglich sozusagen das Christsein von Geburt an in sich trage. Heute wird diese These eher in abgewandelter, allgemeiner Form verwendet: Religiosität als anthropologische Universalie (siehe dazu auch Kap. 5).

Kasten 1l

Glaubensinhalte in Deutschland und anderswo (Angaben in Prozent)
Frage: *„Ich möchte Ihnen nun Verschiedenes vorlesen, und Sie sagen mir
bitte jeweils, ob Sie daran glauben oder nicht."*

Es glauben an	Deutsch-land	Frank-reich	Groß-britannien	USA
die Sünde	61	52	65	94
die Seele	70	51	64	90
den Himmel	34	34	54	84
Engel	33	27	38	76
Auferstehung von den Toten	29	20	29	58
ein Leben nach dem Tod	40	34	47	71
Hölle	12	21	31	71
den Teufel	16	24	34	68
eine Wiedergeburt	18	23	23	28

Quelle: Allensbach Demoskopie 2001; Noelle-Neumann & Köcher, 2002 (Tabelle
verkürzt).

Teil gerade in den USA entstanden sind, wie z. B. die New-Age-Bewegung
(siehe Kap. 3.2). Diese gewannen zunächst dort eine große Anhängerschaft
und setzten sich erst danach in Europa durch. Demgemäß bedeutet das
stärkere Festhalten an christlichen Glaubensinhalten in den USA – wenn
auch dort oft in anderen Formen institutioneller Einbindung – gemäß
den Untersuchungen des US-amerikanischen Religionssoziologen Goode
(2000) nicht, dass die US-Bevölkerung stärker gegen alternative Glaubensvorstellungen gefeit ist. Im Gegenteil, Bekenner zu nicht christlichen Glaubensvorstellungen sind dort ebenso zahlreich und teilweise sogar noch
zahlreicher vertreten als beispielsweise in der Bundesrepublik Deutschland. Goode sieht damit eine theologische Standardthese widerlegt, dass
eine Abnahme des Einflusses traditioneller christlicher Vorstellungen eine
Zunahme alternativer Glaubensentwürfe zur Folge habe. Auch die USA ist
mittlerweile ein „religiöses Gemischtwarenlager". Christliche und magische Glaubensvorstellungen bestehen nebeneinander.

Summa summarum lässt sich feststellen: Religiöse Bedürfnisse, wenn
wir diese nicht nur als Inhalte von sog. Hochreligionen bzw. geschlossenen religiösen Systemen definieren, verschwinden auch unter längerer
Einwirkung säkularer Zivilisationen nicht. Einer der Gründe könnte sein,
dass bestimmte Aspekte religiöser Überzeugungen in psychologischen

Basismechanismen verankert sind, wie es z. B. der Abschnitt zum privaten Aberglauben nahe legt. Dies gilt es im Weiteren näher zu untersuchen. Zu fragen wäre ferner, warum dieser Grundmechanismus besonders dann an die Oberfläche tritt, wenn Menschen mit der Lösung von Lebensproblemen konfrontiert sind. Wir wollen dies im nachfolgenden Kapitel zunächst unter evolutionspsychologischer Perspektive betrachten.

Bibliographie-Auswahl

Bär, J. & Straube, E. R. (1996). Okkultismusneigung, psychische Probleme und schizotypische Persönlichkeitszüge bei Schülern – Eine empirische Pilotstudie. Pädagogik, *Zeitschrift zu Theorie und Praxis erziehungswissenschaftlicher Forschung*, 10, 126–146.

Beit-Hallahmi, B. & Argyle, M. (1997). *The psychology of religious behaviour, belief and experience*. London: Routledge.

Deutscher Bundestag (1998). Endbericht der Enquête-Kommission „Sogenannte Sekten und Psychogruppen". Bonn: Drucksache 13/10950.

Deutsche Shell (Hrsg.) (2000). *Deutsche Jugend 2000*. Opladen: Leske & Budrich.

EMNID-Institut (1999–2003). *Umfrage des Monats im Auftrag von Chrismon*, Beilage in *Die Zeit*.

Federspiel, K. & Lackinger Karger, I. (1996). *Kursbuch Seele*. Köln: Kiepenheuer & Witsch.

Frazer, J. G. (1890; Neuaufl. 2000). *Der goldene Zweig. Das Geheimnis von Glauben und Sitten der Völker*. Frankfurt a. M.: Rowohlt.

Goode, Erich (2000). *Paranormal beliefs. A sociological introduction*. Prospect Heights: Waveland Press.

Grom, B. (1992; Neuaufl. 1996). *Religionspsychologie*. München: Kösel; Vandenhoek & Ruprecht.

Gross, P. (1994). *Die Multioptionsgesellschaft*. Frankfurt a. M.: Suhrkamp.

Haack, F.-W. (1994). *Jugendreligionen. Zwischen Scheinwelt, Ideologie und Kommerz*. München: Wilhelm Heyne Verlag.

Heiler, F. (1999). *Die Religionen der Menschheit*. Stuttgart: Philipp Reclam jun.

Hellmeister, G., Straube, E. R. & Wolfradt, U. (1996). *Religiosität, magisches Denken und Affinität zu Sekten bei Jugendlichen in den Neuen Bundesländern*. In Moosbrucker, C., Zwingmann, C. & Frank, D. (Hrsg.). *Religiosität, Persönlichkeit und Verhalten – Beiträge zur Religionspsychologie*. Münster: Waxmann Verlag.

Hood, R. W., Spilka, B., Hunsberger, B. & Gorsuch, R. (1996). *The psychology of religion. An empirical approach*. New York: The Guilford Press.

Infratest (1997). *Neue religiöse und weltanschauliche Bewegungen. Ergebnisse einer repräsentativen Befragung*. Berlin: Infratest Burke GmbH.

Luckmann, T. (1991). *Die unsichtbare Religion*. Frankfurt a. M.: S. Fischer.

Mischo, J. (1991). *Okkultismus bei Jugendlichen*. Mainz: Mathias-Grünwald-Verlag.

Noelle-Neumann, E. & Köcher, R. (Hrsg.) (2002). *Allensbacher Jahrbuch der Demoskopie 1998–2002*. Allensbach am Bodensee: Verlag für Demoskopie.

Piel, E. (2001). *Die Entzauberung unseres Lebens. Der Drang zum Rand des christlichen Glaubenskanons*. Ringvorlesung der Universität Erfurt, Sommersemester 2001: Weltreligionen im 21. Jahrhundert. Weimar: Rhino.

Straube, E. R. & Selinger, K. (2004). Affinität Jugendlicher zu alternativen Glaubenssystemen und deren Konsequenzen. In: Schlottke, P. F., Silbereisen, R. K., Schneider, S. Lauth, G. W. (Hrsg.). *Enzyklopädie der Psychologie*, Bd. 5, Störungen im Kindes- und Jugendalter. Göttingen: Hogrefe.

Straube, E. R., Mischo, J. & Hellmeister, G. (1998). *Affinität zu alternativen Therapie- und Lebenshilfeangeboten*. Forschungsbericht. Jena: Friedrich-Schiller-Universität.

Streib, H. & Schöll, A. (Hrsg.) (1999). *15 Fallanalysen okkultfaszinierter Jugendlicher*. Forschungsbericht. Bielefeld: Universität Bielefeld.

Stolz, F. (Hrsg.) (1997). *Homo naturaliter religiosus: Gehört Religion notwendig zum Mensch-Sein?* Bern: Lang.

Vyse, S. A. (1999). *Die Psychologie des Aberglaubens*. Basel: Birkhäuser Verlag.

2 Lebensbewältigung durch Religion – die Vorgeschichte

Hier geht es zunächst darum zu klären, ob bestimmte Muster religiöser Lebensbewältigung die Menschheitsentwicklung begleiteten und aus welchen Gründen, d. h. ob dies in evolutionspsychologischer Perspektive einen Überlebensvorteil gehabt haben könnte. Denn dies könnte einer der Gründe für das Andauern archaischer Muster der Lebensbewältigung in modernen Industrienationen sein.

Die Schilderung der weiteren religionsgeschichtlichen Entwicklung in Europa ist der Schwerpunkt des nachfolgenden Kapitels. Nach Erscheinen der christlichen Religion ist besonders die Frage nach der Persistenz archaischer magischer Vorstellungen in Europa von Interesse. Inwieweit kommt es zu einem Nebeneinander, einer Auseinandersetzung oder sogar zu einigen Anleihen der „neuen" Religion bei Letzteren? Auch hier steht gemäß dem Thema des Buches wieder Lebensbewältigung und Heilen durch religiöse Anschauungen bzw. Riten im Mittelpunkt des Interesses.

2.1 Magisches Heilen als *survival of the fittest*

Magie und Lebensbewältigung weltweit

Der englische Arzt Dr. Bach mixt zu Anfang des letzten Jahrhunderts Lösungen aus Pflanzen und Baumbestandteilen, welche z. B. gegen Eifersucht oder Angst helfen sollen (siehe auch Kap. 1). Gemäß Bach und seinen Anhängern wirkt die „feinstoffliche Pflanzenenergie" bei psychischen Problemen. Es handelt sich folglich um eine der vielen Formen von Energien oder Kräften, jenseits des physisch Messbaren oder unmittelbar Erfahrbaren, welche der Mensch von alters her versucht, für sich nutzbar zu machen. Aus dem Zentrum Afrikas der dreißiger Jahre des vorigen Jahrhunderts berichtet der bekannte Ethnologe Evans-Pritchard über die Heilriten eines Volksstammes: „Die Zande sagen, dass die *mbisimo ngua* – die „Seele der Medizin" – ausgezogen ist, ihr Opfer zu suchen" (1978, S. 275). Evans-Pritchard hielt sich mehrere Jahre bei den Zande in Afrika auf und gilt als ausgezeichneter Kenner ihrer religiösen Problemlösungen bzw. als einer der Väter der modernen empirischen Ethnologie.

> „Denken heißt überschreiten."
> Ernst Bloch: Das Prinzip Hoffnung

Für die Zande ist bei der Zubereitung einer Medizin, besonders bei schweren Krankheiten, die strikte Einhaltung komplexer magischer Rituale wichtig. Nur so sind sie sicher, dass die besondere Kraft zur Wirkung kommt. Aus dem heutigen Brasilien berichtet die Ethnologin Petra Dilthey über kardecistische Heiler und dass diese sich ungeheurer Popularität erfreuen. Der brasilianische Kardecismus geht auf die Lehre des Belgiers Kardec zurück, welcher sich zur Heilfähigkeit moderner Geistheiler folgendermaßen äußert: „Ihre Arbeit dient Geistern als Dolmetscher für medizinische Anordnungen" (1993, S. 20). Die medizinische Behandlung erfolgt im Zustand der Trance. Der Heiler sieht sich somit nur als ausführendes Medium eines Geistwesens.

Die Wiener Ethnologin Ute Moos zitiert in ihrem Feldforschungsbericht über spirituelles Heilen im heutigen Österreich ein Heiler-Ehepaar, bei welchem Geistwesen ebenfalls eine eminente Rolle spielen: „Wir lassen uns irgendwelche Objekte schicken, meistens Fotos von den Kranken. Wir legen sie an einer bestimmten Stelle, einem Kraftplatz in der Wohnung, auf und bitten die Geister, dass sie dort arbeiten" (2001, S. 100) Von den San, einem Buschmannvolk im westlichen Südafrika, berichtet Mathias Guenther (1999): „Die Geister der Toten sind die hauptsächlichen Verursacher von Krankheiten." Die San vollführen Trancetänze, welche oft eine ganze

Nacht hindurch andauern, um Heilung zu erreichen. Die San-Heiler ringen in Trance, wie sie sagen, auf der Seelenreise zum Reich der Geister, mit diesen, um sie dazu zu bewegen, vom Kranken abzulassen. Die San berichten, dass dies für den Heiler bzw. Trancetänzer sehr gefährlich sei, da es sie Krankheitszustände und den eigenen Tod durchleben lasse.

Solche „Geist-Reisen" dienen – besonders in schamanischen Kulturen – dazu, um am „höheren" Wissen der Geistwesen teilzuhaben. Der „Reisende" erhält so beispielsweise Erkenntnisse zur Verhütung von Missernten, Gründe für Kinderlosigkeit, Diagnosen von Krankheiten und deren Abwehr. „ ‚Durch die Kraft der Lieder können wir die Wüste durchqueren', sang ein Altei-Schamane, der zur Unterwelt reiste", berichtet der Ethnologe Piers Vitebsky aus Sibirien (2001, S. 78). Die weithin berühmte mexikanische Heilerin Maria Sabina heilt durch die besondere „Kraft" bestimmter Pilze: „Einige Zeit später erfuhr ich, dass sie wie Gott[1] waren; dass sie einem Weisheit verliehen; dass sie Krankheit heilen" (Liggenstorfer & Rätsch, 1998, S. 31). In den durch die Einnahme der Pilzextrakte herbeigeführten Stadien veränderten Bewusstseins erfährt Maria Sabina die Krankheitsdiagnose. Die Heiler vom Volk der Tarahumura in Mexiko benutzen hierzu das rituell zubereitete Extrakt des Peyotekaktus bzw. *hikuri*. (Letzteres ist die Bezeichnung des Kaktus bei den Tarahumara bzw. gleichzeitig für dessen besondere übernatürliche Kraft.) Von den Tarahumara war bereits der französische Schriftsteller Antonin Artaud fasziniert. Der jüngste Bericht stammt von dem Ethnologen Claus Deimel. Die Tarahumara berichten ihm über die magischen Eigenschaften des Peyote: „Gott sagt, wo der Peyote wächst … *Hikuri* ist böse, gefährlich. Aber *hikuri* nimmt auch das Böse aus dem Körper" (Deimel, 1996, S. 46). Während der Zeremonie wird manchmal ein Spiegel verwendet, der auf dem Altar des Schamanen steht. Sieht der Heiler darin einen gefesselten Mann, dann muss er die Heilzeremonie abbrechen. Dies erinnert an die im vorigen Kapitel geschilderten spiritistischen bzw. okkultistischen Sitzungen in Deutschland, als Daniela der Geist eines Ahns, der Geist des Großvaters, im Spiegel erscheint.

Wie gesagt, schamanische und andere traditionelle Heilzeremonien, allerdings ohne den Einsatz von pflanzlichen Stoffen, erfreuen sich in den modernen Industrienationen wieder großer Beliebtheit. Ebenso z.B. die traditionelle Saugtechnik, etwa um Krebs abzusaugen, wie wir in Kapitel 3.2 sehen werden. Beispielsweise saugen die schon erwähnten Zande in Afrika bei bestimmten Behandlungszeremonien oder die Schamanen der Kwakiutl an der Westküste Kanadas Krankheitsherde aus. Durch Ausspucken eines kleinen Objektes „sehen" Patient und Umstehende, dass die Krankheit extrahiert wurde (siehe dazu auch die von Levi-Strauss und

---

[1] Maria Sabina meint hier den christlichen Gott. Daneben schreibt sie Heilungen der Gunst der christlichen Heiligen zu. Dies entspricht dem in weiten Teilen Iberoamerikas vorherrschenden Synkretismus zwischen ursprünglich indianischen Glaubensformen und christlicher Lehre.

Frank rezipierte überwiegend skeptische Autobiographie des Schamanen Quesalidis vom Stamm der Kwakiutl). In beiden Ethnien werden selbst von Außenstehenden bzw. durchaus skeptischen Beobachtern und Teilnehmern am Ritual beträchtliche Erfolgsraten der traditionellen Heiler bezeugt.

Die Philippinen und Brasilien sind für den europäischen und US-amerikanischen Heiltourismus attraktiv, da dort sog. geistige Operationen durchgeführt werden. Von den schon erwähnten kardecistischen Geistchirurgen werden blutige Extraktionen unter Anleitung eines „ärztlichen" Geistwesens in Trance vorgenommen und dann dem staunenden Publikum vorgewiesen. Der zu internationalem Ruhm gelangte Dr. med. Edson Queiroz[2] operierte „blutig" über einen langen Zeitraum mit ähnlichen Methoden. Er berief sich auf die Anweisungen des Geistes eines Dr. Adolph Fritz, eines verstorbenen deutschen Arztes, welcher ihn bei den Operationen unter Trance anleitete. Edson Queiroz begann seine Heilsitzungen oft vor Publikum und unter Absingen christlich-religiöser Gesänge. Ansonsten entspricht der Vorgang einem üblichen medizinischen Behandlungsetting: weiß gekleidetes Personal, Operationsutensilien und andere medizinische Paraphernalien – also alles, was zur üblichen medizinischen Behandlungsprozedur gehört. Die Autorin der Feldforschungsstudie, Petra Dilthey, schreibt der Einhaltung dieses Aspekts zusätzliche Bedeutung zu. Sie berichtet, dass in der brasilianischen Gesellschaft eine große Wissenschaftsgläubigkeit herrsche. Die Wirkung auf Behandelte und Auditorium scheint sich somit zu verdoppeln: durch die „Macht" des Geistwesens und die „Macht" der Medizin (siehe dazu auch Kap. 4.1).

Ich selbst war im Jahr 2003 im Rahmen einer Tagung zu alternativen Heilformen Zeuge einer Filmvorführung, mit der ein begeisterter und dort geheilter ehemaliger Patient auf die Erfolge der operierenden Geistheiler in Brasilien aufmerksam machen wollte. Dabei ist zu betonen, dass kaum eine der Operationen *lege artis* durchgeführt wurde, weswegen z.B. Dr. Queiroz und andere Heiler sich in Dauerkonflikt mit den Behörden befanden, was dem Zuspruch seiner Anhänger jedoch keinen Abbruch tat, im Gegenteil.

Soviel zur Einstimmung, mehr Material über heutiges spirituelles Heilen in modernen Industrienationen findet der Leser in den nachfolgenden Kapiteln. Worauf es hier ankommt: Überall in der Welt stoßen wir auf ähnliche Grundmuster religiös-magischer Formen der Bewältigung zentraler Lebensprobleme, d.h. Grundmuster, welche trotz Bestehens technologischer oder auch wissenschaftlicher Lösungsmöglichkeiten – oft parallel dazu – verwendet werden. Auch die Zande verfügen beispielsweise durchaus über medizinisches Heilwissen (z.B. Heilpflanzen), erst recht die Brasilianer in den städtischen Räumen, in denen Dr. Queiroz wirkte.

---

[2] Es handelt sich tatsächlich um einen approbierten Arzt. Er war mehrmals wegen seiner „ungewöhnlichen" Heilmethoden von Berufsverboten von Seiten der brasilianischen Behörden bedroht. Dies steigerte allerdings seine Popularität nur noch.

Auch die versierten Stammväter empirischer Ethnologie, Evans-Pritchard und Malinowski, fragten sich deshalb, warum die Zande in Afrika oder die Tobriander im südöstlichen Asien, trotz adäquater Technologien zur Beherrschung ihrer Lebensaufgaben (Jagd, Fischfang, Anwendung von Heilkräutern etc.), mit dem sie zeigten, dass sie über die Fähigkeit der kritisch-logischen Schlussfolgerung verfügten, an magisch-religiösen Riten und Vorstellungen festhielten.

Diese Frage ist erst recht im Hinblick auf magische Vorstellungen in modernen Gesellschaften zu stellen, in welchen sich ein viel umfassenderes wissenschaftlich-technologisches „Glaubenssystem" anbietet, ganz abgesehen von den Angeboten der christlichen Heilslehren. Sicher, die großartigen Leistungen des menschlichen Denkens werden grundsätzlich akzeptiert, ebenso die Kosmologien der großen Stifterreligionen (z. B. Buddhismus, Islam, Christentum), welche magisch-religiöse Problemlösung nicht ausdrücklich propagierten. Trotzdem sind überall in der Welt weltanschauliche Amalgame entstanden, welche in unterschiedlicher Mischung magisch-religiöse und wissenschaftlich-technologische Bewältigungsformen hervorbringen.

Diese Frage wird uns wiederholt beschäftigen, zunächst aber die Frage, warum magische Lebenshilfssysteme überhaupt im Laufe der Menschheitsgeschichte entwickelt worden sind.

Bessere Faustkeile, bessere Ideen, besseres Gehirn?

Die Glaubensvorstellungen sog. Naturvölker ähneln sich in gewisser Weise. Auch heute noch finden wir weltweit sehr ähnliche Muster religiöser Lebensbewältigung, wie wir im vorigen Abschnitt sahen. Es ist deswegen verlockend, ausgehend von dieser Ähnlichkeit eine Art Urglauben zu rekonstruieren. Edward Evans-Pritchard sah dies als schwierig bis unmöglich an. Durkheim (1994)[3], eine ebenso gewichtige Stimme in der Religionssoziologie, suchte die Lösung in Australien, im Totemkult der Aborigenes – d. h. in der Zugehörigkeit ihres Klans zu einem bestimmtem Tierwesen –, was sich als zu einseitig herausstellte. Inzwischen ist jedoch die Forschung weiter fortgeschritten. Nicht nur die Paläoanthropologie, sondern vor allem die Evolutionspsychologie beschreitet mittlerweile in der Forschung neue Wege, an welche zur Zeit von Durkheim und Evans-Pritchard noch nicht zu denken war. Wir können folglich einen neuen Blick in unsere ferne Vergangenheit wagen. Ich gebe jedoch Evans-Pritchard insofern Recht, dass es schwierig ist, spezifische Glaubens-*Inhalte* früherer Glaubensformen (z. B.

---

[3] Emile Durkheim (1858–1917); E. E. Evans-Pritchard (1902–1973).

Totemkult) zu bestimmen. Durch neuere Befunde ist es jedoch zumindest möglich, genauer, als es früher der Fall war, wenigstens die Ausgangsbedingungen der Frühzeit des Homo sapiens bezüglich ihrer wesentlichen Elemente zu rekonstruieren. Desgleichen auch die psychobiologischen Voraussetzungen, mit denen der frühe Homo sapiens ausgestattet war bzw. mit denen er versuchen konnte, mit widrigen Lebensbedingungen fertig zu werden. Das schließt letztlich auch Religion als einer der zentralen Bewältigungsversuche des Menschen mit ein. Zunächst sind jedoch die psychologischen und psychobiologischen Voraussetzungen zu klären.

Grundsätzlich gehe ich bei meinem Vorgehen von der nahe liegenden Prämisse aus, dass der Homo sapiens sapiens seit seinem ersten Erscheinen genau denselben neuropsychologischen Apparat für Problemlösungen zur Verfügung hatte wie wir heute. Ferner, dass Hilfe in schwierigen Lebenslagen bzw. deren Verbesserung einen wesentlichen Aspekt religiöser Bedürfnisse ausmacht, dass also Menschen immer wieder vor die gleichen grundsätzlichen Aufgaben der Lebensbewältigung gestellt wurden und werden. Das heißt, trotz unterschiedlicher kultureller und zivilisatorischer Ausformungen werden von allen Menschen heute und früher basale Lebensaufgaben wie Sicherung der Nahrung, Schutz vor Unbill aller Art sowie vor Krankheiten mit immer den gleichen mentalen Werkzeugen bewältigt. Folglich ist zu fragen, welche besonderen Eigenschaften befähigten den Homo sapiens sapiens[4] seit seinem ersten Auftreten, sich so erfolgreich gegenüber anderen Formen früher Menschen zu behaupten? Und: Waren daran auch bestimmte Merkmale „religiöser Fertigkeiten" beteiligt?

Wir haben zwar mittlerweile exzellente Kenntnisse über Knochenbau, Hirnvolumen, Steinartefakte und die verschiedenen Entwicklungslinien der frühen Hominiden. Wir wissen jedoch sehr viel weniger über Religion bzw. Lösung von Alltagsproblemen durch Religion in der Frühzeit der Menschheitsentwicklung. Deswegen wollen wir uns der Frage der religiösen Lebensbewältigung auf einem Umweg nähern, nämlich die Untersuchung der Problemlösungsmuster in anderen Lebensbereichen – soweit sich dies aus den archäologischen Funden ablesen lässt. Somit wäre unser Unterfangen bzw. der Rückschluss auf den dahinter stehenden psychologischen Vorgang als eine Art psychologische Archäologie zu bezeichnen.

Vor etwas mehr als zwei Millionen Jahren traten die ersten menschenartigen Wesen mit der Gattungsbezeichnung *homo* in die Welt – genauer in Afrika. Zuerst Homo rudolfensis, dann Homo habilis (*habilis* aus dem Lat.: „der Befähigte"), was schon auf verbesserte Fertigkeiten dieser frühen Hominiden hinweist, und schließlich der Homo erectus, um nur die wichtigsten zu nennen. Erst der Homo erectus wagte sich aus Afrika heraus. Die

---

[4] Homo sapiens sapiens zur Unterscheidung vom Homo sapiens primigenius bzw. neanderthalensis (Neandertal-Mensch), benannt nach der ersten Fundstelle im Neandertal bei Düsseldorf.

verschiedenen Fundstätten belegen eine relativ fortgeschrittene Geräte- und Werkzeugtechnologie. Dass er sich an die Besiedlung neuer Lebensräume wagte, kann als weiterer Beleg einer erhöhten psychobiologischen Fitness gelten. Er verbreitete sich bis weit in den asiatischen und später auch den europäischen Raum hinein. Dies erforderte besondere Anpassungsleistungen hinsichtlich unterschiedlicher Klimata, Pflanzen- und Tierwelten. Wie der Graphik in Abb. 2.1a zu entnehmen ist, existierte der Homo erectus über sehr lange Zeiträume, zeitweilig auch ohne Konkurrenz durch andere Menschengruppen. Einige Forscher sehen diesen relativ erfolgreichen Menschentypus sogar als Stammvater moderner Menschen.

Der nächste Schauplatz liegt in Europa. Ab jetzt wird es besonders spannend, da hier zwei in ihrer Leistungsfähigkeit sehr ähnliche Menschentypen aufeinander treffen. Der Homo sapiens sapiens – unser Urahn – trifft hier auf den Homo sapiens neanderthalensis, vulgo: den Neandertaler. Letzterer beherrschte (einschließlich seiner Vorgängertypen) seit etwa 250 000 Jahren in Europa und im westlichen Asien erfolgreich die Szene. Er ist sozusagen der erste Europäer, denn er ist sehr wahrscheinlich dort entstanden (man vermutet, dass er sich vor etwa 650 000 Jahren aus dem Homo heidelbergensis entwickelt hat). Ein robuster Menschentypus, der selbst Eiszeiten trotzte. Er war folglich den raueren Gegebenheiten des damaligen Europa am Ausgang der letzten Eiszeit grundsätzlich besser angepasst als der grazilere Homo sapiens sapiens, der vermutlich über die israelische Landbrücke kommend vor etwa 40 000 Jahren aus Afrika einwanderte. Diesem wurden folglich einige Anpassungsleistungen abverlangt im Vergleich zu dem schon seit mehreren hunderttausend Jahren bestens adaptierten „Hausherren". Trotzdem verschwand der Neandertal-Mensch relativ rasch nach Eintreffen des Homo sapiens sapiens in Europa von der Bildfläche. Der letzte, heute bekannte eindeutig dem Neandertal-Menschen zuzuschreibende Skelettfund stammt vom südwestlichen Rand der iberischen Halbinsel von vor 27 000 Jahren.

Bisher ist nicht geklärt, warum der Neandertaler nach Eintreffen des Homo sapiens sapiens schon nach etwa 13 000 Jahren verschwand. Man könnte an kämpferische Auseinandersetzungen denken. Hierfür gibt es keine sehr eindeutigen Spuren. Da die letzen Fundstätten am Rande Europas liegen, vermutete man, dass zumindest eine Art Verdrängung stattgefunden hatte. Einige Forscher erörterten sogar die Möglichkeit der Vermischung, was allerdings von den meisten der Paläoanthropologen als unwahrscheinlich angesehen wird. Letztlich ist die Befundlage bezüglich eventueller Mischtypen nicht eindeutig (siehe dazu Schmitz & Thissen, 2000). Da der Neandertal-Mensch dem grazileren Homo sapiens sapiens körperlich überlegen war, ist anzunehmen, dass auch andere Faktoren – neben den oben angedeuteten – eine Rolle beim raschen Verschwinden des Ersteren gespielt haben mögen. Welche das sein könnten, wollen wir uns im Folgenden näher ansehen. (Ich verwende im nachfolgenden Text

der Einfachheit halber nur noch den Terminus „Cro-Magnon-Mensch"
anstatt „Homo sapiens sapiens". Dieser Terminus hat sich zur Bezeichnung
des frühen europäischen Homo sapiens sapiens allgemein eingebürgert. Er
bezieht sich auf frühe Skelettfunde im Gebiet der Cro-Magnon-Hügel und
-Höhlen in der Dordogne im Südwesten Frankreichs.)

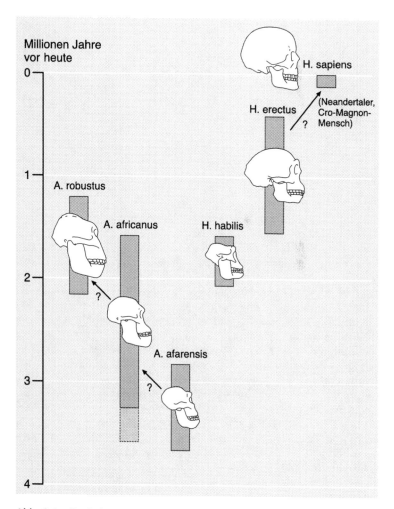

Abb. 2.1a: Erscheinen und Verschwinden verschiedener (H) Homo-Spezies
und verschiedener (A) Australopithecinen. Eine frühe Spezies, welche Misch-
formen zwischen menschen- und affenähnlichen Merkmalen darstellt (stark
vereinfacht nach Kolb & Whishaw, 1996).

Diejenige Menschengruppe, welche die sog. *basic needs* am besten
sichern konnte, hatte die größeren Überlebenschancen. Hinsichtlich der
interessanten Konkurrenz-Situation in Europa war das nicht anders. Beide,
die umherziehenden Cro-Magnon-Gruppen und ihre entfernten Verwandten, die Neandertaler-Gruppen, versuchten dort unter den gleichen äußeren
Voraussetzungen zu überleben. Beide gehörten der ersten Kulturstufe, der
Jäger- und Sammlerkultur an. Beide versuchten folglich die besten Plätze
mit Wildfrüchten zu entdecken und möglichst viel Jagdwild zu erlegen. Die
Frage ist: War die Gruppe der Neandertal-Menschen im Nachteil? Sicher
nicht grundsätzlich, denn der Neandertaler war zunächst im Vergleich zum
Neuankömmling derjenige, der besser angepasst und physisch, aufgrund
seines robusteren Körperbaus, sogar im Vorteil war.

Waren es andere Gründe, welche erklären könnten, dass der Neandertal-
Mensch gegenüber dem Cro-Magnon-Menschen ins Hintertreffen geriet?
Glich der Cro-Magnon-Mensch seine physisch schwächere Statur etwa
durch größere Intelligenz aus? Da wir Schädelfunde zur Verfügung haben,
müsste man demgemäß annehmen, dass sich hieraus Hinweise auf eine
unterschiedliche geistige Kapazität ergeben. Eine Ausmessung des Schädels
bzw. eine darauf basierende Schätzung des Hirnvolumens verläuft aber
enttäuschend für diejenigen, welche den Neandertal-Menschen immer
schon in die Ecke des wilden Primitivlings stellen wollten. Im Gegenteil,
gegenüber früheren Varianten im Hominiden-Stammbaum verfügte der
Neandertal-Mensch offensichtlich sogar über eine vergleichsweise enorme
Hirnkapazität, wenn man das Schädelvolumen als Hinweis hierfür gelten
lässt. Dieses überschritt sogar unser durchschnittliches Schädelvolumen
bzw. das des vor Ort konkurrierenden Cro-Magnon-Menschen. Auch ein
erster Blick auf seine Werkzeug- und Jagdwaffenproduktion bestätigt den
Eindruck, dass der Neandertal-Mensch über bisher noch nie dagewesene
Fertigkeiten verfügt haben musste.

Allerdings ist hierzu anzumerken, dass das Hirnvolumen, für sich
betrachtet, noch kein sicherer Indikator für kognitive Leistungsfähigkeit ist.
Das durchschnittliche Köpergewicht ist dazu in Relation zu setzen. Tun wir
das, finden wir allerdings immer noch keinen Hinweis auf eine eindeutige
Unterlegenheit des Neandertal-Menschen. Die entsprechenden Relationen
für den schwereren Neandertal- bzw. leichteren Cro-Magnon-Menschen
liegen sehr nahe beieinander (siehe Kasten 2.1a). Es ist somit sehr fraglich,
ob die bisher von uns angeführten Indikatoren schon eine ausreichende
Erklärung abgeben.

Wenden wir uns deshalb den Produkten zu, welche beide Hominiden-
Gruppen vom Typus *sapiens* uns hinterlassen haben. Möglicherweise ergibt
sich hieraus bei genauerer Prüfung ein Hinweis auf subtile Unterschiede
in der kognitiven Leistungsfähigkeit. Was zunächst auffällt, ist, dass Cro-
Magnon-Menschen variantenreichere Geräte herstellten im Vergleich zu
Neandertal-Menschen. Was lässt sich daraus ableiten? Zunächst eigentlich

Kasten 2.1a

Vergleich von durchschnittlicher Schädelkapazität und durchschnittlichem Köpergewicht bei lebenden und ausgestorbenen Primaten (eine Auswahl)

Genus bzw. Spezies	Schädel-innenraum (cm²)	Köper-gewicht (g)
Schimpanse	393	45290
Orang-Utan	418	55000
Australopithecus afarensis	433	44600
Homo rudolfensis	781	60000
Homo habilis	612	51600
Homo erectus	988	63000
Homo sapiens neanderthalensis	1520	71000
Homo sapiens sapiens	1409	65000

Quelle: Beran und Kollegen in: Corballis & Lea (2000).

nicht viel. Um in dieser Frage weiter zu kommen, muss man die Sache anders angehen, etwa indem man die Geräteproduktion als psychologische Testaufgabe betrachtet (entsprechend den üblichen Eignungstests der Psychologen in sog. Assessment Centern großer Firmen). Da man Herrn und Frau Neandertaler oder etwa Herrn und Frau Cro-Magnon natürlich nicht zum Test in das Büro eines Psychologen einbestellen kann, muss man den Spieß sozusagen umdrehen. Man kann die Geräte nachbauen lassen bzw. man beobachtet hierbei Versuchspersonen aus der Jetztzeit bei der Arbeit. So kann man die geistige Leistung analysieren, welche zur Herstellung des Geräts erforderlich war – vom Rohmaterial bis zum Endprodukt. Genau das tat der US-amerikanische Forscher Constable[5]. Als „Standardtest" für die Güte der kognitiven Leistungsfähigkeit bietet sich das klassische Werkstück der damaligen Zeit, der Faustkeil, an. Constable ließ deshalb durch seine Psychologiestudenten dieses Standardwerkzeug unserer frühen Verwandten und Vorfahren aus der Steinzeit bzw. die verschiedenen Faustkeiltypen anfertigen (siehe Abb. 2.1b). Vor den Studenten lag lediglich eine Bauzeichnung, nach der sie sich zu richten hatten. Constable und seine Mitarbeiter fertigten Protokolle an, in denen sie die mittels eines geeigneten Schlagsteins durchzuführende, durchschnittliche Anzahl der Abschläge und auch die Anzahl der benötigten Arbeitsgänge notierten. Letzteres ist von besonderer Bedeutung. Je höher diese Zahl ist (in Abb. 2.1b durch Blockbildung in der Punktierung angedeutet), desto höher ist der „intellektuelle"

---

[5] Zitiert in Klix (1993).

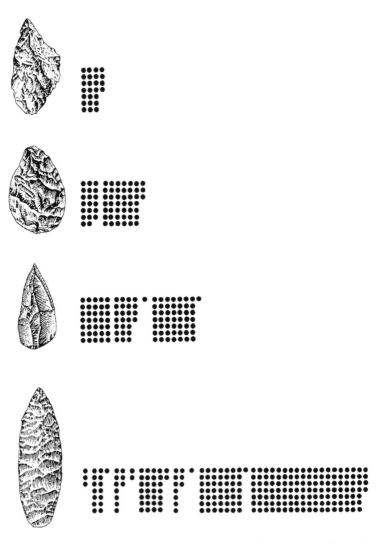

Abb. 2.1b: Demonstration der zunehmenden kognitiven Leistungsfähigkeit bzw. des technologischen Fortschritts. Die Einzelpunkte symbolisieren einen Abschlag, die Punktegruppierungen die Anzahl der Arbeitsgänge. Letztere repräsentieren in kognitionspsychologischer Sichtweise ein Innehalten durch Vergleich der jeweiligen Rohlingsform mit dem internen kognitiven Plan – was dann eine Änderung der Bearbeitungsrichtung zur Folge hat. Von oben nach unten: Werkstücke von Homo erectus, Homo neanderthalensis (frühe Periode), Homo neanderthalensis (späte Periode), Cro-Magnon-Mensch (Quelle: Klix, 1993).

Anspruch bei der Herstellung. Die Anzahl der Arbeitschritte – folglich ein Innehalten, um das momentan Geschaffene mit dem aktuellen internen, d. h. geistigen Zwischenziel zu vergleichen – nimmt von Modell zu Modell zu. Die Vorlage muss bei den anspruchsvolleren Werkstücken immer öfters mit solchen internen (kognitiven) Zielbildern abgeglichen bzw. auf diese zurückbezogen werden.

Das Ergebnis der Vergleichsherstellungsprotokolle bezüglich der verschiedenen Faustkeilgeräte ergab Folgendes: Der Anspruch an die Vorstellungskraft bei der Faustkeilbearbeitung nimmt vom Homo erectus über den Neandertaler bis zum Cro-Mangon-Menschen gewaltig zu. Der technologische Fortschritt bei der Faustkeilproduktion erfordert eine gedankliche Zielformulierung bzw. Planung, welche immer weiter über die Vorlage, den Steinrohling, hinausgreift. Der intern generierte Plan ist dann immer weniger schon durch die äußere Form des Rohlings vorgegeben. Eine zunehmende Abstraktionsleistung ist notwendig. Der Anspruch an die Leistungsfähigkeit steigt durch die geistige Flexibilität, welche das immer häufigere mentale Hin- und Hergleiten zwischen der sich verändernden Vorlage, dem augenblicklich Wahrgenommenen und dem internen Plan fordert. Die Psychologie verwendet für diese interne Instanz, welche intern die Arbeitsschritte vorwegnimmt und uns damit zunehmend von dem löst, was wir in der Außenwelt gerade vorfinden, den Terminus „Arbeitsgedächtnis".

Es hat mehre Millionen Jahre gedauert – von der ersten Verwendung von nur rudimentär bearbeiteten Steinen bis zum perfekten Steinmesser –, bis Menschen in der Lage waren, vom gerade vorliegenden Bruchstück gedanklich so weit „abzusehen" bzw. zu abstrahieren, dass eine völlig neue Form entstehen konnte – etwas, das vorher noch nicht existierte. Im Gegensatz hierzu bleiben beispielsweise die Produkte des Homo erectus noch relativ nahe an der ursprünglichen Steinform. Der Faustkeil des Homo erectus ist mit 25 Schlägen herzustellen. Die Abstraktionsleistung von der Zufallsform hin zum zukünftigen Anwendungsziel legt hier noch keine große gedankliche Strecke zurück. Demgegenüber sieht es zwar so aus, als hätte der Neandertal-Mensch eine schon sehr fortgeschrittene Technologie entwickelt. Zu denselben geistigen „Höhenflügen" wie sein Cro-Magnon-Konkurrent war er aber dennoch nicht in der Lage. Das wird besonders dann deutlich, wenn man die gesamte Produktpalette berücksichtigt, von der weiter unten noch die Rede sein wird.

Die Sache hat jedoch einen Haken. An Fundplätzen, bei denen Forscher so etwas bisher nicht vermuteten, fanden sich äußerst fein bearbeitete Steingeräte (z. B. sehr schlanke Steinmessertypen). Zwar kannte man diese Geräte schon von Cro-Magnon-Lagerstätten, aber in diesem Fall handelte es sich um Rastplätze von Neandertal-Menschen, was sich durch entsprechende Skelettfunde untermauern ließ. Dies rief sofort diejenigen Forscher auf den Plan, welche immer schon der Ansicht waren, dass man unseren

„armen" Verwandten Unrecht getan habe, da man sie als Halbtrottel hinge-
stellt habe (was sie natürlich nicht waren!). Die Frage ist nun: Waren Neandertal-Menschen doch zu solchen Spitzenleistungen fähig? Der renommierte New Yorker Anthropologe Ian Tattersall (2000) ist sehr dezidiert
der Ansicht: „... sehr wahrscheinlich nicht!" Der Autor argumentiert, dass
es eher wahrscheinlich sei, dass diese Geräte von Cro-Magnon-Menschen
eingetauscht oder kopiert wurden. Sein Hauptargument, welches nicht
so leicht von der Hand zu weisen ist, lautet: Alles, was wir bezüglich der
Gesamtheit der Geräteproduktion des Neandertal-Menschen bisher sagen
können, ist, dass sich diese in Bezug auf das Kriterium Produktvielfalt in
relativ engen Grenzen abspielte. Denn erst *nach* dem Zusammentreffen
mit dem Cro-Magnon-Menschen sind entsprechend raffiniert bearbeitete
Werkzeuge manchmal auch an deren Fundplätzen anzutreffen. Ferner
argumentiert Tattersall sehr überzeugend, dass 100 000 bis 200 000 Jahre
Geräteproduktion dem Neandertal-Menschen ausreichend Gelegenheit
gegeben hätte, Spitzenleistungen zu demonstrieren. Dies sei aber nicht
geschehen. Er habe relativ konservativ über die Jahrtausende an dem
einmal Geschaffenen festgehalten. Deshalb fällt Tattersalls abschließende
Einschätzung bezüglich der neuartigen Geräte in der Neandertal-Wohn-
stätte recht eindeutig aus: „Either way, they were not Neandertal invention"
(2000, S. 165).

Zusätzlich liefert Tattersall jedoch ein Faktum, ein weiteres überzeugen-
des Argument, mit welchem wir uns bisher noch nicht beschäftigt hatten:
die zahlreichen, künstlerisch sehr beeindruckenden Felsbilder und Statuetten und reichhaltige Verzierungen auf Werkzeugen des Cro-Magnon-
Menschen. Hinzu kommt, dass nur diese Menschengruppe sich in großem
Umfang an die Verwendung neuer Materialien heranwagte (z.B. Geräte aus
Horn- oder Knochenmaterial). Belege für entsprechende Produkte sind in
den Lagerplätzen der Neandertal-Menschen entweder nicht vorhanden
oder nur in bescheidenen, wesentlich einfacheren Ausführungen. Hinweise
auf eine Produktion von Schmuck oder verzierten Werkzeugen sind bei
diesen äußerst selten. Bildliche Darstellungen fehlen sogar völlig. All dies
ist, wie gesagt, in erstaunlicher Qualität bei den Cro-Magnon-Menschen
vorhanden. Die Schlussfolgerung daraus ist, dass Neandertal-Menschen
über eine solide Leistungsfähigkeit ihres Verstandes verfügten, denn sie
schufen brauchbare Geräte, welche ihnen über große Zeiträume das Überleben (bis zum Auftauchen des Konkurrenten) sicherte. Jedoch gibt es
kaum Anzeichen dafür, dass sie den zusätzlichen Schritt erhöhter Innovati-
onsbereitschaft und Kreativität wagten bzw. dazu fähig waren. Stattdessen
blieben sie bei dem, was sich in der Vergangenheit bewährt und als relativ
nützlich erwiesen hatte.

Nun stehen wir allerdings hinsichtlich der weiteren Beweisführung vor
dem Dilemma, dass wir zwar an den Produkten gewisse Unterschiede in
der geistigen Tätigkeit ablesen können, aber auf neuroanatomischer Seite

zunächst nicht mehr zu bieten haben als den relativ dürftigen Befund der sich nur geringfügig unterscheidenden Hirnkapazität (entsprechend der in Kasten 2.1a wiedergegeben Relationen). Wir müssen folglich bei unserer Detektivarbeit anders vorgehen. Bleiben wir bei der äußeren Hülle. Wir sehen in Abb. 2.1c in der Aufreihung der Schädelumrisse von Homo habilis bis zum anatomisch modernen Menschen (d. h. dem Cro-Magnon-Menschen), dass sich neben den Schädelumfängen auch die Schädelformen ändern, von anfänglich flacheren Formen zu „runderen" Formen. Dies kann und wird natürlich auch statische Gründe haben, d. h., bei unterschiedlich aufrechtem Gang der verschiedenen Spezies dienen unterschiedlich flache bzw. runde Kopfformen dem jeweils besseren Ausbalancieren der Position des Kopfes über dem Rumpf. Ein anderer Grund bzw. die entscheidende Konsequenz kann aber in der Vergrößerung der Frontpartie des Gehirns liegen – dem sog. Präfrontalkortex (siehe entsprechendes Areal in Abb. 2.1d). Bei einem direkten Vergleich der Schädelformen von Neandertal-Mensch und Homo sapiens sapiens sind die deutlichen Unterschiede augenfällig, u. a. ist die vordere Stirnhirnpartie bei Letzterem stärker vorgewölbt und höher. Natürlich kann man hieraus noch nicht direkt auf eine unterschiedliche Funktionsweise des Gehirns schließen, und weitere hirnanatomische Merkmale werden eine Rolle spielen (siehe hierzu z. B. Balter, 2002; Mesulam, 2000). Aber es ist eine interessante Hypothese. Deswegen wollen wir uns zunächst die Funktion dieses Areals etwas genauer anschauen.

Knight und Grabowecky, welche selbst an der Erforschung der Leistungsmerkmale der präfrontalen Kortexareale (Stirnhirnareale) beteiligt sind, stellen fest, dass diese Areale für sehr spezifische Merkmale menschlicher Kognition verantwortlich sind. Die Autoren resümieren den Stand der bisherigen Forschung folgendermaßen: „The massive evolution of the

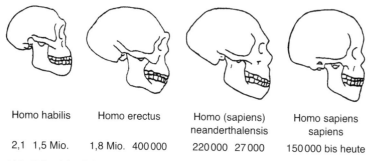

Homo habilis	Homo erectus	Homo (sapiens) neanderthalensis	Homo sapiens sapiens
2,1 1,5 Mio.	1,8 Mio. 400 000	220 000 27 000	150 000 bis heute

Abb. 2.1c: Schädelumrisse von Homo habilis, Homo erectus, Homo sapiens neandertalensis und Homo sapiens sapiens (von links nach rechts).

prefrontal cortex parallels the development of many distinctive human behaviors" (2000, S. 1319). Die Neuronenverbände des Präfrontalkortex sorgen offensichtlich für jenes wichtige Quäntchen an intellektuellem Luxus, der Menschen über die bloße Erfüllung von Alltagsroutinen hinauswachsen lässt. Allerdings hat man paradoxerweise – gerade deshalb – lange nicht verstanden, worin die Funktion dieses Areals besteht. Man vermutete sogar eine Zeitlang, dass dieser Teil des Gehirns „stumm" sei. Auch noch in der Zeit nach dem Ersten Weltkrieg, als die neurologische Forschung begann, entscheidende Fortschritte zu machen, wunderten sich Neurologen, dass Menschen selbst mit Schussverletzungen im Stirnhirnbereich, oft keine gravierenden Leistungsausfälle hatten. Solche Verletzungen hatten in *anderen* Regionen des Gehirns wesentlich dramatischere Folgen, wie sich durch einen Blick auf Abb. 2.1d leicht ersehen lässt. Betroffene Personen hörten oder sahen u. U. nichts mehr oder verstanden das Wahrgenommene nicht mehr.

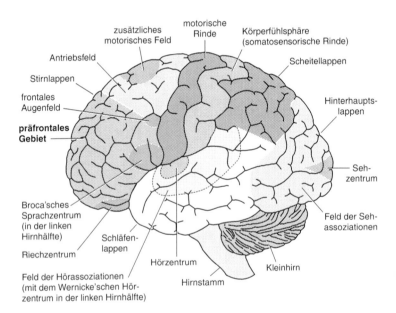

Abb. 2.1d: Rinde des menschlichen Großhirns: Die Präfrontalareale sind das einzige Gebiet der Großhirnrinde ohne spezifische Verarbeitungsfunktion in Bezug auf Wahrnehmung oder Ausführung von Bewegungen (Motorik). Eine Ausnahme bildet das Sprachzentrum, wie aus der Abbildung zu ersehen ist. Das Riechzentrum ist ein davon abgetrennter Bereich bzw. älteren Strukturen zuzuordnen.

Wie gesagt, trotz der Verletzungen in präfrontalen Kortexarealen konnten Menschen oft ihren Alltag bzw. Alltagsroutinen relativ gut meistern. Erst in letzter Zeit beginnen wir zu verstehen, was uns der Präfrontalkortex an intellektuellen Besonderheiten bzw. Extraleistungen zu bieten hat (siehe dazu die Übersicht in Kasten 2.1b). Das Besondere des Präfrontalbereichs ist, dass er in keine kognitiven Routineaufgaben des Gehirns, wie etwa Sehen oder Hören, fest eingebunden ist. Deswegen ist in Abb. 2.1c auch keine bestimmte Funktion für dieses Areal verzeichnet (abgesehen vom Sprachzentrum weiter hinten im Stirnhirnbereich, welches ebenfalls eine späte Innovation der Evolution ist.)

Durch diese fehlende Festlegung auf Routinearbeit ist der vordere Stirnhirnabschnitt frei, um über diese geistig hinauszuschreiten. Es ermöglicht dem Menschen, sich sozusagen von dem in der externen Welt gerade vor-

Kasten 2.1b

Neuropsychologie des vorderen Frontalhirns (Präfrontalbereich)
Als einzige Region des Gehirns ist der Präfontalbereich nicht durch Routineaufgaben festgelegt, wie z. B. das Wahrnehmen und Verstehen von äußeren Bildern. Deswegen ist er frei für darüber hinausgehende, „höhere" kognitive Leistungen:

A: Das Gehirn bzw. das Präfrontalareal kann in Offline-Modus gehen.
   Dadurch:
   – abkoppeln von äußeren Reizeinflüssen
   – frei sein für Generieren innerer Bilder/Gedanken etc.
   – divergentes Denken, interne Neukombinationen, auch von real nicht Vorhandenem
   – sich mit sich selbst beschäftigen können/Bewusstsein seiner selbst

B: Das Präfrontalareal hat Zugriff auf Gesamthirn/erhält Rückmeldung vom Gesamthirn.
   Dadurch:
   – sämtliche gerade bearbeiteten Daten werden in einem Arbeitsspeicher für die Dauer der kognitiven Aufgabe zur Verfügung gehalten
   – vorausschauendes Planen (durch schnellen Abgleich der gerade ausgeführten Handlungen mit gespeicherten zurückliegenden Ergebnissen solcher Handlung)
   – schnelles Erfassen neuer Situationen/offen sein für Neues

Quelle: Knight & Grabowecky (2000); Kolb & Whishaw (1996); Mesulam (2000).

Kasten 2.1c:

Wiederholung der Stammesgeschichte des Menschen in der kognitiven Entwicklung des Kindes

In der Parallele zwischen kindlicher Entwicklung und Ontogenese, welche Wiederholung der Phylogenese ist, eben auch der menschliche Stammesentwicklung, kann man die Stufen der Entwicklung bei Hominiden ablesen. So beschäftigt sich ein Kind mit der Frage nach seiner Position in der Welt und den Ursachen der Erscheinungen um sich herum. Dies beginnt mit dem berüchtigten Fragealter. Fragen bedeutet in kognitionspsychologischer Definition: ein im Werden begriffenes Erkennen. Die Fragen bzw. die Erkenntnisse zur Rolle des Unsichtbaren setzen ebenfalls relativ spät in der kindlichen Entwicklung ein. Aber den einigermaßen sicheren Umgang mit dem Nichtsichtbaren, dem rein Abstrakten, erreichen wir erst spät in der menschlichen Entwicklung. (Uns fällt es bezeichnenderweise auch noch als Erwachsenen schwer, etwa einem Vortrag zu folgen, welcher nicht „anschaulich", sondern sehr theoretisch, abstrakt angelegt ist.) Anbei ein paar Beispiele kindlicher Entwicklungsstufen:

* Ab 4 bis 8 Monaten: Beginn des Verständnisses für Objektkonstanz (Verschwundenes ist irgendwo).
  Bis zum Alter von 6 bis 7 Jahren können Kinder trotzdem nicht über das Wahrgenommene hinaus denken. Wird z. B. eine Knetmasse vor den Augen des Kindes von einer runden Form in eine längliche verändert, vermuten sie trotzdem, dass diese nun mehr Knete enthalten müsse.
* Ab 9 bis 11 Jahren beginnt die Fähigkeit abstrakt zu denken, sich immer mehr vom Beobachten lösen zu können.
* Ab 11 bis 12 Jahren: Kinder beginnen symbolische Begriffe zu verstehen (die Bedeutungen hinter der zunächst „offensichtlichen" Bedeutung).
* Ab 15 bis 18 Jahren: Weitere Ausformung der Fähigkeit, in rein abstrakten Kategorien zu denken, d.h. in formalen Denkprozessen das nicht direkt Beobachtbare als abstrakte Dimension zu denken.

Dementsprechend wiederholt sich auch in der Entwicklung des Gehirns die stammesgeschichtliche Entwicklung. Bezeichnenderweise wird das Maximum des Synapsenwachstums im Präfrontalbereich im Vergleich zu den anderen Hirnarealen zuletzt erreicht, etwa im Alter von 2 Jahren. Noch interessanter ist, dass die völlige Ausreifung des Stirnhirns bzw. Präfrontalbereichs noch wesentlich länger dauert. Dieses Areal kommt sogar erst einige Jahre nach der Pubertät seinem Reifungsziel nahe und ist erst im Alter von etwa 20 bis 21 Jahren völlig abgeschlossen.

Quelle: Segalowitz & Davis (2004); Suddendorf in: Corballis & Lea (2000); Lewis (1997).

gefundenen zu lösen bzw. die Objekte, welche die Wahrnehmung liefert oder in den Speichern der Erinnerung vorhanden sind, neu zu kombinieren[6]. Es ist frei, neue Pläne zu schmieden, seinen Fantasien nachzuhängen und eventuell so eine gerade gemachte Erfahrung mit völlig neuen Ideen zu verbinden. So wie etwa Archimedes, im Bade sitzend, in der Lage war, das Problem des Auftriebs in Flüssigkeiten zu lösen. Zwar war das noch nicht das Problem, welche Menschen der Steinzeit zu lösen hatten, aber es ist nicht zu bestreiten, dass Ideenreichtum auch schon hier einen Überlebensvorteil hatte.

Der Cro-Magnon-Mensch scheint der Kandidat hierfür zu sein. Wie wir gesehen haben, ist er offensichtlich viel eher in der Lage, von dem gerade Vorhandenen „abzusehen", das momentane Abbild des gerade bearbeiteten Steins mit neuartigen *inneren* Bildern zu verknüpfen und dies zu Plänen für eine neue Anwendung zusammenzufügen. Wie wir auch gesehen haben, hat der Neandertal-Mensch zwar in den über 200 000 Jahren seiner Existenz äußerst nützliche Werkzeuge und Jagdwaffen entwickelt. Anders hätte er die rauen Lebensbedingungen des eiszeitlichen Europa auch nicht meistern können. Ja, es muss ausdrücklich betont werden, dass er im Vergleich zu anderen Hominiden-Gruppen überlegene geistige Fähigkeiten demonstrierte. Jedoch kam sein Ideenspektrum ganz offensichtlich bald an einen Endpunkt, von dem ab für ihn offensichtlich keine Innovationen mehr „drin" waren. Es sieht so aus, als sei dies u. a. auch einer leichten „präfrontalen Schwäche" zu schulden – ein nur feiner, aber entscheidender Unterschied zu seinem Konkurrenten, welcher bald dazu überging, neuartige Werkmaterialien zu nutzen, Geräte auch für andere Nahrungsquellen (Fischfang) zu schaffen, Höhlenwände mit erstaunlich gekonnten Gemälden zu überziehen, und darüber hinaus nur 4000 Jahre nach dieser Periode begann, den Ackerbau zu erfinden und dann weitere 3000 Jahre später die erste Schrift. (Siehe dazu auch in Kasten 2.1c Anmerkungen zur Wiederholung der evolutionspsychologischen Entwicklung in der Entwicklung des Kindes, welches wichtige Etappen der Evolution vom subhumanen Primaten zur Hominiden-Reihe und zu unseren direkten Vorfahren, den Cro-Magnon-Menschen, wiederholt.)

A propos Schrift, eine heftig geführte Debatte wurde zur Frage der Sprachfähigkeit unserer Hominiden-Verwandten geführt. Auch dem Neandertal-Menschen wurde lange Zeit Sprachfähigkeit abgesprochen. Neuere Skelettfunde (z. B. zur Anatomie des Zungenbeins) belegen seine grund-

---

[6] Interessanterweise wird in der neuropsychologischen Literatur dem Präfrontalbereich auch eine Funktion beim Zustandekommen eines sich selbst reflektierenden Bewusstseins zugeschrieben. Der Homo sapiens kann sich selbst als Akteur erleben, subhumane Primaten allerdings auch schon in Ansätzen. Dies setzt die Fähigkeit des *self-monitoring* voraus, des Sich-selbst-beobachten-können (siehe z. B. Knight & Grabowecky, 2000).

sätzliche Fähigkeit zu sprechen. Weitere morphologische Merkmale deuten jedoch auf Unterschiede zum Homo sapiens sapiens hin, sodass man heute allgemein von Sprachfähigkeit mit geringerer Artikulationsbreite ausgeht (siehe hierzu Schmitz & Thissen, 2000). Das kann allerdings ein wesentliches zusätzliches Handikap bedeuten. Sprache bedeutet u.a., die Welt in Symbole fassen zu können. Jede Lautkombination repräsentiert ein Ereignis oder ein Ding. Dadurch erst ist der Mensch in der Lage, die externe Welt vollständig als interne gedankliche Welt zu handhaben, sich damit endgültig von der externen Welt zu lösen. Wir sehen daran, dass auch dies zusätzlich zum geistigen Abstand zwischen Cro-Magnon-Mensch und Neandertal-Mensch beigetragen haben mag, so wie möglicherweise auch noch weitere neuroanatomische Unterschiede, welche sich allerdings nicht aus den Funden ableiten lassen.

Meiner Ansicht nach reicht es jedoch für unsere Beweisführung bezüglich der höheren Imaginations- und Innovationsfähigkeit völlig aus, an einer wichtigen neuroanatomischen Instanz folgenreiche Unterschiede für den Erfolg der Neuankömmlinge festzumachen[7]. Das Potential, in weitere Dimensionen geistiger Produkte losgelöst vom Vorhandenen vorzudringen, war geschaffen – mit all seinen erstaunlichen Möglichkeiten und auch Fallstricken!

Auch eine „bessere" Religion?

„Die Grenze der Erkenntnisfähigkeit liegt darin, dass die klassifizierungsrelevanten Merkmale immer nur Merkmale der Wahrnehmung, also der Oberfläche der Umwelt und ihrer Erscheinungsformen sind. Hier liegt die Barriere der Erkenntnisfähigkeit, in gewissem Sinne auch die Notwendigkeit, das Erkennbare durch den Mythos erklärbar zu machen" (S. 217). Der Kognitionspsychologe Friedhard Klix begründet so die Evolution religiöser Ideen in seinem 1993 erschienen, immer noch sehr lesenswerten Werk *Erwachendes Denken*. Mit anderen Worten: Nur ein ausreichend differenziertes neuropsychologisches System wird und kann den geistigen Überstieg in eine wie auch immer geartete Welt hinter den Erscheinungen wagen. Es handelt es sich somit um ein Problem, welches die Menschheit seit jeher begleitet bzw. beschäftigt. Denn die Neugier auf ein Agens hinter den Erscheinungen bietet für das Gehirn des theoretischen Physikers wie

---

[7] Der Präfrontalbereich ist das „menschlichste" aller Areale der Großhirnrinde. Sie ist die jüngste Errungenschaft der Evolution. Bezeichnenderweise wird erst spät in der Entwicklung des Kindes zum jungen Erwachsenen die Reifung des Präfrontalbereichs abgeschlossen. Hier wir ganz offensichtlich die Entwicklung der Menschheit noch einmal nachvollzogen (siehe Kasten 2.1d).

für das des Frühmenschen grundsätzlich den gleichen Reiz und die gleiche Herausforderung. Dazwischen liegen „lediglich" ein paar tausend Jahre der Veränderung in der Denkrichtung. Letztlich unterscheiden sich ja nur die Interpretationsregeln bzw. Wahrheitskriterien. Durch eine Änderung des Überprüfungsmodus startete die Physik den Versuch, zwischen Glauben und Wissen zu trennen. Hierdurch handelte sich u. a. Galileo Galilei die bekannten Schwierigkeiten mit der Kirche ein.

Stellen wir uns die Ausgangslage vor, in der ein Homo sapiens versuchte, die Welt um sich herum und die Ereignisse darin zu verstehen. Als ein sich seines Selbst gewahrer Mensch – eine noch relative junge Errungenschaft in der Evolution des Gehirns – erkennt er, dass es er selbst ist, welcher als Akteur in die Welt eingreift und damit auch an Grenzen stößt. *Er* zerschneidet mit dem gut bearbeiteten Faustkeil das Fell. *Seine* Hand führt dies aus. *Er* verursacht dies. *Sein* gut gezielter Speerwurf bewirkt den Tod des Jagdtieres. Was aber ist die Ursache von Donner und Blitz? Warum wachsen Pflanzen und Tiere? Warum überfällt mich eine schwere Krankheit? Warum habe ich manchmal Jagdglück und manchmal nicht? Nicht für alle Erscheinungen und Ereignisse kann der Frühmensch die Ursachenkette völlig aufklären. Nur teilweise ist er der Akteur. Wer oder was aber bewirkt andere Erscheinungen, wer oder was beeinflusst den Lauf der Ereignisse? Für ein voll entwickeltes, nachforschendes Gehirn eine nahe liegende Annahme, dass neben sichtbaren und direkt nachprüfbaren Kausalitäten analoge, nicht sichtbare Einwirkungen vorhanden sein müssen.

Eine existentiell noch drängendere Frage ist die nach dem Grund für Tod und Geburt. Rätselhaft und emotional bewegend, besonders wenn es sich um Nahestehende handelt. Dass Menschen und Tiere durch die Geburt auf der Welt erscheinen und dann von dieser Welt entschwinden, legt die Schussfolgerung auf eine zweite Welt, eine Welt jenseits der Sichtbaren nahe. Eine Parallelwelt, in welcher möglicherweise andere Akteure handeln und Macht haben – eventuell die gerade verstorbene Angehörige oder andere Wesenheiten. Nahe liegend auch: Da diese nun in der Parallelwelt sind, haben die Toten oder andere Wesen das Wissen dieser zweiten Welt und gewinnen dadurch Macht über Dinge und Ereignisse. Reichhaltige Grabbeigaben, welche wir in dieser Art allerdings nur in Gräbern des Cro-Magnon-Menschen antreffen, sind offensichtlich für eine „Reise" in eine zweite Welt bestimmt.

Zwar begrub auch der Neandertal-Mensch seine Toten. Somit kümmert sich mit dem Neandertal-Mensch erstmalig eine Menschenspezies um ihre Toten, denn beim (möglichen) Vorläufer, dem Homo erectus, sind Bestattungen unbekannt. Allerdings sind in den Neandertaler-Gräbern kaum Anzeichen für Bestattungsriten erkennbar bzw. ist aufgrund der sehr seltenen derartigen Funde und der spärlichen Grabbeigaben eine Deutung sehr schwierig. Bezeichnenderweise werden Grabbeigaben erst in der Spätzeit beim Neandertal-Menschen häufiger und etwas reichhaltiger – dies eben wiederum erst nach dem Kontakt mit dem Cro-Magnon-Menschen. Ferner erreichte die Ausstattung keineswegs die Qualität der Cro-Magnon-Gräber.

Andere Anzeichen für religiöse Aktivitäten der Neandertal-Menschen sind ebenfalls eher rar. Zwar fand man z. B. Bärenschädel in einer Höhle auf Felsvorsprüngen aufgereiht. Offensichtlich waren die Urheber Neandertal-Menschen. Ob dies aber auf einen religiösen Ritus hinweist, ist umstritten. Andererseits kann dies nicht ganz ausgeschlossen werden. Wie dem auch sei. Die These weniger differenzierter religiöser Riten ist durch die Befundlage eher nahe liegend. Die oben erwähnten Unterschiede in der geistigen Leistungsfähigkeit würden dem entsprechen. Mit anderen Worten: Auch wenn wir bei allen einschlägigen Funden grundsätzlich nie ganz sicher sein können, ob sie eine religiöse Bedeutung haben, so legt doch zumindest für den Cro-Magnon-Menschen die sich in diesen und anderen Funden manifestierende kognitive Leistung eine gut ausgeprägte Fähigkeit zu dem hierbei nötigen „grenzüberschreitenden" Denken nahe[8].

Denn nicht nur Zeugnisse reichhaltigerer Bestattungen tauchen mit dem Cro-Magnon Menschen erstmals in der Menschheitsgeschichte auf. Noch frappierender und wahrscheinlich ein noch entscheidenderer Hinweis auf frühes „außer-gewöhnliches" Denken sind die vor etwa 32 000 Jahren erstmalig auftauchenden Wandgemälde. Sie sind beeindruckende Belege einer sehr früh schon entwickelten hohen kulturellen Leistungsfähigkeit. Auch hierdurch demonstriert der Cro-Magnon-Mensch eine geistige Fitness, welche die Existenz einer kongenialen religiösen „Kreativität" nahe legt. Noch deutlicher verweisen Statuetten und Bilder von Wesen, welche in der natürlichen Welt nicht vorkommen, auf die Bereitschaft und Fähigkeit zur mentalen Grenzüberschreitung (siehe auch Corballis und Lea, 2000). Menschliche Gestalten mit Tierköpfen, so etwa der Vogelmensch in der Höhle von Lascaux, der Mensch mit dem Kopf eines hörnertragenden Tieres aus der Höhle Les Trois Frères oder die erstaunliche Figurine eines Menschen mit Löwenkopf aus der Hohlenstein-Stadel-Höhle im Südwesten Deutschlands (Abb. 2.1e) sind hierbei die wohl interessantesten Produkte.

Diese Bildnisse sind vielfach magisch-schamanischen Bedeutungswelten zugeordnet worden (z.B. Clottes & Lewis-Williams, 1997). So weitgehenden Deutungen schließen sich die meisten Forscher nicht an, da hierfür keine *direkten* Hinweise vorliegen. Es führt uns deswegen weiter, wenn wir unseren indirekten Weg der Beweisführung beibehalten. Denn

---

[8] Natürlich entstehen religiöse Ideen nicht nur durch Einsichtsprozesse, aber im Zusammenhang mit der Evolution des Homo sapiens ist ein adäquates kognitives oder neuropsychologisches „Empfängerorgan" als entscheidende Voraussetzung zu diskutieren.

letztlich ist die „Erfindung" der Zwitterfiguren der drastischste Hinweis auf die „Doppelgesichtigkeit" der neurokognitiven Leistungsfähigkeit des Cro-Magnon-Menschen. Das Hinzufügen neuartiger, divergenter Vorstellungen zu dem in der Außenwelt schon Vorhandenen ist eine neue Leistung in der Geschichte der Menschheit (siehe auch Kasten 2.1b). Wie gesagt, kennen wir nicht die genauen *Inhalte* bzw. die den Darstellungen von Vogel-, Hirsch- oder Löwen-Menschen zugrunde liegenden Ideen. Durch die hier gewählte indirekte Beweisführung können wir allerdings umso sicherer sein, dass wir auch hier Hinweise auf ein „geistiges Werkzeug" sehen, welches für weitergehende Weltinterpretationen, welche die Grenze des Realen überschreiten, zumindest in der Lage war. Dies war ganz offensichtlich nur bei den afrikanischen Immigranten aus der Cro-Magnon-Höhle in dieser Ausprägung der Fall.

Ein solch indirektes Vorgehen hat den zusätzlichen Charme, dass wir zunächst völlig ohne Spekulationen bezüglich der *Inhalte* einer den Darstellungen zugrunde liegenden religiösen Vorstellung auskommen. Denn durch den Rekurs auf die Analyse des neurokognitiven Potentials, welche

Abb. 2.1e: Elfenbeinstatuette aus der Hohlenstein-Stadel-Höhle, sog. „Löwen-Mensch"; Südwestdeutschland, zwischen 32 000 und 28 000 vor heute (Foto: Thomas Stephan, copyright Ulmer Museum).

durch Funde wie bei einem psychologischen Test bestätigt werden kann, erkennen wir, dass damit die neurokognitive Pforte für religiöse Ideen bei den Menschen aus der Cro-Magnon-Höhle weit geöffnet ist. Dies scheint, nach allem, was wir an Indizien dafür zur Verfügung haben, für den an den gleichen Orten mit dem Überleben beschäftigten alteingesessenen Jäger und Sammler aus der Eiszeit nicht der Fall zu sein.

Fassen wir zusammen: Der neu aufgetauchte, anatomisch moderne Mensch ist in der Lage, Eigenschaften an Dingen zu entdecken, welche das Ding in der Realität nicht hat. Zusammen mit der Fähigkeit zu kausalem Denken wird er seine Welt durch Überlegungen zu den Verursachern der Ereignisse auf dieser Welt durch grenzüberschreitendes Denken in einer Welt hinter der sichtbaren Welt suchen. Das bezeugen die reichhaltigen Grabbeigaben. Die Frage, welche noch zu klären bleibt, ist, ob differenziertere religiöse Vorstellungen eventuell auch einen Überlebensvorteil hatten. Bisher bezog sich die Forschung bei Beantwortung der *selective advantages* beim Überleben der Cro-Magnon-Leute lediglich auf deren höhere sprachliche und psychosoziale Fertigkeiten (bessere Kommunikationsfähigkeit und besserer Gruppenzusammenhalt) und auf deren Kreativität in der Geräteproduktion (bessere Nahrungssicherung). Zwar sind bessere Geräte und Waffen „schlagendere" Hinweise auf die Fitness einer sich in rauen Zeiten behauptenden Menschengruppe, es ist jedoch möglich, dass auch eine „bessere" Religion schon damals einen Beitrag zum Überleben geleistet hatte (siehe auch nachfolgende Kapitel).

Greifen wir hier nur einige Beispiele heraus: Eine „gute" Welterklärung kann grundsätzlich zur Steigerung vorstellbarer Eingriffsmöglichkeiten genutzt werden. Eine religiöse Welterklärung bietet den psychologischen Vorteil, eine komplexe Welt durchschaubarer und damit handhabbarer zu machen. Das heißt Gefahrenabwehr nicht nur durch bessere Technologie, sondern auch durch eine geeignete religiöse Handlung bzw. die Entwicklung eines spezifischen Ritus. Der emotionale Zugewinn ist das Gefühl, nun Kontrolle ausüben zu können (ein wichtiges psychologisches Element in jeder Form von Religion, siehe weiter unten und nachfolgende Kapitel). So erbringen beispielsweise religiöse Riten zur Verbesserung des Jagdglücks durch die Vorstellung der Beeinflussung der verursachenden Kräfte eine größere Sicherheit bei der Ausübung der Jagd etc.

All dies sind jedoch eher subtile Momente, welche zur Verbesserung des Wohlgefühls und manchmal wohl auch zur Verbesserung der Lebensbedingungen beitragen. Ein massiver Hinweis auf Erhöhung der Überlebenschancen lässt sich hieraus noch nicht ableiten. Unsere viel weiter reichende Frage lautet deshalb: Bietet die Psychologie bezüglich der Konkurrenzsituation zwischen dem Neandertal-Menschen und dem anatomisch modernen Menschen, dem Cro-Magnon-Menschen, Hinweise auf eine deutliche Erhöhung der Überlebenschancen des Cro-Magnon-Menschen durch Religion?

Magie-Heiler und heilende Geister von Anbeginn?

Können wir trotz des berechtigten Verdikts von Evans-Pritchard einen Schritt weiter gehen und die religiösen Lebensvollzüge der Frühzeit etwas genauer bestimmen? Das Wagnis ist zumindest verlockend. Wenn wir das tun, dann verlassen wir allerdings den relativ sicheren Grund der archäologischen Funde aus der frühen Steinzeit. Andererseits handelt es sich beim Cro-Magnon-Menschen keineswegs um ein fremdartiges Wesen. Wie das Magazin *National Geographic* kürzlich titelte, waren es „people like us". Aufgrund der besonderen geistigen Leistungsfähigkeit der Neuzuwanderer und der anhaltend weltweiten Verbreitung von magischen Vorstellungen, trotz gegenteiliger Lehren der großen Stifterreligionen, liegt die Hypothese nahe, dass die Welt von Anbeginn von magischen Vorstellungen geprägt war.

Das erste überlieferte Epos der Menschheit, das Gilgamesch-Epos aus dem zweiten Jahrtausend v. Chr., berichtet von der magischen Reise des Helden in die Unterwelt. Nicht viel später beschreiben die sog. ägyptischen Totenbücher Ähnliches. Zwar sind inzwischen einige Stifterreligionen auf den Plan getreten, aber diese mussten im Laufe der Geschichte bis heute fast überall auf der Welt synkretistische Mischehen mit Magievorstellungen eingehen (siehe auch nachfolgende Kapitel). Die Bilder gleichen sich fast überall in der Welt: auf der einen Seite der ethische Entwurf von Religionsstiftern und auf der anderen Seite das Fortdauern magischer Lebenspraxis. Letzterem scheint eine besondere Attraktivität innezuwohnen, da diese ganz offensichtlich ohne den Nachdruck von Propheten, Religionsführern und Religionskommissionen fast „von alleine" immer wieder auf dem Plan erscheint.

Kehren wir noch einmal zur wahrscheinlichen Ausgangslage zurück. Es kann kaum als weit hergeholt gelten, wenn wir vermuten, dass die Welt für den Cro-Magnon-Menschen von magischen Kräften durchdrungen war. Auch bei allen zu Beginn der ethnologischen Forschung und heute noch vorhandenen sog. Naturvölkern sehen wir eine Durchdringung des Lebens mit Magievorstellungen. Zwar wissen wir nicht, wie stark der Cro-Magnon-Mensch schon davon Gebrauch machte, aber man kann aufgrund unserer neuropsychologischen Überlegungen und der Funde vermuten, dass er wesentliche Mechanismen schon erkannt und erprobt hat. Gemäß der Definition des *New Dictionary of Religions* dient Magie u. a. dazu, Dinge, die einer Kategorie angehören, mit einer anderen in Verbindung zu bringen, welcher sie naturgemäß zunächst nicht angehören. Wie schon weiter oben ausgeführt, ist dies exakt das, was der Cro-Magnon-Mensch mit einem Teil seiner Bildnisse demonstriert: die Fähigkeit, zunächst Divergentes zu etwas Neuem zu verbinden. Es ist somit kaum vorstellbar, dass er seine hohe Vorstellungskraft und seine Fähigkeit, neuartige Ideen zu entwickeln und umzusetzen, dann nicht ebenfalls einsetzte, um sich auch den religiösen Raum zu erschließen und dies zur Bewältigung von Krisen und Verbesserung der Lebenschancen zu nutzen. Denn das ist ja einer der Hauptzwecke magischer Riten.

Jede Form von Konfrontation mit einem Problem zieht Ursachenergründung (Diagnose), Krisenintervention und manchmal auch eine Prognose nach sich. Im Falle der Magie erfolgt die Krisenintervention durch den magischen Ritus. Je dezidierter die Magie-Theorie ist, desto mehr Ansatzpunkte bieten sich für den Magier, Gründe für bisherige Ereignisse (Diagnose) und die Möglichkeiten der Steuerung zukünftiger Ereignisse einer präzisen Analyse zugänglich zu machen bzw. daraus Handlungsanweisungen herzuleiten. Aus diesem Grund wird magisches Denken in der Religionswissenschaft als Vorform des wissenschaftlichen Denkens bezeichnet (siehe z. B. Heiler, 1999). Im Unterschied zur Naturwissenschaft wird jedoch davon ausgegangen, dass jenseitige, übersinnliche Kräfte die Erscheinungen auf dieser Erde bestimmen und dass diese durch rituelle Maßnahmen zu beeinflussen sind.

Der entscheidende Punkt ist, dass vermutlich auch hierin ein weiterer Vorteil des altsteinzeitlichen Cro-Magnon-Jägers und -Sammlers gegenüber seinem Konkurrenten lag. Denn letztlich geht es im Wesentlichen darum, über Ereignisse Kontrolle zu erlangen, welche zunächst als unkontrollierbar erscheinen. Der Ritus dient dazu, das Gefühl zu mindern, hilflos seinem Schicksal ausgeliefert zu sein, besonders dann, wenn er differenzierte religiöse Diagnose- und Lösungsangebote bietet. So werden z. B. nach Ansicht sibirischer Jäger- und Sammlervölker verschiedene Krankheiten durch unterschiedliche Krankheitsgeister verursacht – so etwa Masern durch den Maserngeist. Die entsprechende Differenzialdiagnose lässt dann die adäquate bzw. differenzierte Maßnahme im Ritus folgen. Auch in diesem Punkt haben heutige Wissenschaften bzw. ärztliche Therapien mit Magie-Theorien Gemeinsamkeiten. Da *beiden* Therapieformen ein hohes Maß an Heilungschancen innewohnt, welche *unabhängig* vom spezifischen Können des Therapeuten sind, wie wir in den nachfolgenden Kapiteln sehen werden, begründet dies ebenfalls einen potentiellen Überlebensvorteil. Es sind psychologische Elemente, welche in beiden Therapieformen ihre Wirkung auch auf die körperliche Gesundung entfalten. Doch dazu später mehr.

Komplexe Diagnosen und/oder die Schwierigkeit der Beseitigung von Unbill jeder Art sowie die Kenntnis der speziellen Gegenmaßnahmen erfordern einen sachkundigen Spezialisten. Hier kommt die in fast allen indigenen Völkern vorhandene Figur des heilenden Magiers bzw. des mit magischem und Kräuterwissen ausgestatteten Medizinmanns ins Spiel. Eine dieser Magier-Gestalten ist hier von besonderem Interesse, da sie offensichtlich der ersten Kulturstufe der Menschheit, der Jäger- und Sammlerkultur, zuzuordnen ist: der Schamane. Der Begriff Schamane stammt aus dem sibirischen Sprachraum und bedeutet u. a. „der Wissende"[9]. Da man feststellte, dass es sich um ein recht universell auftretendes Muster eines magischen Heilers und religiös Wissenden handelte, war die Versuchung groß, den Begriff in populären Darstellungen auf die verschiedensten indigenen Heilerfiguren anzuwenden. Wir wollen deswegen versuchen – wenigstens ansatzweise – die Kernelemente herauszuschälen. Verdienstvollerweise hat sich Michael Winkelman in seiner 1999 erschienenen Arbeit dieser schwierigen Frage angenommen. Der Autor hat dazu die in den verschiedenen indigenen Kulturen von Ethnologen beschriebenen Merkmale dort vorhandener *magico-religious healer* systematisch miteinander verglichen. Hierzu hat Winkelman eine statistische Technik gewählt (Clusteranalyse), durch die sich Gruppierungen ähnlicher Merkmale in den ethnologischen Beschreibungen gleichsam durch mathematisch-statistisches „Übereinanderlegen" der unterschiedlichen Beschreibungen dieser Magier herauskristallisieren. Das Ergebnis dieser Analyse bestätigt, dass sich sehr ähnliche Magierfiguren in Eurasien, Amerika und teilweise auch in Afrika nachweisen lassen.

Die Analyse zeigt ferner, dass gemeinsame Merkmale der Tätigkeit dieser Medizinmänner, Magier oder eben Schamanen in der Ausübung folgender Funktionen besteht: Sie heilen Krankheiten, sagen die Zukunft voraus und sind in der Lage, mit jenseitigen Kräften oder Geistwesen Kontakt aufzunehmen[10]. Aufgrund der ihnen zugeschriebenen Eigenschaften verfügen diese Magier oder Schamanen über eine gewisse Autorität in der Gruppe. Sie werden in allen möglichen kritischen Lebenslagen um eine Entscheidung gebeten, neben der Behandlung von Krankheiten, auch bei Fragen des Kampfes, der Jagd und des Ortswechsels der Gruppe. So ist z. B. bei umherziehenden Jägern, wie etwa den Yekuana im Urwald des Orinoko-Gebietes, die Wahl eines neuen Siedlungsplatzes entscheidend für die Sicherstellung von Fleisch und Früchten des Waldes, wenn am alten Standort die Ressourcen sich dem Ende zuneigen.

---

[9] Der Begriff „Schamane" wurde zuerst von russischen und deutschen Ethnologen vor der Jahrhundertwende als Gattungsbezeichnung für bestimmte Heilerfiguren verwendet, da der Begriff mit ähnlichen Wortbildungen in nördlichen Gegenden Asiens in Gebrauch ist. So werden bei den Tungusen die Magier-Heiler als *saman* bezeichnet, ähnlich im Mandschurischen: *sama*, oder z. B. auch mongolisch: *samadi*. Eine mögliche etymologische Deutung des Begriffs ergibt sich aus dem tungusischen Wort *sa*, welches „wissen", „denken" bedeutet (siehe dazu auch Müller, 1997).

[10] Hier ist natürlich darauf hinzuweisen, dass neben der sog. weißen Magie auch eine schädigende sog. schwarze Magie zu allen Zeiten und in vielen Kulturen anzutreffen ist. Auch hierdurch versucht der magisch eingestellte Mensch Kontrolle über das Geschehen um ihn herum bzw. über Menschen zu erlangen. Bei den Zande spielt z. B. das Verhextwerden als Ursache für Unglück eine Rolle. Der Heiler-Magier soll dann die Verhexung wieder aufheben. Da hier und in den nachfolgenden Kapiteln jedoch Religion als helfendes System im Vordergrund der Betrachtung steht, wird dieser Aspekt der Magie weniger berücksichtigt.

Das Prestige und Spezialistentum des Schamanen und ähnlicher Heilerfiguren werden jedoch wesentlich durch eine bestimmte, sehr herausragende Fertigkeit bestimmt: durch die Technik, durch Bewusstseinsveränderung in andere Räume der Wahrnehmung vorzustoßen. Hierdurch öffnet sich für diese Magier und Medizinmänner der Zugang zu einer unsichtbaren Welt. Sie erleben dort in halluzinationsartigen Bildern den Umgang mit mächtigen Geistwesen (mehr dazu in Kap. 4.2). Sie unternehmen, wie sie es selbst ausdrücken, „Seelenreisen" in die Ober- und Unterwelt, die Welt der Geister. Denn manche Geister leben in der Unter- und manche in der Oberwelt.

Die wesentliche Voraussetzung hierfür war die Entdeckung, dass veränderte Bewusstseinszustände durch bestimmte Psychotechniken möglich sind. Es ist sehr wahrscheinlich, dass die Techniken der Tranceinduktion schon recht früh in der Geschichte der Menschheit entdeckt wurden. Denn so eindrucksvoll die Berichte der Schamanen klingen, Zustände der Trance sind leicht herzustellen. Jedes länger andauernde monotone Reden, längere gleichförmige Tanzbewegungen, Trommelschläge oder Rasseln erzeugen verschiedene Grade veränderten Bewusstseins, vom leichten Wegdriften von den Vorgängen um uns herum bis zum völligen „Abschalten" (ferner auch halluzinogene Pflanzen wie der Fliegenpilz; mehr dazu in Kap. 4.2).

Es lässt sich leicht vorstellen, dass eine in Trance gestammelte Botschaft eines Geistwesens aus dem Munde des Schamanen seine Wirkung auf das Auditorium nicht verfehlt (so wie auch heute noch, wenn ein modernes Medium in Trance den Krankheitsgeist vertreibt, Kap. 3.2). Die Teilnehmer der Séance gewinnen so den Eindruck, dass hier ein Medium die Botschaft der Geister offenbart. Jedes „höhere" Wissen ist das mächtigere Wissen. Mächtiger als die bloße Anwendung medizinischer Kräuter, weswegen z. B. die Zande nicht auf den magischen Zusatz verzichten wollten, trotz aller aufgeklärten Skepsis. Denn hierin steckt der entscheidende psychologische Mechanismus, mit dem wir uns in den späteren Kapiteln noch im Detail beschäftigen werden.

Noch ein Punkt bleibt abschließend zu klären. So nützlich die Figur eines solchen „Wissenden" bei der Bewältigung von Lebensproblemen sein mag, auch unter Berücksichtigung der Tatsache, dass die Existenz solcher schamanischer Heiler- und Magierfiguren sich geradezu gesetzmäßig in Jäger- und Sammlerkulturen nachweisen lässt, lassen sich daraus allein schon Indikatoren ableiten, dass auch die Jäger- und Sammlerkultur der Cro-Magnon-Menschen darüber verfügte? Sicher nicht. Jedoch ergeben sich aus Bildnissen der Cro-Magnon-Menschen Hinweise, die man so deuten könnte. Für Menschen in Jäger- und Sammlerkulturen haben natürlich Jagdtiere (als Metapher des überlegenen Jägers, wie etwa der Löwe, oder des bevorzugten Beutetieres, wie etwa der Hirsch) eine besondere Bedeutung. Menschen in Jäger- und Sammlerkulturen identifizieren sich teilweise mit ihnen bzw. räumen diesen einen besondern Platz in ihrem religiösen Universum ein. Beispielsweise waren in der Mythologie der Yekuana, welche heute noch im Dschungel des südlichen Venezuela leben, Tiere und Menschen in der Urzeit eins. In der Vorstellung einiger Aborigenes-Stämme Australiens stammen verschiedene Klans von unterschiedlichen mythologischen Tieren ab. Bei den Achuars, welche im heutigen Ecuador leben, vermittelt der Geist des Jaguars und der Anaconda – einer Riesen-Boa – den Zugang zu den jenseitigen Welten. Der Yekuana-Schamane setzt sich während des Ritus auf seinen Schamanenstuhl in Form eines Jaguars, welcher dann den Kontakt vermittelt. Ein anderes Muster der Verbindung mit dem Überweltlichen ist die Verkleidung mittels Tiermaske oder Fell mit Tierkopf des für die jeweilige Jagdkultur signifikanten Tieres – wie etwa des Bären in Sibirien, des Hirsches in Asien und Nordamerika oder eben des Jaguars in Mittel- und Südamerika. In diesen Formen des Schamanentums inkorporiert der Schamane während der Trance den entsprechenden Tiergeist und erlangt so überlegenes Wissen und Fähigkeiten. Noch heute kann man bei mittelamerikanischen Indios erleben, dass sie mit der Fellbemalung des Jaguars versehen den rituellen Regentanz ausführen, um den Regen für ihre Felder herbeizubitten.

Es ist zu vermuten, dass es sich hierbei um lange zurück reichende Traditionen von Jäger- und Sammlerkulturen bzw. von religiösen Restbeständen aus alter Zeit handelt. Dies belegen bildliche Darstellungen, welche besonders dann von Interesse sind, wenn lange zurück reichende Bildtraditionen bis in neuere Zeit beibehalten wurden und somit Angehörige dieser Kulturen noch von Ethnologen befragt werden konnten. Aufgrund dieser Berichte können wir relativ sicher sein, dass bestimmte Inhalte und formale Merkmale auf eine religiöse Bedeutung verweisen. Hierbei sind Darstellungen von Tier-Mensch-Zwittern besonders aufschlussreich. Schon in den ersten Hochkulturen Mittelamerikas finden sich wiederholt Darstellungen von Tier-Menschen, besonders häufig Jaguar-Menschen, so etwa in Darstellungen der Mayas und der Olmeken. Letztere begannen zwischen 2000 und 1500 v. Chr. frühe Hochkulturen zu entwickeln (Abb. 2.1f). Die Verbindung zu heute noch lebendigen – oben erwähnten – Traditionen ist nicht zu übersehen. Auch noch auf heutigen bildlichen Darstellungen indigener Völker finden sich Tier-Mensch-Motive, so etwa bei den heutigen Huichol in Zentralmexiko. Auf einem vor mir liegenden farbigen Textilbild ist z. B. eine mit Hirschkopf und Flügeln versehene menschliche Figur zu sehen. Nach Aussage der Hersteller des Bildes sei dies ein Schamane, der sich auf die Seelenreise begeben habe. Auf Felsbildern in Peru aus der Zeit zwischen 100 v. Chr. und 750 n. Chr. finden sich u. a. Hirschtanzszenen, welche eine ähnliche Bedeutung haben könnten. Auch aus Nordamerika und Sibirien finden sich jüngere und teilweise auch ältere Darstellungen – hier meist Hirsch-, Elch- oder Bären-Menschen, welche ebenfalls auf eine längere Tradition verweisen. (Die Tiergottheiten Ägyptens – Menschen mit Tierköpfen – könnten auf Ursprünge in ähnlichen mythologisch-kulturellen Kontexten zurückgehen.)

Abb. 2.1f: Olmekische Plastik, Mexiko, Jaguar-Mensch, zwischen 2000 und 1500 v. Chr. (Dumbarton Oaks Research Library and Collection, Washington, D.C.).

Zurück zur Cro-Magnon-Kultur und den Spuren, die sie hinterlassen hat: Es ist verlockend, die zwischen 35 000 und 13 000 Jahren vor unserer Zeitrechung entstandenen Darstellungen von Löwen-, Vogel-, Stier-, Bock- und Hirsch-Menschen des Cro-Magnon-Menschen in Höhlen oder die entsprechenden Tiermensch-Statuetten mit entsprechenden Darstellungen aus anderen Kulturen in Verbindung zu setzen. Zunächst wissen wir nur, dass es sich hier um Belege für eine neuartige kognitive Fähigkeit handelt, welche kategoriale Grenzüberschreitungen ermöglicht. Dies ist für komplexeres religiöses Denken eine der Voraussetzungen, wie wir gesehen haben. Ob es sich bei den Darstellungen auch um die magische Verwandlung eines Schamanen in einen Tiergeist handeln könnte bzw. ob sie dieses symbolisieren, wissen wir natürlich nicht[11]. Erst recht haben wir keinen sicheren

---

[11] Vor Überinterpretationen ist hier ausdrücklich zu warnen. Beispielsweise ordnen Clottes und Lewis-Williams (1997) Punkte- und Linien-Ornamente in der Cro-Magnon-Höhlenmalerei verschiedenen Trancestadien zu. Dies entspricht keineswegs dem Forschungsstand zu Effekten von Hypnose und Trance (siehe Kap. 4.2) und ist als grobe Überinterpretation bzw. *jumping to conclusions* zu bezeichnen, da einfache Muster dieser Art keineswegs zwingend irgendeine spezifische Bedeutung nahe legen. Geringe Sorgfalt bei der Interpretation schadet eher dem Fortschritt in der Forschung.

Anhaltspunkt, ob den viel häufigeren Tierdarstellungen (ohne Menschanteile) eine entsprechende religiös-magische Bedeutung zukommt. Denkbar wäre es.

Überraschende Hinweise für eine mögliche Interpretation – bei aller gebotenen Vorsicht – kommen aus Südwestafrika. Die schon mehrfach erwähnten sog. Buschleute bzw. San in Südwestafrika erstellten ebenso wie Cro-Magnon-Menschen Felsbilder-Galerien. Für sich gesehen ist dieser Tatbestand noch nichts Besonderes, denn Felszeichnungen – auch älteren Datums – sind überall in der Welt nachzuweisen (siehe oben). Das Besondere an der Felsenkunst der San ist jedoch zweierlei: erstens das Alter und zweitens der rituelle Inhalt einiger dieser Bilder, ferner aber auch die wesentlich länger anhaltende Maltradition im Vergleich zu den Cro-Magnon-Bildnissen. Denn die San übten ihre Kunst bis zum Eintreffen der Europäer aus und gaben diese – wie teilweise auch ihre Jäger- und Sammlerlebensweise – aufgrund der ihnen oktroyierten Veränderungen schließlich bald auf. Das Frappierende ist jedoch das offensichtlich sehr hohe Alter einiger dieser Felsmalereien. Zwar ist die Datierung hier schwieriger als bei den Cro-Magnon-Bildnissen, doch ist man mittlerweile bei zumindest einem der Bilder heute recht sicher, dass es vor etwa 27 000 Jahren entstanden ist! Das würde bedeuten, dass sich nördlich bewegende Homo-sapiens-sapiens-Gruppen und südlich wandernde etwa um die gleiche Zeit begannen, eine reichhaltige Bildkultur zu schaffen. Bislang sind über 4000 Bildnisse der San, welche sich hauptsächlich in den Dragensbergen (Drachenberge) befinden, entdeckt worden. Der enorme Vorteil der südlichen Bildergalerien ist, dass man die San noch zur Bedeutung der Darstellungen befragen konnte. Viele Bilder haben danach tatsächlich magisch-religiöse Bedeutung, so etwa die Darstellung von Menschen mit Antilopenköpfen. Zahlreiche ethnologische Studien, wie auch die Forschungen speziell von Michael Guenther (1999), belegen, dass der Trancetänzer, wenn er beispielsweise eine Heilung vornimmt, sich u. a. den Geist des Löwen, Leoparden oder der Schlange (die signifikanten beutemachenden Tiere) zu Hilfe ruft oder eben auch den Geist der Elen-Antilope, des bevorzugten Jagdtieres der San. Durch die Transformation in eines dieser Tiere erlangt der Trancetänzer die heilende Kraft. „... der Trancetanz ist ein Ritual der Transformation und Transzendenz, welches das Gefühl des Ausführenden und des Teilnehmenden für Realität ändert. Es führt den Tänzer in das Reich der Geistwesen und kann ihn verändern, spirituell oder metaphorisch in ein Tier. Wie die Wesen der Ersten Ordnung in der mythischen Zeit, können auch die heutigen Tänzer ihren ontologischen Zustand ändern, in dem sie hin und wieder zurück über Grenzen gehen, welche sie von Tier- und Geistwesen trennen und von Leben und Tod. In einer bestimmten Phase des Tanzes, vor dem Moment des Kollapses, stehen sie an der Schwelle beider Reiche, gut sichtbar für die Teilnehmer und Zuschauer, welche Zeuge der intensiven Erfahrung des Dissoziationszustandes des Tänzers werden" (Guenther, 1999, S. 191).

Resümee: Die evolutionspsychologischen Wurzeln und die Folgen

Als hätte ein an Ursprung und Wirkung der Religion interessierter Beobachter die Ausgangssituation arrangiert: Der imaginäre Beobachter sah, wie über 100 000 Jahre lang zwei Menschentypen fernab voneinander sich entwickelten. Dann griff der imaginäre und neugierige Beobachter selbst ein, er brachte die beiden Gruppen zusammen. Denn er wollte sehen, wie sich beide im unmittelbaren Wettbewerb für weitere 10 000 Jahre behaupteten. Es stellte sich heraus, dass die Fantasie der einen Gruppe die Potenz an Muskelmasse der anderen Gruppe ausglich. Fantasiebegabung und Imaginationsfähigkeit erwiesen sich sogar als langfristig überlegen. Wohl eine entscheidende Weichenstellung für die Zukunft bzw. für die Entscheidung darüber, welcher Menschentypus mit welchen Eigenschaften die Jetztzeit prägen sollte. Die zu immer weiteren Räumen des bloß Vorstellbaren vordringende Fantasie erwies sich dem bisherigen Primat des Faktischen, des in der äußeren Welt direkt Vorgefundenen, als überlegen. Erste Auswirkungen zeigten sich in den neuartigen Jagwaffen- und Werkzeugprodukten des Cro-Magnon-Menschen. Letztlich beruhte dies auf einer neuroanatomischen Mutation, welche ein „freies" Hirnareal vorsah – ein Areal, durch welches der Homo sapiens sapiens die äußere Welt transzendieren konnte – gemäß der ursprünglichen Bedeutung dieses Begriffs[12].

So war für den Homo sapiens sapiens der Weg vorgezeichnet, dem in der äußeren Welt nicht Existierenden zur Existenz zu verhelfen – evolutionspsychologisch ein revolutionärer Schritt. Denn ab jetzt gewann auch das nur Vorstellbare ungeheure Wirkkraft. Was jedoch auch die Ambivalenz der Wirkrichtung impliziert. Denn es kann Leid durch schwarze wie Heilung durch weiße Magie bewirken. In letzter Konsequenz kann es sowohl die verführende Utopie wie auch den mächtigen Erlösungskultus nach sich ziehen. Somit war man bei der Bewältigung von Problemen nicht mehr alleine auf die Qualität des Vorhandenen angewiesen, etwa des Faustkeils oder des Heilkrautes. Erst recht zu Zeiten, in denen die Mittel zur instrumentellen Veränderung der Welt letztlich beschränkt waren (welche sie

---

[12] Um einem möglichen Missverständnis vorzubeugen: Die hohe kognitive Bedeutung des Präfrontalbereichs lässt nicht zwingend den Schluss zu, dass es sich hier um ein Zentrum für religiöse Ideen handle. Zum einen kann der Präfrontalbereich seine Wirkung nur durch das Zusammenspiel mit *anderen* Hirnzentren entfalten, und zum anderen handelt es sich lediglich um ein System, welches an der Generierung komplexer Ideen beteiligt ist. Die *Inhalte* bestimmt dann die jeweilige Kultur. Ferner ist der Begriff Religion zu komplex, um auf eine kognitive Komponente reduziert zu werden. Allerdings ist im Zusammenhang mit dem hier diskutierten Aspekt der Religion als Erkenntnissystem die Evolution dieser Struktur von besonderem Interesse.

allerdings auch in späteren Epochen trotz technologisch-wissenschaftlichen Fortschritts blieben), bieten Hilfsinstrumentarien wie die grenzüberschreitende Intuition die entscheidende Hoffnung auf eine Verbesserung der Lebenssituation und damit letztlich u. U. auch einen Überlebensvorteil. Denn: „… the origin of fantasy is desire"[13]. Letzteres folgt aus den Miseren des menschlichen Lebens. Ersteres kam als Antwort unserer Vorfahren in die Welt, da es evolutionspsychologisch Vorteile für Lebensbewältigung und Heilen bot. Haben auch deswegen die Cro-Magnon-Menschen überlebt? Wir wissen es nicht, aber es ist möglich. Die anhaltenden Konsequenzen dieser „Erfindung" sprechen dafür, wie wir in den nachfolgenden Kapiteln sehen werden.

Bibliographie-Auswahl

Balter, M. (2002). What made humans modern? *Science, 295,* 1219–1225.

Clottes, J. & Lewis-Williams, D. (1997). *Schamanen. Trance und Magie in der Höhlenkunst der Steinzeit.* Sigmaringen: Jan Thorbecke Verlag.

Corballis, M. C., Lea, S. E. (Hrsg.) (2000). *The descent of mind. Psychological perspectives on hominid evolution.* Oxford: Oxford University Press.

Deimel, C. (1996). *Hikuri ba. Peyoteriten der Tarahumara.* Hannover: Niedersächsisches Landesmuseum.

Dilthey, P. (1993). *Krankheit und Heilung im brasilianischen Spiritismus.* München: Akademischer Verlag.

Durkheim, E. (1994). *Die elementaren Formen des religiösen Lebens.* Frankfurt a. M.: Suhrkamp (frz. Ausgabe: 1968).

Evans-Pritchard, E. E. & Monte, K. (1981). *Theorien über primitive Religionen.* Frankfurt a. M.: Suhrkamp (engl. Ausgabe: 1965).

Evans-Pritchard, E. E. (1978). *Hexerei, Orakel und Magie bei den Zande.* Frankfurt a. M.: Suhrkamp (engl. Ausgabe: 1976).

Fichte, H. (1976). *Xango. Die afroamerikanischen Religionen.* Frankfurt a. M.: S. Fischer.

Frank, J. D. (1981). *Die Heiler. Wirkungsweise psychotherapeutischer Beeinflussung. Vom Schamanismus bis zu den modernen Therapien.* Stuttgart: Klett-Cotta.

Guenther, M. (1999). *Tricksters and Trancers.* Bloomington: Indiana University Press.

Heiler, F. (1999). *Die Religionen der Menschheit.* Stuttgart: Philipp Reclam jun.

Jasmuheen (Hrsg.) (1998). *Der Lichtnahrungsprozess. Erfahrungsberichte.* Burgrain: Kohla Verlag.

Jones, S., Martin, R. & Pilbeam, D. (Hrsg.) (1996). *The Cambridge encyclopedia of human evolution.* Cambridge: Cambridge University Press.

Klix, F. (1993). *Erwachendes Denken. Geistige Leistungen aus evolutionspsychologischer Sicht.* Heidelberg: Spektrum Akademischer Verlag.

Knight, R. T. & Grabowecky, M. (2000). *Prefrontal cortex, time, and consciousness.* In: Gazzaniga, M. S. (Hrsg.). *The new cognitive neuroscience.* Cambridge (Ma.): The MIT Press.

---

[13] Vorwort von Tabbert, R. (Hrsg.) (1982). *Great fantasy stories.* Stuttgart: Klett.

Kolb, B. & Whishaw, I. Q. (1996). *Neuropsychologie*. Heidelberg: Spektrum Akademischer Verlag.

Lewis, D. A. (1997). Development of the prefrontal cortex during adolescence: insights into vulnerable circuits in schizophrenia. *Neuropsychopharmacology, 16,* 385–398.

Liggenstorfer, R. & Rätsch, Ch. (Hrsg.) (1998). *Maria Sabina. Botin der heiligen Pilze. Vom traditionellen Schamanentum zur weltweiten Pilzkultur*. Solothurn: Nachtschatten Verlag.

Lorblanchet M. (2000). *Höhlenmalerei. Ein Handbuch*. Sigmaringen: Jan Thorbecke Verlag.

Mesulam, M. (2000). Brain, mind, and the evolution of connectivity. *Brain and cognition, 42,* 4–6.

Moos, U. (2001). *Spirituelles Heilen. Der schamanische Weg zur Gesundheit*. München: Wilhelm Heyne Verlag.

Müller, K. E. (1997). *Schamanismus. Heiler, Geister, Rituale*. München: C. H. Beck.

Obrecht, A. (2000). *Die Klienten der Geistheiler*. Wien: Böhlau.

Schenk, A. (1994). *Schamanen auf dem Dach der Welt. Trance, Heilung und Initiation in Kleintibet*. Graz: Akademische Druck- u. Verlagsanstalt.

Schmitz, R. W. & Thissen, J. (2000). *Neandertal. Die Geschichte geht weiter*. Heidelberg: Spektrum Akademischer Verlag.

Segalowitz, S. L. & Davis, P. L. (2004). Charting the maturation of the frontal lobe: an electrophysiological strategy. *Brain and Cognition 55,* 116–133.

Tattersall, I. (2000). *Becoming human. Evolution and human uniqueness*. Oxford: Oxford University Press.

Vitebsky, P. (2001). *Schamanismus. Reisen der Seele, magische Kräfte, Ekstase und Heilung*. Köln: Evergreen/Taschen.

Winkelman, M. (1999). *Shamanistic healers: A cross-cultural biopsychological perspective*. In Schenk, A. & Rätsch, Ch. (Hrsg.) *Was ist ein Schamane?/What is a shaman?* Berlin: Verlag für Wissenschaft und Bildung.

Wynn, T. (2003). Archeology and cognitive evolution. *Behavioral and Brain Sciences 25 (3)* 426–432. Cambridge: Cambridge University Press.

Heil und Heilen durch Magie und Religion: Einige geschichtliche Schlaglichter auf Orient und Okzident

10 000 Jahre nach der Höhlenmalerei: Die frühen Hochkulturen

Der Heilzauber bleibt, aber er wandelt seine Erscheinungsformen. Es sind nun nicht mehr Medizinmänner oder Schamanen, welche kleine Stammesgruppen zu betreuen hatten. Mit der Wandlung des Gemeinwesens in größere Staatsgebilde, wie z. B. in Mesopotamien oder Ägypten, welche von Adeligen und einer Beamtenhierarchie verwaltet wurden, bildete sich eine hierarchisch geordnete Priesterkaste heraus (siehe Kasten 2.2a). Ganz entsprechend ist das jenseitige Reich geordnet: oberste Gottheiten und auf niedrigeren Stufen Geister und Dämonen.

> *„Wir finden Magie, wo immer Elemente von Glück und Unglück und das emotionale Spiel zwischen Hoffnung und Angst weiten und ausgedehnten Spielraum haben."*
> *Bronislaw Malinowski*

Durch die Entwicklung der Schrift in den frühen Hochkulturen haben wir nun genaueren Einblick in den Heilalltag. Entsprechende Fortschritte sind auch auf dem Gebiet der Heilkunst zu verzeichnen. Der Stand der Ärzte und Chirurgen löst sich von der Figur des Heilmagiers. Jedoch spielt das Sakrale nach wie vor eine große Rolle. Denn auch ohne das Dazwischenschalten von Heilspezialisten sucht der gepeinigte Bürger Mesopotamiens die Hilfe der Götter:

„Ich habe euch angerufen, Götter der Nacht,
Mit euch habe ich die Nacht angerufen, die verschleierte Braut,
Ich habe Dämmerung, Mitternacht und Morgenröte angerufen,
Weil eine Hexe mich verhext hat …
Stehet mir bei, Große Götter, und beachtet meine Klage,
Richtet meinen Fall und gewährt mir Entscheidung [durch das Orakel][1]."

---

[1] Unleserliche Stelle. Durch Klammer markiert bzw. ergänzt durch Abusch (1987). Es handelt sich hier um einen sumerisch-akkadischen Text, ca. 2500–2000 v. Chr.

Kasten 2.2a:

Die ersten tausend Jahre des Heilens

Ab 9. Jahrtausend:	Übergang vom Jagen und Sammeln zur Bebauung von Feldern und zur Viehzucht. Erste diesbezügliche Funde in Kleinasien und auf dem Balkan.
Ab 3. Jahrtausend:	Entstehung von Hochkulturen in **Mesopotamien** („Land zwischen den Flüssen"), d. h. in den warmen und fruchtbaren Ebenen um Euphrat und Tigris. Ärzte und Magier kümmern sich *gemeinsam* um den Kranken. **Ägypten:** Die Krankenversorgung ähnelt hier der in Mesopotamien.
Ab 1. Jahrtausend:	Entstehung **griechischer** Gemeinschaften rund um die Ägäis. Vor dem 6. Jahrhundert v. Chr.: Homer beschreibt Apollon als Gott des Heilens. Ab etwa 400 v. Chr.: Trennung von rationaler Medizin und magischem Heilen (Hippokrates: Krankheit hat natürliche Ursachen).

Die Kulturen Mesopotamiens boten das Bild „frühmoderner" Gemeinwesen mit einem zweigleisigen Hilfssystem: sakrales Heilwesen durch Anrufung der Götter oder Beschwörung von Dämonen und gleichzeitig ein profanes Heilwesen, welches sich in den Händen ärztlicher Spezialisten befand. Letztere demonstrierten ihren hohen zivilisatorischen Stand durch die Bindung an einen Berufskodex. Dieser war in einem umfangreichen Gesetzestext niedergelegt (Wiggermann, 1999). Interessanterweise wurde trotzdem in der Krankenbehandlung keine Trennung zwischen profanem und sakralem Heilen vorgenommen. Dem Arzt standen sozusagen ein Beschwörer, der *wasipum*, und ein Seher, der *barum*, zur Seite. Hierin zeigt sich in gewisser Weise die frühe „Modernität", denn auch heute sichern Menschen neben der medizinischen Behandlung ihr leibliches und seelisches Wohlergehen zusätzlich durch spirituelle Heilmaßnahmen ab (siehe Kap. 3.2).

Die Aufgabe des *barum* war, die magischen, sakralen Ursachen der Erkrankung zu ermitteln: Zauberei war eine der Möglichkeiten, oder der Kranke hatte den Unmut der Götter auf sich gezogen. Die spirituelle Diagnose des *barum* berücksichtigte ferner das Unwesen von Dämonen oder Geistern der Toten. So glaubte man z. B., dass Epilepsie durch das Wirken des bösen *utukku*-Dämons ausgelöst wurde. Auch das kommt uns bekannt vor (siehe voriges Kapitel), denn bis heute noch geistern manchmal die Seelen von Toten und andere Geistwesen als Erklärung für psychische oder psychosomatische Probleme in den Häusern der Betroffenen herum. Als ich dies niederschrieb, kam ich gerade von der Beratung einer Familie, in welcher Spannungen zwischen der Mutter und ihren beiden pubertierenden Töchtern herrschen. Die Familie hörte in ihrem Haus Geräusche eines sog. Poltergeists. Aber auch in der Schule war etwas Derartiges zu hören. Dies wurde von Seiten der Tochter damit begründet, dass die Schule über einem früheren Friedhof erbaut worden sei.

Doch zurück zu den Sumerern, Akkadern und Babyloniern des 3. und 2. Jahrtausends. Auch hier galt es herauszufinden, welche Probleme Geister, Götter und Dämonen verursachten. So teilten sich der Arzt und der *barum* die Ergründung der Krankheitsursache – sozusagen die profane und die sakrale Diagnose. Aber eine Krankenbehandlung wäre nicht vollständig, wenn nicht auch möglichst umfassende Angaben zur Prognose gemacht werden könnten – ein besonders schwieriger Part im Dreiklang Diagnose, Behandlung, Prognose. Auch hierbei verfuhr man zweigleisig. Der *wasipum*, der Beschwörer, konnte sich hierbei auf spezielle Prognosehandbücher stützen. Eine der darin enthaltenen Empfehlungen sah z. B. vor, eine kleine ungiftige Schlange zum Krankenbesuch mitzunehmen:

„Wenn eine Schlange auf das Bett des Kranken fällt, so wird der betreffende Kranke leben. Wenn eine Schlange auf den Kranken fällt, wird er innerhalb von drei Tagen sterben" (Maul, 2002, S. 9).

Wie schon angedeutet, geht es nicht nur um jenseitsgestützte Orakel. Die damaligen Ärzte heilten durchaus mit rationalen Mitteln, soweit es der damalige Wissensstand erlaubte. Aus Kräutermixturen, Salben sowie chirurgischen Eingriffen bis hin zur Schädelöffnung (etwa um eine Geschwulst zu entfernen) bestand das Repertoire. Selbst die Gebührenordnung für Ärzte war gesetzlich geregelt: Beispielsweise brachte das Heilen von Knochenbrüchen dem Arzt fünf Scheqel Silber ein. Bei ärztlichen Kunstfehlern, wenn etwa bei Kopfoperationen die Sehfähigkeit in Mitleidenschaft gezogen worden war, waren harte Strafen zu erwarten. Auf der einen Seite ein sehr modern und rational organisiertes Gemeinwesen und auf der anderen Seite die magische Welt. Diese bilden keinen Gegensatz, wie wir sahen. Im Gegenteil, profane und sakrale Heilhandlungen durchdringen sich gegenseitig, sind ineinander verwoben. Bezeichnenderweise ist der Gott der Weisheit Ea/Enki auch gleichzeitig der Gott der Magie (Trenkwalder, 2003).

Im Ägypten des Altertums lagen die Dinge ganz ähnlich. Auch hier waren die Hierarchien des Jenseits und des Diesseits ähnlich geordnet. Der jeweilige Herrscher bzw. Pharao hatte die weltliche Macht und wurde gleichzeitig als göttlich verehrt. Auch in diesem streng geordneten Staatswesen war das Heilen in der Hand von erstaunlich fortgeschrittenen Ärzten und Chirurgen. Parallel existierte eine spirituelle Absicherung. Interessanterweise lassen sich auch innerhalb der Welt der spirituellen Anschauungen keine Trennlinien zwischen sog. höheren und niederen Formen des

Religiösen auffinden. Wie z. B. Robert Ritner (1995) betont, ist ebenso wie in Mesopotamien auch in Ägypten kein fundamentaler Unterschied in Einschätzung und Stellenwert bei den Gläubigen und Priestern zwischen Religion und Magie ausmachbar. Staatszeremonien unter Anrufung der Götter besaßen keine höhere Legitimation im religiösen Alltag als heilende oder verfluchende Magie.

Alles dies gehörte dem Bereich an, welchen die Ägypter als „göttlich" bezeichneten. Entsprechend wurden Texte, welche wir im heutigen Sprachgebrauch als magische Beschwörungen bezeichnen würden, im Tempel der Götter aufbewahrt. Priester waren es denn auch, welche die Heilriten am Kranken durchführten (u. a. auch deswegen, weil sie zu den Wenigen zählten, welche Lesen und Schreiben konnten). Wenn sie nicht gerade Tempeldienst hatten, konnten sie sich somit ein Zubrot beim alltäglichen Mildern von psychischen oder somatischen Problemen verdienen. Sei es, um den Feind eines Klienten zu verhexen oder einen Patienten unter Anrufung des zuständigen Gottes zu heilen. Zwischen schwarzer Magie, die schädigt, und weißer Magie, die heilt, wurde ebenso nicht unterschieden. Schwarze Magie galt nicht als strafwürdiges oder unethisches Verhalten. Alles wurde letztlich als Ausfluss von Heka angesehen. Heka lässt sich als hinter den einzelnen spirituellen Erscheinungen und Wesenheiten (magischen Kräften und Göttern) stehendes Prinzip oder Kraft auffassen. In einem Text sagt Heka bezeichnenderweise von sich: „Ich bin der, den der Einzige Gott geschaffen hat, bevor Dualität in die Welt kam ... Ich bin sein Sohn, ich bin der das Universum geschaffen hat ..." (Ritner, 1995, S. 49). Heka wirkt durch religiöse Riten wie auch durch Magie. Heka ist so mächtig, dass er selbst über die Götter Macht hat.

In gewisser Weise trifft die Durchdringung der Welt mit einem einzigen jenseitigen Machtprinzip auch auf das medizinische Heilwesen zu. Auch wenn der Arzt die medizinische Wirkung eines Krauts oder einer Salbe kannte, dann schloss er immer auch die „Heka-Wirkung" mit ein. Im Alltag des Heilens verließ man sich jedoch auf spezialisierte Geistwesen und Götter. Diese waren bei bestimmten Problemlagen in der Vorstellung der Gläubigen „greifbarer". Ähnlich wie später im christlichen oder auch chinesischen Heiligenwesen wurde diese besondere überirdische Kraft personalisiert, und einzelnen überirdischen Gestalten wurden Spezialaufgaben zugeschrieben. Wahrscheinlich ein wichtiges psychologisches Moment, denn so rückte die relativ abstrakte göttliche Kraft für den Gläubigen in psychologischer Hinsicht näher, war vorstellbarer und damit auch manipulierbarer.

Der Durchmischung des Profan-Rationalen mit dem Magisch-Religiösen in den frühen Hochkulturen (wobei letzteres, wie gesagt, ungeteilt ist), demonstriert meiner Ansicht nach sehr schön der abschließende Textausschnitt. Er stammt aus dem sog. Papyrus Ebers. Es handelt sich um ein umfangreiches Rezept nebst Beschwörung (Nr. 61) zur Behandlung von Bandwürmern:

„Gelöst werde die Last, weichen möge die Schwäche, die der, der auf seinem Bauch ist (= der Bandwurm), in diesen meinen Bauch gelegt hat, die ein Gott verursacht hat, die ein Feind verursacht hat. Möge für ihn (= den Bandwurm) eine Bestrafung sein, möge der Gott das lösen, was er in diesem meinem Bauch verursacht hat" (Leitz, 2002, S. 62).

Ferner empfiehlt das Rezept ein Extrakt aus der Wurzel des Grantatapfel-baumes. Diese Wurzel enthält ein das Nervensystem des Wurmes lähmen-des, sehr wirksames Gift, wie man durch spätere biochemische Analysen herausfand. An einer anderen Stelle dieser Texte heißt es sehr treffend: „Stark ist der Zauber zusammen mit dem Heilmittel – stark ist das Heilmit-tel zusammen mit dem Zauber" (Leitz, 2002, S. 63).

Die griechische Wende

Der Einschnitt konnte schärfer nicht sein. Das griechische Nachdenken über den Ursprung der Dinge und der Kräfte auf dieser Welt befreite sich erstmalig von der unabdingbaren Durchdringung mit transzendenta-len Erklärungen. Dies hatte entscheidende Konsequenzen für die weitere abendländische Mentalitätsgeschichte: Wissenschaft, Philosophie, ein-schließlich der Entwicklung der christlichen Religion (siehe z. B. Kobusch & Mojsisch, 1997), in letzterem Fall z. B. bezüglich der Trennung von christlichem und magischem Glauben, aber auch durch das Einfließen von rationalen Elementen in die christliche Lehre. Manche Autoren sprechen sogar von einer „Hellenisierung des Christentums". Jedoch – wie wir noch im Detail sehen werden – ist die jeweilige Lehre der theologischen Führer eine Sache und die Anschauungen bzw. Praktiken zur Lebensbewältigung durch die Bevölkerung eine andere.

Das war im antiken Griechenland nicht anders. Platon (427–347 v. Chr.), der wohl prominenteste Vertreter der neuen Denkrichtung, verdammte denn auch die *magoi* und andere professionelle Anbieter von Riten, welche widrige Lebensumstände mit Hilfe von „Zauberei" zum Positiven wenden wollten. Auch Hippokrates, sozusagen der Urvater der modernen Medizin, macht im Wesentlichen *natürliche* Ursachen für Krankheiten verantwort-lich – anstatt Übel wollende Dämonen oder ärgerliche Götter. Platon nimmt hier genau genommen eine Zwischenposition ein. Er brandmarkt die Tätigkeit der Magier lediglich als „Anmaßung". Denn sie würden behaupten, über Kräfte zu verfügen, welche nur den Göttern zukämen. Er ist somit keineswegs gottabgewander Denker, sondern führt im Gegensatz zu den Anschauungen der frühen Hochkulturen eine Teilung des Reli-giösen durch: Verlass dich auf die Götter – so etwa auf die Heilkraft des Apollo –, aber nicht auf die Zauberei der Magier. Ein neuartiges Konzept der Dualität „guter" und „schlechter" Religion entstand erstmalig in der

Religionsgeschichte – zumindest wurde eine solche Position nie vorher so prononciert vorgetragen.

Das bedeutet, dass der „Kunst" der Magier keineswegs eine gewisse Wirksamkeit abgesprochen wurde – weder von Platon und später ebenso nicht von den frühen sog. Kirchenvätern wie etwa Augustin. Betont wird von beiden Seiten, dass man sich mit magischem Handeln auf die göttliche Handlungsebene begebe und dass es aus diesem Grund zu unterlassen sei. Aber das ist genau der Grund, warum Magie die Bevölkerung fasziniert: ein „göttliches" und damit mächtiges Mittel in der Hand zu haben. Ein Mittel mit dem ich mit der Kraft des Höheren mein Schicksal *selbst* ändern kann. Kein Wunder also, dass die Masse der Bevölkerung auch zur Zeit der Hochblüte der griechischen Philosophie weiterhin die Kräfte der Magie nutzt. Dies belegt z. B. das nachfolgende Zitat aus Platons berühmter Schrift *Der Staat*. Darin verdammt er das Tun der Seher und Beschwörer, welche an die Türen der Reichen klopfen, um diese zu überzeugen,

> „… dass sie eine Fähigkeit besitzen, welche sie von den Göttern durch Opfergaben und Beschwörungen erlangen, um sie zu heilen durch Entzücken und Festlichkeiten, im Falle ihre Ahnen oder sie selbst hätten ein Unrecht getan; und im Falle dass sie einem Feind schaden wollten, würden sie dieses zu einem guten Preis arrangieren … durch Beschwörungen und Defixion" (zitiert nach Graf, 1995, S. 32).

„Defixion" weist auf Praktiken hin, welche dem heutigen Voodoo-Zauber ähneln. In archäologischen Grabungen in Griechenland und später auch im Römischen Reich wurden sehr häufig durchstochene Puppen und Wachsfiguren gefunden. Diese sind Stellvertreter für „Feinde", denen man durch Magie, etwa durch den „magischen" Stich in die Herzgegend der Puppe, Übles antun wollte. Mit „Entzückungen und Festlichkeiten" sind sog. orphische Rituale gemeint, mit denen psychische Probleme geheilt werden sollten. Neben dem *magos* existierten sog. *goetes*, welche sich durch ekstatische Riten in den göttlichen Bereich begeben. Von manchen Autoren werden hier Reste schamanischer Riten vermutet (Graf, 1995).[2]

Wir sehen: Im Gegensatz zu der Wertung der Magie als ungutes Tun durch manche Philosophen war der griechische alltägliche Lebensstil – besonders in den Städten – geprägt von Bestellungen bei Hexenmeistern, orphisch-orgiastischen Riten, Sehern, Wahrsagern sowie anderen Typen von Heilern und „Verfluchern". Nicht in der Stadt, wohl aber auf dem Lande, wurde man u. U. wegen schwarzer Magie angeklagt. Zumindest dort setzten sich ethische Normen allmählich durch, welche von Platon und anderen gefordert worden waren. Es sind bei Platon jedoch im Grunde genommen nicht ethische Forderungen, welche seine Abneigung begründen, sondern

---

[2] Die Tätigkeit des sog. *goes* (Schreibweise eigentlich *goês*, plur. *goêtes*) bestand in Heilen und Wahrsagen in Kombination mit Ekstase und Absingen von Klageliedern.

das Primat der intellektuellen Erkenntnis im Bereich des Religiösen gegenüber der sinnlichen Erfahrung im ekstatischen Heilritus.

Das alles soll nicht darüber hinwegtäuschen, dass für den Kranken ein für damalige Verhältnisse hoch entwickeltes Medizinwesen zur Verfügung stand. Mit dem Erreichen der kulturellen Hochblüte Griechenlands, etwa ab dem 5. Jahrhundert v. Chr., entwickelte sich aus der zunehmend rationaler werdenden Naturphilosophie eine recht modern anmutende Medizin. Magische Behandlungsformen entsprachen somit eigentlich nicht mehr dem Zeitgeist. Der schon erwähnte Hippokrates (460–377 v. Chr.) ist hier die zentrale Figur. Seine zahlreichen in dieser Zeit abgefassten medizinischen Abhandlungen beeindrucken bis heute. So könnte folgender Satz aus den (Hippokrates zugeschriebenen) *Epidemien* auch aus einer neuzeitlichen medizinischen Abhandlung stammen: „Folgendes waren die Grundlagen unseres Urteils bei Erkrankungen; wir berücksichtigen die gemeinsame Natur aller Menschen und die eigentümliche Konstitution" (zitiert nach Krug, 1993, S. 45) – ein Satz, der auch meinem Vorgehen beim Schreiben dieses Buches zugrunde liegt. Das heißt, es lassen sich hinter der Vielfalt menschlicher Reaktionsweisen und Topologien für alle Menschen gültige Gesetzmäßigkeiten entdecken, welche auch die Reaktion hinsichtlich besonderer Problemlagen erklären (so etwa auch bei Krankheit und sonstiger Not).

Es mutet paradox an, aber der häufig zitierte Satz *ex oriente lux* (das Licht kommt aus dem Osten) gilt ebenso für die Wurzeln moderner Wissenschaft wie auch für den Urgrund magischen Heilens. Dies gilt nicht nur für Mesopotamien und Ägypten, sondern sogar für das Griechenland der Antike. Denn zeitgleich mit der Hochblüte einer rationalen, auf naturwissenschaftlichen Überlegungen und Beobachtungen beruhenden Medizin traten zu den bereits vorhandenen magischen Behandlungsformen vermehrt neue Heilkulte auf den Plan. Nicht nur das, sie erlangten sogar ungeheure Popularität.

Der bedeutendste Aspekt dieser Entwicklung wird durch den Asklepios-Kult repräsentiert (ab etwa dem 6./5. Jahrhundert). Der Legende nach soll Asklepios der ebenfalls göttliche Sohn Apollos gewesen sein. Anderen Versionen nach soll es sich ursprünglich um einen erfolgreichen Arzt gehandelt haben, der dann nach seinem Tod um Hilfe angerufen wurde. Dies dann offensichtlich erfolgreich. Denn Asklepios wurde in zahlreichen Tempelanlagen (oft ehemalige Apollo-Tempel) verehrt. Der berühmteste stand in Epidauros. Es handelte sich sozusagen um Ambulatorien, in denen die Patienten einen oder mehrere Tage nächtigten – bis sich die Heilung einstellte. In der Nacht erschien Asklepios dem Patienten im Traum. Aber allein schon der bloße Aufenthalt im Heiligtum war sicher schon gesundheitlich von gewisser Wirkung. Opferriten, Bäder und Kontemplationen bereiteten den Patienten auf das entscheidende Ereignis vor. Zahlreiche Heilwunder werden berichtet, u.a. bezeugen dies zahlreiche Votivtafeln,

die sog. *pinakes*. Krug (1993) resümiert: Die Heilungen geschahen dort
somit „allein durch die Anwesenheit des Gottes im Tempel". Eine dieser in
Stein gemeißelten Votivtafeln berichtet z. B., dass einer Patientin der Gott
im Traum erschienen sei und ihr ein medizinisches Getränk in einer Schale
gereicht habe:

> „[Ich] gebe ihr eine Schale und befehle ihr, sie auszutrinken. Als sie er-
> wachte, kam sie gesund aus dem Heilraum heraus" (Krug, 1993, S. 139).

Die Asklepios-Kultstätten waren ein Erfolgsmodell. Sie verbreiteten sich
bald über den gesamten damaligen griechischsprachigen Mittelmeerraum.
Im später immer beherrschender werdenden Römischen Reich wurde der
Heilkultus übernommen. Griechenland beeinflusste somit das Abendland
auf vielfältige Weise – so auch bezüglich des Heilwesens. So wie etwa die
naturwissenschaftlich behandelnden griechischen Ärzte in Rom tonangebend wurden (u. a. Galen, der berühmteste dieser Ärzte-Exporte), gewannen
auch die „über-natürlichen" Behandlungsformen an Einfluss in Rom. Seine
ungeheure Nachwirkung zeigt sich letztlich auch darin, dass das Zeichen
des Asklepios, eine sich um einen Stab windende Schlange, zum Symbol des
heutigen ärztlichen Heilens geworden ist.

Wie schon in den frühen Hochkulturen Mesopotamiens und Ägyptens
nimmt auch die griechische Antike die Jetztzeit vorweg: Ein rational begrün-
detes medizinisches Heilwesen wird durch Öffnung zum Spirituellen ergänzt
(siehe bes. Kap. 3.2), wobei erstaunlicherweise in der Spätzeit der griechischen
Antike die Gewichte sich noch deutlicher in Richtung Magie bzw. Mystik ver-
schieben und dies nun sogar in der geistigen Oberschicht bzw. Philosophie
(z. B. Plotin 204–269 n. Chr.). Die Magielehren des vorderen Orients wurden
von dieser wiederentdeckt. Zauberpapyri und in Blei gegossene Fluchtafeln,
die sog. *defixionum tabellae*, ein ursprünglich ägyptisches Phänomen, fanden
das Interesse griechischer Gelehrter und durch ihren Einfluss wiederum im
gesamten Römischen Reich. Dies bereicherte die römische Dämonologie um
zahlreiche Figuren, neue Mittlergestalten zwischen dem Götterhimmel und
den Nöten und Bedürfnissen der Irdischen.

Plotin z. B. berichtet, dass ihm viermal eine ekstatische Vereinigung mit
einer Gottheit zuteil geworden sei. Hierdurch werde der Mensch gottähnlich.
Welch eine Abkehr der neuen Philosophie-Schule von Platon! Dennoch
gründeten Plotin und seine zeitgenössischen Kollegen hinsichtlich anderer
Aspekte auf den Ideen von Platon. Sie werden deswegen als Vertreter des
Neuplatonismus bezeichnet. (Dieser wird uns im Renaissance-Abschnitt
noch einmal begegnen.) Plotin, der bedeutendste Philosoph dieser Zeit zum
Ende der griechischen Antike, gründete in Rom eine Philosophie-Schule.
Diese „mystischen" Neuplatoniker waren die tonangebenden Philosophen
der damaligen römisch-griechischen Welt (und werden es noch lange bleiben) – eine jener geistigen Strömungen, vor deren Hintergrund sich die neue
christliche Lehre entwickelte.

Christliche Kirche:
Beginn und Kampf ums Heilmonopol

Auch die alte judaische Religion versuchte einen Trennungsstrich zwischen der „richtigen" Religionsausübung und magischen Riten zu ziehen. Entsprechend finden sich im Alten Testament nur relativ wenige Belege für magische Praktiken. Magie im Sinne der Gottesbeschwörung wurde bekämpft (Joosten, 2002). Denn dieses war ein Merkmal des konkurrierenden Baalskults und auch deshalb verpönt. So wertet beispielsweise der entsprechende Bibeltext den Besuch König Sauls bei der Totenbeschwörerin En-Dor (1. Sam 28) als Ungehorsam des Königs gegenüber dem einzigen judaischen Gott. Aber um die Überlegenheit des eigenen Gottes zu demonstrieren, griff man durchaus zu drastischen Demonstrationen, welche nicht nur aus Anbetung, Vertrauen und Hoffen bestanden, wie das nachfolgende Beispiel aus dem Alten Testament zeigt: Um den Pharao von der Macht Gottes zu

Kasten 2.2b: ▨▨▨▨▨▨▨▨▨▨▨▨▨▨▨▨▨▨▨▨▨▨▨▨▨▨▨▨

Europäische Geschichte: Religion und Heilen

Frühmittelalter: nach Christi Geburt bis etwa 1000 n. Chr.
Bekämpfung der heidnischen Heilriten durch die Kirche.
Hochmittelalter: bis Mitte 13. Jahrhundert
Festigung des Ausschließlichkeitsanspruchs der Kirche auch bezüglich der Heil(s)angebote, Volksmedizin ist zurückgedrängt – auch durch sog. Hexenverfolgungen.
Positive heilende Tätigkeit von Volksheilern fällt oft ebenfalls unter den Teufel- und Dämonenpakt-Vorwurf.
Renaissance: ab etwa 14./15. Jahrhundert Beginn in Italien
Renaissance = „Wiedergeburt" griechischer Gelehrsamkeit, aber auch der späteren griechischen Periode, besonders des Neuplatonismus und seiner magischen Auffassungen und Heilmethoden.
Neuzeit: ab 15./16. Jahrhundert
Glaubenskämpfe und Glaubensspaltung (Entstehung des Protestantismus als von der katholischen Kirche abgetrennte Konfession – u. a. Kritik des Heiligenkults).
Besonderer Abschnitt der Neuzeit:
Aufklärung ab etwa 18. Jahrhundert
Zunehmendes Primat rationaler Welterklärungen. Kritisch-empirisches Denken unter dem Eindruck von Entdeckungen in Physik und Medizin. Dennoch: Erst ab dem 19. Jahrhundert kommen die „Hexen"prozesse zum Stillstand. Immanuel Kant erklärt 1766: Geister- und Dämonenseher sind „Luftbaumeister".

überzeugen, verwandelte der Führer der Israeliten, Aaron, vor den Augen des Pharao und seiner Priester seinen Stab in eine Schlange. Daraufhin verwandelten die ägyptischen Priester „mit Hilfe ihrer Zauberkraft" ihre Stäbe in Schlangen. Aaron bewies jedoch dem Bericht nach die Überlegenheit des eigenen Gottes, indem sein Stab die Schlangen der ägyptischen Magier verspeiste. Gott selbst gab Aaron und dem ebenfalls anwesenden Moses auf, diese und andere Wunder zu vollbringen (Ex. 7, 8–12). Wunder sind Zeichen der Macht eines Überirdischen. Deswegen kommt es immer wieder zu Wettbewerbssituationen. Auch im Neuen Testament wird von einem derartigen Wettbewerb berichtet. Der Magier Simon aus Samaria, der, wie berichtet wird, selbst Wunder vollbrachte, war dennoch von den Wundertaten des Jesus und seinen Jüngern so beeindruckt, dass er den Jüngern Geld für die Einweihung in ihr „geheimes Wissen" bot.

„Wer heilt, hat Recht." Dieser flotte Spruch aus der Esoterikszene kommt einem hier unwillkürlich in den Sinn (Kap. 4.2). Eventuell ist genau dies auch die Motivation der Verfasser des Neuen Testaments, wenn sie die Rolle des Religionsstifters Jesus als Wunderheiler und Dämonenaustreiber so herausstreichen. Unter Bibelforschern ist es nämlich durchaus umstritten, ob diese Wunder so stattgefunden haben oder etwa nur als symbolische Handlungen zu deuten seien (siehe dazu Theißen & Merz, 2001). Denn die Nähe zur Deutung als Magie, der „Nutzung" einer überirdischen Kraft für die rasche Lösung irdischer Probleme, war allzu offensichtlich. Aber dieses Problem soll uns hier nur am Rande beschäftigen, denn unter psychologischem Gesichtspunkt ist es zunächst nicht relevant, ob ein Wunder als solches stattgefunden hat oder ob es „bloß" so wahrgenommen bzw. berichtet wurde. Hier kommt es lediglich auf den psychologischen Kern der Wundererwartung an. Doch dazu später mehr.

Bezeichnend in diesem Sinne ist eher, dass es in den Berichten aus der Zeit Jesu und danach nur so von sog. Wundercharismatikern wimmelt, welche Blinde und Lahme heilten. Selbst Fernheilungen werden berichtet, so die Fernheilung durch das Gebet eines dieser Wundercharismatiker, von Hanina ben Dosa. Er wird in den Texten ebenso als Gottes Sohn bezeichnet und lebte in völliger Besitzlosigkeit (siehe hierzu Theißen & Merz, 2001). Um zu verhindern, dass man Heilwunder ebenso wie den Schlangentrick als Zaubermagie klassifiziert, macht die Heilige Schrift der Juden und Christen den Unterschied am Willen Gottes fest. Nur das, was im Auftrag und durch den Willen des einen judaisch-christlichen Gottes geschieht (siehe die Lehre des Moses und anderer Propheten), wird als Wunder und nicht als bloße Zauberei anerkannt. Insofern hatte Hanina ben Dosa das Pech, dass er durch die Verfasser des Neuen Testaments nicht diesen auserwählten Status erhielt oder erhalten konnte.

Festzuhalten ist jedoch, dass nach Auffassung ihrer Anhänger magienahe Handlungen wie z. B. auch die im alten Testament geschilderten Opferriten eigentlich nicht zum Kernbestand der alten judaischen und erst recht nicht der neuen christlichen Religion gezählt werden. Wunder geschehen nicht täglich und dann auch nur durch Auserwählte. Der wohl einflussreichste unter den kirchlichen Lehrern, Augustinus (354–430), kündigt angesichts dieser Ausgangslage gar das Ende des Zeitalters der Wunder an. (Später revidierte er allerdings seine Meinung.) Somit sind die Anforderungen, welche auch schon die judaische Religion an die Gefolgschaftstreue ihrer Anhänger stellte, groß. Ein einzelner Gott, von dem man sich auch noch kein Bild machen sollte – auch sein Thron im Tempel der Juden in Jerusalem war deshalb leer –, beanspruchte die allein selig machende Macht zu sein. Erst recht in der Verkündigung des Jesus wurde deutlich, dass nicht durch Opferriten oder Beschwörungen, sondern nur durch Befolgung der Gebote Gottes und der Anflehung seiner Gnade das Heil erbeten werden konnte. Das fundamentale Gebot, keine anderen Götter neben dem einzigen Gott zu haben, verdeutlicht die hohen psychologischen Anforderungen. Keine zwischen Himmel und Erde „schwebenden", dem Menschen vertrauten Hilfsgeister mit Bild und Namen konnten angerufen werden – eigentlich auch nicht die zahlreichen deshalb als beflügelt dargestellten Wesen, die Engel.

Unglück und Krankheit wurden in allen Phasen der judaischen und der späteren christlichen Variante allein als Folge von Sünden gegenüber den Geboten Gottes angesehen. Denn – wie gesagt – andere Gegenmaßnahmen gegen die Not der Gläubigen als die unbedingte Gottesgefolgschaft waren für den Normalsterblichen nicht vorgesehen. Zwar spiegelt dies in etwa auch die Traditionen Mesopotamiens und Ägyptens, da dort die Erzürnung der Götter oder Dämonen ebenfalls Unglück brachte. Doch obwohl zumindest das Bild der Dämonen als Verursacher von Krankheiten im Christentum zunächst beibehalten wurde, hatte der christliche Gläubige ursprünglich nicht die Möglichkeit, wie etwa in Mesopotamien, nun etwa „gute" Dämonen gegen die bösen durch entsprechende Kulte und Riten zu mobilisieren.

Demgemäß ist in der christlich-judaischen Heilslehre kein Platz mehr für den Seher und Beschwörer an der Seite eines Arztes bzw. des mit rationalen Mitteln arbeitenden Heilers. Der christliche Gnadenerweis war weder vorhersehbar (durch Orakel) noch herbeizuzaubern (durch den magischen Heilritus). Hoffen, Beten und ein gottgefälliger Lebenswandel blieben die einzigen Mittel, um das ersehnte Ereignis, die Gesundung oder die Erlösung von sonstiger Not, *möglicherweise* eintreten zu lassen. Der christlich-judaische Gott ließ sich nicht zwingen. Kein noch so raffinierter Beschwörungsritus gewährte die unmittelbare Erlösung vom Übel. Ein durch einen Priester ausgeführter Beschwörungsritus wäre gemäß dieser Lehre keineswegs ein gottgefälliges Unterfangen gewesen, denn solches wäre als Anmaßung und Eingriff in den „Ratschluss Gottes" betrachtet worden. Nur der Glaube heilt. Beten war das einzige Mittel, um eine Besserung seiner Lage zu erflehen.

Das sind die Ausgangsbedingungen, unter denen das frühe Mittelalter seelischer Not und körperlichen Krankheiten begegnete. Leiden war Züchtigung für Sünden oder auch Prüfung jener, die tugendsam und gläubig waren. „Selig ist der Mensch, den Gott zurechtweist", erklärt der Prophet Elias die Leiden des tugendhaften Hiob. Denn „in der Heiligen Schrift ist kein Platz für den Arzt als solchen" (Porter, 2003), so auch nicht für den Priester-Heiler; Jahwe, der alleinige Gott ist der Heiler. Eine „unentrinnbare" Erklärung bzw. Diagnose körperlicher und seelischer Leiden als strafender „Gunstbeweis" Gottes, denn das Leiden ist ein Hinweis auf die Liebe Gottes, so die heilige Teresa von Avila (siehe Kap. 3.1). Ein unerschütterlicher Glaube war gefordert.

Hinzu kam der Umstand, dass die griechischen medizinischen Schriften nach den Wirren des zusammenbrechenden Römischen Reiches nicht mehr allgemein verfügbar waren und auch aus den eben genannten Gründen (zunächst) kaum Interesse weckten. Zwar gründeten Mönche Hospize, allerdings waren diese von der Bettenzahl her in der Regel eher klein. Eine gemeindenahe Versorgung war nicht gewährleistet. Wohl wurde durchaus auch „somatisch" behandelt mit Waschungen, Bädern und Kräuterextrakten, aber das oberste Prinzip blieb die Heilung durch Glaubensanstrengungen. Der einzige zugelassene Heilritus war, neben dem Gebet allenfalls noch das segnende Handauflegen durch den behandelnden Gottesmann[3] (siehe Kasten 2.2c).

Eine herbe Konfrontation des frühmittelalterlichen Menschen mit der neuen Heilslehre! Natürlich kannten alle diese neu getauften Menschen aus den ehemals hellenistisch geprägten Ländern des Nahen Ostens und des heidnischen Europa probate und weit praktischere Heilmittel als nur Flehen und Hoffen auf die Gnade eines fernen Gottes. Kein Wunder bzw. psychologisch verständlich, dass die Menschen der damaligen Zeit auf diese zurückgriffen, zumal die magischen Beschwörungen oft auch den Einsatz von Heilkräutern und Salben einschlossen (z. B. Haug & Vollmann, 1991). (Das war in der späteren sog. Hexenverfolgung das grundlegende – oft auch gewollte – Missverständnis zwischen geistlichem Inquisitor und Heilmagierin oder Heilmagier, welche beteuerten, nur Heilungen durch altbekannte Heilmittel vorgenommen zu haben.)

So erregte sich der griechische Kirchenlehrer und Patriarch von Konstantinopel Johannes Chrysostomos (ca. 347–407): „Christus wird die Tür gewiesen, und ein betrunkenes und verrücktes altes Weib wird gerufen" (zitiert in Kieckhefer, 2000, S. 39) – ein Zitat aus einer Brandrede gegen eine

---

[3]   „Konsequenterweise" beendete das IV. Laterankonzil (1250) die Mönchsmedizin. Den Mönchen war fortan die ärztliche Tätigkeit verboten, insbesondere die Ausübung der Chirurgie. Laut Porter (2003) folgte man damit der biblischen Tradition. Im alten Israel wurde das Heilen nicht als eigentliche Tätigkeit des Priesters bzw. Geistlichen bezeichnet – im Gegensatz zu Ägypten.

Mutter, welche um magische Mittel zur Heilung ihres Kindes nachsuchte, anstatt zu beten. Wie wir dem Text weiter entnehmen können, beauftragte sie offensichtlich eine Heilerin (alte Frau). Möglicherweise hat sich letztere „Betrunkene"/„Verrückte" durch Kräutereinnahme in einen Rauschzustand oder sonstwie in einen alternativen Bewusstseinszustand versetzt, um den

Kasten 2.2c:

Verschiedene Formen der Krankenheilung nur durch „geistige" Kräfte

... durch Handauflegen der Priester

Der christliche Priester musste sich, wie im Text berichtet, im Wesentlichen auf das Handauflegen und Segnen beschränken – eine Methode, welche als *therapeutic touch* heute wieder im medizinischen Heilwesen besonders in den USA als Zusatz zur medizinischen Versorgung sehr populär ist (siehe auch Kap. 3.2).

... oder Berührung des Herrschers

Eine andere Entwicklung, welche sich ebenso wie das Handauflegen der Priester der reinen Vermittlung der „höheren" Kraft widmete, war die Heilmacht der Könige – eine schon in der Römerzeit den römischen Kaisern zugeschriebene Macht.

Der Historiker Keith Thomas (1991) schildert den *therapeutic touch* der englischen Könige. Es handelte sich um einen über die Jahrhunderte von der Bevölkerung gewünschten Brauch königlicher Massenheilungen. Anschließend werden Heilamulette mit dem Bild des Königs verteilt. Thomas erklärt die zahlreichen berichteten Heilerfolge als des Königs *mana*, die herausragenden Personen der melanesischen Gesellschaft zugeschriebene übernatürliche Kraft.

... oder durch Austreibung des bösen Geists

Der Ethnologe Andreas Obrecht (1999) berichtet über den bekanntesten und erfolgreichsten Exorzisten, den Priester Johann Gaßner (1727–1779). Laut verschiedener Dokumente habe er 1775 Tausende von Heilsuchenden mit den unterschiedlichsten, angeblich von Teufeln verursachten Krankheiten exorziert. Die Exorzisten berufen sich auf das Vorbild bzw. entsprechende Handlungen Jesu (z.B. Markus-Evangelium). Allerdings hielt er sich nicht an die rituellen Exorzismusvorschriften der katholischen Kirche (niedergelegt im *Rituale Romanum*). Er geriet deshalb in immer größere Schwierigkeiten. Als der Arzt Anton Mesmer (1734–1815) vor der Bayerischen Akademie der Wissenschaften demonstrierte, dass er dieselben Effekte mithilfe sog. magnetischer Kraft erreichen konnte, wurde Gaßners Tätigkeit von der weltlichen Obrigkeit verboten.

Heilritus durchzuführen – ein bei den griechischen *goetes* durchaus bekannter Zugangsweg zur Welt des Magischen. Ein Zeitgenosse Chrysostomos', der römische kirchliche Schriftsteller Tertullian, berichtet von gewissen Frauen, denen Dämonen spezielles und geheimes Kräuterwissen beibrachten. Tertullian begründet auch, warum in damaliger Zeit häufig Frauen als Magierinnen und Heilerinnen galten: Frauen seien eher als Männer Gegenstand der Versuchungen durch böse Geister – ein fataler Satz, welcher das Fundament der Vorurteilsstruktur der späteren Tragödie der Hexenverfolgung erahnen lässt.

Entsprechendes wird auch aus den nördlichen Teilen der durch das Christentum eroberten Regionen kolportiert. Im 10. Jahrhundert berichtet beispielsweise der Prümer Abt Regino in seiner sehr einflussreichen Kirchenrechtssammlung *De synodalibus causis* u. a. von dem umfangreichen Katalog nicht-urchristlicher Maßnahmen zur Absicherung gegen das Übel in der Welt, so z. B. Aufsagen von Zaubersprüchen beim Verabreichen von Speisen und Heilkräutern oder das Aufhängen von Gebinden zum Schutz vor bösen Geistern (siehe Tschacher, 1999). Die aus dem 6. bis 9. Jahrhundert stammende Sammlung des Gewohnheitsrechts des baiuwarischen Volkstammes, der späteren Bayern, ist zu entnehmen: „Wenn einer des anderen Getreide durch Zauberkünste anspricht und ertappt wird, büßt er mit 12 Soldi (römische Goldmünze) …" (Störmer, 2002, S. 53). Wir können annehmen, dass nicht nur Schadenszauber, sondern auch Heilzauber von den frühen Bayern angewandt wurde.

Kurzum, in allen Regionen der neu christianisierten Weltgegenden des Früh- und Hochmittelalters hat sich die Kirche gegen „Rückfälle" in alte Bedürfnisse und Glaubenstraditionen oder Vermengung mit diesen zur Wehr gesetzt. Letzteres zeigt sich auch in den aus dem Frühmittelalter überkommenen Beschwörungsformeln, in denen zwar Jesus, Maria und einzelne Heilige angerufen werden. Ihre zum Teil noch überlieferten vorchristlichen Fassungen, in denen germanische Gottheiten beschworen werden, verweisen indes auf den Ursprung der sich nun christlich gebärdenden „Beschwörungen" (siehe z. B. Haug & Vollmann, 1991). Besonders aber an der Gestalt des bald aufkommenden Heiligenwesens wird der Zwiespalt deutlich. Sie bewegt sich im Spannungsfeld zweier sehr unterschiedlicher religiöser Auffassungen und Bedürfnisse: Auf der einen Seite das Selbstverständnis der offiziellen Kirchenlehre, die in den Heiligen zunächst Menschen von besonderem Vorbildcharakter sieht, welche durch ihren Lebenswandel und ihre Beziehung zu Gott „Heiligung" erfahren hatten und durch ihre Vorbildfunktion anderen Menschen auf der Suche nach dem Heil ihrer Seele behilflich sein sollten. Auf der anderen Seite sah die Bevölkerung in diesen sehr bald willkommene Übermittler der überirdischen Heilkraft bis hin zu der Anschauung der Bevölkerung und teilweise auch des Klerus, dass die Heilkraft *direkt* vom Heiligen oder seinen sterblichen Überresten ausging.

Die imaginierte Nähe zur überirdischen Kraft faszinierte. Gott war fern und rätselhaft bezüglich seines Ratschlusses. So waren die Heiligen als

Mittlergestalten zwischen Himmel und Erde sehr willkommen. Sie waren psychologisch gesehen „greifbarer". Dies ließ die Hoffnung auf Heilung viel realistischer erscheinen. Auch hier liegen alte Vorstellungen zugrunde. Christliche Heilige hatten die Stelle der vorchristlichen Gottheiten oder guter Dämonen eingenommen. Sie trugen nicht nur in einigen Fällen deren Namen, wie etwa die Heiligen St. Aonghus, St. Birgit, St. Dionys, St. Silvanus und St. Victoria (die „siegreiche" göttliche Muttergestalt auf Malta), sie galten ebenso wie manche antiken bzw. ägyptischen Götter und Dämonen als Spezialisten für die verschiedenen Schutz- und Hilfsbedürfnisse der Bevölkerung. Selbst jedem Köperorgan wurde bald – wie z. B. auch im alten Ägypten üblich – ein spezieller heiliger Heiler zugeteilt. In der Regel ließ sich diese Funktion aus der Lebensgeschichte des jeweiligen Heiligen herleiten. So wurden in den St. Rochus geweihten Kapellen Besen aufgestellt. Sie sollten helfen, die Gesichtsakne zu vertreiben. Dies musste manchmal heimlich geschehen, denn nicht immer waren die zuständigen Priester darüber begeistert (Korff, 1996; Hauschild, 2003).

Natürlich war es noch besser, man hatte ein „Faustpfand" in der Hand, wenigstens ein Amulett mit dem Bild des Heiligen, welches man bei sich tragen konnte, oder man ging zu der Kirche, in der ein Knochenstück oder ein sonstiger Körperteil des Heiligen – die Reliquie – aufbewahrt wurde. Auch etwas, das der Heilige berührt hatte, strahlte dieselbe überirdische Kraft in der Anschauung des Bittstellers aus. Deswegen war es wichtig, an Reliquien möglichst prominenter Heiliger heranzukommen. Sie bildeten das Fundament des Prestiges jeder Kirche bzw. machten sie zur populären Wallfahrtskirche. (Wohl deswegen erlaubte die Kirche ab dem 9. Jahrhundert die Aufteilung des Körpers eines Heiligen.) Bald setzte ein wahrer Run auf Reliquien ein. Schon zu Lebzeiten sahen sich Menschen, welche im Ruf der Heiligkeit standen, regelrechten Nachstellungen ausgesetzt. Geradezu groteske Szenen spielten sich ab: Beispielsweise musste sich der Kreuzzugsprediger Peter von Amiens (um 1115) wiederholt gegen Übergriffe aus den Reihen seiner Gefolgschaft erwehren. Man versuchte, von ihm und seinem Esel Reliquien zu entnehmen. Andere Heilige mussten auf ihren Reisen Umwege nehmen, da auf der vorher bekannt gewordenen Wegstrecke Reliquiensammler auf sie warteten. Sie wollten ihnen sozusagen ans Leder.

Festigung der Macht der Kirche – Dogmen und Kompromisse

„Man kann nicht zugleich den Kelch Christi und den der Dämonen trinken", schimpft der sehr temperamentvolle kirchliche Lehrer Hieronymus (347–420; Prinz, 2003, S. 53). Die Ablehnung der alten Kulte war natürlich in der Anfangszeit des Christentums besonders scharf. Es galt sich durchzusetzen und abzugrenzen. Zu dieser Zeit wandten sich viele Kirchenlehrer sogar gegen christliche Amulette (später ein üblicher Brauch). Bischof Eligius (ca. 588–660): „Niemand darf es wagen, an den Hals eines Menschen … irgendwelche Bänder zu hängen, selbst wenn ein Priester sie gemacht hat, … denn in ihnen wohnt nicht ein Heilmittel Christi, sondern ein Gift des Teufels" (Bologne, 2003, S. 63). Der fränkische König Karlmann stellte sich im 8. Jahrhundert in einem Edikt gegen die Anrufung von Toten, denn dies sei ein heidnischer Brauch. In diesem Fall ging es um die Anrufung von heilig gesprochenen Personen, welche als Märtyrer wegen ihres Glaubens gestorben waren, oder den eigenen ehemaligen Beichtvätern. Es nutzte auf lange Sicht wenig. (Karlmann dankte später ab und ging ins Kloster.)

War es doch oft auch die Geistlichkeit selbst, welcher die Abgrenzung zwischen Magie und den neuen christlichen Lehren schwer fiel. So waren es Geistliche, welche die heilende Kraft von Steinen, besonders von Magnet- und Edelsteinen, hervorhoben. Ein vorchristlicher Glauben, welcher z. B. im 11. Jahrhundert von Marbod, dem Bischof von Rennes, oder von der heute so berühmten Mystikerin Hildegard von Bingen als immer noch gültig anerkannt wurde. Selbst der gelehrte Dominikaner und Universitätslehrer Albertus Magnus versicherte im 12. Jahrhundert, dass der Saphirstein Geschwüre heile. Die Abgrenzung war in jedem Fall schwierig. Die Frage war, ob neben der alles durchdringenden göttlichen Kraft auch noch andere Kräfte existieren und wie deren Wirkung sei. Äußerst kritisch war die Frage, inwieweit man solche Kräfte nutzen oder gar anrufen sollte, etwa wenn es sich um Dämonen handelte. Man konnte sich hierbei auf den schon mehrfach erwähnten Urvater aller Kirchenlehrer, Augustinus, beziehen: „Wenn nämlich bereits unreine Dämonen solche Dinge vollbringen können, um wie viel machtvoller gar als sie alle ist Gott, der auch diese Engel, die Bewirker der größten Wunder, erschaffen hat!" (Daxelmüller, 2001, S. 90). Man merke: Es gibt Dämonen, folglich von Gott unabhängige Kräfte, welche ebenfalls Macht besitzen. Das heißt, das Zwischenreich zwischen Himmel und Erde war bevölkert mit wirkungsmächtigen Wesen. Und weiter: „Es gibt also sehr viele Werke der Dämonen, und je mehr wir sie als Wunder betrachten, um so vorsichtiger haben wir uns vor ihnen zu hüten" (S. 90, Daxelmüller, 2001, S. 90). An einer anderen Stelle heißt es dann bei Augustinus, dass durch die Lehren der Dämonen „magische Künste und ihre Meister" hervorgebracht werden. Denn Dämonen sind „keine Einbildung der Heiden"! Eine gefährliche kosmologische Gratwanderung, welche klare Abgrenzungen verlangte. Selbstverständlich war dies erst recht für die Bevölkerung besonders in der Frühzeit des Christentums schwierig.

In immer schärfer formulierten Konzilsbeschlüssen stemmten sich Päpste und Bischöfe gegen die anhaltende Nutzung heidnischer Riten. Besonders hart ging man gegen schädigende Magie, die sog. schwarze Magie, vor. So wurde z. B. auf der Synode von Elvira in Spanien im Jahr

306 n. Chr. beschlossen, denjenigen bei ihrem Tode keine Segnungen der Kirche zu erteilen, welche durch Herbeirufen von bösen Geistern den Tod anderer Menschen bewirkt hätten. Da besonders im niederen Klerus heidnische und christliche Riten oft nicht streng genug getrennt bzw. sogar von diesem selbst ausgeübt wurden, sah man sich in weiteren Konzilsbeschlüssen gezwungen, die Geistlichkeit selbst wiederholt zur Ordnung zu rufen. Etwa weil sie in den Flammen der Kerzen, welche sie für die Heiligen entzündete, die Zukunft deuten wollte, durch zufälliges Aufschlagen der Bibel die entsprechende Bibelstelle für Talismane verwendete oder durch einen als Lamm geformten Brotteig ungutes Wetter von den Feldern abhalten wollte. Auch war es z. B. auf dem Konzil von Arles (443–452) nötig, die Bischöfe darauf hinzuweisen, dass sie durch das Zulassen von heidnischen Prozessionen sich der Gotteslästerung schuldig machen würden. (Allerdings diente in manchen Fällen der Magievorwurf auch dazu, um innerkirchliche Dissidenten zum Schweigen zu bringen bzw. loszuwerden. Dies traf dann u. U. auch schon mal Päpste, wie z. B. den von 999 bis 1003 amtierenden Papst Sylvester II.

Die Durchsetzung kirchlicher Dogmatik – zumindest an der Oberfläche – gelang umso eher, je mehr sich die Kirche mit den nun christlich gewordenen Herrschern verbinden konnte. Magieverbote konnten nun sogar „polizeilich" überwacht werden. Im oströmischen Herrschaftsbereich waren es die Dekrete der oströmischen Kaiser, welche für Ordnung sorgten. Kaiser Konstantin (306–337) und die ihm nachfolgenden Kaiser verordneten sogar die Todesstrafe für jede Form von magischen Handlungen, auch für die Befragung von Orakeln. Selbst das Tragen von magischen Amuletten, um Krankheiten abzuwehren, wurde mit Exekution bedroht (Dekret des Justinian, 529 n. Chr.). Später kam es dann sogar zu amtlich verordneten Bücherverbrennungen – Bücher in griechischer und lateinischer Sprache, welche magische Praktiken zum Inhalt hatten.

Die Bevölkerung suchte „christlichen" Ersatz. In die alten Beschwörungsformeln wurden – wie schon erwähnt – nun biblische Namen eingefügt:

„... Herr, Allherrscher, Ersterzeuger, Selbsterzeuger, ohne Samen Erzeugter, ... bewahre mich vor jeglichem bösen Geist und unterwirf mir jeglichen Geist Verderben schaffender, unreiner Dämonen, die auf der Erde, unter der Erde, die des Wassers und des Festlandes, und jedes Gespenst. Christus!" (Daxelmüller, 2001, S. 73).

„... Oh Elfen und alle möglichen Dämonen, ob des Tages oder der Nacht, beim Vater und dem Sohn und dem heiligen Geist und der Dreieinigkeit, ... dass ihr nicht irgendetwas Schädliches zufügen möget gegen diesen Diener Gottes ..." (Kiekhefer, 2000, S. 73).

Psychologische Brücken lieferten auch die Umbenennung und das Umfunktionieren von heidnischen heiligen Quellen, Hügeln, Festtagen und Riten.

Auch die ursprüngliche Ablehnung des Heiligenwesens schmolz, nach
Beseitigung der schlimmsten anfänglichen Auswüchse, bald dahin. Die
Bildnisse der Heiligen spielen hierbei eine große Rolle, vor ihnen wird
gebetet und sie werden um Beistand angerufen. Selbst dies ist eine dramatische Wende gegenüber der ursprünglichen bildlosen Verehrung des
biblischen Gottes Jahwe.

Das Auslöschen der ursprünglichen heidnischen Bedeutung gelang mit
dem zeitlichen Abstand immer mehr: Kaum jemand weiß heute noch ganz
genau, warum zu bestimmten Zeiten des Jahres Strohpuppen verbrannt
werden, warum zu Beginn des neuen Jahres Lärm veranstaltet wird, warum
Menschen mit fratzenhaften Masken, etwa in alemannischen Gegenden,
durch die Nacht „spuken". Erst die neuere Geschichtsforschung brachte die
Urgründe zu Tage. Die besonders bedeutsamen germanischen Feiertage
wurden von der Kirche besetzt, die Bräuche integriert. Germanische oder
keltische Naturheiligtümer, meist Quellen und Bäume, wurden zu christlichen Wallfahrtsstätten umfunktioniert. Namen wie etwa Maria-Linden
oder Maria-Fontana deuten auf die Ursprünge hin. Anstelle der Umzüge
mit Götterbildern traten die christlichen Flurumzüge und Stadtprozessio-
nen. Der heidnischen Sitte des Abbrennens von duftenden, teilweise auch
die Sinne betäubenden Kräutern und Wurzeln wurde durch das Abbrennen
von Weihrauch in den Kirchen Raum gegeben. Indirekt spielte auf diese
Weise und in anderen Riten der zum Himmel, dem Sitz des Göttlichen,
aufsteigende Rauch – auch des Opfers – immer noch eine Rolle. So auch in
Form von Segnungen des (ursprünglichen) Opferlamms zu Ostern. Ebenso
hinsichtlich der Kerze vor der Statue des Heiligen zur Verstärkung der
Fürbitte bei Krankheit und sonstiger Not, welche das Opferfeuer symbolisiert. Auch die Kräuterweihe, jetzt auf eine Feier zur Mariä Himmelfahrt
beschränkt, gehört hierher (z. B. Heiler, 1999; Angenendt, 2000).

Allesamt Änderungen, welche aus psychologischer Sicht ein geschickter
Schachzug der Kirche waren, um durch zumindest teilweises Eingehen
auf die Erwartungen und Gewohnheiten der Bevölkerung diese für die
neue Lehre zu gewinnen – ein Preis, welchen die christlichen kirchlichen
Institutionen für den Sieg offensichtlich meinten zahlen zu müssen. Eine
Doppelstrategie: Einerseits betrieb die Kirche Magiekonzessionen, andererseits bekämpfte sie umso heftiger die unverbrämte heidnische Rückseite
der „Magie-Medaille". Der heidnische Urgrund war bald nicht mehr sichtbar bzw. in den Untergrund vertrieben (siehe später). Ob dies ausreichte,
um eine Tradition zu beenden, oder ob nicht doch mehr dahinter steckte,
wird sich im weiteren Verlauf der Darstellung zeigen. Es geht letztlich um
die Frage, ob sich in der Magie mehr artikuliert bzw. ob es sich eventuell
um ein tiefer reichendes Bedürfnis handelt. Im Gegensatz zu der gängigen
Auffassung, dass es sich hierbei letztlich nur um alte Traditionen handele,
welche durch kulturelle Prägung – besonders in einfachen Seelen – als
Aber-Glauben noch heute spukt. Den Verdacht, dass es hierbei um mehr

geht als nur um Tradition, spricht Franz Cumont an, wenn er es, wenn auch poetisch verbrämt, sehr treffend so formuliert: „Die Volksfrömmigkeit der Massen ist unveränderlich wie das Wasser in den Tiefen des Meeres; sie wird von der Oberströmung weder mitgerissen noch erwärmt" (zitiert in Heiler, 1999, S. 448), womit die Frage zunächst offen bleiben muss, was „Volksfrömmigkeit" bzw. „Erwärmung" letztlich bedeutet.

Renaissance – Wiedergeburt aus dem Geist der Antike und des Okkulten

Mit der Zeit der „Renaissance" beginnt die „Wiedergeburt" des griechischen Denkens im Abendland – und damit die Wiedergeburt des sog. Geists der Antike, mit seinem Primat der rationalen Weltauffassung, und die Ablösung des religiös-mythischen Empfindens des Mittelalters als vorherrschende geistig-religiöse Strömung (siehe auch Kasten 2.2b). Es waren vor allem die arabischen Hochkulturen und griechische Flüchtlinge aus dem von den Osmanen eroberten Byzanz, welche zur „Renaissance" des antiken griechischen Schrifttums beitrugen[4]. Eine Zeit, welche es sich zur Aufgabe gemacht hatte, das Denken aus allzu engen Fesseln vorgegebener Ordnungsbegriffe, wie sie die Religion vorgab, zu befreien. Der gebildete Mensch der Renaissance strebte demgemäß ein individuell verantwortetes Denken an. Der selbstbestimmte, geistig mündige Mensch sollte nun seinen Platz im Mittelpunkt der Weltordnung haben. Eine Geistesbewegung, welche im 14. Jahrhundert von Italien ausging und sich bald danach im übrigen Europa ausbreitete.

Auch die Kirche stand dem aufgeschlossen gegenüber, prägte doch die griechische Philosophie, vor allem die des Aristoteles, seit ihren Anfängen sogar Teile der Lehre. Sie konnte es sich erlauben. Die Zeit der Abgrenzung bzw. definitorischen Schwierigkeiten gegenüber dem Heidentum war vorüber. Das Christentum war in weiten Teilen Europas Staatsreligion. Keiner der Denker der Renaissance ging trotz der neuartigen Positionsbestimmung des Menschen so weit, hierdurch die Rolle des christlichen Gottes grundsätzlich in Frage zu stellen. Das war nicht das Problem. Allerdings regten die neuen geistigen Freiheiten dazu an, die neu zugänglichen griechischen Schriften nach Fundstellen bezüglich magisch-okkulter Lehren zu durchstöbern.

Es war ausgerechnet der als bedeutendster Philosoph der Renaissance apostrophierte Marsilio Ficino (1433–1499), welcher neue Magie-Lehren beförderte. Ein Umstand, welcher in den meisten einschlägigen Lehrbü-

---

[4] Nach Besetzung ehemals griechischer geistiger Zentren, wie z. B. Alexandria in Ägypten durch die Araber, wurden die griechischen Schriften durch arabische Gelehrte ins Arabische übersetzt.

chern beflissentlich übersehen wird (z. B. Mahoney, 1997; Eliade, 1994).
Wie kam es dazu? Der sehr gebildete Geistliche Ficino erhielt von dem
Florentiner Adeligen Cosimo de Medici den Auftrag, Platon zu übersetzen.
Platon musste jedoch zunächst einmal warten. Denn zufällig war zu dieser
Zeit ein Mönch in Florenz mit Magie-Büchern aufgetaucht, welche einem
legendären Hermes Trismegistus[5] zugeschrieben wurden. Cosimo hörte
davon. Es handelte sich um 42 Bände, welche teilweise in griechischer,
teilweise in lateinischer und teilweise in arabischer Sprache geschrieben
waren. Sechs dieser Bände befassten sich mit magischem Heilen. Insgesamt
eine Mischung aus ägyptischer Astronomie, griechischer Philosophie und
eben Magie-Lehren.

Marsilio Ficino war so fasziniert, dass er nach dem Studium dieser
Schriften ein eigenes Werk zum magischen Heilen verfasste. Es hatte den
Titel: *Über das Leben*. In diesem Buch beschreibt Ficino Heilmaßnahmen,
welche auf astrologischen Prinzipien beruhen. Es beschreibt den direkten
und unmittelbaren Einfluss von Gestirnen und Gestirnkonstellationen auf
den Verlauf einer Krankheit und wie man davon für die Heilung profitie-
ren kann. Bestimmte Objekte auf der Erde sind sozusagen positiv „aufgeladen" mit kosmischen Kräften. So eignen sich etwa bestimmte Objekte
als „Medizin", weil sie der Sonne gleichen, wie etwa Gold, Bernstein oder
Safran. Aber Ficino geht noch weiter, indem er einen allgemeinen kosmischen Geist proklamiert, welcher die Dinge auf der Erde beeinflusst. Dies
sei bei ärztlichen Maßnahmen zu beachten. Der magische Heiler habe die
Aufgabe, diese Kräfte zugunsten des Kranken zu bündeln. Eine Lehre,
welche schon stark an moderne esoterische Lehren erinnert. Selbst die
Empfehlung, bestimmte Musikstücke für die Heilung zu nutzen, ähnelt
den heutigen Vorlieben für meditative Musik bei entsprechenden alternativen Heilmaßnahmen. Er empfahl „orphische" Hymnen. Diese würden
die Aufnahme der magischen Kräfte des Kosmos fördern. Nach Berichten
zeitgenössischer Heiler hätten manche dieser Hymnen einige der Klienten
sogar in Ekstase versetzt.

Auch andere griechische Schriften, wie z. B. die des schon erwähnten
Neuplatonikers Plotin, hatten auf die Lehren des Ficino und anderer

---

[5] Es handelt sich um eine legendenbehaftete Gestalt. Der Name Hermes Trismegistus stammt
aus dem Griechischen (zusammengesetzt aus den Namen: Gott Hermes und griech.: „der
Dreimalgrößte"). Ebenso wird ihm eine ägyptische Herkunft zugeschrieben. Es wurde von
ihm behauptet, dass er der größte Magier des Altertums gewesen sei. So wurde gesagt, dass
er durch Herbeizaubern von Spiegeln Schätze unauffindbar machen konnte (deswegen der
noch heute verwendete Ausdruck: „hermetisch" abgeschlossen).
Bei seinen Schriften soll es sich einer anderen Lesart zufolge um die Offenbarung des ägyptischen Gottes der Weisheit Thot handeln. Besonders die philosophische Richtung der Neuplatoniker aus der Spätzeit der Antike propagierte seine Schriften (u. a. die Durchdringung
der Natur mit magischen Kräften). Nach Ficino hatten diese Schriften einen großen Einfluss
auch auf das damalige Heilwesen, z. B. auf Paracelsus.

Magie-Lehrer der Renaissance einen Einfluss. Die neue geistige Öffnung gegenüber dem antiken Griechenland und den Lehren des Orients (Babylonien und Ägypten) einschließlich der jüdischen Magie-Lehre, der Kabbala, reicherte das Repertoire magischer Rituale weiter an. So kam die Nekromantie, d. h. die Beschwörung der Seelen Verstorbener, in Mode. Es ist schon erstaunlich: Wir haben eine ähnliche Methode ja schon bei der Beschreibung der Heilriten sog. Naturvölker und beim Okkultismus heutiger Jugendlicher in Kapitel 1 kennen gelernt. Man sieht hier, es gibt ganz offensichtlich Themen und Techniken, welche über die Jahrtausende ihre Attraktivität behalten.

Eine andere überdauernde Form der Nekromantie wird ebenfalls wieder aufgegriffen: Die Beschwörung der Geistwesen bekannter verstorbener Personen. Französische Manuskripte aus dem 15. Jahrhundert erwähnen z. B. einen Geist namens Machin, welcher angerufen den Heiler in der Kunst des Heilens durch Kräuter unterweise. Auch die Anrufung des Geists eines Königs Gemer sei hier nützlich. Hinzu gesellte sich auch König Salomon, ein allzeit beliebter Geist, welcher zusammen mit den in den Manuskripten beschriebenen hoch komplexen Ritualen z. B. bei der Erlangung von Liebe behilflich sein soll. Es ist hier nicht der Ort, die Details der verschiedenen Lehren und die Vielzahl der damals einflussreichen Magie-Heiler aufzuzählen (siehe dazu Kiekhefer, 2000). Worauf es hier vor allem ankommt: Selbst in einer Zeit, in der sich das Denken versucht, aus seinen mythischen Bindungen zu befreien, gerät es auf die Fährte der Magie. Magie lässt sich folglich nicht allein durch Festhalten an Gewohnheiten heidnischer Traditionen oder auch durch mangelnde Bildung erklären. Oft war das Motiv jedoch auch Wissensdurst. Die Frage war, ob die Erscheinungen auf dieser Welt nicht doch durch Kräfte bewirkt werden, welche nicht allein durch das Wirken eines christlichen Gottes erklärt werden können. Das war der Grund, warum z. B. einer der Begründer der modernen Physik, Newton (1643–1727), Alchemie betrieb. (Ein Umstand, der bis in die vierziger Jahre des 20. Jahrhunderts aus seinen Biographien herausgehalten wurde.) Aber damit sind wir schon in der Neuzeit.

Neuzeit: Reformationen, Hexerei und Aufklärung

Die Denker der Renaissance wollten das gegenüber den griechischen Errungenschaften rückschrittliche Mittelalter in Europa beenden. Die kirchlichen Reformen der Neuzeit (z. B. Protestantismus) das der Kirchen. Inwieweit das tatsächlich gelang, kommt auf die Perspektive an. Wenn man Geschichte als Geschichte „von oben" betreibt, dann mag ein Gelingen teilweise bestätigt werden, da Schriften der Kirchenführer, Reformatoren und Philosophen in diese Richtung weisen. Wenn man es „von unten" betrach-

tet, was jede psychologische Analyse zu tun hat, und folglich das beobachtet, was die Bevölkerung tut und glaubt, dann kommen starke Zweifel auf.
(Zumal die Vordenker dieser Zeit selbst gespalten waren, indem sie zwar in
neue geistige Richtungen vorstießen, aber dennoch z. B. ägyptische Heilslehren übernahmen.)

„Der mittelalterliche Mensch lebte in einer ‚verzauberten' Welt" (Dinzelbacher, 1993, S. 122). Ob der Mensch da in jeder Hinsicht auch raus wollte,
das ist keineswegs so klar. Der mittelalterliche Mensch hatte neben seinen
Ängsten und Nöten auch zahlreiche Stationen der Selbstversicherung
aufgebaut. Er war weniger mündig als der Mensch der „Neuen Zeiten", er
konnte sich jedoch auf seine Sicherheitssysteme in gewisser Weise verlassen. Er hatte sie ständig zur Verfügung, in der Kirche, aber auch außerhalb.
So war es üblich, an die Außenwand der mittelalterlichen Kirchen das
Abbild des heiligen Christophorus anzubringen. Wenn sein täglicher Weg
ihn dort vorbeiführte, dann war der Gläubige versichert, dass er keines
unbußfertigen Todes sterben würde.

Aber er hatte auch seine zusätzlichen Absicherungen, welche er in den
heraufziehenden neuen Zeiten (und da eventuell erst recht) nicht lassen
wollte. Der Franziskaner-Prediger Bernadino aus Siena beklagt in einer
Schrift des Jahres 1444 bitterlich, dass die Bevölkerung Beschwörungen
benutzen, um Kranke zu heilen, und alle möglichen Orakel, um in die
Zukunft zu blicken. Kurz, sie würden den abergläubischen Lehren mehr
anhängen als den Lehren der Kirche. Bernardino sah sich gezwungen, zu
drastischen Maßnahmen zu greifen: Magie-Bücher wurden wieder einmal
verbrannt, ebenso Kräuter, welche mit Beschwörungsgesängen bereits für
die magische Heilzeremonie geweiht worden waren.

Die Bewohner hatten Glück. Es blieb bei der Verbrennung ihrer Uten-
silien. Denn schon im 13. Jahrhundert hatte Papst Gregor IX. die Einrichtung kirchlicher Inquisitionsbehörden angeordnet, welche mit Dominika-
ner- und Franziskaner-Mönchen besetzt wurden. Das änderte sich auch
zu Beginn der Neuzeit nicht. Im Gegenteil. Die kirchlichen Instanzen
meinten ganz offensichtlich immer noch, nicht anders der „Konkurrenz"
von berufstätigen Magiern, privaten Anwendern von Beschwörungsriten,
Häretikern und sog. Hexen Herr werden zu können. Wir wissen allerdings
nicht genau, was diese Menschen tatsächlich beruflich oder privat trieben,
denn die unter Folter oder Androhung der Folter erzwungenen Geständnisse liefen nur auf eines hinaus, nämlich den Generalvorwurf „Hexerei"
zu bestätigen.

Eine absichtliche Reduktion und Versimplifizierung aller Magie als das
schlechthin Böse. Hexer und Hexen, waren nach Auffassung der Kirche
mit dem Teufel im Bunde. Man nahm sogar verschiedentlich an, dass sie
eine Teufelssekte bildeten. Es machte demnach keinen Unterschied, ob man
sich als magische/r Heiler/Heilerin betätigte oder die Kühe des Nachbarn
angeblich verhext hatte. Die Hexenverfolgung nahm von kirchlicher Seite

und auch von Seiten der ausführenden weltlichen Behörden bald fanatische Ausmaße an; periodisch auch von Seiten der Bevölkerung, welche zeitweilig in massenhysterische Pogromstimmungen geriet. Die angeblichen Geständnisse, welche, wie gesagt, unter Folter zustande kamen, und das Problem, dass ein Großteil des christlichen Klerus selbst an die Wirkung von Dämonen glaubte und damit an die destruktiven Absichten einer vorgeblich gefährlichen Sekte, ließen keinen Raum für ausgewogene Urteile.

Die Vorstellung, dass Hexen durch die Lüfte ritten, beruht zwar auf alten Vorstellungen der ekstatischen geistigen Vereinigung mit Geistwesen, welche wir schon von schamanischen Kulturen her kennen. Nicht von ungefähr waren solche Flugvorstellungen auch im Klerus verbreitet: Im Jahr 1507 wurden in Navarra 30 Hexen angeklagt, dass sie den Hexensabbat gefeiert und mit dem Teufel Koitus gehabt hätten (sog. Bockskoitus). Alle bis auf eine wurden hingerichtet. Offensichtlich wollte man mit dieser einen ein „wissenschaftliches" Experiment durchführen. Da allgemein angenommen wurde, dass sich Hexen für ihren Flug durch die Lüfte mit bestimmten Salben präparierten, wurde dieser Angeklagten erlaubt, sich mit einer Salbe einzureiben. Nach übereinstimmender Darstellung der Umstehenden sei diese daraufhin „wie eine Eidechse auf einen Turm geklettert und tatsächlich davongeflogen" (Andritzky, 1999, S. 27).

Die Hexenverfolgung ist ein Sonderphänomen innerhalb des Magieglaubens, welches wir hier jedoch nicht allzu sehr vertiefen wollen, da oft die Anklagen wegen Schadenszauber im Vordergrund standen. Schadenszauber bezüglich Krankheiten bei Vieh und Mensch, der Ernte, des Wetters usw. Ein anderer Aspekt, welcher in Bezug auf unsere Anliegen (das Heilen) eher von Bedeutung ist, ist der, dass es sich auch um Magie-Heilerinnen und -Heiler handeln könnte – wir aber, wie schon angedeutet, nicht wissen, welches, über die Anklage hinaus, deren Glauben und Tätigkeit ausmachte. Beispielsweise gaben in den Prozessen in Lothringen „die Magier zwar sofort zu, dass sie ,göttliche' Heiler wären, aber keine Zauberer. Unter Folter aber gestanden sie schließlich ein, Sklaven Satans zu sein" (Eliade, 1994, S. 220).

Die Neuzeit war von zahlreichen Paradoxien geprägt. Hier erreichte die Hexenverfolgung ihren traurigen Höhepunkt, nicht etwa im Mittelalter! Denn im Jahr 1542 verschärfte der Vatikan seine Anti-Hexen-Verordnungen noch einmal. Zwischen 40000 und 50000 Menschen kamen nach Schätzungen von Behringer (2000) insgesamt um. Demgegenüber wird die Neuzeit allgemein als Zeitalter der Entmythologisierung aufgefasst (Dinzelbacher, 1993). Der Scheiterhaufen war wohl in jeder Hinsicht nicht der richtige Weg dorthin. Die Reformatoren – Luther (1483–1546), Zwingli (1484–1531) und andere – schlugen einen anderen Weg ein. Sie versuchten – vereinfacht gesagt – die Magie nicht außerhalb der Kirche loszuwerden, sondern innerhalb! Reliquien- und Heiligenverehrung wurden abgeschafft. Bei Zwingli war das Abendmahl nur noch eine symbolische Handlung.

Christus war nun nicht mehr in der gereichten Hostie und im Wein mit seinem Leib „wirklich" anwesend. Auch die in der Bibel geschilderten Wunder wurden zunehmend als symbolische Beschreibungen der Allmacht Gottes gesehen, etc. Allein die Heilige Schrift, insbesondere das Neue Testament, und die Predigt sollten die alleinigen göttlichen Medien sein – und nicht mehr das Amulett mit dem Heiligenbild. Nicht mehr christliche Taten, Opfergaben und Heilriten sollten entscheidend sein, sondern die Festigkeit im Glauben. Sozusagen eine Mentalisierung des Glaubens. Eine hohe Anforderung.

Allerdings setzten auch in der katholischen Kirche unter dem Eindruck der Erfolge der „Protestanten" Reformierungsbestrebungen ein. „Erfolge", wenn man die Anzahl protestantisch gewordener Länder betrachtet. Es bleibt allerdings die Frage, inwieweit es sich hier um tatsächliche Bekenntnisse zur neuen Konfession handelt. Das Volk wurde in der Regel nicht gefragt. Es hatte sich nach der Religion seiner Herrscher – der zum Protestantismus übergetretenen Landesfürsten – zu richten. Sicher spielten bei diesen auch politische Überlegungen eine Rolle. Es ist folglich nicht klar, was in den Herzen der einzelnen „Bekehrten" vor sich ging, als man ihnen mitteilte, dass sie nun eine neue Konfession haben würden.

Die katholische Kirche versuchte in den Konzilien in den Jahren von 1545 bis 1563 (dem sog. Tridentinum) und danach ihrerseits eine Rückbesinnung auf Kernbotschaften des Neuen Testaments, andererseits aber auch teilweise Bestätigung mancher Lehrtraditionen der Kirche. Was uns im Kontext der Heilfunktion besonders interessiert: Das Heiligen- und Reliquienwesen wurde zwar kritisch diskutiert, ebenso die Anzahl und Funktion der Wallfahrtsorte, auch wurde wieder Christus in den Vordergrund der Frömmigkeit gestellt, aber es gab widerstreitende Fraktionen – Erneuerer/Bewahrer. So bestimmte das Tridentinum: „Die Heiligen herrschen zusammen mit Christus, sie bringen ihre Gebete für die Menschen Gott dar. Es ist gut und nutzbringend, sie um Hilfe anzurufen und zu ihren Gebeten, ihrer Macht und Hilfe Zuflucht zu nehmen ..." (van Dülmen, 1999, S. 74). Jedoch war man mit der Kanonisierung neuer Heiliger jetzt etwas zurückhaltender. Auch die oft nur lokal verehrten, von der Kirche nicht anerkannten Heiligen wurden von der Kirche jetzt aktiver bekämpft. Viele Wallfahrtsorte waren in ihrem Status bedroht oder verloren ihn.

Die Bewahrer hatten gute Argumente auf ihrer Seite (ob diese auch theologisch gerechtfertigt sind, das zu erwägen, ist nicht Gegenstand dieses Buches). Menschen suchen Trost und Hilfe in ihren Nöten da, wo sie ihnen angeboten werden. Und sie erhalten sie auch. (Wie dies allerdings aus psychologisch-wissenschaftlicher Sicht zu deuten ist, darum wird es in Kapitel 4 und 5 gehen.) Zur Einstimmung auf das nachfolgende Kapitel ein Auszug aus van Dülmens (1999) Durchsicht der sog. Mirakelbücher von Tuntenhausen. Der zuständige Klosterbruder notierte darin 1646 die Wunder, welche sich in seiner Gnadenstätte ereigneten:

1. Vertreibt Leibschäden, Gichtbrüch, Hinfallen und andere gefährliche Geschwülsten (37 Wunder).
2. Tröstet die Verzweyfelten Angefochtne, Zerritten, Kleinmütigen, vom bösen Feind beseßne, und ungerische Krankheit (49 Wunder).
3. Löschet die Brünste, behüt vor Fewersnoth, Hagel, Blitzen, Tonnenstraich (39 Wunder) usw. (van Dülmen, 1999, S. 77).

Wie gesagt, die Neuzeit ist eine Zeit der Paradoxien. Die Einheitlichkeit des Weltbildes geht verloren. Der Keim der Pluralität der Leitideen des 20. Jahrhunderts ist hier gelegt, was die Charakterisierung dieses Zeitabschnittes als Neuzeit rechtfertigt. Zur Zeit der Mirakelbücher revolutionierten Keplers und Newtons Entdeckungen bezüglich unseres Planetensystems unsere Weltsicht. Die Philosophie reagierte auf die Fortschritte in den Wissenschaften – einer der entscheidenden Anstöße zur Schaffung der Philosophie der Aufklärung im 18. Jahrhundert. Das Primat sollte das Denken haben, welches auf der individuellen kritischen Vernunft beruht. Die Wissenschaft hatte dies durch ihre Erfolge vorgemacht. Kirchliche Dogmen, Aberglauben und „gottgewollte" Gesellschaftsordnungen wurden zunehmend hinterfragt. Dass dies nicht nur in den Stuben der Philosophen blieb, sondern Massen erfassen und bewegen konnte, zeigt die Französische Revolution. Eine der ersten Handlungen damals war es, die Religion abzuschaffen. Weit in die Moderne hineinreichend ist das Denken Kants (1724–1804; siehe z.B. Schneiders, 2001). Die Titel seiner Abhandlungen sind geradezu Programm des „neuen Denkens", z.B. Religion innerhalb der Grenzen der bloßen Vernunft oder noch deutlicher in Kants Definition von Aufklärung: „Aufklärung ist der Ausgang des Menschen aus seiner selbstverschuldeten Unmündigkeit."

Soviel der Schlaglichter über die Jahrtausende. Wir werden in den nachfolgenden Kapiteln sehen und prüfen, ob und welche Konsequenzen diese Entwicklungen für den modernen Menschen bezüglich seines Umgangs mit den Hilfsangeboten der Religionen hat.

Resümée: Der scheinbare Sieg von Aufklärung und Vernunft

Geht man mit dem geschichtlichen Scheinwerfer über die Jahrtausende bzw. die verschiedenen Abschnitte der Menschheitsgeschichte, hat man für lange Zeiträume den Eindruck: Die Kosmologien kommen und gehen, die Magie bzw. das Magiebedürfnis bleibt. Das Magiebedürfnis zieht sich sozusagen wie ein basso continuo, wie ein Grundrhythmus, durch die Jahrtausende. Erst gegen Ende allerdings, ab dem 18./19. Jahrhundert, wenn die Aufklärung weite Teile der Bevölkerung bis hin zum Erziehungswesen ergreift, wird die magische Grundmelodie brüchig.

Entstanden war die Bruchlinie mit dem griechischen Nachdenken über die Welt, sie setzte sich im Kampf der römisch-katholischen Kirche gegen den Aber-Glauben fort, um dann mit Luther den scheinbar entscheidenden Schlag zu erhalten. Heilige und deren Gebeine werden nun scheinbar nicht mehr gebraucht. Während in Babylonien und Ägypten eine Unterscheidung zwischen Religion und Magie noch völlig undenkbar war (die Unterscheidung ist auch heute nicht leicht; siehe Glossar), ist ein modernes rational bestimmtes Industriezeitalter vor dem Hintergrund rein magischer Welterklärungen nicht denkbar. Denn die moderne Physik erklärt die Wirkung der Dinge aufeinander nun durch natürliche, berechenbare Kräfte (z. B. Newtons Kräfte der Gravitation[6]). Erklärungen durch verborgene, nur schwer durchschaubare Kräfte sind jetzt scheinbar obsolet. Der komplexe Ritus, um diese Kräfte verfügbar zu machen und um die ersehnte irdische Hilfe zu gewinnen, wurde zunehmend überflüssig. Die medizinische Forschung beginnt die natürlichen Ursachen von Krankheiten zu entdecken. Die Welt wird in den Augen der Betroffenen zunehmend beherrschbarer. Die neue Medizin ist nun die neue „Zauberkugel", wie der Chemiker und Nobelpreisträger für Medizin Paul Ehrlich (1854–1915) sehr treffend bemerkte.

Erstmalig brechen die Protagonisten des neuen Denkens nicht nur mit der Magie, sondern mit der Religion an sich. Der Schlussmonolog in Schillers Drama *Die Räuber* von 1781 ist bezeichnend: „Ich will nicht beten, ich kann nicht. Diesen Sieg soll der Himmel nicht haben." Mit der Französischen Revolution (1789) wurde ein „Kultus der Vernunft" anstelle des Christentums in Frankreich eingeführt. Seit Beginn der Aufklärung steht auch die katholische Kirche unter dem Eindruck des Vernunft-Primats der Aufklärung. Man wollte sich keinen mittelalterlichen Aberglauben nachsagen lassen (siehe auch nächstes Kapitel). Die ersten Wallfahrten werden in Zusammenarbeit mit der staatlichen Obrigkeit im 18. Jahrhundert verboten[7]. Man kann dies durchaus als Verunsicherung der Kirche sehen, angesichts der breiten Front der Erwartung, dass nun die menschliche aufgeklärte Vernunft allein in der Lage sei, das Los der Menschheit durch Fortschritte in Wissenschaft und Technik entscheidend zu verbessern. Die Bühne war bereitet, um die Rolle von Aberglauben, Magie und

---

[6] Newtons Denken ist bezeichnend für die Übergangszeit. Einerseits beschäftigte er sich mit Alchemie (wie schon angedeutet). Andererseits insistierte er in seiner Theorie auf der mathematisch-mechanischen Natur der Welt. Die Perioden und Theorien wechselten sich zeitlich ab. Zeitweise glaubte er an „geheime ätherische Kräfte", welche die Anziehung und Abstoßung zwischen Objekten und Substanzen bestimmten. Auch Newton war von den Hermes Trismegistus zugeschriebenen Schriften beeinflusst.

[7] Allerdings kam es ab Mitte des 19. Jahrhunderts zu einer „Resakralisierung der Kirchenreligion" (Obrecht, 1999) in der katholischen Kirche. 1907 wendet sich Papst Pius X. mittels Dekret gegen die verbreiteten Versuche des Ausgleichs zwischen katholischer Kirche und modernem Denken.

alle Lebenslagen umgreifende Kirchenbindung im Alltag überflüssig zu machen. Zumindest wird dies dann scheinbar ganz offensichtlich, wenn es darum geht, Religion (in all ihren Schattierungen) zur Bekämpfung von Not und Krankheiten einzusetzen. Ich erinnere an das diesem Kapitel vorangestellte Motto des bekannten Ethnologen Bronislaw Malinowski: „Wir finden Magie, wo immer Elemente von Glück und Unglück und das emotionale Spiel zwischen Hoffnung und Angst weiten und ausgedehnten Spielraum haben." Ich habe bisher den Zusatz von Malinowski verschwiegen: „Wir finden Magie nirgends, wo die Tätigkeit sicher, zuverlässig und unter der Kontrolle von rationalen Methoden und technischen Prozessen steht" (Vyse, 1997, S. 18). Hier war der große Malinowski doch ein Kind seiner Zeit – des euphorischen Aufbruchs in die Moderne. Malinowski lebte von 1884 bis 1942.

Aber eventuell hat der Zeitgeist seine Rechnung ohne den darin lebenden Menschen gemacht. Die entscheidende Frage ist doch, welches Veränderungspotential der Mensch hat. Nie war er so völlig neuartigen Anpassungsleistungen ausgesetzt wie zur Zeit der heraufziehenden Moderne. Des Trostes traditioneller religiöser Riten konnte er sich nun nicht mehr bruchlos versichern. Eine Frage, welche sich besonders deswegen stellt, weil sich Gehirn und übrige Physiologie des Menschen – welche das Reaktionspotential auf die Anforderungen in der Welt enthalten – seit seinem Aufbruch aus Afrika nicht verändert haben. Auch radikal neues Denken verändert Physiologie und Gehirn nicht.

Bibliographie-Auswahl

Abusch, T. I. (1987). *Babylonian witchcraft literature. Case studies. Atlanta*: Scholars Press.

Andritzky, W. (1999). *Traditionelle Psychotherapie und Schamanismus in Peru*. Berlin: Verlag für Wissenschaft und Bildung.

Angenendt, A. (1999). *Reliquien, II. Historisch-theologisch*. In: Kasper, W. (Hrsg.): *Lexikon für Theologie und Kirche*. 3. Aufl., Bd. 8. Freiburg im Breisgau: Herder.

Angenendt, A. (2000). *Geschichte der Religiosität im Mittelalter*. Darmstadt: Primus Verlag.

Behringer, W. (2000). *Hexen. Glaube, Verfolgung, Vermarktung*. München: C. H. Beck.

Beth, K. (1937). *Sympathie*. In: Hoffmann-Krayer, E. & Bächtold-Stäubli, H. (Hrsg.). *Handwörterbuch des deutschen Aberglaubens*. Bd. 8. Berlin, Leipzig 1936/1937 (Handwörterbuch zur deutschen Volkskunde, Abt. 1), Sp. 619–628.

Betz, H. D. (1986). *Introduction to the Greek Magical Papyri*. In: Betz, H. D. (Hrsg.). *The greek magical papyri in translation. Including the demotic spells*. Chicago, London: The University of Chicago Press.

Bologne, J. C. (2003). *Magie und Aberglaube im Mittelalter*. Düsseldorf: Patmos.

Cotter, W. (1999). *Miracles in greco-roman antiquity. A sourcebook*. London, New York: Routledge.

Daxelmüller, C. (2001). *Zauberpraktiken. Die Ideengeschichte der Magie*. Düsseldorf: Albatros Verlag.

Dinzelbacher, P. (1993). *Europäische Mentalitätsgeschichte*. Stuttgart: Alfred Kröner Verlag.

Eliade, M. (1994). *Geschichte der religiösen Ideen*. Freiburg: Herder.

Graf, F. (1995). *Excluding the charming: the development of the Greek concept of magic*. In: Meyer, M. & Mirecki, P. (Hrsg.). *Ancient magic and ritual power*. Leiden: E. J. Brill.

Graf, F. (1996). *Gottesnähe und Schadenzauber. Die Magie der griechisch-römischen Antike*. München: C. H. Beck.

Harmening, D. (1979). *Superstitio. Überlieferung zur kirchlich-theologischen Aberglaubensliteratur des Mittelalters*. Berlin: E. Schmidt.

Haug, W. & Vollmann, B. K. (Hrsg.) (1991). *Frühe deutsche und lateinische Literatur in Deutschland 800–1150*. Bibliothek deutscher Klassiker, Bd. 62; Bibliothek des Mittelalters, Bd. 1. Frankfurt a. M.: Deutscher Klassiker Verlag.

Hauschild, Th. (2003). *Magie und Macht in Italien. Über Frauenzauber, Kirche und Politik*. 2. Aufl. Merlins Bibliothek der geheimen Wissenschaften und magischen Künste, Bd. 13. Gifkendorf: Merlin Verlag Andreas Meyer VerlagsGmbH & Co. KG.

Heiler, F. (1999). *Die Religionen der Menschheit*. Stuttgart: Philipp Reclam jun.

Jaspers, N. (2003). *Die Kreuzzüge*. Darmstadt: Wissenschaftliche Buchgesellschaft.

Joosten, J. (2002). *Magie, III. Biblisch*. In: Betz, H. D. & Browning, D. S. et al. (Hrsg.). *Religion in Geschichte und Gegenwart. Handwörterbuch für Theologie und Religionswissenschaft*. 4. Aufl., Bd. 5, Sp. 667–668. Tübingen: Mohr Siebeck.

Karenberg, A. & Leitz, C. (Hrsg.) (2002). *Heilkunde und Hochkultur II. ‚Magie und Medizin‘ und ‚Der alte Mensch‘ in den antiken Zivilisationen des Mittelmeerraumes*. Münster: Lit-Verlag.

Kieckhefer, R. (2000). *Magic in the Middle Ages*. Cambridge: Cambridge University Press.

Kobusch, T. & Mojsisch, B. (1997). *Platon in der abendländischen Geistesgeschichte*. Darmstadt: Wissenschaftliche Buchgesellschaft.

Korff, G. (1996). *Kultdynamik durch Kultdifferenzierung?* In: Saeculum. Jahrbuch für Universalgeschichte, 47. Jg., 1. Halbbd., S. 158–175.

Krug, A. (1993). *Heilkunst und Heilkult. Medizin in der Antike*. München: C. H. Beck.

Leicht, R. (2002). *Magie, VI. Judentum. 1. Antike*. In: Betz, H. D. & Browning, D. S. et al. (Hrsg.). *Religion in Geschichte und Gegenwart. Handwörterbuch für Theologie und Religionswissenschaft*. 4. Aufl., Bd. 5, Sp. 676–677. Tübingen: Mohr Siebeck.

Leitz, Ch. (2002). *Rabenblut und Schildkrötengalle. Zum vermeintlichen Gegensatz zwischen magisch-religiöser und empirisch-rationaler Medizin*. In: Karenberg, A. & Leitz, Ch. (Hrsg.). *Heilkunde und Hochkultur II. ‚Magie und Medizin‘ und ‚Der alte Mensch‘ in den antiken Zivilisationen des Mittelmeerraumes*. Münster: Lit-Verlag.

Mahoney, P. (1997). *Marsilio Ficino und der Platonismus in der Renaissance*. In: Kobusch, T. & Mojsisch, B. (Hrsg.) (1997). *Platon in der abendländischen Geistesgeschichte*. Darmstadt: Wissenschaftliche Buchgesellschaft.

Maul, S. M. (2002). *Die Heilkunst des Alten Orients*. In: Karenberg, A. & Leitz, Ch. (Hrsg.). *Heilkunde und Hochkultur II. ‚Magie und Medizin‘ und ‚Der alte Mensch‘ in den antiken Zivilisationen des Mittelmeerraumes*. Münster: Lit-Verlag.

Meyer, M. & Mirecki, P. (Hrsg.) (1995). *Ancient magic and ritual power*. Leiden: E. J. Brill.

Obrecht, A. (1999). *Die Welt der Geistheiler. Die Renaissance magischer Weltbilder*. Wien: Böhlau.

Porter, R. (2003). *Die Kunst des Heilens. Eine medizinische Geschichte der Menschheit von der Antike bis heute*. Heidelberg: Spektrum Akademischer Verlag.

Prinz, F. (2003). *Das wahre Leben der Heiligen. Zwölf historische Portraits von Kaiserin Helena bis Franz von Assisi.* München: C. H. Beck.

Ritner, R. K. (1995). *The religious, social, and legal parameters of traditional Egyptian magic.* In: Meyer, M. & Mirecki, P. (Hrsg.). *Ancient magic and ritual power.* Leiden: E. J. Brill.

Römer, T. C. (2003). *Competing magicians in Exodus 7–9: Interpreting magic in the priestly theology.* In: Klutz, T. E. (Hrsg.). *Magic in the biblical world. From the Rod of Aaron to the Ring of Solomon.* Journal for the Study of the New Testament, supplement series, vol. 245, S. 12–22. London, New York: T. & T. Clark International.

Ruff, M. (2003). *Zauberpraktiken als Lebenshilfe. Magie im Alltag vom Mittelalter bis heute.* Frankfurt a. M.: Campus Verlag.

Schneiders, W. (2001). *Das Zeitalter der Aufklärung.* München: C. H. Beck.

Störmer, W. (2002). Die Baiuwaren. Von der Völkerwanderung bis Tassilo III. München: C. H. Beck.

Theißen, G. & Merz, A. (2001). *Der historische Jesus. Ein Lehrbuch.* Göttingen: Vandenhoek & Ruprecht.

Thomas, K. (1991). *Religion and the decline of magic.* London: Penguin Books.

Trenkwalder, H. (2003). *Sumerisch-Babylonische Religion.* In: Figl, J. (Hrsg.). *Handbuch Religionswissenschaft. Religionen und ihre zentralen Themen,* S. 118–139. Innsbruck, Wien: Tyrolia-Verlag; Göttingen: Vandenhoeck & Ruprecht.

Tschacher, W. (1999). *Der Flug durch die Luft zwischen Illusionstheorie und Realitätsbeweis. Studien zum sog. Kanon Episcopi und zum Hexenflug.* Zeitschrift der Savigny-Stiftung für Rechtsgeschichte Bd. 116 (129. Bd. der Zeitschrift für Rechtsgeschichte), Kanonistische Abteilung Bd. 85, S. 225–276.

Van Dülmen, R. (1999). *Kultur und Alltag in der frühen Neuzeit. Dritter Band: Religion, Magie, Aufklärung.* München: C. H. Beck.

Vyse, S. (1997) *Believing in magic. The psychology of superstition.* New York: Oxford University Press.

Wiggermann, F. A. M. (1999). *Magie, Magier, I. Alter Orient, A. Allgemein.* In: Cancik, H. & Schneider, H. (Hrsg.). *Der neue Pauly. Enzyklopädie der Antike. Altertum.* Bd. 7, Sp. 657–661. Stuttgart, Weimar: Verlag J. B. Metzler.

Wiggermann, F. A. M. (2002a). *Magie, I. Religionswissenschaftlich.* In: Betz, H. D. & Browning, D. S. et al. (Hrsg.). *Religion in Geschichte und Gegenwart. Handwörterbuch für Theologie und Religionswissenschaft.* 4. Aufl., Bd. 5, Sp. 661–662. Tübingen: Mohr Siebeck.

Wiggermann, F. A. M. (2002b). *Magie, II. Antike, 1. Alter Orient.* In: Betz, H. D. & Browning, D. S. et al. (Hrsg.). *Religion in Geschichte und Gegenwart. Handwörterbuch für Theologie und Religionswissenschaft.* 4. Aufl., Bd. 5, Sp. 662–664. Tübingen: Mohr Siebeck.

Zintzen, C. (1977). *Die Philosophie des Neuplatonismus.* Wege der Forschung, Bd. 436. Darmstadt: Wissenschaftliche Buchgesellschaft.

3 Christlicher Glauben und Magie heilen – Hinweise, Beweise?

Heilt der christliche Glauben oder auch der magische Heilritus tatsächlich? Das ist die zentrale Fragestellung der beiden nachfolgenden Kapitel. Um das zu prüfen, wird der Appell an Gottes Hilfe durch den Christen, aber auch durch den Anhänger alternativer Lehren (Esoterik etc.) so behandelt, als handle es sich um eine psychologische oder medizinische Behandlungsform. Eine gewagtes Unterfangen – gewiss. Wir wollen es trotzdem versuchen.

3.1 Christlicher Glaube und Errettung aus der Not

Heilige, Selige – Therapie aus der Ferne?

Wunder sind nach wie vor aktuell. Meist sind es Heilungswunder, welche den Papst veranlassen, einer Person mit untadeligem Lebenswandel den Status des Heiligen oder Seligen zu verleihen. Eine Anerkennung des Heiligen als Vermittlergestalt zwischen Erde und christlichem Himmel. So auch im Fall der Laura Vicuna, welche

„Aber es ist ein inniger Zauber in allem, der uns sehr berührt."
Eintragung im Für-bittbuch des Klosters Frauen-Chiemsee

Anfang des 20. Jahrhunderts in Chile gestorben ist und für eine Wunderheilung verantwortlich gemacht wird. Hierzu eine Dokumentation des von der Kirche anerkannten Wunders, welche ich Prof. Andreas Resch (1997) verdanke. Resch hat sich der Mühe unterzogen, die Dokumente des Vatikans zur Seligsprechung von Laura Vicuna durchzusehen.

Die Vorgeschichte: Die chilenische Ordensschwester Ofelia del Carmen Lobos Arellano war seit ihrer Kindheit kränklich. Seit mehreren Jahren war sie durch eine schwere Lungenerkrankung bettlägerig. Die Universitätsklinik von Santiago de Chile diagnostizierte 1949 eine bilaterale Bronchiektase – eine chronische und früher oft zum Tode führende Erweiterung der Bronchien. 1955 wurde Ofelia schließlich in Santiago operiert, zunächst am linken und später auch am rechten Lungenflügel (partielle Resektion). Die anschließende Gewebeuntersuchung bestätigte die Diagnose. Auch die Operation linderte nicht wesentlich ihre schwere Ateminsuffizienz. Sie bittet daraufhin aufgrund der Empfehlung ihrer Oberin eine Laura Vicuna[1] um Fürsprache bei Gott.

Die Befragung der Ordensschwester Ofelia durch die örtlichen Vertreter der Kirchenbehörde ergab u. a. Folgendes:

„Ich begann nachzudenken, dass es vielleicht Gottes Wille sei, dass ich meinen Beruf ausübe, wie ich es wünschte …"

„In diesem Augenblick fasste ich folgenden Entschluss: Ich entschied mich für das Leben und die nötige Gesundheit für meine Arbeit …"

---

[1] Laura Vicuna wurde 1988 selig gesprochen. Sie war eine besonders fromme Schülerin in einem Internat des Salesianerinnen-Ordens in Chile. Sie war Halbwaise und starb 1904 im Alter von nur 13 Jahren! Es hat sich sonst nichts Ungewöhnliches oder Auffälliges in ihrem kurzen Leben ereignet.

„Es war 10.00 Uhr abends, als ich die Anrufung machte … und in dem Moment hatte ich das Gefühl, als ob sich mir die Lunge ‚öffnete‘; ich empfand den Sauerstoff[2] als Belastung und entfernte ihn. Ohne Einnahme von Tabletten schlief ich ein; ich erwachte liegend – dies nachdem ich mich Jahre hindurch nicht mehr hatte hinlegen können."

„Beim Erwachen am Morgen darauf fühlte ich mich wohl, so als ob ich nicht krank gewesen wäre; und da wusste ich erleichtert, was es heißt, normal atmen zu können. Ich stand auf … Die Heilung war plötzlich eingetreten und innerhalb von acht Tagen erreichte ich das Normalgewicht, ohne dass ich irgendeine spezielle Nahrung erhielt" (zitiert in Resch, 1997, S. 369–370).

Die Heilung der Ofelia wird daraufhin von den zuständigen Kommissionen der Kirche als Wunder eingestuft (siehe dazu Kasten 3.1a). Die von Ofelia angerufene Laura Vicuna wird nach Abschluss des 1988 durchgeführten kirchlichen Verfahrens vom Papst selig gesprochen.

Wie gesagt, Wunder gehören keineswegs der Vergangenheit an. Vom jüngst verstorbenen Papst, Johannes Paul II., wurden fast 500 Personen heilig (und dreimal so viele selig) gesprochen – so viele wie in keiner früheren Periode seit der Einführung des Heiligsprechungsverfahrens, des sog. Kanonisierungsverfahrens, im Jahr 1588. Der jüngste Fall, der sich während des Schreibens des ersten Entwurfs zum vorliegenden Kapitel im Jahr 2002 ereignete, war der des 1968 gestorbenen Padre Pio da Pietrelcina. Das Heilungswunder des Padre Pio: Eine an Krebs leidende polnische Frau wurde wieder gesund, nachdem sie Padre Pio brieflich um Hilfe gebeten hatte.[3] Das Wunder wirkte aus der Ferne, denn sie hatte Padre Pio nie gesehen. Mittlerweile liegen in Kirchen Gebetskarten mit dem Bild des Padre Pio aus oder ein Büchlein, in denen seine Ekstasen geschildert werden. Er sprach während dieser ekstatischen Momente mit Jesus, Maria und seinem Schutzengel. Sein Beichtvater, Padre Agostino, hat viele dieser „Gespräche" aufgezeichnet.

Solche und ähnliche Berichte könnten nun den Eindruck erwecken, als sei Massenproduktion von Heiligen ein zentrales Anliegen der katholischen Kirche. Dies ist, trotz der jüngsten Ernennungswelle, jedoch nicht der Fall. Denn ginge es nach den Gläubigen, würden pro Jahr noch wesentlich mehr Wunder, Visionen und Hinweise Gottes überall in der Welt und speziell an bestimmten „spirituell aufgeladenen" Orten die Anerkennung der Kirchenbehörden und des Papstes erlangen. Hierzu ein Beispiel, welches sich

---

[2] Künstliche Zufuhr von Sauerstoff durch ein medizinisches Gerät.

[3] Von Padre Pio ging die Kunde durch die gläubige Welt, dass er die Wundmale Christi an seinen Händen gehabt habe. Folglich blutende Wunden an den Stellen, an denen Nägel durch die Hände getrieben wurden, um Christus ans Kreuz zu nageln. Möglicherweise war dies für viele Gläubige der Grund, sich an ihn zu wenden. Ob sich diese sog. Stigmatisationen tatsächlich ereigneten, ist selbst in kirchlichen Kreisen umstritten. Deswegen wurden auch Bedenken gegen die Heiligsprechung des Padre vorgebracht.

Kasten 3.1a ▓▓▓▓▓▓▓▓▓▓▓▓▓▓▓▓▓▓▓▓▓▓▓▓▓▓

Ein Amtswesen zur Anerkennung von Wundern

Selige und Heilige sind Märtyrer und/oder Wunder-Täter
Seit dem Regelsystem von 1983 gilt: Voraussetzung für die Seligsprechung ist das Ereignis eines Wunders. Für die nächste Stufe, die Heiligsprechung, muss sich ein weiteres Wunder, und zwar nach der Seligsprechung, ereignet haben. Wunder kann die betreffende Person zu Lebzeiten
durchgeführt haben oder nach ihrem Tod, wenn sie von Gläubigen um
Hilfe gebeten wurde. Gemäß päpstlicher Verordnungen ist als Voraussetzung für die Anerkennung – der uns hier interessierenden – Krankenheilung als Wunder folgendes Prozedere vorgesehen (in Kurzfassung):
Wenn ein „Wunder" den örtlichen kirchlichen Behörden gemeldet
wird, wird dies nach Abschluss eigener Überprüfung der Glaubhaftig-
keit an die zuständige vatikanische Behörde weitergeleitet. Diese fordert den regional zuständigen Bischof oder Kardinal zur ausführlichen
Stellungnahme auf. Wird daraufhin die Weiterführung des Verfahrens
durch die vatikanischen Konzilien befürwortet, tritt bei einer vorgeblichen Wunderheilung die sog. Consulta Medica, ein Gremium medizinischer Sachverständiger, zusammen.

Wunder Gottes oder naturwissenschaftlich erklärbar?
Die Consulta Medica hat die Frage zu klären, ob die Heilung durch natürliche Ursachen (Spontanverlauf mit natürlicher Besserung) zustande
gekommen sein könnte oder medizinischen Maßnahmen zuzuschreiben
ist. Wird beides verneint, treten mehrere theologische Gutachtenkom-
missionen in Aktion, welche u. a. den Lebenswandel des Wundertäters
bzw. der Wundertäterin auf Tugendhaftigkeit hin durchleuchten. Als
letzte Instanz entscheidet aufgrund dieser Gutachten der Papst.

Bedürfnis, an Wunder zu glauben – ein Dorn im Auge der Kirche
Ein Grund für die Erstellung eines solchen umfangreichen Regelsystems
war der Versuch der Kirche, den Wunderglauben – eigentlich „Wunder-
Leichtgläubigkeit" – des Kirchenvolkes einzudämmen. Denn besonders
in der Frühzeit des Christentums kommt es in allen Regionen der chris-
tianisierten Gebiete zu ständigen und spontanen Versuchen, fromme
Personen in den Heiligenstand durch das Kirchenvolk selbst zu erheben;
oft auch unterstützt von der örtlichen Geistlichkeit (siehe Kap. 2.2).
Im immerwährenden Abgrenzungskampf gegen Magie-Glauben, d. h.
Glaubensformen, welche nicht mit der herrschenden Lehre der ton-
angebenden Kirchenführer vereinbar waren, versuchte die katholische
Kirche schon sehr früh auf verschiedenen Konzilien, so z. B. 401 auf dem
Konzil von Karthago und 794 auf dem Konzil von Frankfurt, spontane
Äußerungen des Wunderglaubens des Volkes (aber auch des Klerus)
durch immer strikter werdende Regelsysteme einzudämmen.

ebenfalls in jüngster Zeit ereignete. Die Presse berichtete wiederholt davon. Einer als Manuela bezeichneten Frau ist die Gottesmutter Maria bei den monatlichen Treffen einer Gebetsgruppe in der Kirche St. Johann Baptist in Sievernich erschienen. (Manuela ist ein Pseudonym, um die betreffende Person zu schützen.) Manuela hatte ihre erste Marien-Erscheinung mit 12 Jahren anlässlich einer Wallfahrt in den belgischen Wallfahrtsort Banneux. Wie gesagt erscheint ihr Maria nun wiederum. Mittlerweile ist Manuela 29 Jahre alt. Sie berichtet, dass Maria dunkles Haar habe und ein helles, langes Kleid trage. Oft sei sie mit Rosen geschmückt. Kurz nach Bekanntwerden der Erscheinungen kommen Gläubige in Scharen, vorzugsweise an dem Wochentag, an dem die Erscheinungen sich ereigneten. Ausdrücklich betont Manuela, dass sie nicht heilen könne und dass dies auch nicht die Botschaft von Maria sei. Die Pilger kommen trotzdem und hoffen. Dem Reporter eines Radiosenders berichtet ein Gläubiger, dass er zwar Maria nicht wirklich gesehen habe, aber dass ein Schein wie eine Lichterscheinung neben dem Altar ganz kurz und kaum wahrnehmbar sichtbar geworden sei. Laut Pressemitteilung nehme die Kirchenleitung des Bistums Aachen die Angelegenheit ernst und wolle sie keineswegs als bloßen Aberglauben abtun. Sie respektiere die Berichte einer Tiefgläubigen. Sie sehe sich aber nicht in der Lage, für Sievernich das offizielle Anerkennungsverfahren der Ernennung zum Wallfahrtsort einzuleiten.

Das Beispiel demonstriert sehr deutlich das Dilemma besonders der modernen Kirche – ein Konflikt, welcher die Kirche seit ihrem Beginn begleitet (siehe Kap. 2.2). Einerseits wird der Glaube an Wunder, Visionen und auch die Heiligenverehrung als Ausdruck tiefer Gläubigkeit im katholischen christlichen Glauben (in gewissen Grenzen) selbstverständlich unterstützt. Beispielsweise beruft man sich in Bezug auf das Phänomen des Wunders und der Heiligkeit u. a. auf den einflussreichen Kirchenlehrer Thomas von Aquin aus dem 13. Jahrhundert. Demgemäß sind Wunder der Beweis Gottes für Heiligkeit. Ferner sind „Wunder als unverzichtbarer Beweis für das Einwirken Gottes" anzusehen (Resch, 1997). Andererseits begegnet die heutige Kirchenadministration dem Wunder-Erleben ihrer Gläubigen durchaus mit äußerster Zurückhaltung. Denn Wunder irritieren beim Versuch der Gratwanderung der Kirche zwischen der Förderung zentraler Inhalte der Lehre und der gleichzeitigen Anerkennung modernen naturwissenschaftlichen Denkens, aber auch hinsichtlich des Machtanspruchs kirchlicher Gesetzlichkeit, um die Entstehung von Sonderwegen außerhalb des Dogmas zu verhindern. Deswegen auch der Einsatz verschiedener kirchlicher Kongregationen, Gutachter und Kommissionen einschließlich medizinischer Experten. Dies mag dem Außenstehenden u. U. paradox erscheinen: das private, emotional hoch aufwühlende Erleben des Ergriffenseins durch eine Vision, ein Wunder, eine tiefe religiöse Erfahrung auf der einen Seite und ein Instanzenweg auf der anderen Seite – einschließlich naturwissenschaftlich unterstützter Urteilsfindung.

Aber gerade dieser Sachverhalt macht die Angelegenheit für die Psychologie interessant. Nicht so sehr hinsichtlich der Reaktion der Kirche und ihrer Instanzen, sondern im Sichtbarwerten originärer religiöser Bedürfnisse. Da sich diese trotz des Widerstands der kirchlichen Behörden artikulieren, verweisen sie u. U. auf Motivlagen, welche nur bedingt durch Lehrmeinungen geprägt worden sind. Entsprechendes ergab sich bereits bei der Durchsicht der Umfrageergebnisse in Kapitel 1. Wir sahen schon dort, dass der sog. Homo religiosus sich heute verstärkt auch außerhalb oder am Rand von christlichen Lehrmeinungen und Dogmen artikuliert. Diese Tendenz bestand schon immer, nur dass heute im Zeichen des weltanschaulichen Pluralismus die Emanzipation von den Glaubensvorschriften geradezu den Mainstream abbildet. Der im vorigen Kapitel erwähnte Franz Cumont prägt hierzu die Metapher vom Gegensatz zwischen Oberströmung des Meeres (der Glaubensinstitution) und der Grundströmung (der „empfundene" Glauben) aus. Und weiter: Die Oberströmung „erwärme" den Gläubigen nicht!

Die Reformen Luthers verbannten viele Inhalte der Volksfrömmigkeit aus der Kirche. Ebenso versuchte die katholische Kirche in der sog. Gegenreformation allzu exzessive Formen der Glaubensausübung des Volkes und des niederen Klerus aus der Kirche zu drängen (siehe Kap. 2.2). Auch die Heiligenverehrung war in den Anfängen des Christentums keineswegs ein Anliegen der Kirchenhierarchie. Sie entstand aus lokalen Traditionen heraus[4]. Einer der zentralen Gründe: Heiligen kommt eine Mittlerfunktion zu, da sie nach ihrem Tod nahe bei Gott sind und deshalb Fürbitte bei Gott leisten können. Da es sich hier um eine in vielen anderen Kulturen anzutreffende Funktion von „Jenseitigen" handelt, ist die Vermutung eines kulturübergreifenden Grundbedürfnisses nahe liegend. Beispielsweise kommt auch verstorbenen Ahnen in vielen Kulturen eine besondere Verehrung und Mittlerfunktion zu oder auch Personen, welche sich im diesseitigen Leben ausgezeichnet haben. So weist die Verehrung der *shen* in China deutliche Parallelen zum europäischen Heiligenwesen auf. Wichtigen Personen des öffentlichen Lebens, welche tugendhaft und vorbildlich sind, werden

---

[4] Die Heiligenverehrung beginnt im 2. Jahrhundert n. Chr. Durch die Christenverfolgung wurde die Erwartung gefördert, dass das Ende der Welt und damit das Jüngste Gericht nahe seien. Somit die Erwartung, dass die Seelen der Christen zu dieser Zeit nach entsprechender Prüfung in das himmlische Paradies aufgenommen würden. Da sich das erwartete Ende der Welt bzw. Jüngste Gericht immer mehr herauszögerte, setze sich die Überzeugung durch, dass wenigstens die Seelen der Märtyrer, welche für ihren Glauben gelitten haben, sofort in den Himmel aufstiegen und sie deshalb Gott nahe seien. Durch die Verbindung zwischen Leib und Seele konnte über den Leib Kontakt zu den Heiligen aufgenommen werden. Ebenso durch Gegenstände, welche mit den Heiligen in Berührung gekommen waren. Solche Bestrebungen gingen zunächst von lokalen Gemeinden aus. Erst 1634 wurden Heilig- und Seligsprechungen vollständig zentralisiert, d. h., nur der Papst bzw. die von ihm eingesetzten Instanzen entschieden (siehe auch Pallestrang, 2002).

nach dem Tod Schreine errichtet, an denen die Menschen mittels Opfergaben um Hilfe und Beistand flehen (siehe dazu Kasten 3.1b). Heilige sind den Menschen durch ihr irdisches Tun vertraut, durch ihre besonderen guten Taten aber gleichzeitig hervorgehoben. Das Aufsteigen in die Region des Überirdischen gewährt die Verbindung in die Region der Macht.

Ähnliches spielt eine Rolle bei der Beliebtheit von Wallfahrtsorten. Hier ist man einer überirdischen Kraftquelle nahe. Auch dies beruht auf uralten Vorstellungen. Man denke nur an den Heilschlaf im Tempel des Asklepios (siehe Kap. 2.2). Besonders drastisch demonstriert sich das Bedürfnis, überirdischer Kraftquellen habhaft zu werden, in der Verehrung von Reliquien. Auch dies ist natürlich kein singulär christliches bzw. katholisches Phänomen. Arnold Agenendt (1997) weist beispielsweise darauf hin, dass auch die sterblichen Überreste eines bedeutenden Stammesführers als Quelle besonderer Kräfte in magischen Zeremonien genutzt wurden. Da jede Kirche bestrebt war, solche Kontaktzentren zum Überirdischen anzubieten, wurden die Gebeine von Heiligen in kleinste Knochensplitter aufgeteilt. Oft waren es dann auch andere konservierte Körperteile oder Dinge, mit denen der Heilige in Berührung gekommen war, die man als Reliquien anbetete.

Für das Thema des Buches noch zentraler ist die den Heiligen zugeschriebene Spezialisierung bezüglich Schutz und Hilfe. Hinsichtlich der verschiedenen Krankheiten kann man ganz ähnlich der heutigen therapeutischen bzw. ärztlichen Spezialisierung dann einen ganz bestimmten Heiligen anrufen. Auch dies treffen wir in den verschiedensten Religionen an. Im Polytheismus haben die Götter selbst die Spezialaufgaben wahrzunehmen. In China wird beispielsweise die Göttin des Sehvermögens bei Augenproblemen angerufen. Ebenso wusste der Schamane, welchen Geist er rufen musste, um ein bestimmtes Leiden zu heilen. In China wie in der katholischen Welt bestimmten der Lebenslauf oder die sich darum rankenden Legenden des Heiligen die Spezialisierung. Die in Kasten 3.1b erwähnten Medizin-*shen* bzw. Heiligen waren in ihrem Leben oft Ärzte. Der Heilige Christophorus, dessen Bild in vielen Fahrzeugen hängt, trug der Legende nach das Jesuskind über einen Fluss. Er hilft deswegen dem Reisenden. Die Heilige Lucia hilft bei Augenleiden, weil sie sich der Legende nach in Bedrängnis des Martyriums selbst die Augen ausgerissen hat. (Selbst Dante war von der Gestalt der Lucia fasziniert und erwähnt sie in seiner Göttlichen Komödie.) Der Heilige Bartholomäus hilft bei Nervenkrankheiten, denn der Legende nach hat er seine Verfolger mit Besessenheit bestraft. Aber schon das Beisichtragen eines Bildes des Heiligen bietet Schutz. Die Nähe und Verfügbarkeit der Schutzfunktion werden so noch gesteigert. Entsprechend äußert sich die Kulturwissenschaftlerin Kathrin Pallestrang zur Heiligenverehrung: „Ihre Verehrung rückt häufig in den magischen Bereich, in die Nähe von Amuletten und anderen Abwehrzeichen …" (2002, S. 184).

Kasten 3.1b

Heilige anderswo – und auch in China

Verehrung und Anrufung von Heiligen, um ein Übel abzuwenden, ist ein Grundmuster vieler Religionen. Bezeichnenderweise geht der Impuls dazu in der Regel vom Volk aus. So auch beispielsweise in China. Das Pendant zum christlichen Heiligen sind in China „Männer oder Frauen, die übernatürliche Fähigkeiten erlangt haben und nach ihrem Tod zu Gottheiten erklärt wurden" (Kaminski, 2002, S. 5). Wobei zu berücksichtigen ist, dass in China nur ein Begriff für jenseitige Wesen existiert: *shen*. Was sowohl Geist, Seele der Ahnen, Gott oder auch feindselige gespensterhafte Wesen (ebenfalls Seelen von Toten) bedeuten kann.

Lokale Heilige

Oft werden solche *shen* nur lokal verehrt, und es wird diesen Personen ein besonderer Schrein errichtet, wenn sie Gutes getan haben. So berichtet Gerd Kaminski beispielsweise von verdienstvollen Beamten, welche sich als Wohltäter für das Volk erwiesen hatten. Ferner berichtet der Autor, welcher selbst vor Ort Nachforschungen betrieben hatte, von einem ehemaligen höheren Beamten, Chen Puzu. Bald nach seinem Tod begann in einer schweren Dürreperiode das Volk diesen um Hilfe zu bitten. Als die Bitte sofort erhört wurde, wurde wie in Europa der Amtsweg zur Anerkennung beschritten. Auch hier lässt sich deshalb in dem entsprechend dokumentierten Schriftverkehr der Vorgang nachvollziehen bzw. belegen. In China waren das Ritenamt, das Amt für Staatsangelegenheiten und das Amt für kaiserliche Opfer zuständig. Nach Durchlauf dieses Instanzenweges erhielt auch Chen Puzu die Approbation als *shen*, zumal er zwischenzeitlich auch noch eine Heuschreckenplage abgewendet hatte. Viele dieser Heiligen werden in China bis heute verehrt.

Natürlich betrifft dies auch den wichtigen Sektor der Krankenheilung. So wird von Baosheng Dadi berichtet, dass er bereits zu Lebzeiten wahre Wunderheilungen vollbrachte und Arzneien verschrieben habe, „welche die Krankheiten wie ein Pfeil trafen und zerstörten" (ebenda S. 67). Auch wird in den Dokumenten berichtet, dass er Tote zum Leben erweckte.

Heilige Spezialisten

Spezialisierte *shen*-Gestalten – ebenfalls eine Parallele zu Heiligengestalten in anderen Kulturkreisen einschließlich der katholischen Kirche – helfen bei Krankheiten, aber sind teilweise auch auf bestimmte andere Nöte spezialisiert. Medizin-*shen* helfen Ärzten und Apothekern bei der Auswahl der richtigen Medizin. Zeitgenössische Chinareisende berichten beispielsweise von Apotheken, in welcher ein in einem Schrein thronender Medizin-*shen* durch Orakelbefragung entscheidet, welche Medizin zu mixen sei.

In China Town von Los Angeles steht ein Brunnen mit mehreren Schreinen verschieden zuständiger *shen*. Der Brunnen ist mit Geldmünzen gefüllt. Man erhofft sich Fürsprache für die jeweilige Angelegenheit.

Die Vorstellung, dass ein ferner Gott sich um das Schicksal des Einzelnen kümmert, ist aus psychologischer Sicht für die jeweiligen Anhänger ganz offensichtlich schwierig. Das Alte Testament berichtet bezeichnenderweise des Öfteren über „Abgleiten" in Götzenkulte. Das Bild des Heiligen, seine Reliquie oder sich am Ort seiner Vision bzw. Erscheinung aufzuhalten, macht die Vorstellung, der Kraft des Überirdischen nahe und so seiner Hilfe sicher zu sein, möglicher. Die schon mehrfach erwähnten San oder auch die Zande in Afrika verfügen zwar über Schöpfergötter, nutzen in ihren Heilriten jedoch die Macht der Geister der Verstorbenen, da diese sich noch in der Nähe aufhalten. Sie sagen, dass sie deren Gegenwart in ihren Tranceriten spürten (Kap. 2.1).

Auch die Inhalte von Fürbittbüchern und Votivtafeln geben ein beredtes Zeugnis für den Zulauf, den besondere Kraftorte und -gestalten nach wie vor genießen. Beispielsweise wird im Kloster Frauen-Chiemsee die 1928 selig gesprochene frühere Äbtissin Irmengard[5] um Hilfe angerufen, oder man dankt ihr für die Rettung aus einer Notlage. Auf einer im Januar 2003 abgehaltenen Pressekonferenz zitiert die Äbtissin Mater Domitilla Veith aus Dankesbriefen als Beleg dafür, dass sich auch Menschen anderer Konfession von der Vorstellung der besonderen „Macht" einer Schutzpatronin angezogen fühlen. In einem Brief dankt beispielsweise eine Person protestantischer Konfession für die Hilfe der Irmengard beim Steuern eines kleinen Privatflugzeugs, welches über den Bergen in ein Unwetter geriet. Oder eine norddeutsche Familie schreibt in eines der Fürbittbücher der Klosterkirche: „Wir sind Protestanten aus Hamburg und verstehen vieles nicht so ganz. Aber es ist ein inniger Zauber in allem, der uns sehr berührt"[6]. Meine eigene Durchsicht der Eintragungen im Fürbittbuch der Kirche von Frauen-Chiemsee im Winter 2004 (Dezember bis Mitte Februar), in einer Zeit also, in der nur wenige Touristen die Insel besuchen, ergab, dass 80 Seiten mit Bitten und Danksagungen an Irmengard angefüllt waren. Ein Eintragungsbeispiel aus dieser Zeit: „Kann wieder gehen. Danke Irmengard."

---

[5] Die Heilige Irmengard, geb. etwa 832/833, war Vorsteherin des Klosters Frauen-Chiemsee, damals ein Stift für adlige Frauen. Sie war Tochter des Königs Ludwig des Deutschen und damit Urenkelin Karls des Großen. Ihr Grab wurde schon bald nach ihrem Tod verehrt. Insofern war sie bereits über 1000 Jahre Gegenstand der Bittgebete der Gläubigen der Gegend, bevor die katholische Kirche sie kanonisierte bzw. ihre Fürbittfunktion anerkannte. Aus psychologischer Perspektive wäre zu diskutieren, ob ihre Zugehörigkeit zu einer mächtigen Familie nicht auch eine Rolle bei der frühen Verehrung gespielt hat – zusätzlich zu ihrer religiösen „Macht"-Position.

[6] *Frankfurter Allgemeine Zeitung*, 19.1.2003.

Lourdes und anderswo – Orte der Wundererwartung

Ganz anders als dem Eifelort Sievernich erging es Lourdes in den französischen Pyrenäen, welches jährlich von mehreren Millionen Pilgern aufgesucht wird. Hier hatte die 14-jährige Müllerstochter Bernadette Soubirous im Jahre 1858 insgesamt 18 religiöse Erscheinungen. Die erste Erscheinung wird von ihr selbst folgendermaßen geschildert: „Da hörte ich wieder dasselbe Geräusch. Ich hob den Kopf und schaute nach der Grotte. Da erblickte ich eine weiß gekleidete Dame; sie trug ein weißes Kleid, einen weißen Schleier, einen blauen Gürtel und auf jeden Fall leuchtete eine gelbe Rose von derselben Farbe wie die Kette ihres Rosenkranzes. Furcht erfasste mich. Ich glaubte, mich zu täuschen und rieb mir die Augen" (Dondelinger, 2001, S. 60). Zunächst ist nicht klar, um was es sich bei der Erscheinung handelte. Bernadette versucht anfänglich, das Erlebte für sich zu behalten.

Wie schon erwähnt, sind solche Visionen relativ häufig. So hatte in derselben Gegend (70 km südlich von Lourdes) schon 12 Jahre vorher ein Hirtenjunge eine ähnliche Erscheinung; ebenfalls in einer Höhle. Auch dorthin kamen in bestimmten Jahren hunderttausende Pilger. Der Ort fand keine offizielle Anerkennung. Auch Lourdes selbst und der Ort der Erscheinung, die Grotte, waren „vorbelastet". Lourdes hatte in der damaligen religiösen Welt einen besonderen Status. Dort war ein maurischer Stammesfürst, welcher im 8. Jahrhundert von den Truppen Karls des Großen bedrängt wurde, auf ein Schreiben Karls hin plötzlich zum Christentum übergetreten. Auch sagte man bezüglich der Grotte, es würde dort spuken. Ferner gab es eine Prophezeiung, dass dort etwas Wunderbares passieren würde. Trotzdem begegnete man der Erscheinung zunächst mit großer Skepsis. Bernadette wurde u. a. deswegen von der Mutter verprügelt. Andere hielten die Berichte für wahr, jedoch nahmen sie an, bei der Erscheinung handele es sich um eine unerlöste Seele, d. h. eine Seele, welche noch nicht ins christliche Paradies gelangt ist, sondern im Fegefeuer verweilt und deshalb ruhelos umherzieht (auch als sog. Arme-Seele bezeichnet). Andere wiederum meinten, dass es sich um die im vergangenen Jahr gestorbene Elisa Lapatie handele, ein Mädchen, welche in der „Tracht der Mutter Gottes" beigesetzt werden wollte, mit weißem Rock, mit blauen Schleifen und Rosenkranz. Später wird Bernadette und der mittlerweile immer größeren Anhängerschar klar, dass es sich um Maria, die Mutter Gottes, selbst handeln müsse. U. a. berichtet Bernadette, dass Maria zu ihr im örtlichen Dialekt spricht: „Wollen Sie die Güte haben, während vierzehn Tagen nacheinander hierherzukommen? Ich verspreche ihnen nicht, Sie in dieser Welt glücklich zu machen, aber in einer anderen" (ebenda S. 66).

Nachdem sich der Bericht der Erscheinung rasch in der Gegend verbreitet hatte, drängten sich viele Menschen um Bernadette, um Heilung von Krankheiten zu erlangen. Der erste Heilversuch ist jedoch ein Fehlschlag, da sich das lahme Kind einer Magd trotz der Bemühung von Bernadette nicht bewegt. Das Gerücht einer Wunderheilung verbreitete sich trotzdem. Der zweite Versuch betrifft die Heilung eines angeblich erblindeten Kindes. Das Kind selbst sagt, dass es nicht wirklich blind gewesen sei, aber nun etwas besser sehen könne. Jedoch kann auch der untersuchende Arzt keine eigentliche Heilung feststellen. Der nächste Fall, der zu Bernadette gebracht wird, betrifft eine sog. Maulsperre, welche einmal am Tag bei Gelegenheit einer Mahlzeit einsetzt. Die hinzugezogenen Priester, Ärzte und ein auch zu Rate gezogener örtlicher Hexer (!) hatten bisher nichts ausrichten können. Der betroffene Junge wollte Bernadette sehen. Selbst der örtliche Pfarrer hofft nun auf ein die Marienerscheinung bestätigendes Wunder. Die Heilung gelingt.

Patrick Dondelinger, welcher im Rahmen des von ihm durchgeführten Forschungsprojektes die umfangreiche Dokumentation zum Leben und Wirken der Bernadette durchgesehen hat, beschreibt sehr eindrucksvoll den nun immer stärker werdenden Run auf die Person der Bernadette. Man wollte sie wenigstens berühren – oder von ihr etwas erhalten, was zu ihr gehörte, ein Stück Haar, ein Band von ihrem Kleid oder etwas Ähnliches. Selbst höhere geistige Würdenträger reisten an und begehrten solches. Durch das Berühren oder die Gegenstände wollte man der überirdischen Kraft – der Bernadette bzw. letztlich der Maria – habhaft werden. Interessanterweise versuchte Bernadette, sich diesen Wünschen weitgehend zu entziehen. Einer der Gründe dafür: Ihr eigener stets angeschlagener Gesundheitszustand erlaubte kaum größere Anstrengungen. Deshalb musste das Quellwasser der Grotte die Mittlerfunktion übernehmen. Ein Mann berichtet beispielsweise den Behörden, dass er Heilung durch das Wasser der Quelle erfahren habe. Bernadette selbst bestritt jedoch stets in den Befragungen durch die Vertreter der kirchlichen Behörden, dass Heilen ihre Bestimmung sei. Auch sagte sie, dass das nie die Botschaft der ihr erschienenen, später als Maria gedeuteten Gestalt gewesen sei. Zu Lebzeiten der Bernadette förderten die obersten kirchlichen Behörden den Kultus um Bernadette nicht. Selbst ihr Beichtvater ermahnte sie zur Zurückhaltung.

Das änderte sich nach dem Tod von Bernadette. Die Nachricht ihrer Visionen hatte sich inzwischen relativ rasch in ganz Europa und der restlichen Welt verbreitet. Nun setzte sich auch in den zuständigen kirchlichen Stellen eine andere Sichtweise der Dinge in Lourdes durch. Die Frage wurde erörtert, ob Bernadette den Status einer Seligen bzw. Heiligen habe. Dazu mussten bestätigte Wunderheilungen vorliegen. 1912 betete Marie-Melanie Meyer am Grabe der Bernadette und wurde daraufhin von ihrem Magengeschwür geheilt. Später auch Henri Bousselet von einer tuberkulösen Erkrankung. Die Kriterien wurden nach Prüfung durch die zuständigen Kommissionen und Konzilien als erfüllt angesehen (siehe Kasten 3.1a). Im Jahr 1933 wurde Bernadette dann heilig gesprochen. Die Grotte und Quelle, bei der Bernadette ihre Visionen hatte, ist heute Ziel von Kranken und Trost suchenden Pilgern aus aller Welt. An manchen Tagen kommen bis zu 10 000 Pilger zum Ort der Wunderheilungen. Inzwischen sind 66 Lourdes-Heilungen vom Vatikan als Wunder anerkannt. Die medizinische Kommission kam in diesen Fällen zu dem Schluss, dass für diese Heilungen natürliche Ursachen auszuschließen seien.

Wie schon in Sievenich kam und kommt es natürlich immer wieder auch in Deutschland an bestimmten Orten zu besonderen Visionen. So etwa am heutigen Wallfahrtsort Vierzehnheiligen in Franken, welcher auf die Vision eines Klosterhirten im 15. Jahrhundert zurückgeht. Er sah u. a. 14 kindliche Nothelfer, welche sich anboten, hier zu rasten, woraufhin an dieser Stelle ein Kreuz errichtet wurde. Heilungen werden von den Pilgern angesichts der Gnadenbildchen der 14 Nothelfer an dieser Stelle erwartet. Oder Walldürn im südlichen Odenwald. Hier ist eine besondere Wahrnehmung des örtlichen Priesters, ebenfalls im 15. Jahrhundert, der Grund, eine lokale, besondere Wirkung des christlichen Gottes zu erwarten. Der Priester verschüttete Messwein und sah u. a. mehrere Antlitze Christi in den Weinflecken (Messwein bedeutet das Blut Christi). Er verschwieg dies allerdings. Erst auf seinem Sterbebett gestand er es. So wie Vierzehnheiligen wurde Walldürn vom Papst als besonderer Ort des Glaubens anerkannt.

Wie wir schon weiter oben sahen, sind Visionen keineswegs Phänomene vermeintlich besonders leichtgläubiger Zeiten. Besonders Marienerscheinungen sind zu allen Zeiten bevorzugte Motive. Auch heutzutage erscheint irgendwo in Europa mindestens einmal im Jahr Maria. An manchen Stellen auf der Erde scheinen diese geradezu endemisch zu sein. Ein solch besonderer Ort ist auch Marpingen, ein Dorf im Saarland. Die Schilderungen des britischen Historikers David Blackbourn vom „Aufstieg und Niedergang des deutschen Lourdes" (1997) wurde von der US-amerikanischen Historikergesellschaft mit einem Preis ausgezeichnet. Die umfangreichen Recherchen von David Blackbourn vergegenwärtigen eindringlich das dortige Drama. Sie lesen sich stellenweise wie die Dokumentation einer Kriminalgeschichte. Erst kürzlich flammten die Erscheinungen erneut auf. 1999 berichtete beispielsweise das Magazin *Focus*, dass die Gottesmutter meist am Wochenende und zur Mittagszeit erscheinen würde. Die drei Seherinnen, örtliche Hotelangestellte, berichten, dass Maria ein langes weißes Gewand trage, überraschend klein sei und „südländisch" aussehe. Manchmal habe sie auch das Jesuskind auf dem Arm. Auf einem der Pressefotos sieht man Menschen im Rollstuhl. Der Pilgerstrom hat wieder eingesetzt. Wie immer wieder in den letzten 200 Jahren in Marpingen.

Die örtliche Wundererwartung begann 1876. Damals sahen drei junge Mädchen aus Marpingen auf einer Wiese in der Nähe eines Waldes die Jungfrau Maria. Schon damals stieß die Angelegenheit auf massive Ablehnung durch die Behörden – in diesem Fall durch den „aufgeklärten" preußischen Staat, wie David Blackbourn berichtet. Die Situation eskalierte bis zur Aussendung von Truppen und Verstärkung der Gendarmerie, um zu verhindern, dass sich immer wieder Tausende von Pilgern auf dem Platz des „Aberglaubens" versammelten. So die Argumentation der Behörden. Das Ziel der Pilgerströme war u. a. eine Quelle, in deren Nähe sich die Vision ereignet hatte. Das Quellwasser war für die Gläubigen deshalb mit besonderer Kraft versehen. Die von den Gläubigen berichteten Heilungen durch das Wasser oder durch das Aufsuchen des Ortes füllen mehrere Bände der Untersuchungsbehörden. Die Behörden griffen durch. Die drei visionären Kinder wurden in eine Erziehungsanstalt gesteckt, gegen den erbitterten Widerstand der Eltern. Ein von der preußischen Regierung in Berlin ausgesandter Kriminalbeamter ging sogar so weit vorzuschlagen, zwei engere Anhängerinnen der Seherinnen ins Irrenhaus einzuweisen, wozu sich die örtlichen Behörden dann doch nicht durchringen konnten. Das alles hat dem *genius loci* nicht eigentlich geschadet. Aber trotz der bis heute geradezu konvulsivisch immer wieder auftretenden örtlichen Erscheinungen hat es Marpingen nie geschafft, tatsächlich ein deutsches Lourdes zu werden.

Bezeichnenderweise hielt die von den Behörden konsultierte örtliche Ärzteschaft ebenfalls nicht viel von den damaligen Wunderheilungen. Der zuständige Kreisphysikus erklärte lakonisch, er habe keine Heilungen gesehen, welche „irgendwie wunderbar gewesen wären". Andere Ärzte vermuteten in den Heilungen lediglich Heilungen von Hysterien. (Gemäß heutigem Sprachgebrauch wäre dies eine seelisch bedingte körperliche Erkrankung – siehe mehr dazu weiter unten und in Kap. 4.2). Die preußischen Behörden hielten die Vorkommnisse für einen abgekarteten Betrug und sahen im Pilgerstrom eher eine Gefahr für die öffentliche Ordnung und die Staatssicherheit. Es galt Schlimmeres zu verhindern und die Angelegenheit unter Kontrolle zu halten. Die kirchlichen Behörden hielten sich aus dieser Sache weitgehend raus. Waren sie froh, dass die weltliche Autorität für sie das Heiligenwesen bzw. seine Anhänger sozusagen unter Kuratel stellte? Selbst als den katholischen Pfarrern von Marpingen und umliegenden Orten ebenfalls massive Schwierigkeiten durch die Staatsautorität bereitet wurden, griffen die kirchlichen Behörden nicht ein: Hausdurchsuchungen, Verhöre, Verhaftungen und Verlust weltlicher Ämter. Man vermutete, dass die Ortspfarrer mit den Anhängern des lokalen Marienkults gemeinsame Sache machten. Immerhin hatten die Geistlichen vor Ort die Entwicklung der Ereignisse nicht behindert. Ähnlich erging es den Gläubigen, besonders denen, welche nach eigenen Angaben durch das Wasser der Quelle geheilt wurden.

Bald nach den Ereignissen in Marpingen – ebenfalls noch im 19. Jahrhundert – hatten Kinder im niederbayrischen Mettenbuch Erscheinungen. Hier verhielt sich der Staat zurückhaltender (wenn auch nicht neutral) und die Kirchenbehörden aktiver. Die Kinder berichteten „Arme-Seelen-Lichter" gesehen zu haben, folglich „Lichter" nicht erlöster Seelen. Die Gendarmerie beschuldigte das örtliche Kloster, die ganze Geschichte aus „schmutzigem Eigennutz" heraus angestiftet zu haben. Auch hier wurde wieder heilendes Wasser verkauft. Devotionalienhändler machten ihre Stände im

Dorf auf. Die Pilger strömten auch hier. Um den „Aberglauben" zu entlarven, statuierte die zuständige Gendarmerie ein drastisches Exempel. Die visionären Kinder wurden einbestellt. Man ließ sie den Ort zeigen, wo sich die Erscheinung befunden hatte, und schoss daraufhin mehrmals auf diese Stelle. Später, als sich die Gemüter etwas beruhigt hatten, kaufte die Fürstin von Thurn und Taxis das Gelände und ließ eine Statue der Maria errichten sowie eine Vorrichtung zum Anbringen von Votivtafeln. Dennoch, eine Anerkennung als Wallfahrtsort erhielt Mettenbuch nie.

Beten und Festigkeit im Glauben – Nachweis der Wirksamkeit?

Beten ist die Grundform aller Glaubensriten des gläubigen Christen. Die Hoffnung auf ein Erhören seiner Gebete durch Gott, um seine Notlage zu verbessern, treibt ihn an. Katholische Christen verfügen hier, wie wir sahen, über zusätzliche überirdische Helfer, von denen sie sich eine positive Fürsprache erhoffen. Aufgrund der Lehrtradition der beiden großen christlichen Kirchen kann sich der Betende nicht auf das prompte Eintreten der Wunscherfüllung verlassen. Eine Verbesserung der Lebenssituation tritt, wie jeder Gläubige an sich und am Schicksal anderer Gläubiger beobachten kann, nur manchmal oder überhaupt nicht ein, und besonders Wunder sind eben – per definitionem – äußerst selten. Dies verlangt dann vom Gläubigen weiter andauernde oder noch größere Anstrengungen des Glaubens und Betens. Demgemäß ist es stimmig oder paradox – je nach Standpunkt – dass z. B. Bernadette aus Lourdes von andauernder Krankheit geplagt war, ihr Vater keine Linderung seines schweren Augenleidens erfuhr und ihre Mutter früh verstarb, andererseits aber tatsächliche Heilungen (durch sie?) stattfanden und noch stattfinden.

Doch wenn wir eine nüchterne statistische Überlegung anstellen, dann sieht die Erfolgsbilanz von Lourdes zunächst nicht so eindrucksvoll aus. Viele Millionen Menschen suchten bisher Lourdes auf. Nach offizieller Schätzung sind dies fünf Millionen jährlich. Davon sind etwa 70 000 schwer physisch krank. Wenn wir nun in einem Gedankenexperiment einmal probeweise annehmen, es handle sich im Falle von Lourdes um ein Sanatorium mit entsprechenden Fachabteilungen, dann sind in über 120 Jahren „Behandlungen" bei etwa 8,4 Millionen Patienten nur 66 Heilungen erfolgt bzw. von der Kommission anerkannt worden[7]. Ein solches Sanatorium würde man schließen.

---

[7] Seit 1882 beurteilt die Medizinische Kommission, ob die in Lourdes auftretenden Heilungen durch natürliche Ursachen (Spontanheilungen etc.) zustande gekommen oder medizinisch unerklärlich sind (Wunder?).

Aus der Sicht des Hoffenden, inbrünstig Bittenden eine schwache Bilanz. Jedoch ist hierbei anzumerken, dass Heilungen, welche durch psychosomatische Effekte erklärt werden könnten, grundsätzlich nicht als Wunder anerkannt werden. Die katholische Kirchenadministration macht es sich nicht leicht. Aber Gläubige erleben Lourdes entsprechend anders. Bezeichnenderweise wurden über 7000 Heilberichte von Gläubigen in den letzten 120 Jahren registriert. Davon sind, gemäß den Recherchen von Andreas Resch (2003), 2500 Fälle als „bemerkenswerte Heilungen" einzustufen. Bezeichnend für die Zurückhaltung der kirchlichen Institutionen ist der langwierige und mühselige Anerkennungsprozess von Lourdes selbst. Er fiel in eine Zeit, in der die Kirche sich gezwungen sah, sich mit dem Skeptizismus der Aufklärung auseinander zu setzen. Entsprechend harsch waren zunächst die Reaktionen vieler Zeitgenossen. Das heißt, die Visionen von Lourdes, Marpingen, Mettenbuch und vielen anderen Orten fanden in einem Klima statt, in dem die aufgeklärte Vernunft das Primat haben wollte. Der zeitgenössische Skeptiker wollte Beweise sehen. Auch die katholische Kirche wollte und konnte sich dem Zeitgeist nicht entziehen. Kommissionen hatten deshalb aufgrund sehr strikter Regelsysteme zu klären, was als Wunder zu betrachten sei. (Bezeichnenderweise erreichten Marpingen und Mettenbuch sowie viele andere nicht einmal diese Vorstufe.) Dies vor dem Hintergrund von Gegenpositionen wie etwa eines Ludwig Feuerbach (1804–1872), welcher im Ursprung von Religionen lediglich mythenbildende Fantasien ihrer Anhänger sah. Die medizinisch-naturwissenschaftliche Betrachtungswiese einer Spezialkommission sollte Dämme gegen solche „Fantasiegebilde" errichten. Dem Vorwurf einer allzu großen Leichtgläubigkeit wollte man sich nicht aussetzen.

Auch von Seiten der sich zu neuen Entdeckungen aufschwingenden naturwissenschaftlichen und somit rational begründeten Wissenschaften kamen natürlich zahlreiche Einwände. Ein prominenter Vertreter war Sir Francis Galton (1822–1911). Galton führte u.a. moderne statistisch-mathematische Untersuchungsmethoden in die Medizin- und Psychologieforschung ein. Seine entsprechenden Beiträge werden heute noch in den einschlägigen Lehrbüchern zitiert. Auch die Wirkung von Gebeten beschäftigte ihn. In seinem viel beachteten und immer noch zitierten Artikel „*Statistical enquiries on the efficacy of prayer*", welcher 1872 erschien, wies er – aus seiner Sicht völlig schlüssig – nach, dass Gebete nicht helfen! Denn z.B. wären die Gebete britischer Bauern um Regen aufgrund seiner Untersuchungen nicht mit dem Auftreten von Regen korreliert. Eine weitere Beweisführung von Galton lautete so: In allen Kirchen von Großbritannien wird regelmäßig in den Sonntagsgottesdiensten für das gesundheitliche Wohlergehen der königlichen Familie gebetet. Wie er jedoch feststellte, hatte dies offensichtlich keinen positiven Effekt. Im Gegenteil, Mitglieder der königlichen Familien lebten im Durchschnitt kürzer als die übrige Bevölkerung Großbritanniens. Diese statistisch gut abgesicherten

Befunde lösten natürlich eine heftige und äußerst kontroverse Diskussion aus. Für Galton jedoch stand fest: Beten ist zwecklos.

Inzwischen können wir jedoch die Frage nach der Wirksamkeit des Betens etwas differenzierter beantworten, denn in der Nachfolge von Galton sind zahlreiche wissenschaftlich-empirische Studien durchgeführt worden. Diese belegen recht eindeutig: Gebete helfen – in bestimmter Hinsicht. Darin stimmen alle wissenschaftlichen Übersichten zum Thema Glauben und Gesundheit überein. Die Untersuchungen belegen recht einhellig, dass gläubige Menschen beispielsweise mit Schicksalsschlägen besser fertig werden als nicht gläubige Menschen (z. B. Hood und Kollegen, 1996; Pargament, 1997). „Gebete" nennen gläubige Menschen an erster Stelle, wenn man sie nach religiösen Mitteln der Lebensbewältigung fragt. Wie aus Kasten 3.1c zu ersehen ist, sagen z. B. Eltern, dass sie den Verlust des eigenen Kindes durch Gebete besser bewältigen könnten. Oft ist es eine schwere Lebenskrise oder auch die eigene schwere körperliche Erkrankung, welche Menschen veranlasst, sich stärker mit religiösen Fragen zu beschäftigen. Religiöser Glaube half Frauen, mit einer Brustkrebserkrankung besser fertig zu werden. Der Glaube gab ihnen mehr Hoffnung, wie eine Arbeitsgruppe um Harold Koenig vom Medical Center der Duke University (USA) feststellte (Koenig und Kollegen, 2001).

Formen des Glaubens und psychisches Wohlbefinden

Nun wird sich mancher Leser zu Recht fragen: Was bedeutet „gläubig"? Wie können Wissenschaftler so etwas Privates wie den Glauben überhaupt exakt messen? Berechtigte Fragen. Die Diskussion darüber dauert in der Wissenschaft nun schon über 50 Jahre an. Die Ergebnisse zu entsprechen-

Kasten 3.1c

Hilfe durch Religion, um mit Schicksalsschlägen besser umgehen zu können

In einer US-amerikanischen Untersuchung wurden 124 Elternpaare befragt, wie sie mit dem Tod ihres Kindes umgehen.

Es zeigte sich in der Nachuntersuchung, dass religiöser Glaube, soziale Unterstützung, gedankliche Bewältigungsversuche und Einordnung des Ereignisses in einen Sinn, den Eltern am meisten half.

Quelle: Hood und Kollegen (1996) (adaptiert).

den Fragebogenskalen, welche die sog. intrinsische oder extrinsische Religiosität (tiefgläubig im Gegensatz zu weniger tiefgläubig) messen, sind, wie fast zu erwarten, widersprüchlich. Inzwischen ist man deswegen dazu übergegangen, die verschiedenen möglichen Einstellungen zum christlichen Gott differenzierter zu erfassen. Man interessierte sich besonders dafür, welche Form christlich-religiöser Anschauungen für die Lebensbewältigung besonders geeignet zu sein scheint. Wenn nach Drewermann Menschen von Religion vor allem erwarten, „dass sie die Verunendlichung der Angst durch eine Verunendlichung von Vertrauen und Hoffnung beantwortet" (zitiert in Dörr, 2001, S. 55), dann wäre eventuell zu erwarten, dass ein passives Sich-in-die-Hand-Gottes-geben zum besten Ergebnis führt.

Dies ist jedoch nur bedingt der Fall, wie neuere Untersuchungen zeigen. Vor allem die sehr umsichtige Analyse und sorgfältige Untersuchung der Psychologin Anette Dörr (2001) bedeutete einen Fortschritt hinsichtlich unserer Annahmen über die Funktion von Religion in Hinblick auf psychisches Wohlbefinden. Gemäß Anette Dörr ist diejenige Form der Lebensbewältigung besonders positiv, welche neben dem Vertrauen auf die Hilfe Gottes auch eigene Anstrengungen einschließt. Zwar nicht so extrem wie in der gängigen Spruchweisheit: „Hilf dir selbst, dann hilft dir Gott." Jedoch kommt dies dem Sachverhalt schon nahe. Gemeint ist eine Grundhaltung, welche das Gefühl vermittelt, Möglichkeiten der Schicksalsbewältigung zu haben. Anette Dörr hat dies anhand des Verlaufs von Depressionen untersucht. Aber dieser Effekt lässt sich nicht nur bei Menschen nachweisen, welche zu Depressionen neigen. Damit ist Anette Dörr in Einklang mit einem durchgängigen Befund der Religionspsychologie (siehe z. B. Pargament, 1997).

Letztlich beruhen diese Effekte auf einem Fundamentalgesetz der Psychologie. Entscheidend für das psychische Wohlbefinden ist nicht nur, ob ich tatsächlich bzw. objektiv gesehen das Geschehen um mich herum und mein eigenes Wohlergehen im Griff habe, sondern – wie oben abgedeutet – wesentlich ist das Gefühl der Kontrolle. Stark vereinfacht: Auch schon die Illusion, Kontrolle über wesentliche Ereignisse zu haben, genügt, um eine psychische Stabilisierung zu erreichen. Ganz offensichtlich war dies auch in der Frühzeit der Menschheitsentwicklung ein wichtiger Faktor, wie wir in Kapitel 2.1 gesehen haben. Denn die instrumentellen und institutionellen Eingriffsmöglichkeiten waren begrenzt. Durch die religiöse Weltinterpretation wird das Agens hinter den Erscheinungen „sichtbar". Damit wird der Hebel zur Änderung seiner Lebenssituation in die Hand des Gläubigen gelegt. Der adäquate Ritus optimiert, gepaart mit eigenen Anstrengungen (etwa durch Verbesserung der Jagdwaffen), den Ausgang des Ereignisses. Der vorzeitliche Jäger verhinderte so durch sein Vertrauen auf die Hilfe der Jagdgeister und eigene Anstrengung das Gefühl der Ohnmacht und des Ausgeliefertseins. Ein missgestimmter, unsicherer Jäger ist kein guter Jäger.

Wie gesagt, auch wenn religiöser Glauben im Spiel ist, richtet sich das Wohlbefinden danach, ob man dadurch ein sicheres Gefühl der Kontrolle erreicht. Die Untersuchungen und Befragungen meiner Mitarbeiterin Katrin Selinger in mehreren christlichen Gemeinden Deutschlands bestätigen dies. Jedoch zeigen sich auch bei den Gemeindemitgliedern, welche passiv auf Gott vertrauen, positive Ergebnisse bezüglich der psychischen Befindlichkeiten. Letzteres Ergebnis hat uns etwas überrascht, widerspricht es doch den gängigen Befunden der Religionspsychologie. Allerdings erbringt in Übereinstimmung mit den Ergebnissen von Anette Dörr und anderen Autoren der „Gottes-plus-eigene-Hife"-Stil die höchsten Werte bezüglich Lebenszufriedenheit, Selbstwertgefühl und allgemeinem Wohlgefühl (siehe dazu Kasten 3.1d für einen Überblick über die wichtigsten Ergebnisse der Studie).

Längeres Leben durch Glauben?

Damit ist jedoch die Galton-Frage nur zum Teil, und wie Galton feststellen würde, unbefriedigend beantwortet. Er würde monieren, dass es sich hier nur um subjektive Sichtweisen von Personen handelt, welche von der Macht der Religion bzw. der göttlichen Kraft überzeugt sind. Dass diese angeben, der Glaube vermittle ihnen Hoffnung in Krisen und sie sich beschützt und darin aufgehoben fühlen, sei ja nahe liegend und beweise keinen objektiven Nutzen des christlichen Glaubens. Galton würde Folgendes fordern: Führe eine wissenschaftliche Studie durch, in der du zeigen kannst, dass sich die bisher festgestellte bessere psychische Befindlichkeit auch auf die Besserung einer körperlichen Erkrankung auswirkt. Ansonsten würde er den Effekt als „nur" psychisch bzw. als sich selbst erfüllende Prophezeiung bezeichnet haben.

Nun, hier kommen Forscher dann doch etwas in Verlegenheit. Die Prüfung dieser Frage ist nicht einfach. Denn was bedingt was? Die größere Intensität des Glaubens das bessere körperliche Befinden? Oder ist es so, dass physisch schwerer erkrankte Menschen die Religion als Rettungsanker entdecken? Auch wenn Ersteres der Fall sein sollte, dann könnte die bessere Gesundheit nicht direkt durch Religion bedingt sein. So könnte Religion bewirken, dass man gesünder lebt oder dass man in eine Gruppe (religiös) Gleichgesinnter eingebunden ist. Finden Forscher bessere oder schlechtere Gesundheit bei religiösen Menschen im Vergleich zu Menschen, welche areligiös sind, weiß man somit in der Regel nicht, wie dies zu deuten ist. Nur Studien, welche dies berücksichtigen, können uns bei der Lösung dieses Problems weiterhelfen. Der Leser, welcher an diesen Fragen speziell interessiert ist, sei an die kritischen Beiträge in dem von Plante und Sherman (2001) herausgegebenen Sammelband verwiesen.

Einige neuere Studien versuchen trotz dieser methodologischen Schwierigkeiten etwas Licht in die so wichtige Fragestellung nach der Rolle der christlichen Religion in Bezug auf körperliche Gesundheit von Gläubigen zu bringen. Die sehr aktive Forschergruppe um Harold Koenig vom

Kasten 3.1d

Drei Typen von Gläubigen und die Folgen für die Psyche und Beispiele ihrer Antworten im Fragebogen

1. Gruppe: **Ich vertraue auf Gott und helf mir selbst (Gefühl der aktiven Kontrolle).**
Gott und ich, wir arbeiten zusammen bei der Lösung von Problemen. Und deswegen habe ich auch das Gefühl, das Leben unter Kontrolle zu haben.

2. Gruppe: **Er lässt mich wissen, was ich tun soll (passives Kontrollerleben).**
Wenn ich in Schwierigkeiten bin, dann hilft mir Gott. Eigene Anstrengungen führen nur mit seiner Hilfe zum Ziel.

3. Gruppe: **Ich bin gläubig, aber mir kommen manchmal Zweifel (geringe Kontrollerwartung).**
Oft bin ich auf der Suche nach den richtigen religiösen Antworten. Ich bin auch nicht sicher, ob ich bei meinem Problemlösen von Gott Hilfe erfahren werde.

Die psychischen Folgen sind deutlich bei den befragten 302 Gemeindemitgliedern: Die erste Gruppe profitiert psychisch am stärksten von ihrem Glauben, die dritte Gruppe am wenigsten.

Gruppe 1 ist
– mit ihrem Leben zufrieden
– hat ein höheres Selbstwertgefühl
– ist psychisch allgemein gesünder
– fühlt sich sozial eher eingebunden
… besonders deutlich im Vergleich zur **Gruppe 3,** bei der dies alles weniger günstig entwickelt ist.

Gruppe 2
… ähnelt der **Gruppe 1**, ist aber:
– etwas weniger seelisch stabil.

Anmerkung: Die Gruppe 3 ist nicht mit der Gruppe radikal Ungläubiger zu verwechseln. Letztere hat z. B. aufgrund der Befunde von Wolf und Deusinger (1996) im Durchschnitt keine psychischen Schwierigkeiten. Der Befund bezieht sich somit lediglich auf unsichere und suchende *christliche* Gemeindemitglieder.

Quelle: Selinger & Straube (2002): Coping-Funktion religiöser Glaubenssysteme.

Medical Center der Duke University (Helm und Kollegen, 2000) ist sich aufgrund ihrer Befunde sehr sicher, dass häufiges Beten für die körperliche Gesundheit förderlich ist! Schauen wir uns die Studie deshalb etwas genauer an. Die Fallzahlen sind eindrucksvoll: 3851 Personen wurden untersucht. Es handelte sich um ältere Personen (65 Jahre und älter), denn die Forscher interessierte der Einfluss „privater religiöser Aktivitäten" auf die Überlebenshäufigkeit. Erfasst wurde die Häufigkeit von Beten, religiösem Meditieren und Lesen in der Bibel. Über sechs Jahre beobachtete die Gruppe von der Duke University den Gesundheitsverlauf. Während dieser Zeit verstarb etwa ein Drittel. Natürlich war nicht bei allen Personen ein Zusammenhang mit den in der Studie berücksichtigten Merkmalen religiösen Glaubens feststellbar. Eine weitere Einschränkung betrifft den Gesundheitszustand der Studienteilnehmer zu Beginn der Studie. Denn nur bei den gesünderen älteren Menschen ließ sich ein positiver Einfluss der Glaubensaktivitäten feststellen. Immerhin! Denn das ist auch der Tenor der 2003 publizierten Übersichtsarbeit von Powell, Shahabi und Thorensen von den Universitäten in Chicago, Miami und Stanford. Sie berücksichtigen darin 40 Studien, welche die oben erwähnten methodologischen Fallstricke in ihrem Forschungsdesign berücksichtigt hatten. Stark vereinfacht: Glaubensaktivitäten wie Beten und Besuch des Gottesdienstes helfen gesünderen Personen, länger zu leben. Weniger dramatisch sind die Effekte der Religiosität, wenn Menschen bereits chronisch erkrankt sind. Aber auch bei akuten Erkrankungen war eine Beschleunigung der Besserung durch Religiosität bzw. in Zusammenhang mit religiösen Aktivitäten zu beobachten.

Der objektive Nachweis – wenn die Wirkung aus der Ferne kommt

Galton wäre immer noch nicht sonderlich beeindruckt. Psychologische Einflüsse auf die körperliche Gesundheit seien immer noch eine nahe liegende Interpretation der oben geschilderten Befunde. Ein Einwand, welchen auch die Forschergruppen um Koenig und Powell und andere Forscher nicht in Abrede stellen würden. Doch Galton – in seinem radikalen Ansatz – wollte mit seinen Untersuchungen auf etwas anderes hinaus: den ultimativen Gottesbeweis bzw. den Nachweis, dass sich der christliche Gott nicht um das Wohlergehen der Menschen schert. Er meinte das sog. *experimentum crucis* zum Nachweis seiner These schon durchgeführt zu haben: Durch die Erforschung der Wirkung von sog. Fürbittgebeten. Beim Fürbittgebet betet eine andere Person für die Gnade Gottes. Der radikale Gedanke von Galton: Wenn der betroffene Kranke keine Kenntnis davon hat, dass jemand gerade für ihn betet, dann löst nicht das Wissen um die Fürsprache psychisches Wohlbefinden aus und dieses damit auch nicht sekundär eine bessere körperliche Befindlichkeit. Psychosomatische Effekte seien damit zumindest minimiert (siehe zur Methode solcher Untersuchungen Kasten 3.1e). Nur so wäre zu beweisen, dass es tatsächlich der christliche Gott ist, der eingreift, um zu heilen! Eine zentrale Frage für Gläubige wie Skeptiker nach wie vor. Entsprechend hitzig ist die Debatte in medizinischen Fachzeitschriften. Hilft Beten über psychologische Effekte hinaus? Ist die Wirkung objektiv belegbar? Allein das Wagnis, eine solche Frage zu stellen, wird äußerst kontrovers diskutiert, wie sich denken lässt.

Kasten 3.1e

Klassische Betexperimente in medizinischen Universitätskliniken: Greift Gott ein?

Behandlungsform: Anonyme Fürsprechgebete.

Gegenstand der experimentellen Prüfung: die Wirkung des anonymen Betens.

Fragestellung: Bessert sich die körperliche Erkrankung, wenn eine Gruppe von Gläubigen für eine Gruppe von Patienten betet, ohne dass beide voneinander wissen? Auch Ärzte und das übrige Behandlungsteam wissen nicht, wer durch Beten unterstützt wird und wer nicht.

Grundaufbau des Experiments:

Zufallszuteilung zu Gruppe A (Behandlungsgruppe) **und Gruppe B** (Vergleichsgruppe bzw. Kontrollgruppe).

Prüfung über einen längeren Behandlungszeitraum (mehrere Wochen).

Gruppe A	**Gruppe B**
Für diese Patientengruppe beten gläubige Christen zu Gott und bitten um Besserung der körperlichen Erkrankung – zusätzlich zur medikamentösen Behandlung.	Diese Patientengruppe dient der Kontrolle. Für diese Gruppe wird nicht gebetet. Sie wird ebenfalls mit Medikamenten behandelt.

Gruppe A und B wissen nicht, ob für sie gebetet wird, auch nicht die behandelnden Ärzte. Dies soll psychologische Effekte bei den Patienten als Wirkfaktoren ausschalten. Ebenso wissen die behandelnden Ärzte nicht, für welche Patienten gebetet wird – eine sog. Doppelblindprüfung. Ferner wird dafür Sorge getragen, dass sich die Patienten in Gruppe A und B nicht hinsichtlich ihrer Erkrankungsschwere unterscheiden. **Wenn Gruppe A sich stärker gesundheitlich bessert als Gruppe B, lautet das Fazit: Gott hat die Wirkung erzielt ???**

In der älteren wissenschaftlichen Literatur wird in der Tat über einige Studien berichtet, welche eine stärkere Besserung bei Erkrankten sehen, wenn andere Personen anonym für sie beten. Eine der ersten größeren Studien stammt von Kevin Byrd (1988) von der Universität Nebraska. Allerdings können seine Ergebnisse oft nicht repliziert werden. Manchmal auch nicht die positiven Befunde, die dasselbe Forscherteam in der Nachfolge von Byrd erzielt hat. Ein Grund dafür war sicher, dass die Untersuchungsmethode als unzureichend angesehen werden musste. Trotzdem wurden diese Studien in manchen Lehrbüchern der Religionspsychologie und nachfolgenden Artikeln oft so dargestellt, als gäbe es tatsächlich eindeutige Belege dafür, dass anonymes Beten zusätzlich zur Medikation einen Einfluss hat. Hoffnung und Glauben verändern manchmal die Wahrnehmung der Realität – so auch bei Wissenschaftlern. Erst kürzlich geisterte ein Bericht eines US-amerikanischen Chirurgen durch die Presse. Er forderte eine Gruppe Gläubiger auf, für das Wohlergehen von Herzpatienten in einem Raum neben dem Operationssaal zu beten. Angeblich ergab sich dadurch ein besserer Verlauf der Operation. Eine genauere Nachprüfung zeigte dann aber, dass zwar Effekte auftraten, diese aber so gering waren, dass sie als Zufallseffekte bzw. in der Nomenklatur der Forschung als „nicht signifikant" (nicht bedeutsam) gelten müssen.

In neuerer Zeit sind jedoch einige recht sorgfältig durchgeführte Studien zum Effekt von Fürbittgebeten anonymer Betgruppen erschienen. Um das wichtigste Ergebnis dieser so provokativen Forschungsbemühungen gleich in die Debatte zu werfen: Es kann nicht behauptet werden, dass anonymes Beten für Patienten nicht wirkt! Das ist je nach Einstellung und Erwartung ein überraschender Befund. Damit sich jeder Leser ein Bild von der Situation an der Forschungsfront des anonymen „Gesundbetens" machen kann, anbei ein paar wichtige Details einer typischen Studie. Ich wähle dazu eine Studie aus, welche von allen bisher erschienenen Übersichtsarbeiten als methodologisch anspruchsvoll eingestuft wird (siehe dazu auch die Übersichtsarbeiten von Roberts und Kollegen, 2002; Powell und Kollegen, 2003; Ernst, 2003).

Es handelt sich um Ergebnisse einer sehr aufwendigen Forschungsarbeit am Mid-America Heart Institute in Kansas City, welche in der renommierten Fachzeitschrift *Archives of Internal Medicine* im Jahr 1999 erschienen sind. Kardiologen und Internisten um William Harris lassen neben der üblichen Behandlung für Herzpatienten anonym beten, d. h. die Hälfte der fast 1000 Patienten, welche an der Studie teilnahmen, erhält Beistand durch eine christliche Betgruppe. Es handelt sich um am Ort vorhandene christliche Gruppen, welche um Teilnahme an der Studie gebeten wurden. (Solche Betgruppen, welche sich auf Fürbittgebete für kranke Personen spezialisiert haben, sind besonders in den USA sehr zahlreich.) In der Studie wurden den Betern lediglich die Vornamen der Patienten und der Beginn der stationären Aufenthalte mitgeteilt. Sonstige Angaben wurden ihnen vorenthalten, damit sie nicht etwa persönlichen Kontakt zu den Patienten aufnehmen konnten. Die Betgruppen beten zu Hause zu Gott und bitten diesen um eine „rasche Gesundung ohne Komplikationen". Dies wenigstens einmal am Tag; das ist die Auflage. Die Gruppe, für die nicht gebetet wird, erhält lediglich die Standardversorgung der Klinik (ebenso wie die Gruppe für die gebetet wird). Eine wichtige methodologische Bedingung ist, dass weder Patienten noch die behandelnden Ärzte oder Studienleiter wissen, welcher der Patienten sich in der Gruppe befindet, für die Gott um Fürsprache gebeten wird. Da Patienten und Behandler die Gruppenzuordnung nicht kennen, spricht man hier von einer sog. Doppelblindstudie (siehe Kasten 3.1e). Hierdurch sollen psychologische Effekte (z. B. eventuelle stärkere Hoffnungen des Patienten oder stärkere Zuwendung des Arztes in der Gruppe, für die gebetet wird) minimiert werden. Eine zentrale Forderung Galtons!

Das Offenlegen der Patientennamen nach Ende des vorher festgelegten Beobachtungszeitraums erfreute die Forscher um Prof. Harris: In der Patientengruppe, für die gebetet wird, ist die Anzahl der Komplikationen und zusätzlichen Behandlungsmaßnahmen um 10 % geringer als in der Gruppe der Herzpatienten, für die nicht gebetet wurde. Keine Wunderheilung, aber immerhin konnte der Einsatz der anonymen Gebetsgruppe als zusätzlich stützender Effekt von der Forschergruppe interpretiert werden.

Alles klar? Keineswegs. Die Ergebnisse und deren Interpretation lösten manche Zustimmung, aber viel mehr noch eine geradezu wütende Debatte unter Fachkollegen aus. Aber dazu später mehr. Bevor wir in eine Bewertung der Studie einsteigen, sollten wir uns erst einmal einen Überblick über die bisher durchgeführten Studien verschaffen. Der Kasten 3.1f gibt eine überblicksartige Darstellung solcher Studien, welche zusätzlich zu der oben erwähnten Doppel-Blind-Forderung weitere methodologische Kriterien erfüllen, um als wissenschaftlich anspruchsvoll gelten zu können. Ich richte mich hierbei hauptsächlich nach der kritischen Durchsicht von Prof. Ezard Ernst, welcher auf diesem Forschungssektor weltweit über die meisten Erfahrungen verfügt. (Ezard Ernst leitet die renommierte Abteilung für Komplementärmedizin an der University of Exeter.) Die Ergebnisse zum anonymen Fürbittgebet in Kasten 3.1f demonstrierten: Das Rennen ist offen. Drei Studien finden einen Zusammenhang zwischen Einschalten einer anonymen Betgruppe, und vier Studien finden keinen solchen Zusammenhang. Also ist doch nicht viel dran? Das lässt sich nach den wenigen „guten" Studien noch nicht eindeutig beantworten.

Die Debatte geht somit weiter. Denn das Thema ist hochbrisant. Rüttelt es doch gleich an mehreren Fundamenten – dem theologisch-christlichen und dem medizinisch-naturwissenschaftlichen Selbstverständnis. Auf der einen Seite die Frage: Darf man Gott in Form eines Experiments zwingen, sich um einen Kranken zu kümmern? Auf der anderen Seite: Was soll man von einer Medizin halten, welche zusätzlich zur klassischen medizinischen

Kasten 3.1f

Anonyme Betgruppen betätigen sich als Gesundbeter. Effekte ihrer Fürbittgebete bei verschiedenen Patientengruppen:

Autor/Autoren	Art des Problems/Erkrankung	Ergebnis des Betens
Byrd, 1988	Koronare Erkrankungen	+
Walker*, 1997	Alkohol-/Drogenmissbrauch	–
Harris*, 1999	Koronare Erkrankungen	+
Matthews*, 2001	Hämodialyse	–
Aviles*, 2001	Koronare Erkrankungen	–
Cha*, 2001	Unfruchtbarkeit/Schwangerschaft	+
Krucoff*, 2001	Koronare Erkrankungen	–

Es handelt sich um sog. kontrollierte Doppelblindstudien. Die Auswahl richtet
sich nach der methodologischen Qualität der Studien bzw. den Meta-Analysen
(Prüfung nach einheitlichen Methodenkriterien) von Ernst (2003), Ebneter und
Kollegen (2001), Astin und Kollegen (2000). Die mit * markierten Studien wurden
zusammen mit Kollegen des jeweiligen Autors durchgeführt.

Behandlung auch die Wirkung übernatürlicher Mächte erprobt? Entsprechend waren – wie schon angedeutet – die Kommentare nach Erscheinen
des Artikels von Harris und Kollegen in den *Archives of Internal Medicine*.
Selten erlebt man als Wissenschaftler eine so lang anhaltende und hitzig
geführte Debatte. Selbst einer der Herausgeber der *Archives* erregte sich:
Er habe zwar den Artikel aufgrund seiner methodologischen Güte nicht
ablehnen können, aber es würde an den Grundfesten der Medizin rütteln,
ja geradezu eine kopernikanische Wende bedeuten, wenn das Ergebnis
„wahr" sei. Andere Kommentatoren finden denn auch so manches methodologische Haar in der Suppe. Und: Die Effekte seien aufgrund ihrer
Nachberechnung noch geringer als von Harris und Kollegen dargestellt.
Eingefleischte Agnostiker bemängelten denn auch, dass ein angeblich so
allmächtiger Gott dann doch gewaltigere Effekte hätte demonstrieren müssen, um zu überzeugen.

Ein weiterer Punkt in der Diskussion betrifft den Einsatz von anonymen
Betgruppen. Aus methodologischen Gründen ist dies zwar unabdingbar.
Denn nur so kann man den Einfluss der Gewissheit, dass man Hilfe erhält,
minimieren. Jedoch bleibt es fraglich, ob die Inbrunst des Betens für einen
Unbekannten, von dem man nur den Vornamen weiß und zu denen man
sonst keine Beziehung hat, die „nötige" Intensität aufweist. Zwar haben
Harris und Mitarbeiter die christliche Grundeinstellung der beteiligten
Beter durch Vorlage von Fragebogen überprüft, aber das kann solche
Zweifel nicht ausräumen. Denn es bleibt das oben angedeutete grundsätz-
liche Problem. Zwar ist aus psychologischen Gründen nahe liegend, dass

Beten für die Änderung von Notlagen eingesetzt wird und dadurch auch ein Erfolgserlebnis erhofft wird, steht jedoch die christliche Lehrmeinung entgegen. So ist selbst für Personen, für die die nötige Intensität der Fürbitte mit Sicherheit gewährleistet ist, grundsätzlich keine Garantie für den Erfolg gegeben. So wie etwa die Gebete der Eltern von krebskranken Kindern (siehe Kasten 3.1c) die Kinder nicht geheilt haben.

Auch die Gebete der Heiligen Bernadette haben für diese selbst, ihren Vater und ihre Mutter keine Hilfe erbracht. Auch nicht den Geistlichen der anglikanischen Kirche, wie Galton in seinem etwas bissigen Bemühen statistisch nachwies. Die Schlussfolgerung, welche Galton daraus zieht, ist – in theologischer Sicht – zu einfach, weil einseitig. Denn wir sind hier beim sog. Hiob-Problem angelangt: Im Unterschied zum Anhänger des magischen Rituals wird sich ein in der Tradition der Bibel stehender gläubiger Christ nicht auf das prompte Eintreffen des gewünschten Effektes verlassen können. Ich wies bereits darauf hin: Hiob wurde laut Altem Testament von allen möglichen Plagen, Schicksalsschlägen und Krankheiten heimgesucht und hoffte und betete über Jahre um Hilfe durch Gott. Rückschläge werden als Prüfungen gesehen, welche weitere, permanente Anstrengungen erfordern. In dieser Tradition steht z. B. auch die Argumentation der Heiligen Teresa von Avila, welche für den Außenstehenden nahezu an die Umwertung von Werten durch Friedrich Nietzsche erinnert. Sie begründet den Sinn ihres schweren Leidens so: „Allerdings bin ich überzeugt, dass der Herr jemand, den er mit solcher Liebe erfüllt, dass er ihn um ein so hartes Mittel zum Beweis seiner Liebe bittet, auch eine Liebe schenkt, die stark genug ist, um die Leiden zu erdulden" (zitiert in Souvignier, 2001, S. 192). Die durch ihre Schriften sehr einflussreiche Heilige Teresa ist somit der Ansicht, dass Leiden, auch seelischer Kummer, Dienst an Gott ist, wie Britta Souvignier feststellt. Dies stellt dem Verlangen der Menschen nach rasch eintretender Hilfe durch Beten und andere Glaubensriten die Ungewissheit über den Ratschluss der transzendenten christlichen Allmacht gegenüber. Der christliche Gläubige befindet sich in psychologischer Hinsicht in keiner einfachen Lage.

Resümee: Christlicher Glauben und die Folgen

Leopoldo Lugones (1987) beschreibt in El Imperio Jesuitico ein Ereignis bei der Missionierung südamerikanischer Indios: Als eines Tages eine Delegation beim Direktor der Missionsstation erschien, war diesem sofort klar, dass das Missionsziel in Gefahr ist. Die Sprechergruppe überbrachte den Beschluss ihrer Stammesgruppe, dass sie nun zu ihren alten Göttern zurückkehren wollten. Die Missionare würden sagen, dass der neue Gott überall sei. Folglich würde er immer und überall ihre kleinen täglichen

Schandtaten sehen. Wir sehen, mangelnde Festigkeit im Glauben und mangelndes Vertrauen in die positive Zuwendung des christlichen Gottes schaffen Unbehagen. Ganz in diesem Sinne stellt Sebastian Murken (1998) aufgrund seiner Untersuchungen an Patienten einer psychosomatischen Klinik fest, dass das Bild eines primär strafenden Gottes sich in einem psychisch ungünstigeren Befund ausdrückt. Entscheidend für das psychische Wohlbefinden von Gläubigen ist die Sicherheit der Zuwendung eines Gottes. Allerdings genügt dies allein nicht, denn man kann seine Lebenszufriedenheit noch steigern, wenn eine Religion das Gefühl vermittelt, dass man den Lauf der Ereignisse zusätzlich auch selbst kontrollieren könne. Die Erfüllung der zugehörigen Riten, wie z. B. Kontaktversuche mit Gott durch Beten und Gottesdienstbesuch, unterstützt dies zusätzlich. Dies ist – trotz des weitgehenden Verlustes kirchlicher Bindungen – auch der Bevölkerung bewusst. 64 % der von EMNID im Jahr 2000 Befragten sind der Ansicht, dass „Beten eine positive Wirkung auf das Wohlbefinden des Betenden" habe. In Westdeutschland sind sogar fast 70 % dieser Ansicht.

Immerhin 20 % der westdeutschen Bevölkerung sind der Meinung, dass die Wirklichkeit durch Gebete verändert werden kann! Ein Potential für den Glauben an das Sichereignen des Außergewöhnlichen – jenseits der Gesetze von Zufall und Wahrscheinlichkeit. Dementsprechend findet immer noch eine Erwartung des Wunders trotz der (offensichtlich nur scheinbaren) Dominanz naturwissenschaftlicher Weltbilder statt. Fast ein Drittel der Bevölkerung glaubt an Wunder, wie die Allensbach-Umfrage ebenfalls aus dem Jahr 2000 zeigt. Häufiger noch in den Vereinigten Staaten, ganz entsprechend der viel stärkeren (und auch viel fundamentalistischeren) christlichen Prägung im Vergleich zu Europa. In US-amerikanischen TV-Übertragungen der Massenveranstaltungen fundamentalistischer Prediger können Lahme plötzlich wieder gehen, Stotterer wieder sprechen und chronisch Kranke berichten der staunenden Gemeinde, dass sie keine Schmerzen mehr empfinden. Eine Diskussion, ob dies bloß Show sei oder auf nachprüfbarer Wahrheit beruhe, ist in diesem Zusammenhang nicht von Bedeutung. Die Wahrheit des eigenen Erlebens ist hier entscheidend.

Der Beweis, ob es einen christlichen Gott gibt und dass er eingreift, lässt sich naturwissenschaftlich nicht schlüssig erbringen – ganz abgesehen vom methodologischen Problem, eine transzendente Kraft experimentell „beherrschen" zu wollen. Wenn man einen solchen verlockenden Versuch der Beweisführung trotzdem zulässt, gerät man bei jedem denkbaren Ergebnis in Erklärungsnöte, da man etwas beantworten möchte, was so nicht beantwortbar ist. Denn jedes mögliche Ergebnis liegt eigentlich außerhalb des Bereichs wissenschaftlicher Fragestellung. Bezeichnenderweise sind es gerade wieder Medizinforscher in den Vereinigten Staaten, in denen Religion viel mehr als in Westeuropa alle Lebensbereiche durchdringt (siehe auch Kap. 1), welche trotzdem Gottes Heilfähigkeit prüfen wollen. Wenn man sich nun trotzdem auf eine solche Fragestellung einlässt, dann wären die ermittelten Ergebnisse höchstens ein Hinweis, dass das Eingreifen Gottes nicht ganz auszuschließen ist – wenn auch die Effekte nur geringerer Natur sind. Aber gerade hier spielt selbst bei Wissenschaftlern die Glaubensbereitschaft bzw. ihre Bereitschaft zur Apologetik ihres Glaubens eine Rolle, wenn eine eigentlich unsichere Befundlage in nachfolgenden Darstellungen als großer eindeutiger Effekt dargestellt wird (siehe z. B. Kritik von Plante & Sherman, 2001).

Andererseits verweisen die Ergebnisse derjenigen Studien, welche lediglich nach den gesundheitlichen Konsequenzen jüdischer, muslimischer oder gar hinduistischer Glaubensriten für den Bittenden und Hoffenden fragen, auf die interpretatorischen Grenzziehungen. Aber gerade dies ist wohl das entscheidende Ergebnis, denn wenn man die Gottesfrage beiseite lässt, kann man eindeutig feststellen, dass religiöse Aktivitäten positive psychologisch-somatische Effekte bewirken (siehe z. B. Pargament, 1997; Townsend und Kollegen, 2002). Auch im nachfolgenden Kapitel stellt sich wieder die Frage, ob nicht doch der psychologische bzw. psychosomatische Anteil viel eher zum Staunen Anlass gibt als der immer wieder von (gläubigen) Forschern gesuchte Hinweis auf die Macht (ihres) Gottes. Vor eine ähnliche interpretatorische Herausforderung stellen uns im nachfolgenden Kapitel Studien, in denen spirituelle Heiler antreten, um die Macht z. B. kosmischer Kräfte zu demonstrieren.

Bibliographie-Auswahl

Agenendt, A. (1997). *Heilige und Reliquien*. München: C. H. Beck.

Astin, J. A., Harkness, E. & Ernst, E. (2000) The efficacy of „distant healing": A systematic review of randomized trials. *Annals of Internal Medicine, 132*, 903–910.

Aviles, J. M., Whelan, S. E. & Hernke, D. A. (2001). Intercessory prayer and cardiovascular disease progression in a coronary care unit population: a randomized controlled trial. *Mayo Clinic Proceedings, 76*, 1192–1198.

Benson, H. (1997). *Timeless healing*. New York: Scribner.

Blackbourn, D. (1997). *Wenn ihr sie wieder seht, fragt wer sie sei. Marienerscheinungen in Marpingen – Aufstieg und Niedergang des deutschen Lourdes*. Reinbeck: Rowohlt.

Byrd, R. C. (1988). Positive therapeutic effects of intercessory prayer in a coronary care unit population. *Southern Medical Journal, 81*, 826–829.

Cha, K. Y., Wirth, D. P. & Lobo, R. A. (2001). Does prayer influence the success of in vitro fertilization – embryo transfer? *Journal of Reproductive Medicine, 46*, 781–787.

Dondelinger, P. (2001). *Die Erscheinung der Bernadette Soubirious und das Aufkommen der Wunderheilungen in Lourdes. Forschungsbericht im Auftrag des Institutes für Grenzgebiete der Psychologie und Psychohygiene*. Freiburg i. Br.

Dörr, A. (2001). *Religiosität und Psychische Gesundheit. Zur Zusammenhangsstruktur spezifischer religiöser Konzepte*. Hamburg: Verlag Dr. Kovac.

Ebneter, M, Binder, M. & Saller, R. (2001). Fernheilung und klinische Forschung. *Forschende Komplementärmedizin – Klassische Naturheilkunde, 8*, 274–287.

Ernst, E. (2003). Distant healing – an „update" of a systematic review. *Wiener Klinische Wochenschrift, 115,* 241–245.

Galton, F. (1872). Statistical inquiries into the efficacy of prayer. *Fortnightly review, 18,* 125–135.

Harris, W. S., Gowda, M., Kolb, J. W., Strychacz, C. P., Jones, P. G., Forke, A., O'Keefe, J. H. & McCallister, B. D. (1999). A randomized, controlled trial of the effects of remote, intercessory prayer on outcomes in patients admitted to the coronary care unit. *Archives of Internal Medicine, 159,* 2273–2278.

Heiler, F. (1999). *Die Religionen der Menschheit.* Stuttgart: Philipp Reclam jun.

Helm, H. M., Hayes, J. C., Flint, E. P., Koenig, H. G. & Blazer, D. G. (2000). Does private religious activity prolong survival? A six year follow-up study of 3,851 older adults. *Journal of Gerontology: Medical Sciences, 55,* 400–405.

Hood, R., Spilka, W., Hunsberger, B. & Gorsuch, R. (1996). *The psychology of religion. An empirical approach.* New York: The Guilford Press.

Kaminski, G. (2002). *Himmelfahrt mit Huhn und Hund: die chinesischen Heiligen.* In: Grieshofer, F. & Kaminski, G. *Hilf Himmel. Götter und Heilige in China und Europa.* Wien: Berichte des Ludwig-Boltzmann-Institutes für China- und Südostasienforschung.

Koenig, H. G., Larson, D. B. & Larson, S. S. (2001). Religion and coping with serious medical illness. *Annals of Pharmacotherapy, 35,* 352–359.

Koenig, H. G., McCullough, M. E., Larson, D. D. (2001). *Handbook of religion and health.* Oxford: Oxford University Press.

Krucoff, M. W. Crater, S. W., Green, C. L. (2001). Integrative noetic therapies as adjuncts to percutaneous intervention during unstable coronary syndromes: Monitoring and actualization of noetic training (MANTRA) feasibility pilot. *American Heart Journal 142,* 760–769.

Lugones, L. (1987). *El imperio Jesuitico.* Barcelona: Ediciones Orbis.

Matthews, D. A., Marlowe, S. M. & MacNutt, F. S. (2000). Effects of intercessory prayer on patients with rheumatoid arthritis. *Southern Medical Journal, 93,* 1177–1186.

Matthews, W. J., Conti, J. M. & Sireci, S. (2001). The effect of intercessory prayer, positive visualization, and expectancy on the well-being of kidney dialysis patients. *Alternative Therapy, Health and Medicine 7,* 45–82.

Mehnert, A., Rieß, S. & Koch, U. (2003). Die Rolle religiöser Glaubensüberzeugungen bei der Krankheitsbewältigung Maligner Melanome. *Verhaltenstherapie & Verhaltensmedizin, 2,* 147–154.

Murken, S. (1998). *Gottesbeziehung und seelische Gesundheit: Die Entwicklung eines Modells und seine empirische Überprüfung.* Münster: Waxmann.

Pallestrang, K. (2002). Vom Wesen der Heiligen – Schlaglichter auf ihre Bedeutung und Verehrung vom Frühchristentum bis zur Gegenwart. In: Grieshofer, F. & Kaminski, G. *Hilf Himmel. Götter und Heilige in China und Europa.* Wien: Berichte des Ludwig-Boltzmann-Institutes für China- und Südostasienforschung.

Pargament, K. I. (1997). *The psychology of religion and coping.* New York: The Guilford Press.

Plante, T. G. & Sherman, A. C. (2001). *Faith and health. Psychological perspectives.* New York: The Guilford Press.

Powell, L. H., Shahabi, L. & Thoresen, C. E. (2003). Religion and spirituality. Linkages to physical health. *American Psychologist, 58,* 36–52.

Resch, A. (1997). Heiligsprechungsverfahren und Wunderheilung. *Paranormalogie und Religion, 31,* 343–377.

Resch, A. (2003). Persönliche Mitteilung an den Autor.

Roberts, L., Ahmed, I. & Hall, S. (2002). Intercessory prayer for the alleviation of ill health. *The Cochrane Library, 2,* 1–15.

Selinger, K. & Straube, E. R. (2002). *Coping-Funktion religiöser Glaubenssysteme*. In: Henning, Ch. & Nestler, E. (Hrsg.). *Konversion. Zur Aktualität eines Jahrhundertthemas*. Frankfurt a. M.: Lang.

Souvignier, B. (2001). *Die Würde des Leibes. Heil und Heilung bei Teresa von Avila*. Köln: Böhlau Verlag.

Townsend, M., Kladder, V., Ayele, H. & Mulligan, T. (2002). Systematic review of clinical trials examining the effects of religion on health. *Southern Medical Journal, 95*, 1429–1434.

Walker, S. R., Tonigan, J. S., Miller, W. R., Corner, S. & Kahlich, L. (1997). Intercessory prayer in the treatment of alcohol abuse and dependence: a pilot investigation. *Alternative Therapy, Health and Medicine 3*, 79–86.

Wolf, S. & Deusinger, I. M. (1996). *Religiöse Orientierung und psychische Gesundheit verschiedener Statusgruppen*. Münster: Waxmann.

Wulf, D. M. (1991). *Psychology of religion. Classic and contemporary views*. New York: Wiley.

3.2 Heilen durch neue Formen der Religiosität?

Spirituelle Energie – Orte, Objekte und Menschen

Neue Lehren haben sich heute neben oder jenseits der christlichen Kirche etabliert, wie wir in Kapitel 1 sahen. Ich fasse diese neuen Formen der Religiosität unter dem Sammelbegriff alternative spirituelle Lehren zusammen, um den oft herabsetzend gemeinten Begriff „Esoterik" zu vermeiden. Dies auch, um vorurteilsfrei die neue Religiosität betrachten zu können. Wie wir in diesem Kapitel sehen werden, weist diese zahlreiche Parallelen zu traditionellen Formen auf. Hierzu einleitend einige Beispiele: So spielen auch in der alternativen Gläubigkeit Orte, Objekte oder Personen eine besondere spirituelle Rolle. Heutige alternative Pilgerstätten heißen z.B. Stonehenge in England oder Damanhur in Norditalien. Zu letzterem sagt der „Pilger"-Prospekt: „Damanhurs Gründer wählten das Valchiusella, weil das Tal einzigartige energetische Merkmale hat." Natürlich steht hier auch ein Tempel, um innere Einkehr zu halten, zur Verfügung: „Ein Aufenthalt in Damanhur, ein Besuch im Tempel des Menschen macht es möglich, mit diesen außerordentlichen Energien in Kontakt zu treten" *(Damanhur News, from the City of Light)*. Auch Reiseangebote zu indianischen oder keltischen Kraftplätzen oder sonstigen Orten spiritueller Kraftentfaltung finden sich natürlich in den Prospekten der spirituellen Tourismusagenturen, ebenso zu allen möglichen anderen Orten auf der Welt mit sog. geomantischer „Ausstrahlung".

Auch spirituell genutzte Objekte haben ihren Platz im Alltag der Anhänger des alternativen Glaubens. Vorzüglich Kristalle, denn man nimmt an, dass in ihnen kosmische Energie konzentriert sei. Diese werden z.B. auf eine erkrankte Körperstelle aufgelegt, um so die kosmische Heilkraft einwirken zu lassen. Ähnliches gilt für Edel- und Halbedelsteine. Wie in allen religiösen Kulturen spielen ebenso Amulette eine Rolle. So wie Amulette des kürzlich selig gesprochenen Padre Pio in Kirchen zum Kauf ausliegen, dienen auch in der alternativ-spirituellen Glaubenswelt Amulette dem seelischen und körperlichen Heil. Spirituelle Heiler laden Amulette mit ihrer Heilenergie auf, und auch dies wirkt, wie wir im nachfolgenden Text noch

„Es ist Aberglauben, dass man meint Aberglauben vermeiden zu könnten."
Francis Bacon: Essays.

„Ich habe oft die mystische Art des Pythagoras bewundert und die geheime Magie der Zahlen."
Thomas Browne: Religio Medici.

sehen werden. Ein erster Hinweis darauf, dass eine religionspsychologische
Analyse allen Grund hat, sich mit diesem Thema zu beschäftigen. Letzterer
Umstand verweist auch darauf, dass bestimmten Personen besondere spiri-
tuelle Kraft zugeschrieben wird, um zu heilen. Aber auch Erleuchtung oder
Versenkung in die besonderen Kraftquellen alternativer Religiosität ist im
Angebot. Spirituelle Meister bieten z. B. am Wochenende sog. Satsangs an
(siehe auch weiter unten).

Damit noch nicht genug der Parallelen: Auch Visionen bzw. Erscheinungen, welche aus einer andern Welt zu stammen scheinen, ähneln sich
von alters her. Die Heilige Bernadette sah zunächst eine weiß gekleidete
Dame und Lois Bourne aus England eine überirdische Lichtgestalt: „Als
ich mich (noch das Tablett in der Hand) vom Lichtschalter aus wieder
der Raummitte zuwandte, sah ich an der anderen Seite des Küchenti-
sches die schimmernde Lichtgestalt einer Frau stehen. Mein Schreck
war so enorm, dass ich das gesamte Geschirr fallen ließ …", schreibt die
Engländerin Lois Bourne (1987, S. 23). Die Schilderung bezieht sich auf
ihre erste Erscheinung, welche sie als junge Frau hatte. Sie befand sich zu
dieser Zeit in einer Schwesternausbildung. Ihr Bericht traf natürlich auf
den Spott der Mitschwestern. Sie selbst konnte dieses Erlebnis zunächst
nicht einordnen. Später kam sie zu der Überzeugung, dass sie eine Hexe
sein müsse, da sie über übernatürliche Fähigkeiten verfüge. Dennoch
lehnte sie es grundsätzlich ab, sich allzu sehr darauf einzulassen. Wie sie
berichtet, ließ sie sich nur in Ausnahmefällen überreden. So z. B. als eine
Bekannte bat, ihren schwer kranken Mann zu heilen. Sie schildert dies
wie folgt: „In einer bestimmten Phase des Rituals, als ich mich in den
Zustand tiefster Meditation versetzt hatte, verspürte ich, dass sich eine
Menge vitaler und übersinnlicher Energie aus mir herauszulösen begann"
(S. 201). Nach drei Tagen kommt die Ehefrau des Kranken auf sie zu:
„… ich muss mit Dir reden, aber Du darfst niemandem etwas davon erzäh-
len, sonst würden mich alle Leute für verrückt halten …" Sie berichtet, ihr
Mann hätte wie immer im Bett gelegen, ohne an irgendetwas Besonderes
zu denken. „Plötzlich hätte sich alles um ihn herum verwandelt. Das Zimmer wäre von einem blauen Licht durchdrungen worden … Um besser
sehen zu können, hätte er sich im Bett aufgerichtet und sich gefragt, ob
dies eine Vision sei oder er bereits seines Verstandes beraubt wäre. Dann
hätte er die Gestalt einer Frau auf sich zuschweben sehen … Sie stand
da mit geschlossenen Augen und war von einem blauen Licht umgeben"
(S. 201–202). Nach diesen und anderen außergewöhnlichen Wahrnehmungen soll sich der Zustand des Kranken rapid gebessert haben, wie sie
weiter berichtet. Er hatte über Jahre an einer sich stetig verschlimmern-
den Spondylitis ankylosans – einer entzündlich-degenerativen Erkrankung der Wirbelgelenke – gelitten, zusätzlich hatte er Diabetes, Arterio-
sklerose und eine partielle Erblindung. Er war bisher ans Bett gefesselt.
Nun konnte er aufstehen, berichtet Lois Bourne. Sie hatte den Patienten

nie gesehen. Dass dies keineswegs so ungewöhnlich ist, wie es klingt, werden wir auch noch im letzten Abschnitt dieses Kapitels sehen.

Die hohe Akzeptanz solcher magienaher Praktiken zeigt sich allein schon in der Auflagenstärke entsprechender Publikationen. Beispielsweise schildert die deutsche selbst ernannte Hexe „Sandra" in ihren zahlreichen Büchern, dass sie ebenfalls aus der Ferne wirken könne. Sie versetzt sich dazu in einen leicht meditativen Zustand und konzentriert sich auf den Patienten. Danach taucht vor ihrem geistigen Auge sein Körper bzw. das erkrankte Organ auf. Daraufhin beginnt die eigentliche Fernheilung. Sie schildert z. B. das „geistige" Herausoperieren von Gallensteinen, das Herabzaubern der T-Helferzellen-Anzahl bei AIDS-Patienten oder auch das Anwenden der Edelsteintherapie bei Partnerproblemen. „Sandra" kann sich offensichtlich nicht über mangelnden Zulauf beklagen, wie mir eine ehemalige Mitarbeiterin berichtete, welche „Sandra" aufgesucht hatte. Ebenso hat sie keine Probleme, Verleger für die Berichte ihre Hexenheilungen zu finden. Im Klappentext eines dieser Bücher heißt es: „Sandra … ist eine Hexe, die über starke spirituelle Kräfte verfügt. Wenn sie schlechter Laune ist, kann es vorkommen, dass Rolltreppen stehen bleiben; wenn sie im Fernsehen interviewt wird, zerspringt schon mal eine Studiolampe."

Allesamt Verrückte mit verrückten Anhängern? So einfach lässt sich das Phänomen „neue Religiosität" nicht in eine bequeme Box ablegen. Ganz abgesehen, dass dies auf eine Publikumsbeschimpfung hinauslaufen würde (denn Interesse und Akzeptanz in der breiten Öffentlichkeit sind hoch). Hinzu kommt, dass die Berichte der beiden „Hexen" nicht so absonderlich sind – eher noch die von ihnen selbst gewählte „Berufsbezeichnung" –, denn berühmte Heiler handeln und empfinden ganz ähnlich. Das beginnt mit der Entdeckung der eigenen Heilfähigkeit als Erleben des Absonderlichen, ja Verrückten, und reicht bis zur Entwicklung eines eigenen Heilritus, welcher den oben geschilderten Heilungen durchaus ähnlich ist: „Bei der Fernbehandlung brauche ich von dem Patienten lediglich ein Foto neueren Datums, den Namen und eine kurze Beschreibung der Krankheit. Ich halte dann die linke Hand über die Aufnahme, die rechte lege ich über den Brief des Patienten. Es dauert nicht lange und es tauchen vor meinen inneren Augen Bilder auf. Ich meditiere. Es kann auch passieren, dass ich dabei in Trance falle. Ich spüre, wie eine starke Heilkraft in mir frei wird, die durch mich auf den Patienten überströmt", berichtet die Schweizer Heilerin Evelyn Feigenwinter im Interview mit Anita Höhne (Höhne, 1995, S. 97).

Aber das Ungewöhnliche, das psychisch Randständige, ist keineswegs nur für alternative spirituelle Erscheinungen typisch. Aus der Perspektive des Außenstehenden wirken die Erscheinungen der Bernadette von Lourdes ebenfalls „verrückt". Sie hatte entsprechende Schwierigkeiten in ihrer Umgebung, bis sie schließlich aufgefordert wurde, sich in ein Kloster zurückzuziehen und nicht mehr darüber zu sprechen. Ebenso könnte Theresa von Konnersreuth, welche wie Padre Pio die blutenden Wunden des

Jesus am Kreuze am eigenen Leib erfuhr, als „abnorm" gelten. Bei Padre
Pio wurde die Seligsprechung selbst aus dem Klerus heraus kritisiert. Selbst
diese konnten und wollten es nicht glauben.

Auch die Heilerin Frau E., so genannt in den Interviewprotokollen des
Freiburger Instituts[1], begann ihre Heilkarriere mit abnormen Erlebnissen. Als sie sich in einer Zeit schwerer seelischer Krisen befand, hatte sie
mehrere Spukerlebnisse. Es war auch die Zeit, in der sie ihre besonderen
spirituellen Fähigkeiten an sich entdeckte, wie sie den Interviewern berichtete. (Ein Muster, welches sehr oft im Vorfeld der Entdeckung der eigenen
Heilfähigkeit anzutreffen ist, wie wir noch sehen werden; siehe vor allem
Kap. 4.2.) Daraufhin hatte Frau E. die Idee, diese Fähigkeiten positiv zu
kanalisieren. Sie begann dies zunächst an Haustieren und ihrem Ehemann
zu erproben. Als sie Reitpferde in ihrem Dorf von Verdauungsproblemen
(sog. Darmverschlingung) befreite, sprachen sich ihre Fähigkeiten herum.
Der Zulauf in ihre Praxis war von Anfang an groß. Befragt, warum sie
meine, dass das Handauflegen helfe, sagt sie, dass sie die Überträgerin
einer göttlichen Heilkraft sei. Sie ist allerdings nicht der Ansicht, dass es
sich um Kräfte handle, welche vom christlichen Gott kämen. Ihr Heilen sei
ein „geistiges Heilen", da durch geistige, immaterielle Kräfte bzw. Energien
körperliches oder seelisches Geschehen beeinflusst werde. Letztlich sei aber
Handauflegen eine alte und bewährte – auch in der Bibel beschriebene
– Heilmethode.

Auch andere traditionelle, von Religionsethnologen beschriebene
Methoden haben in der Praxis alternativ spiritueller Heiler wieder ihren
Platz gefunden. Selbst Geisteraustreibung gehört wieder zum Repertoire
zeitgenössischer Heiler. Zum Abschluss dieser Einstimmung auf die Welt
spirituellen Heilens deshalb das Protokoll einer Geisteraustreibung. Es
handelt sich um das spirituelle Verscheuchen eines die Krankheit verursachenden Geistes aus dem Kopf einer Klientin. Ich entnehme die nachfolgende Schilderung der medizin-ethnologischen Untersuchung von
Monika Habermann (1995): Ein sog. Medium, eine Mitarbeiterin der
Heilerin, versetzt sich in Trance und ist so in der Lage, das krankheits-
verursachende Geistwesen aufzuspüren. Der Geist fährt dabei sozusagen in das Medium und spricht durch dieses. Die Klientin, welche die
Heilsitzung in Anspruch nahm, klagte seit längerem über chronische
migräneartige Kopfschmerzen. Die Klientin ist bei dieser Form der
Geisteraustreibung nicht anwesend! Es handelt sich folglich ebenfalls um
eine Fernheilung.

---

[1] Gemeint ist das Institut für Grenzgebiete der Psychologie und Psychohygiene e.V., hier und
    im folgenden Text der Einfachheit halber als „Freiburger Institut" bezeichnet. Das Institut
    hat selbst eine sehr umfangreiche Interviewstudie bei Heilern durchgeführt (bisher unver-
    öffentlicht), ferner eine große Anzahl von Forschungsprojekten an anderen Forschungsein-
    richtungen finanziert.

Monika Habermann gelang es, den Tonbandmitschnitt der Unterhaltung der Heilerin mit dem Geistwesen, d. h. dem Geistwesen im Medium, zu erhalten. Im Verlauf der Sitzung stellt sich heraus, dass die Erkrankung durch einen im 18. Jahrhundert verstorbenen Müllersknecht namens Fietje bzw. dessen herumirrenden Geist verursacht wurde und dieser nun von der Klientin Besitz ergriffen habe. Die Heilerin (H) versucht nun während der Sitzung, den Geist (G) zum Verlassen des Körpers der Klientin aufzufordern:

H: Wie alt bist du Fietje?
G: *(langsam)* 34.
H: 34 (Pause). Aber sage mir Fietje, ich möchte dir jemanden zeigen. Fietje, was hast Du mit dieser Person zu tun? – Kannst du mir das sagen?
(Die Heilerin stellt dem Geistwesen nun die kranke Person vor.)
G: *(stöhnt leise).*
(Pause)
H: He, was ist mit dieser Person?
G: Gar nichts.
H: Gar nichts? – Du hast nichts mit der zu tun? – Quälst du die?
G: Kann sein, ist mir egal.
(Nach längeren Verhandlungen kommt der Vorschlag der Heilerin an den Geist Fietje, die kranke Person zu verlassen.)
H: Ja, ich will dir was sagen Fietje. Ja, also von dieser Person kannst du weggehen ...
(Nachdem der Geist einwilligt – wieder nach längeren Verhandlungen –, werden sogenannte Geistführer gerufen.)
G: *(gähnt)* Aber ich bin so schrecklich müde.
H: Ja, wir sind uns da jetzt auch einig. Ich werde dich jetzt schlafen lassen. Und wenn du dann wieder wach bist, dann ist dieser Herr da, und dein Geistführer, ja, und der hilft dir dann, dass du ein neues Leben bekommst und dass du also nicht mehr so nur als Geist hier herumhängen brauchst, ja. Ist das o. k.? Willst du also dahin?
G: Schön.
(Transkription der Tonbandaufzeichnung, Habermann, 1995, S. 93f.).

Anschließend wird der Tonbandmitschnitt der Geisterbeschwörung der Klientin zugeschickt. Nach Abhören des Bandes verschwinden die chronischen migräneartigen Kopfschmerzen vollständig, wie die Klientin der Forscherin in der Befragung berichtet. Die Wissenschaftlerin, welche in sehr sachlicher und neutraler Form über ihre Interviews referiert, kann ihr Erstaunen nicht verbergen: „Wie konnten ... die überlegten und nachdenklichen Erzählungen der Klientin, ihre offensichtliche soziale Kompetenz, mit der skurrilen und für die Klientin so effizienten Präsentation des Geistes ‚Fietje' gleichzeitig sein?" (1995, S. 119). Monika Habermann

sieht eine mögliche Antwort in entscheidenden Momenten der Lebensgeschichte der Klientin. Wie in vielen Berichten über „Wunderheilungen" ist
auch hier das Element der Lebenskrise wichtig. Die Mutter der Klientin
starb nach einer Krebserkrankung. Kurze Zeit später starb der Bruder
durch einen Verkehrsunfall. Dies markiert den Beginn der chronischen
Kopfschmerzen. Das Ergebnis eines psychischen Traumas wird dann
durch ein anderes „starkes" Erlebnis, welches aber die positive Valenz des
Heilsversprechens hat – mag es auf den Außenstehenden auch noch so
naiv oder bizarr wirken – sozusagen gelöscht. Ich erwähne das Beispiel
so ausführlich, um gleich zu Beginn dieses Kapitels zu verdeutlichen, dass
Naivität oder geringer Bildungsstatus auch im alternativen Glaubensbe-
reich nicht zur Erklärung des „religiösen" Heilungserlebens und Wunderglaubens taugen können. Dies bestätigen alle bisher durchgeführten
wissenschaftlichen Untersuchungen. Die Gründe sind woanders zu suchen
– auch nicht nur in etwaigen „Verrückungen" des Verstandes. Wie gesagt,
dazu später mehr.

Spirituelle Wanderer und spirituelles Heil am Wochenende

Wer Selbsterkenntnis sucht, Bedürfnis nach einem veränderten Lebensge-
fühl verspürt, sich in einer Lebenskrise befindet, seine psychosomatischen
und somatischen Probleme in den Griff kriegen oder auch nur seinem
Leben einen neuen Sinn geben will, dem steht ein überaus reichhaltiges
Angebot an Kursen, Seminaren und Übungen zur Vermittlung alternativer
spiritueller Erfahrungen und Einsichten zur Verfügung. Jede mittelgroße
bis größere Stadt bietet Entsprechendes. Als Beispiel hierfür die Angebote
aus einem der Veranstaltungsmagazine des Frankfurter Rings:
     „Heilen mit Geistiger Energie"; „Das Tao-Management"; „Geistige Sta-
bilität … auf dem tantrischen Zen-Weg"; „Astrologie: Stehen Sie vor einem
Wechsel? Brauchen Sie Zugang zu Ihrer ursprünglichen Energie?"; „Die
Stille feiern, Vortrag und Meditation mit Sri Ravi Shakar"; „Vedisch-indische
Astrologie"; Geistiges Heilen und die menschliche Aura"; „Glück, Erfolg
und Harmonie durch Feng Shui"; „Chakra-Therapie", „Weise Medizinfrau
der Apachen und indianische Heilweisen"; „Schamanische Praxis".
     Beispielsweise erlernt man in einem der oben erwähnten Kurse mit Hilfe
eines sog. Biotensors das spirituelle Ausmessen von Nahrungsmitteln, von
Organen, der Aura und des Bettes. Vorgeschlagen wird ferner, durch Änderungen der verwendeten Materialien und der eigenen Lebensweise mit
„Kräften der ‚geistigen Welt' " besser in Kontakt kommen zu können. Ein
anderer Veranstalter verheißt: „Das Tao-Management lehrt die Kontakt-
aufnahme mit der inneren Stille, den eigenen Energiequellen und der Kraft

des Universums." Hierdurch werde das Alltagsverhalten verbessert, um vom bloß reflexhaften Leben zur Weitsicht zu gelangen. Ein Zen-Meister prognostiziert nach Besuch seines Kurses: „Sind wir in der anstrengungslosen Achtsamkeit des Geistes verankert, können wir diese Präsenz auf alle Bereiche des Lebens ausdehnen." Die Feng-Shui-Beratung schließlich soll helfen, Energien in der Lebens- und Wohnumgebung wieder frei fließen zu lassen. Der Kursleiter wirbt damit, dass „selbst der Autokonzern VW … sein Verkaufsausstellungsgelände in Wolfsburg von Feng-Shui-Beratern gestalten" ließ und dass sich dadurch die Umsätze in letzter Zeit mehr als verdoppelt hätten, usw.

Alternative Lebensberatung und Heilangebote gehören für viele Menschen heute zum Alltag wie früher etwa der Besuch der christlichen Messe. Früher weihten Priester Fabriken, um die Kräfte des Bösen von diesen fernzuhalten. Heute errichtet man Industriegebäude, gestaltet die Einrichtung und sein Privathaus u. U. nach einem Feng-Shui-Masterplan. Erst kürzlich wurde die erste Feng-Shui-Autobahnraststätte zwischen Ulm und Stuttgart errichtet. Man kann heute somit in einer Autobahnkirche mit dem christlichen Gott Fürsprache halten oder in eine Raststätte einkehren, in der die Lebensenergie Chi harmonisch durch die Räume strömt. Feng-Shui ist eine aus China stammende Lehre (siehe dazu auch Kasten 3.2a).

Kasten 3.2a

Feng-Shui

Aus dem Ahnenkult hervorgegangen, entwickelte sich die Feng-Shui-Lehre ebenso wie der philosophische Taoismus zu einer Lehre mit stark abstrahierenden Aussagen. Sie basiert auf einigen wenigen Grundprinzipien: Li ist das Gesetz des physischen Universums. Es besagt, dass alle Erscheinungsformen auf der Erde nur vorübergehend sind. Sie sind irdische Manifestationen des himmlischen Geschehens bzw. haben einen entsprechenden Ort im Himmel. Chi ist der Atem der Natur. Die Erde ist ein lebendiger Organismus. Ihr Atem wird als spirituelle Energie angesehen. Die Erscheinungsformen der Erde werden in zwei Prinzipien eingeteilt – in das bekannte Yin- und Yang-Prinzip, das weibliche und männliche Prinzip. Diesen sind als Teil der Natur unterschiedliche spirituelle Energien zugeordnet. Orte in der Natur haben nun entweder weibliche oder männliche Qualität. Es ist nun Aufgabe von Feng-Shui-Geomanten, die spirituell positiven Orte ausfindig zu machen. Ebenso werden von Feng-Shui-Adepten Gebäude und Möbelstücke in Übereinstimmung mit der Lehre gestaltet, damit Chi harmonisch fließt. Hierzu sind jedoch neben dem Yin- und Yang-Prinzip noch zahlreiche andere magische Bestimmungen nötig.

Überhaupt bilden Versatzstücke östlicher Lehren wichtige Teile jeder „Mustersammlung" moderner spiritueller Weltanschauungen. So wird der heutige Anhänger solcher Lehren den sonntäglichen Gottesdienst aus seinen Kindertagen nun durch den Besuch eines Satsangs ersetzen, um innere Einkehr zu halten. In diesen Satsangs, einer aus Indien stammenden religiösen Tradition, scharen sich an Wochenenden spirituell Suchende um Lehrende, welche nach einem längeren spirituellen Weg des Loslösens von irdischen Bedürfnissen und langjähriger meditativer Versenkung, aus Sicht der Anhänger, nicht nur ein verändertes, sondern ein höheres Bewusstsein erlangt haben. Sie werden deshalb auch als „Erleuchtete" (vulgo: Gurus) bezeichnet. Die Teilnehmer erhoffen sich Selbsterkenntnis und Teilhabe an der spirituellen Weisheit des Erleuchteten. In ähnliche Richtung zielt der sog. *Vision Quest*, welcher der Sinnsuche und Selbstheilung in der Natur dienen soll. In Anlehnung an alte indianische schamanische Übergangsrituale begibt sich der Sinnsucher für sieben Tage in die Natureinsamkeit. Die ersten drei Tage dienen der Vorbereitung, der Klärung der Fragestellung und der Ziele. Diese Phase wird von Zeremonien und Ritualen begleitet. Die Teilnehmer gehen dann für vier Tage alleine in die Wildnis. Die Leiter bleiben in einem gut erreichbaren Basislager und „sorgen für physische und energetische Unterstützung durch Zeremonien und Rituale", wie es in einem Prospekt der Veranstalter von *Vision Quests*, den „Reisen zu neuer innerer Erfahrung", heißt.

Dies als Einstieg in die bunte Welt der alternativen spirituellen Angebote, welche heute die Abende und Wochenenden vieler Menschen bestimmen. Eine umfassende Darstellung würde einen separaten Band füllen. Auch deswegen, weil Heiler und Verkünder der neuen alternativen Lehren sich der Versatzstücke verschiedenster religiöser Riten und Weltanschauungen bedienen bzw. diese zu immer neuen Angebotskombinationen zusammenstellen. So wird etwa der Trancetanz der islamischen Sufis durchaus mit einem schamanischen Weltbild kombiniert oder ein Heilritual durch Berufung auf Christus mit neuen spirituellen Energielehren. Sehr treffend bezeichnet Christoph Bochinger (2003) von der Universität Bayreuth solche Formen neuer Gläubigkeit als „spirituelle Wanderungen". Eine Schlussfolgerung aus der von ihm geleiteten Untersuchung der Alltagsreligiosität in Oberfranken. Wobei Bochinger betont, dass in ländlichen im Gegensatz zu städtischen Räumen der heutige Weltanschauungspluralismus noch um die Komponente des Christentums erweitert ist. Hier ist die Bindung an die Kirche oft noch nicht vollständig gekappt. Wichtige kirchliche Veranstaltungen, wie etwa die alljährlich stattfindenden gemeinsamen Wallfahrten, werden vom „spirituellen Wanderer" durchaus noch aus einem inneren Bedürfnis heraus wahrgenommen. Aber auch hier werden – alternativ zu traditionellen Bindungen – weit darüber hinausgreifende, spirituelle Erfahrungsmöglichkeiten erprobt, d. h., die spirituelle Suche hat mittlerweile die ländlichen Räume erreicht.

Die Neuen Lehren des Heils und des Heilens

Wenn man trotz der ungeheuren Vielfalt einen gemeinsamen Nenner anführen möchte, dann ist es das weitgehend abstrakte Prinzip eines alles durchflutenden Geistes, einer universellen spirituellen Kraft bzw. kosmischen Energie. Ferner die Betonung der Selbst-Wirksamkeit. Denn die Neuen Lehren besagen, dass jeder durch entsprechende eigene Maßnahmen, mit oder ohne Hilfestellung durch einen spirituellen Lehrer oder Heiler, durch Übungen der Versenkung, Meditation oder andere Formen der Bewusstseinsveränderung bzw. -erweiterung an diesen spirituellen Kräften unmittelbar teilhaben könne. Ferner wird betont, dass es keiner Instanz oder Glaubenskongregation zwischen dem „Höheren" und dem Menschen bedürfe. Denn die höhere Kraft schlummere letztlich in jedem. Sie müsse nur erweckt werden. Genauso wenig benötige man einen „vorsitzenden", gnädigen oder ungnädigen Gott, dem man Gehorsam schulde und der dann nur unter Umständen Hilfe gewähre (siehe voriges Kapitel). Das ist die Stoßrichtung einschlägiger Kursangebote mit Überschriften bzw. Botschaften wie: „Die Heilkraft liegt in Dir", „Das dritte Auge öffnen", „Komm in Deine Kraft" oder noch vielversprechender: „Tanze Dein inneres Feuer". Das Motto ist hier nicht „Durch irdisches Leiden zum himmlischen Paradies", sondern das Recht eines jeden, schon im Hier und Jetzt am heilsamen bis lustbringenden Höheren teilhaben zu können.

Eine weitere Basisprämisse der neuen spirituellen Lehren ist, dass das Heil und die Heilung des Individuums und der Welt nicht von materiellen Kräften kommen, sondern durch geistige Kräfte erfolgen müssen. Dies bedeutet, dass neben der Alternative zu traditionellen religiösen Auffassungen auch eine Alternative zur Dominanz technischer und naturwissenschaftlicher Problemlösungen gefordert wird. Damit wird besonders das Primat konventioneller medizinischer Heilmethoden infrage gestellt. Die Neuen Lehren verstehen sich demgemäß als alternative Erkenntnismethode im Kontrast zu Erkenntnismethoden der Naturwissenschaften bzw. allgemein der modernen empirischen Wissenschaften. (Indirekt wendet sich diese Auffassung letztlich auch gegen die Kompromisse der kirchlichen Lehren mit den rationalen, naturwissenschaftlichen Weltentwürfen, siehe vorhergehende Kapitel.) Stattdessen soll das eigene, nur persönlich erfahrbare „Schauen" alternativer Erkenntnisebenen, welche hinter den bloß äußerlichen Erscheinungen liegen, das Primat haben; gemäß dem Diktum von Hans-Peter Dürr (2002): „Das Erleben ist viel reichhaltiger als das, was wir begreifen können."

In dieser Stoßrichtung begannen die Neuen Lehren in den sechziger und siebziger Jahren des 20. Jahrhunderts sich über die westliche Welt zu verbreiten. Zu Beginn der eigentlichen Bewegung entdeckte eine Gruppe von astrologisch gestimmten Suchern nach einem neuem Heil, dass nun das

„Zeitalter des Wassermanns" anbräche und damit das „Zeitalter der Fische"
vorüber sei. Somit sei die Zeit der Dunkelheit, welche die Zeit der zurückliegenden 2000 Jahre bestimmt hätte, beendet. Bald bürgerte sich in diesem
Zusammenhang der Terminus „New Age" für die neue Welterwartung ein.
(In neuerer Zeit wird dies auch „Zeitalter des Lichts" genannt.) Entstanden ist diese Hoffnung auf eine spirituelle Zeitenwende aus zahlreichen,
sehr heterogenen Quellen, welche mittlerweile zu einer Massenbewegung
angeschwollen ist, aber immer noch ohne singuläre Stifterfigur auskommt.
Begründet wurde die Neue Lehre – wie schon angedeutet – aus einem allgemeinen Unbehagen an einer bloß rational, materiell bestimmten Moderne
und der Zurückweisung eines in Dogmen erstarrten Christentums. Ein
sog. Paradigmenwechsel wurde angestrebt. Geradezu programmatisch war
hier das Buch *Sanfte Verschwörung* (1980) der Amerikanerin Marilyn Fer-
guson, welches zeitweilig zum Kultbuch der neuen Bewegung avancierte.
Die Kernthese der Autorin ist, dass die Hinwendung zur inneren Welt und
damit zu spirituell bestimmten Erfahrungen die gesamte westliche Kultur
von innen her revolutionieren werde. Ziel sei es, so die Autorin, ein höheres
Bewusstsein zu erlangen, was vereinfacht ausgedrückt bedeutet, die jenseits
der materiellen Welt vorhandene spirituelle Energie zu erfahren. Diese spirituelle Energie – oft auch als feinstoffliche Energie bezeichnet – ist nicht
nur im Kosmos, sondern in allen Dingen und Lebewesen vorhanden und
dadurch mit dem Kosmos verbunden. (Eine Auffassung, welche so ähnlich
auch in animistischen Naturreligionen und manchen östlichen Religionen vertreten wird.) Der moderne, von materiellen Interessen bestimmte
Lebensstil und die vorherrschenden modernen Weltanschauungen führen
gemäß den New-Age-Lehren jedoch dazu, dass die in jeder Person vorhandene spirituelle Erlebnisbereitschaft nicht mehr erfahrbar sei. Durch
Offenheit für spontane Intuitionen oder durch bewusstseinserweiternde
Übungen und Riten werde der Zugang zu höheren Ebenen des Seins wieder
möglich; ebenso in der Selbstversenkung durch Meditation oder Trance.
    Die Anleihen bei archaischen Religionen einschließlich östlicher Hoch-
religionen sind äußerst vielfältig. Die Neuen Lehren nutzen deren magische Riten und religiöse Übungen, abstrahieren jedoch in der Regel von
den konkreten Inhalten, sodass meist nur austauschbare Elementarteile
aus verschiedenen Religionen als Lehre zurückbleiben, welche unter dem
Energie-Begriff bzw. Erfahrung des höheren spirituellen Bewusstseins sub-
sumiert werden. In Riten der Naturreligionen, den magischen Riten und
Auffassungen des Schamanismus aus dem amerikanischen und asiatischen
Raum, in den Riten und Lehren früher europäischer Kulte wie beispielsweise
denen der keltischen Priester, den Druiden, sucht der moderne spirituelle
Suchende die Annäherung an das höhere Sein. So auch in hinduistischen
bzw. buddhistischen Übungen zur Vereinigung mit der universalen göttlichen Kraft. Ein Beispiel hierfür findet der Leser in Kasten 3.2b. Ein anderer

Quell reichhaltiger Inspiration ist chinesischer Provenienz, so etwa der Taoismus oder die schon mehrmals erwähnte Feng-Shui-Lehre. In neuester Zeit erfreut sich der Taoismus großer Beliebtheit, speziell hinsichtlich seiner religionsphilosophischen Variante. Hier steht das mittels Meditation und Kontemplation gewonnene intuitive Erkennen im Vordergrund, um das den Erscheinungen zugrunde liegendende Absolute zu erfahren. Letztere Variante ist eher als Sammelbecken zu bezeichnen, denn sie spiegelt die verschiedenen Einflüsse der in China bisher vorherrschenden Religionen wider, u. a. des Buddhismus und des Schamanismus mit seinen zahlreichen Götter- und Geistwesen.

Wir sehen, die neuen spirituellen Lehren sind universalistisch. Grenzen für Anleihen existieren nicht. Jedes Element jeder Religion, soweit es zu taugen scheint, um mit höheren Mächten in Berührung zu kommen oder Schutz vor Unbill anzubieten, findet prinzipiell Verwendung. Da es sich

Kasten 3.2b

Chakra, Tantra – Lust und Entsagung

Einen prominenten Platz in den Neuen Lehren nehmen die tantrischen Lehren ein. Sie sind Teil des Hinduismus und wurden später vom Buddhismus mit einigen Modifikationen übernommen. Es existieren jedoch zahlreiche Varianten, sodass hier nur Kernelemente exemplarisch dargestellt werden können. Die sog. göttliche Schöpfungsenergie (shakti) spielt eine zentrale Rolle. Die Selbstversenkung, etwa durch Yoga (Sanskrit: Vereinigung), evoziert in der Person das Bild des Göttlichen. Eine weitere Steigerung erfolgt durch eine spezielle Yogatechnik (hatha-yoga; Sanskrit: Vereinigung der Kräfte). In Konzentration auf ein Mantra (ein inneres Bild oder eine wiederholte Sprachformel), unter Kontrolle des Atemrhythmus sowie durch weitere rituelle Übungen wird eine Abkehr von äußeren Erscheinungen und körperlichen Empfindungen erreicht (z. B. Demonstration der Schmerzunempfindlichkeit des Yogi auf einem Nagelbrett).

Im Gegensatz hierzu enthält der Tantrismus auch Elemente, welche über orgiastisch-ekstatische Übungen die Erfahrung der göttlichen Kraft fördern sollen (so auch durch besondere Liebestechniken). Hierbei spielen Chakren, Energiezentren des Körpers, wie auch bei anderen religiösen Übungen des Tantrismus eine Rolle. Es werden sechs Körperchakren postuliert, welche entlang der Wirbelsäule angeordnet sind. Ein siebtes Chakra liegt außerhalb des Körpers über der Schädeldecke. Die Behandlung der einzelnen Chakren spielt dann auch eine große Rolle beim alternativ-spirituellen Heilen, da seelische, körperliche und spirituelle Energien hier konzentriert sind.

um kein geschlossenes System handelt, können fast täglich neue Ideen und Anwendungen hinzukommen. In der gebotenen Kürze und weil das Zentrale Thema die Heilkomponente der aktuellen religiösen bzw. quasireligiösen Bestrebungen ist, kann hier, wie gesagt kein annähernd erschöpfender Überblick gegeben werden. Hinzu kommt, dass zusätzlich auch Anleihen in nicht religiösen Anschauungen stattfinden, besonders dann, wenn es um die Entwicklung alternativer Heilmaßnahmen geht.

Denn über den religiösen Ideenraum hinaus werden sogar Impulse aus den Naturwissenschaften aufgegriffen. Jedoch nicht im Sinne rational-empirischer Prüfung der Aussagen, sondern als Suche nach dem neuen Weltprinzip und neuen Erkenntnisformen. Physiker und andere Naturwissenschaftler, aber auch Psychiater besonders aus den USA zählen deswegen nicht von ungefähr zu den Gründervätern der Neuen Lehren. So etwa der Physiker Fritjof Capra und der Biochemiker Ken Wilber. In der Abkehr von zentralen Prämissen der Naturwissenschaften propagieren sie die *persönliche* Erfahrbarkeit des kosmischen Geistes, die Überwindung der Trennung von Materie und Geist. Hier wird dann besonders auf die Quantenphysik verwiesen, welche die Trennung von Materie und Nicht-Materie infrage zu stellen scheint. In Deutschland findet in letzter Zeit der oben schon erwähnte deutsche Physiker Hans-Peter Dürr Beachtung, welcher in diesem Zusammenhang auf die Unvollständigkeit des bisherigen naturwissenschaftlichen Weltbildes verweist und deshalb eine erweiterte, eine sog. Zweite Physik fordert, eine Erweiterung und Überwindung der Physik Einsteins.

Eine dritte Säule der Anleihen für die Neuen Lehren, stammt zu großen Teilen aus der Psychologie. In der Regel handelt es sich um Theorien und Therapieverfahren, welche bisher keine Anerkennung innerhalb der akademisch-wissenschaftlichen Psychologie gefunden haben (siehe einen Überblick in Kasten 3.2c). Die Ursprünge liegen wieder in den USA, hier speziell in Kalifornien. Eine Gruppe von Therapeuten und spirituellen Suchern, welche am einschlägig bekannten Esalen-Institut an der Küste Kaliforniens in den sechziger Jahre des vorigen Jahrhunderts arbeiteten, sind hier die Vordenker einer neuen, spirituell geprägten Psychologie – welche allerdings von der übrigen akademischen Psychologie als nicht wissenschaftlich eingestuft wird. Es ist die Zeit der Selbstversuche mit LSD und seinen bewusstseinserweiternden Effekten. Die Selbsterfahrung mit dieser und anderen damals noch legalen Drogen zeigte den Anwendern Erfahrungen von Out-of-Body-Erlebnissen und Veränderungen der Raum- und Zeiterfahrung. Später kamen Trance, Hypnose und Meditation und andere Psychotechniken hinzu, in denen in veränderten Bewusstseinszuständen Erfahrungen möglich wurden, welche im Wachbewusstsein nicht möglich sind (siehe Kap. 4.2). So vermutete der Psychiater Stanislav Grof, dass diese Erlebnisse „... häufig direkt von Informationsquellen gespeist zu werden [scheinen], die eindeutig außerhalb des konventionell definierten Bereichs des Individuums liegen" (zitiert in Grom, 2002). Zusammen mit dem oben schon erwähnten Fritjof Capra und Ken Wilber wurden die ersten Ansätze für eine neue, d.h. Transpersonale Psychologie entwickelt. In der Folge gestaltete sich dies zu einer neuen Form spirituell unterlegter Psychotherapie, welche mittlerweile in mancher deutschen Praxis oder auch psychosomatischen Klinik als Behandlungsmethode Eingang gefunden hat. (So z.B. in der Bad Kissinger Fachklinik Heiligenfeld, welche auf dem Gebiet der Integration der Transpersonalen Psychologie in der Behandlung

Kasten 3.2c

Verschiedene Arten von Psychologie
– solche mit akademischer Anerkennung
– und die am Rande

Psychologie, wie sie an Universitäten gelehrt wird:
Die Ausdrucksformen der Seele (Psyche) werden als naturwissenschaftliches Phänomen untersucht, so wie etwa in der Physik. Die Ausdrucksformen der Psyche – Bewegungen, Wahrnehmungen, Denken und Gefühle – werden als Resultat der Aktivität von Neuronenverbänden im Gehirn aufgefasst. Die Messbarkeit und Ordnung der psychischen Vorgänge in Theorien ist Ziel der akademisch-wissenschaftlichen Psychologie. Die aus der wissenschaftlichen Psychologie hervorgegangene Therapieform ist die Verhaltenstherapie.

Parapsychologie (griechisch *para*: außerhalb):
Erforschung von sog. Psi-Phänomenen wie außersinnlicher Wahrnehmung (Hellsehen, Telepathie und Präkognition) und Psychokinese/Telekinese (Bewegung von Objekten durch geistige Kräfte auch aus der Ferne) mit Methoden der Naturwissenschaft. Parapsychologische Forschung wird in Deutschland an keiner Universität regelmäßig als Fach gelehrt oder betrieben – im Gegensatz etwa zu den USA. Nur das privatwirtschaftlich organisierte Institut für Grenzgebiete der Psychologie und Psychohygiene e.V. in Freiburg betreibt in Deutschland regelmäßig Forschungen auf diesem Sektor.

Transpersonale Psychologie:
Bisher kein an Universitäten vertretenes Fach (Ausnahme: Psychologisches Institut der Universität Osnabrück). Postulat, dass die Einzel-Seele mit einer Art All-Seele verbunden ist. Die Erfahrung des Höheren/Jenseitigen, auch als Erfahrung des Überschreitens von Ich-Grenzen, Erfahrung eines höheren Bewusstseins beschrieben, kann in entsprechenden Übungen (z.B. in Meditation oder Trance) oder auch spontan eintreten. Anwendung bei psychischen Problemen in der Transpersonalen Psychotherapie als ganzheitlicher Ansatz vor allem unter Einschluss der sog. transpersonalen Anteile der betroffenen Person.

beispielsweise psycho-somatischer Störungen in Deutschland eine Vorrei-
terrolle übernommen hat. Alljährlich werden dort u.a. zu diesem Thema
Veranstaltungen abgehalten.)

„Transpersonal" bedeutet, das eigene Selbst (die eigene Person) zu
überschreiten, um die kosmischen Kräfte zu erfahren bzw. mit ihnen eins
zu werden. Eine der wesentlichen theoretischen Quellen der Transpersonalen Psychologie speist sich aus dem Denken des Schweizer Psychiaters
Carl Gustaf Jung; ein von Sigmund Freud „verstoßener" ursprünglicher
Anhänger der freudschen Psychoanalyse. C. G. Jung war im Gegensatz
zu Freud der Auffassung, dass im Unbewussten nicht nur persönlich ver-
drängte Erlebnisse (so die ursprüngliche Auffassung von Freud), sondern
auch das geistige Erbe der Menschheit in Form verschlüsselter archaischer
Bilder vorhanden sei. D.h., unser Wachbewusstsein könne diese inneren
archaischen Bilder nicht lesen. Gewahr würden wir dieser Urbilder nur
in bestimmten Situationen, wenn sich diese nebst entsprechenden Emotionen an die Oberfläche drängten – etwa in Zuständen des Traums und
der Trance. Nach dem Postulat von Jung würden sog. Naturvölker zum
archaischen Unbewussten eher Zugang haben als Bewohner moderner
Industrienationen, welche Wachbewusstsein und Verstandeskräften zuviel
Raum geben würden. Deswegen würden z.B. Bildnisse indigener Völker
oft Anteile des kollektiven Unbewussten in symbolhafter Form beinhalten.
C. G. Jung selbst ist allerdings nicht der Begründer einer Transpersonalen
Psychologie oder gar Anwender spiritueller Therapieformen. Er lieferte für
die Transpersonale Psychologie jedoch manche Denkanstöße.

Als bezeichnendes Beispiel für eine am Esalen Institute entwickelte
Behandlungsform sei hier die holotrope Therapie von Stanislav Grof
genannt. Das Ziel ist sozusagen, den Geburtsvorgang zu wiederholen, da
nur so die Einheit mit den kosmischen Energien wiederhergestellt werden
könne. Denn seine anfänglichen Versuche unter Verwendung von Drogen
stellten sich bald als problematisch heraus. Grof entdeckte, dass sich mit
einer bestimmten Atemtechnik ebenso Bewusstseinserweiterungen erzielen lassen. Gemeint ist Hyperventilation – ein längeres sog. Schnappatmen.
Hierdurch stellen sich sehr bald psychische Ausnahmezustände ein, welche
dann wie oben gedeutet werden (siehe Kap. 4.1). Weitere Anleihen der
alternativen Therapien stammen aus dem Körpertherapiebereich. Hier sind
es Lehren und Übungen, welche zum Ziel haben, blockierte Energiezentren
im Köper zu lösen, diese Energien wieder in Harmonie mit der Gesamt-
person zu bringen bzw. mit den überpersönlichen, kosmischen Energien
zu verbinden etc. (ähnlich der Chakren-Lehre). Auch hier war das Esalen-
Institut eine Zeitlang tonangebend. In Kasten 3.2d sind die verschiedenen
Einflüsse auf die Neuen Lehren veranschaulicht.

Bezüglich der Situation in Deutschland sind als unabhängige Vorreiter
und Anreger vor allem Karlfried Graf Dürckheim und Maria Hippius zu
nennen. In ihrer sog. initiatischen Therapie werden östliche spirituelle

Lehren, aber auch die des deutschen christlichen Mystikers Meister Eckhart („die Geburt Gottes aus der Seele") und das Denken C. G. Jungs zu einer neuen alternativ-spirituellen Therapierichtung verschmolzen. Im Wesentlichen soll eine Unterstützung auf dem spirituellen Entwicklungsweg geboten werden. Dies geschieht u. a. auch durch meditative Übungen.

Dem Leser ist sicher schon deutlich geworden, dass die Neuen Lehren und ihre Anwendung als Lebenshilfe oder gar Therapie nicht nur bezüglich der Medizin und Naturwissenschaft trotz der vielen akademischen Vordenker weit außerhalb des aktuellen akademischen Mainstream liegen. Spirituelle Heiler behandeln körperliche Krankheiten mit „geistigen" Kräften, mit schamanischen Riten oder manchmal auch „christlichen Energien". So auch in den transpersonalen Therapien. Sie sehen Krankheiten vor allem als spirituelle Krise, als Abspaltung von kosmischen oder göttlichen Energien, als Ungleichgewicht in der spirituellen Energiebalance etc. Ziel der Therapie ist u. a. die Integration von Person-Seele und Weltenseele bzw. dem Göttlichen. Der Terminus „alternativ" bedeutet somit Therapien außerhalb dessen, was an Universitäten und akkreditierten Ausbildungsinstituten als Psychotherapie gelehrt wird.

Alternativ sind spirituelle Therapien in weiterer Konsequenz auch in Bezug auf das deutsche Gesundheitssystem (Krankenkassen etc.). In der Regel werden die Kosten nicht erstattet. Da alle Formen der alternativ-spirituellen Therapien über den „Geist" heilen, sind sie aus formaler Sicht Psychotherapien. Trotzdem sind diese Behandlungsformen innerhalb des staatlichen anerkannten Ausbildungssystems nicht vertreten. Nur Verhaltenstherapie und Psychoanalyse (siehe Kap. 4.1) sind vom staatlichen

Kasten 3.2d

Die ideologisch-religiösen Komponenten der Neuen Lehren

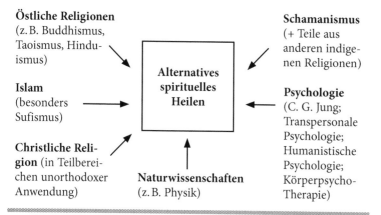

Gesundheitssystem anerkannt. Nur diese Formen der Therapie sind bisher
in wissenschaftlichen Studien ausreichend überprüft und als ausreichend
wirksam bestätigt worden, um eine Kostenerstattung durch die Solidar-
gemeinschaft der Versicherten zu rechtfertigen. Nur Ärzten und Diplompsychologen nach entsprechendem staatlich anerkanntem akademischem
Fachkundenachweis (Approbation) bzw. Zusatzausbildung ist Psychotherapie gestattet. (Eine Ausnahme hierzu bildet die Behandlung gemäß dem
Heilpraktikergesetz, allerdings nur in Deutschland.) Das beeindruckt die
Bevölkerung jedoch nicht übermäßig. Der Zulauf zu Heilern, welche geistiges Heilen anbieten, und zu spirituell alternativ geprägten Lebenshilfekur-
sen ist anhaltend groß.

Alternative Heilmethoden und Lebenshilfeangebote – ein Ausschnitt

Beim Vorbereiten dieses Buches stieß ich auf folgende Anzeige einer alternativ arbeitenden Therapeutin: „… bietet eine Synthese aus Psychotherapie, Energiearbeit und Schamanismus … Inspiriert von östlicher Weltsicht
ergibt sich eine Alternative zur herkömmlichen Psychotherapie." Dies soll
den Leser noch einmal daran erinnern, dass es sich bei den nachfolgend
dargestellten alternativen Angeboten nur um Prototypen handelt, nur um
einzelne Elemente des spirituellen Baukastens, aus dem sich Anbieter und
Klienten ihre individuelle Mischung zusammenstellen.

Bei aller Unterschiedlichkeit lassen sich jedoch in den meisten Angeboten bestimmte immer wiederkehrende Grundstrukturen erkennen:

1. **Ziel:**
   Lebens- und Krankheitshilfe durch Herstellung des Zugangs bzw. Harmonie mit Transzendenz („höheres Selbst"/höhere Macht/kosmische
   Energie/alles durchdringende, sog. feinstoffliche Energie).
2. **Zugang zur Problemlösung:**
   Spontane Eingebung/Intuition oder „Wahrnehmung" durch Bewusstseinsveränderung in Trance/Meditation etc.
3. **Basisannahme:**
   Ganzheitlichkeit/Einheit von Köper – Seele – Transzendenz (auch bei
   körperlichen Erkrankungen könne deshalb durch Behandlung der Seele
   mit nichtstofflichen Methoden eine Heilung herbeigeführt werden).
4. **Formale Charakteristik:**
   Methodenvielfalt/Weltanschauungsvielfalt/keine abgeschlossene, dogma-
   tisierte Lehre.
5. **Anbieter:**
   Spirituelle Heiler (Geistheiler), Praxen für spirituelle Lebenshilfe aller
   Art, Kurs- und Seminarleiter.

Anmerkungen:
Eine Übernahme des religiös-weltanschaulichen Hintergrundes der Heilmaßnahme durch die Klienten bzw. Patienten der Heiler ist nicht immer
gegeben. (In der Regel wird keine Überprüfung der Wirksamkeit des
Angebotes durch empirische Wissenschaften angestrebt, da die Erkenntnis
des Heilens durch subjektives Erleben gewonnen wird bzw. im Bereich des
individuellen Glaubens bleibt.)
   Anbei ein kurzer Überblick bzw. Kurzcharakteristiken einiger häufig
angewandter Methoden (auf der Basis eigener Befragungen von Anbietern
und Klienten sowie von Befragungen des Institutes für Grenzgebiete der
Psychologie und Psychohygiene in Freiburg):

Energieübertragung durch Handauflegen: Reiki
Bericht aus einer Therapiesitzung: „Ich dachte ich schwebe! Genauso, wie es
im Prospekt stand: Es war ein Tanz mit den Lichtenergien. Der Meister hat
starken Eindruck auf mich gemacht, das muss ich sagen. So möchte ich auch
sein" (zitiert in Federspiel & Lackinger Karger, 1996).
Geschichtlicher, weltanschaulicher Hintergrund und zentrales Konzept: Nach
mehrwöchigem Fasten wurde Mikao Usui auf einem Berg in Japan in einem
„großen weißen Licht" offenbar, wie Jesus geheilt hat. Mikao Usui war Lehrer
an einer christlichen Klosterschule in Japan. Reiki bedeutet „göttliche Energie". Wobei Ki, Qi, oder Chi in China und Japan verwendete religiöse Termini sind, welche soviel wie „das Universum durchströmende Lebenskraft"
bedeuten (siehe auch Qigong). Reiki ist eine Heilmethode, welche nur vom
Meister an einen Schüler weitergegeben werden darf. Dies geschieht in rituellen Einweihungsverfahren, um den Körper des Schülers für die Aufnahme
der kosmischen Energie zu öffnen.
Anwendung: Der Heiler legt seine Hände über verschiedene Stellen des
Körpers einem bestimmten Ritual folgend, mit ruhiger Gestik. Die Anwen-
dungsgebiete werden in der Regel sehr allgemein mit „emotionale und mentale Probleme" bezeichnet.
Verwandte Methode: Prana-Heilen: *prana* (Sanskrit: „Atmung"), die heilende
Energie, wird vom Heiler auf den Klienten ebenfalls durch Handauflegen
übertragen. Vorher wird vom Heiler die negative, krankmachende Energie
aus der betroffenen Körperstelle entfernt.

Energieübertragung durch Edelsteine und Kristalle
Bericht einer Heilerin: „Auch der Lapislazuli ist ein guter Stein für den
Partnerschaftsbereich. Ich kannte einen jungen Mann, der wegen extremer
Kontaktprobleme zu mir kam. Ich entschied mich, statt eines Rituals mit
diesem Edelstein zu helfen, und gab ihm einen Lapislazuli, den er stets bei
sich tragen sollte. Das half ihm nach einigen Wochen wirklich ganz toll, er
konnte sich nun öffnen und fand bald eine Freundin … Zum Amethyst

rate ich kranken Menschen. Er hilft heilen. Mit dem Amethyst können sie richtiges Heilwasser zubereiten. Kochen Sie den Stein zehn Minuten lang im Wasser. Trinken Sie das Wasser, wenn Sie zum Beispiel Magenbeschwerden haben …" (Sandra, 1991, S. 105).

Geschichtlicher, weltanschaulicher Hintergrund und zentrales Konzept: In den verschiedensten Kulturkreisen wird von alters her Kristallen und Edelsteinen eine besondere Heilwirkung zugeschrieben. So empfahl beispielsweise die Nonne und Mystikerin Hildegard von Bingen (1098–1179) diese gegen verschiedene Leiden. In der aus Indien stammenden Ayurveda-Therapie wird aus der Asche verbrannter Kristalle Heilmittel gewonnen. Bei allen Behandlungsformen spielen Annahmen über Bündelung bzw. Einschluss „höherer" Kräfte in den Steinen eine Rolle.

Anwendung: Durch Auflegen der Steine auf den Körper (z. B. auch zur Unterstützung der Reiki-Therapie) oder durch das Tragen am Körper soll das jeweilige Übel vertrieben werden. Nach Auffassung mancher Anhänger wird hierbei ein neues Energiefeld aufgebaut bzw. durch Übertragung der kosmischen Energie (im Stein) die gestörte energetische Schwingung im Körper mit der Energiefrequenz des Universums in Übereinstimmung gebracht.

Wie aus obigem Beispiel zu ersehen ist, werden einzelnen Steingruppen spezielle therapeutische Wirkungen zugeschrieben. Ferner werden einzelne Steine bestimmten Sternzeichen zugeordnet und in dieser Funktion in die Behandlung einbezogen.

Versenkung in sich selbst und in kosmische Energien durch Meditation, Qigong, Yoga oder Trance

Bericht einer Seminar-Teilnehmerin (Meditationsseminar): „Dann machten wir eine Übung. Wir mussten die Augen schließen, uns auf unseren Körper konzentrieren und an unseren Atem denken, bis wir uns ruhig und gelassen fühlten, und uns dann auf die Atmosphäre im Raum einstimmen. In der Stille unserer eigenen Köpfe und Herzen sollten wir an die ‚unsichtbare Welt' denken … Die Aufgabe hier war leicht: den Tag genießen und auf die Atmosphäre und die Geister achten …" (Losada, S. 272–273).

„Dann mussten wir uns einen Partner suchen und auf ihn zugehen, damit wir sein Energiefeld spüren konnten … Sein Energiefeld war für mich so deutlich, als wäre es rosa eingefärbt gewesen. Den Leuten zufolge, die behaupten, Auren sehen zu können, war es wohl tatsächlich rosa … Nachdem wir die Energie gespürt hatten, mussten wir spielen. Ich sollte unsichtbare Energie oben aus meinem Kopf aussenden, sie kreisförmig hinüber und in sein Energiefeld schicken, dann nach unten durch das, was seine Wurzeln wären, wenn er ein Baum wäre … Es war das Herz-Chakra, das wir öffnen sollten" (Losada, S. 264–265).

Geschichtlicher, weltanschaulicher Hintergrund und zentrale Konzepte: Die heute angewendeten Meditations- und Trancetechniken sind Bestandteil fast aller Religionen (so z.B. wahrscheinlich auch in schamanischen Riten seit vorgeschichtlichen Zeiten). Sie spielen lediglich in christlich-judaischen und islamischen Religionen eine untergeordnete Rolle. Durch Meditation und Trance können extreme psychophysiologische Ausnahme-zustände erreicht werden. Dies wird im religiösen Kontext zur Erfahrung jenseitiger Welten eingesetzt. So etwa in fernöstlichen Religionen zur Erkenntnis des herrschenden Prinzips im Universum, der Erfahrung der Verbindung und des Einsseins mit einem kosmischen Prinzip oder einer göttlichen Kraft. Als Begleiteffekt treten hierbei Ruhe, Gelassenheit und positive Gleichgültigkeit den Alltagsdingen gegenüber auf – sozusagen ein Abschalten gegenüber negativen Gefühlen, Körperempfindungen und Alltagsgedanken. Meditative, besonders aber tranceartige Zustände können jedoch auch ohne aktives eigenes Zutun, quasi nebenbei entstehen, etwa bei rituellen Handlungen, besonders wenn diese in einem bestimmten mono-tonen, gleichförmigen Rhythmus wiederholt werden (siehe Kap. 4.2). Trance ist deshalb ein sich „automatisch" einstellender Begleiter vieler religiöser und quasireligiöser Aktivitäten, so auch beim spirituellen Heilen, wie die Berichte der Klienten und Heiler zeigen.

Durch Qigong (Ursprung: China) soll mittels Atemtechnik, Versenkung und bestimmter ritueller Bewegungsfolgen emotionaler Gleichmut erreicht werden. Qigong lenkt die kosmische Kraft, Qi, im Menschen. Es handelt sich um eine sehr alte Technik, welche durch Taoismus, Konfuzianismus und Buddhismus eine neue Ausformung erhielt. Beispielsweise symboli-siert im Taoismus das Einatmen das weibliche Prinzip Yin. Während das Ausatmen das polare männliche Prinzip Yang symbolisiert. Beide Prinzi-pien sollten in Harmonie bei allem Geschehen zusammenwirken. Ist dieses harmonische Wechselspiel gestört, entstehen Krankheiten.

Bezüglich des Yoga (Ursprung: Indien) existieren zahlreiche Varian-ten (der Leser sei hier auf spezielle Literatur verwiesen). In Europa wird besonders häufig das sog. Raja-Yoga angewandt; oft auch ohne religiösen Hintergrund. Von den verschiedenen Stufen, dem sog. achtgliedrigen Pfad, werden im Allgemeinen nur untere Stufen verwendet, wie Atemübungen und Körperhaltung (z.B. sog. Lotussitz), Nichtbeachtung von Sinnesein-drücken und innere Versenkung (Meditation). Meister des Yoga machen das Prinzip der „Abwendung von der Welt" und Aufgehen in das All (über-persönliches Unbewusstes) zu ihrem zentralen Lebensinhalt. Sie geben ihr Wissen bzw. ihre Erleuchtung an spirituell Suchende, z.B. in den schon erwähnten Wochenend-Satsangs, weiter.

Anwendung: Meditative und Trancetechniken sind heute Bestandteil ver-schiedener alternativer spiritueller Heilmethoden. Allerdings werden Trance, induziert durch Hypnose, und Meditation auch häufig in Psycho-therapiepraxen völlig *ohne* spirituellen Hintergrund eingesetzt. Genutzt wird die Möglichkeit des völligen Umschaltens von der Alltagswelt in eine „andere Erfahrungswelt", um Problembereiche in anderem Licht, unter völlig neuen Aspekten sehen zu können oder auch nur um damit gelassener umgehen zu können. Wird hingegen den Erlebnissen in der Meditation oder Trance vom Heiler oder Guru die Bedeutung einer göttlichen, kosmisch universellen Schau bzw. einer Verbindung mit den höheren Kräften unterlegt, scheinen die Effekte auf die Krankheit noch wesentlich einschneidender zu sein (siehe später und nachfolgende Kapitel).

Wichtige Unterscheidung: In den Wochenendkursen werden Trance und Meditation für Kurs-*Teilnehmer* angeboten. In der Einzelbehandlung ermitteln *Heiler* oft Diagnose und Behandlungshinweise in tranceartigen oder meditativen Zuständen. (So auch im Falle des Mediums, wie im Beispiel weiter vorne.) Allerdings ist es – wie schon angedeutet – bei allen Formen stark ritualisierter Behandlung möglich, dass auch der Klient/Patient in den Zustand der Trance fällt.

Schamanisches Heilen

Bericht eines Klienten: „Dann beginnt er mit Trommeln und Rasseln. Melodiös, leiser, stärker. Das hab ich als sehr angenehm empfunden. Es war dann wirklich ein Loslassenkönnen, das ist so abgeronnen. Dann spürt man, je nachdem, ein Abfächeln mit Federn. Dabei gibt er auch Laute von sich, von denen ich jetzt nicht einmal sagen kann, ob sie melodiös sind oder nicht. Es sind eher irgendwelche Urlaute. Das mit dem Krebs-Absaugen, das muss für ihn ganz grauslich gewesen sein, das hab ich mitgekriegt. Er braucht dann Wasser zum Trinken, zum Spülen und Spucken. Und dann, bis das beendet ist, beginnt er wieder mit einem leichten Rasseln und Trommeln. Schließlich sagt er, ich solle jetzt die Augen aufmachen" (Moos, 2000, S. 93).

Bericht einer Klientin: „Was für mich wichtig ist, ist der Raum, in dem die Begegnung stattfindet. Es ist für mich ein heiliger Raum, ein Schutzraum, wo ich mich total einlasse auf das, was geschieht. Und wichtig ist dieses Ritual, mit dem man in diese andere Welt geht und wieder zurückkommt. Das Trommeln ist ebenfalls sehr wichtig, das verwendet er immer wieder als Begleitung für die schamanischen Reisen. Und vorher gibt es ein Gespräch, um herauszufinden, welches Thema jetzt konkret ansteht und wohin die Reise gehen soll" (Moos, 2000, S. 93–94).

Geschichtlicher, weltanschaulicher Hintergrund und zentrales Konzept: Der geschichtliche Hintergrund wurde in Kapitel 2.1 erörtert. Das Heilkonzept geht von der Annahme aus, dass schädigende Geistwesen der Grund für Krankheiten sind. Wesentlich ist auch der Glaube an die Allbeseeltheit der Natur (Animismus). Ferner auch der Glaube an die „Gegenwart" von Ahnen bzw. dadurch bedingte Konfliktkonstellationen. Die Diagnose wird oft in tranceartigen Zuständen ermittelt. (in Süd- und Mittelamerika auch nach der Einnahme von psychotropen Pflanzen und Pilzen, z. B. Kokablättern oder meskalinhaltigen Pilzen). Der Schamane begibt sich dann auf eine spirituelle Reise, um Erkenntnisse hinsichtlich der Ursache der somatischen oder psychischen Probleme zu erhalten.

Anwendung: Oft wird von selbst berufenen Schamanen in westlichen Industrieländern der Heilritus der Schamanen nachgeahmt. Populär sind auch Sitzungen mit indigenen amerikanischen oder asiatischen Schamanen in Wochenendkursen. Die tranceartigen Zustände stellen sich gleichsam automatisch aufgrund von rhythmischem Trommeln, Rasseln und monotonem Singsang ein. Inzwischen ist auch ein beachtlicher spiritueller Tourismus entstanden. Spezialreisen werden zu berühmten indigenen schamanischen Heilern organisiert.

Anmerkung: Die Weltgesundheitsorganisation der UN erkennt mittlerweile das in indigenen Gesellschaften von schamanischen Heilern durchgeführte Heilen als der westlichen Medizin gleichgestellt an (Federspiel & Lackinger Karger, 1996).

Heilen mit Medium und Verjagen schädlicher Geister

Beobachtung einer modernen Heilsitzung durch eine Forscherin: Die Heilerin arbeitet mit einem Medium, um den unerwünschten krankheitsverursachenden Geist aufzuspüren. Der Klient ist nicht anwesend. „Die beiden Frauen haben eine aufrechte Köperhaltung eingenommen, die beiden Beine stehen gerade nebeneinander. Diese Position wird von beiden als besonders meditative Haltung bezeichnet. Fühlen sich die beiden Frauen bereit, holt die Heilerin einen Zettel mit dem Namen, Alter und zuweilen auch der Anschrift des Klienten hervor, den sie dem Medium (einer Mitarbeiterin der Heilerin, Anm. des Autors) vorlegt. Es entscheidet sich nun an der Reaktion des Mediums, ob der in Frage kommende Klient von einem Geist beherrscht wird … Das Medium beginnt mit der Inkorporation des Geistes prustende, schmatzende Geräusche von sich zu geben, sein Köper zieht sich zusammen, windet sich, schüttelt sich … Der Dialog kann beginnen" (Habermann, 1995, S. 90). Hierauf unterhält sich dann die Heilerin mit dem Geistwesen, welches das Medium vorübergehend besetzt hat und fordert den Geist auf, die Klientin zu verlassen (siehe auch die Vertreibung des Geistwesens namens Fietje, weiter vorne).

Geschichtlicher, weltanschaulicher Hintergrund und zentrales Konzept: Zugrunde liegt die zentrale Annahme des Okkultismus und Spiritismus des 19. Jahrhunderts, dass die Welt der Geister Verstorbener mit der unseren in Kontakt steht. Krankheiten werden danach durch Besetzung eines Menschen durch den Geist eines Verstorbenen hervorgerufen (siehe auch Kap. 2.2). Einige Geistheiler erhielten ihre Ausbildung in Brasilien, wo die spiritistische Tradition noch sehr lebendig ist. Letztlich haben diese Vorstellungen ihre Wurzel in archaischen Glaubensvorstellungen, dass Dämonen Krankheiten verursachen; (siehe z. B. Schamanismus, Bibel und indische Veden).

Anwendung: Durch Geistheiler, welche mit einem Medium zusammenarbeiten (manchmal auch ohne Medium durch den Geistheiler selbst). Der Kontakt zu dem den Kranken besetzenden Geistwesen wird im Zustand der Trance hergestellt. In der Regel ist der Kranke nicht anwesend. Wie im weiter oben beschriebenen Fall erhält die Klientin dann die Tonbandaufzeichnung der Heilséance, d.h. die Aufzeichnung der Unterhaltung zwischen Heilerin und Geistwesen (bzw. Medium). Da laut Umfrageergebnis mehr als ein Viertel der Bevölkerung Seelenwanderung für möglich hält, findet selbst diese Methode ihren Markt (Allensbach Demoskopie, 2001[2]).

Heilkraft durch Gott, Jesus und Schutzengel
Bericht einer Klientin: „Er hat zu beten angefangen und die Hände aufgelegt ... Ich habe es eh gleich gemerkt, dass es besser wurde. Nicht er heilt, sondern Jesus heilt ... Bei mit hat er durch Gebet und Händeauflegen die Herzrhythmusstörungen total behoben. Zucker hatte ich auf 230 oben, jetzt total weg. Der Kreislauf hat sich stabilisiert. Also es ist wie ein Wunder, wirklich wunderbar" (Obrecht, 2000, S. 105).
Aussage einer Geistheilerin: „Alle Heilkraft, die Gott durch mich hindurchfließen ließ, habe ich weitergegeben" (Höhne, 1995, S. 137).
Geschichtlicher, weltanschaulicher Hintergrund und zentrales Konzept: Eigentlich gehört diese Form aufgrund ihrer Glaubensinhalte zu den traditionellen Formen. Da aber die Anwendung durch Laienheiler und ohne kirchliche Verankerung geschieht bzw. von dieser abgelehnt und als Blasphemie gewertet wird, ist diese Heilform dem alternativ-spirituellen Heilsektor zuzuordnen. Besonders aber auch durch die Tatsache, dass viele dieser christlich geprägten spirituellen Heiler mit vermischten Heilangeboten arbeiten, z.B. mit Anteilen spiritistischer Konzepte oder mit Chakren- und Karma-Lehren, steht diese Heilform außerhalb der von den christlichen Kirchen tolerierten religiösen Lebensbewältigungsformen. Häufig sind christliche Heiler (sog. Volksheiler) in ländlich strukturierten Gegenden anzutreffen.
Anwendung: Die Heilung erfolgt durch Handauflegen, oft mit der Absicht, die Wunderheilungen von Jesus nachzuvollziehen. Oft betet der Heiler vor oder während der Sitzung. Bei ländlichen Heilern kommt es häufig auch zu Vermischung von Anrufungen christlicher Gestalten (Gottes, Jesus', Marias oder eines Schutzengels) mit Beschwörungsformeln und Handlungen aus dem Bereich der Volksmagie.

Rebirthing
Bericht der Klientin, Sitzung mit einer Heilerin (H): (H) „Die Atmung ermöglicht es Ihrem Körper, schmerzhafte Ereignisse, die auf zellulärer Ebene gespeichert sind, freizusetzen." Entsetzt starrte ich sie an. Ich sollte was tun? ... (H) „Also möchten Sie sich auf die Couch legen?" ... „Atmen Sie so ein." Sie demonstrierte die Atmung, und ich sah ihr zu ... Ich atmete

---
[2] Siehe Literaturangabe in Kap. 1.

in den oberen Brustkorb und machte keine Pause zwischen den einzelnen Atemzügen ... Mein Körper begann alle möglichen seltsamen Empfindungen zu entwickeln. Meine Hände, Füße und Schläfen kribbelten. Meine Waden schienen bleischwer zu sein. Ich konnte nur noch undeutlich sprechen und vom Hals bis zum Beinansatz überhaupt nichts mehr spüren. Sie massierte mir die Füße und traf auf eine schmerzempfindliche Stelle. (H) „Das ist Angst", sagte sie. „Woran erinnern Sie sich?"

Auf einmal befand ich mich als ganz kleines Kind in meinem Zimmer. Die Ecken des Zimmers waren schwarz und voller Augen, die mich anblickten. Geister und Ungeheuer verbargen sich hinter den Vorhängen. Sie warteten nur darauf, auf mich loszugehen, wenn ich einschlief. Ich wusste, dass sie da waren. Ich konnte sie spüren. Mami und Oma waren unten ..." (Losada, 2002, S. 144–145).

Geschichtlicher, weltanschaulicher Hintergrund und zentrales Konzept: Der US-amerikanische Schriftsteller Leonard Orr erinnerte sich in den siebziger Jahren des vorigen Jahrhunderts an sein vorgeburtliches Leben im Uterus seiner Mutter, als er in einem Holzzuber mit warmem Wasser saß. Daraus entwickelte er eine Therapie. Er gab ab 1974 „Rebirthing-Seminare" in San Francisco. Zunächst waren Holzbottich und ein Schnorchel das wichtigste Utensil. Da er jedoch bald feststellte, dass ein hyperventilierendes Atmen entscheidend sei, wurde dies der zentrale Teil der Therapie. Orr postuliert, dass durch das neue Erleben der eigenen Geburt, und manchmal auch der frühen Kindheit (wie im obigen Beispiel), eine negative Lebensprogrammierung aufgehoben werden könne. Diese negative Lebensprogrammierung habe im Geburtsvorgang ihre Ursache (siehe auch Beschreibung der holotropen Therapie von Stanislav Grof, weiter vorne). Eine gewisse ideologische Überhöhung fand bereits durch Orr statt, der meinte, dass durch den ersten Atemzug nach der Geburt der Zugang zur Lebensenergie (*prana* in hinduistischer Lesart) stattfinde. Rebirthing ist manchmal Baustein spiritueller Therapien. Hier erfährt das Rebirthing dann eine eindeutig spirituelle Einbettung (so geartete Abwandlungen bezeichnen sich dann beispielsweise als „Vivation", „Prana-Energie-Technik", „Quantum-Light-Breath").

Anwendung: Die spezielle Atemtechnik steht im Zentrum. Durch Hyperventilation, verstärktes rhythmisches Ausatmen in schneller Folge, stellen sich aus rein physiologischen Gründen Veränderungen am Körper und auch Bewusstseinsveränderungen ein (siehe Kap. 4.2). Ferner spielen Suggestionen durch den Heiler oder Kursleiter eine Rolle, welche die oft extremen körperlichen und psychischen Veränderungen und Ausnahmezustände als Neugeburt deuten. Dies führt dann wiederum zu Annahmen beim Klienten, dass er nun „neu geboren sei" und ein neues Leben beginnen werde, etc. Das Verfahren wird bei allen möglichen psychischen Problemen eingesetzt, um einen „Neubeginn" zu ermöglichen. Wenn das Verfahren von unerfahrenen Personen eingesetzt wird, kann es gefährliche physiologische Folgen haben.

Heilmaßnahmen im Zwischenreich, auch ohne religiös-spirituellen Hintergrund

Nachfolgend eine kurze Auflistung von Maßnahmen, welche oft auch – besonders durch die „Konsumenten" – ohne Übernahme des religiös-weltanschaulichen Hintergrundes angewandt werden. Allerdings liegt ihr Ursprung in magisch-religiösen Begründungen. Wie erwähnt, trifft dies hinsichtlich des Konsumentengebrauchs auch für manche der Meditationsverfahren zu.

Bach-Blüten-Therapie: Nach meist intuitiver Diagnose zur Ursachenermittlung (manchmal auch Fragebogen oder Kinesiologie, Auralesen etc.; siehe unten) werden Essenzen aus Blüten oder Pflanzenteilen verabreicht. Die Begründung ist, dass die Essenzen mit „feinstofflicher Pflanzenenergie" angereichert seien. Die unterschiedliche Zusammensetzung bestimmt dann die Wirkrichtung, z. B. das gelbe Sonnenröschen bei Angst; die Stechpalme bei Eifersucht. Sog. Erste-Hilfe-Tropfen sollen bei Stress etc. helfen. Herstellungsmethode der Essenzen und Anwendungstheorie stammen von dem britischen Physiker und Arzt Edward Bach (1886–1936).

Ayurveda: Eine aus Indien stammende Heilmethode. Der Name setzt sich aus den Sanskritworten *ayu* („Leben") und *veda* („Wissen") zusammen. Ursprünglich geht es um die Beziehung des Menschen zu kosmischen Energien. In der heutigen (westlichen) Anwendung jedoch eher um Balance der Energieströme im Körper, richtige Ernährung, Massagen und Atemübungen.

Verfahren, welche mit Massage oder Druck auf den Köper arbeiten

Mit östlich religiösem Hintergrund:

Akupressur/Shiatsu: Eine von der Akupunktur abgeleitete Massagemethode. An den sog. Meridianpunkten wird eine punktuelle Druckmassage ausgeübt. Diese Stellen im Körper sollen innere Organe mit der höheren Lebensenergie, Qi, verbinden. Deswegen auch Ansetzen der Nadeln an den entsprechenden Punkten an der Körperoberfläche bei der Akupunktur.

Massagetechniken und andere Formen der Arbeit mit dem Köper

Spezielle Massagetechniken sollen z. B. die universelle Lebensenergie im Körper wieder in Harmonie bringen (z. B. Orgon-Therapie nach Wilhelm Reich), die Köperschwingungen verbessern oder das Biomagnetfeld (Glaube an Magnetpole im Körper) wieder richtig polen. Die Angebotsvielfalt ist auch hier wieder unendlich, wie die nachfolgende Anzeige eines Heilers veranschaulicht: „Naturheilkunde, Bioenergetik, Reiki, Pyramiden, Klangmassage, Neue Zeit Kinder, Seminare, Feng-Shui, Shiatsu …" Manche Heiler scheinen Allroundgenies zu sein.

Alternative Diagnostik, Beratung und Zukunftsdeutung

Natürlich verfügen auch spirituelle Lebenshilfe- und Behandlungsmaßnahmen über ein umfangreiches Repertoire an Maßnahmen der Diagnostik und Zukunftsdeutung. Oft ist die Diagnostik auch schon ein Teil der Beratung. Wegen der Vielfalt hier nur ein paar Beispiele. Wenn die Diagnose nicht durch reine Intuition ermittelt wird oder durch intuitive Einfälle im Stadium der Trance oder Meditation, dann stützen sich Heiler bei der Suche nach den „spirituellen" Gründen für die Probleme und Krankheiten eines Klienten u. a. auf folgende Verfahren:

Auspendeln, Aura-Diagnostik, Kinesiologie

„Ich sehe seine Aura. Wenn ich den Patienten dann behandle, weiß ich genau, wo der Krankheitsherd liegt. Ich spüre ihn mit meinen Händen auf. Sie sind wie ein Magnet, der den Störherd anzieht. Ich kann dann entsprechend auf das erkrankte Organ einwirken. Wenn ich erkenne, dass der Patient zu einem Spezialisten gehen oder operiert werden muss, sage ich ihm das natürlich" (Höhne, 1995, S. 110). „Jeder Mensch hat seine eigene Strahlung, seine Aura … ich reagiere nur auf diese Strahlungen mit dem Pendel. Es macht durch seine Bewegungen sichtbar, was im anderen vorgeht. Ich bin lediglich die Empfangsstation (Höhne, 1995, S. 55).

Geschichtlicher, weltanschaulicher Hintergrund und zentrales Konzept: Bei der Aura-Diagnostik gehen die Heiler davon aus, dass Störzonen im Köper auch außerhalb des Körpers als Störung einer Art Energiefeld erspürt werden können bzw. dass dies auch für manche Menschen sichtbar sei. Kurzum, es geht darum, in einer Dimension wahrzunehmen, in der Menschen eigentlich nicht wahrnehmen können, zumindest nicht gemäß wissenschaftlicher Standards. Entsprechende Ideen entstanden im Rahmen der sog. theosophischen Bewegung, einer gnostisch-mystischen Lehre des 17. und 18. Jahrhunderts. Demnach ist jeder Mensch von einem sog. Ätherleib bzw. einer Aura umgeben. Diese deute den Anteil des Menschen am göttlichen Bereich an. (Ähnliche Auffassungen finden sich jedoch schon ab dem Frühmittelalter, siehe Darstellung des sog. Heiligenscheins.)

Anwendung: Auralesen dient nicht nur zur Diagnostik bzw. zum Aufspüren von körperlichen Erkrankungen, sondern auch von seelischen Problemen. Inzwischen wird von manchen Heilern auch eine sog. Kirlian-Fotografie angewandt, welche die Energiefelder um den Köper durch technische Hilfsmittel sichtbar machen soll.

Tarot-Kartenlegen

„Nur auf Jahrmärkten geht es vielleicht noch darum, in die Zukunft zu schauen, wann heirate ich usw. Mehr … geht es um die Vergangenheit, Grundlage und die derzeitige Situation, die eigenen Hoffnungen und Ängste, das Selbst und wie es sich nach außen zeigt … also eher darum, Klarheit und eine neue Sichtweise zu einer Fragestellung zu erhalten. Ich lade Sie ein, sich einmal die Karten legen zu lassen …" (Antwort einer Tarot-Anwenderin anlässlich meiner Recherchen zum Thema).

Geschichtlicher, weltanschaulicher Hintergrund und zentrales Konzept: Seit dem 14. Jahrhundert ist die Existenz entsprechender Karten belegt. Es existieren jedoch mittlerweile unterschiedliche Kartensätze. Alle enthalten symbolhafte Bilder, z. B. Liebende, Priester, Narren oder Wasser, Feuer, Luft etc. Entscheidend ist, dass es nicht als Zufall angesehen wird, welche Karte der Ratsuchende zieht. Wie gesagt, diente dies ursprünglich als Orakel für das zukünftige Schicksal.

Anwendung: Heute wird das Kartenmaterial oft lediglich als Anregung, zum Nachdenken über die eigene Entwicklung und Klärung von Problemen in schwierigen Lebenslagen angewandt. Insofern zählt Tarot dann eher zu den alternativen Beratungsverfahren.

Astrologie

Zwei Beispiele für eine Diagnose: Es handelt sich um einen Ausschnitt aus einem Buch der in Frankreich durch TV-Auftritte und zahlreiche Bücher sehr populären Astrologin Aline Apostolska: Da der Autor des vorliegenden Buches im Sternzeichen Krebs geboren worden ist, anbei ein Beispiel für Krebs mit dem Aszendent Widder: „Das sind stürmische, zornige, impulsive Krebse. Es fällt ihnen schwer, das bedrohliche und unvermeidliche Erwachsenwerden zu akzeptieren. Phantasievoll und willensschwach hängen sie ihren Träumen nach, die manchmal glücklicherweise Wirklichkeit werden. Jedenfalls sind sie schöpferische Menschen, die Berge versetzten können, damit ihre Idee siegt und ihr Ideal im Alltag Gestalt annimmt" (Apostolska, 1998, S. 144). Zumindest das Schöpferische scheint zuzutreffen …

Viele Astrologen lehnen jedoch eine solche Populärastrologie ab, da diese in der Regel nur ein Merkmal (Position der Sonne im jeweiligen Tierkreiszeichen) bzw. wie im obigen Beispiel höchstens noch zusätzlich den sog. Aszendenten, d. h. das gerade am Horizont „aufgehende" Sternzeichen zum Zeitpunkt der Geburt, berücksichtigt. Deshalb nachfolgend ein Ausschnitt aus einem Horoskop des Diplompsychologen und Astrologen Dr. Peter Niehenke, welches sämtliche für Astrologen relevante Gestirnpositionen und deren Beziehung zueinander berücksichtigt. Es handelt sich um ein für die Eltern eines 12-jährigen Sohnes gestelltes, zehnseitiges astrologisches Gutachten: „… Im Verhalten seinen Artgenossen gegenüber äußert sich seine Überzeugung von der Einzigartigkeit seines Wesens am ehesten in einem selbstverständlichen Führungsanspruch, der von seinen Altersgenossen auch akzeptiert wird, weil Ihr Sohn die notwendige Aggressivität besitzen dürfte, diesen Anspruch auch durchzusetzen … Doch hängt dies von seiner körperlichen Konstitution ab … Natürlich liegt bei seinem Gespür für Macht der Gedanke an eine politische Tätigkeit nahe … Die politische Seite ist zwar ein ‚geeigneter' Ort für das Ausleben all der beschriebenen Seiten, doch muss es nicht sein, dass Ihr Sohn diese Möglichkeiten aufsucht. Es kann sein, dass er z. B. aus moralischen Gründen diese Probleme in den religiösen Bereich verlagert, es kann aber auch sein, dass er diese Probleme überhaupt nicht bewusst erlebt. In diesem Fall äußert sich alles mehr indirekt: Ist er z. B. Kaufmann, so stellt er sich wohl am ehesten die Position des

‚Unternehmers' vor und denkt an ‚Welthandel'. Eine andere Möglichkeit ist ... z. B. in den Bereichen der sog. Kulturindustrie." (Niehenke, 2000, S. 206–210).

Geschichtlicher, weltanschaulicher Hintergrund und zentrales Konzept: Funde und schriftliche Dokumente belegen, dass bereits in Babylonien vor etwa 3000 Jahren Astrologie betrieben wurde. Die Begründung war, dass die Bewegung der Gestirne Botschaften der Götter enthalte. Es ist jedoch anzunehmen, dass schon wesentlich früher und in allen Kulturen den Gestirnen eine religiös-magische Bedeutung beigemessen wurde. Die bei uns heute gebräuchliche Astrologie stammt in ihren Grundelementen aus Babylonien und gelangte unter Vermittlung durch griechische Schriften mit Modifikationen in unseren Kulturkreis. Allerdings wurde die Astrologie schon in Griechenland kontrovers diskutiert, so z. B. bereits von Plato als nicht gültig für das menschliche Schicksal abgelehnt.

Das Horoskop beruht auf Bestimmungen der Position von Sonne, Mond und Planeten über den 12 Sternzeichen zueinander sowie im Verhältnis zu den jeweiligen Horizont- und Zenitlinien auf der Erde zum Zeitpunkt der Geburt. Durch die sich daraus ergebenden äußerst zahlreichen (geometrischen) Beziehungen resultieren dann als Konsequenz hochkomplexe Deutungsmöglichkeiten. Da jede der Einzelpositionen der Gestirne für sich allein schon zahllose Deutungsmerkmale für den Astrologen anbietet, erreichen die sich nun ergebenden Kombinationen der Einzelpositionen eine unendliche Deutungsvielfalt (was bereits in dem obigen kurzen Ausschnitt aus dem Horoskop von Niehenke ersichtlich wird). Jedoch, je größer die Fülle der angebotenen Deutungen, desto höher die Chance, dass Teile der oft allgemein gehaltenen Aussagen wenigstens zum Teil den Anschein erzeugen, dass etwas zutreffen könnte. Eine Kombination der Persönlichkeitsmerkmale A mit den zusätzlichen Charaktereigenschaften B und mit Charaktereigenschaften C etc.; unter der Annahme, dass X oder Y eintrifft, zu W oder Z führen kann, bietet sich eine immens große Farbpalette an Deutungsmöglichkeiten, aus der sich jeder etwas Signifikantes heraussuchen kann. Dem promovierten Astrologen Niehenke ist dies natürlich nicht entgangen. Er betont, dass eine Oktillion (eine Zahl mit 28 Nullen) möglicher Kombinationen für den Astrologen als Deutungen für einen einzigen Geburtszeitpunkt „drin sind". Das wirft die Frage nach dem Sinn einer solchen Veranstaltung auf (siehe unten).

Anwendung: Spirituell eingestellte Astrologen, wie z. B. A. Apostolska, sehen in der Position der Gestirne zum Zeitpunkt der Geburt einen Einfluss auf das weitere Schicksal des Menschen. Andere Astrologen, wie z. B. Peter Niehenke, offerieren das Horoskop wie bei den Tarot-Karten-Deutungsangeboten im Sinne einer Hilfe zur Selbstklärung. Hier hätte dann das Horoskop eine beratende, fast therapeutische Funktion, wie der Autor meint, wobei der Klient lediglich angeregt werden soll, *sich* selbst über seine Bestrebungen und Neigungen bewusst zu werden und *selbst* daraus die richtigen Schlüsse für seinen weiteren Lebensweg zu ziehen. Peter Niehenke (2000) dazu: „Selbst, wenn sich einmal erweisen sollte, dass es keinen realen Zusammenhang zwischen der Stellung der Gestirne und dem menschlichen Charakter gibt, ist die Auseinandersetzung mit der astrologischen Beschreibung menschlicher Typen von großem Gewinn für das eigene Selbstverständnis …" (S. 14).

Die hohe Beliebtheit von Horoskopen basiert jedoch nicht auf solchen sich selbst zurücknehmenden Argumenten eines einzelnen „Astrologen". Zwei Drittel der Bevölkerung lesen ihr Horoskop. Wenn auch oft nur zum Zeitvertreib, so richtet sich gemäß Allensbach-Umfrage ein knappes Drittel oft oder zumindest gelegentlich nach dem Zeitungshoroskop (!). Dies ist dann wohl eher dem Urmuster der Orakeldeutung zuzuordnen als einem distanzierten Beratungsangebot.

Spirituelles Heilen ein Nischenprodukt? – Motive der Kunden und Marktpotential

Wir wissen nicht, wie viele Menschen in Deutschland zum spirituellen Heiler gehen. Das bleibt im Dunklen. Denn die meisten spirituellen Heiler arbeiten in einer rechtlichen Grauzone. Manche Heiler verbergen selbst ihren Freunden und Bekannten gegenüber, dass sie im Nebenjob als Heiler tätig sind. Um wenigstens einen ungefähren Hinweis darüber zu erhalten, wie hoch der potentielle Zulauf ist, setzten wir eine kleinere stichprobenartige Befragung der Allgemeinbevölkerung an (Straube und Kollegen, 2000). Um den Aufwand gering zu halten (wir befragten Passanten in Fußgängerzonen und Patienten in Arztpraxen), fragten wir nur nach der bevorzugten Behandlung, wenn psychische Probleme auftreten würden. Fast ein Drittel (30 %) der Befragten war *eher* bereit, eine alternative spirituelle Hilfe in Anspruch zu nehmen, *anstatt* zum Fachmann (Psychotherapeuten) zu gehen. Das gibt zu denken. Zwar ist die Befragung keineswegs repräsentativ, aber es scheint in etwa doch ein Hinweis auf ein relativ hohes „Marktpotential" zu sein. Besonders dann, wenn man bedenkt, dass wir erstens nur nach der Behandlung psychischer Probleme gefragt haben und wir zweitens aus anderen Untersuchungen wissen, dass viele Menschen beide Behandlungssysteme (das offizielle und das alternative) parallel nutzen. Das wahre Marktpotential für alternative Heiler liegt somit wesentlich höher. Ein weiterer indirekter Hinweis auf die Popularität alternativer spiritueller Therapieangebote ergibt sich aus einer Erhebung, auf welche Ezard Ernst in einem 2004 gehaltenen Vortrag hingewiesen hat. Danach nutzen 75 % der deutschen Bevölkerung Maßnahmen der sog. komplementären Medizin. Mit letzterem sind Maßnahmen gemeint, welche Krankheiten mit Mitteln außerhalb der Schulmedizin behandeln; folglich nicht nur spirituelles Heilen, sondern auch Bach-Blüten, tibetische Massagen oder Therapie mit Klangschalen.

Dass das Interesse am spirituellen Heilen nicht unerheblich ist, lässt sich auch vermuten, wenn man die Situation in Großbritannien betrachtet. Der Bevölkerung stehen dort etwa 13 000 *spiritual healers* zur Verfügung. Gezählt wurden nur die Heiler, welche in Verbänden organisiert sind. Im Vergleich dazu beträgt die Anzahl der niedergelassenen Ärzte ca. 22 000 (Abbot und Kollegen, 2001). In Großbritannien ist der Beruf des *spiritual healer* nicht mit einem Heilverbot belegt (ebenso nicht in Holland und in einigen Kantonen der Schweiz). Spirituelle Heiler werden in Großbritannien teilweise sogar von niedergelassenen Ärzten und von Kliniken hinzugezogen, als Ergänzung zur konventionellen Behandlung. Eine Zeitlang war spirituelles Heilen Teil des vom Staat finanzierten öffentlichen Gesundheitssystems. Im Zuge der überall einsetzenden Sparmaßnahmen wurde dies jedoch kürzlich geändert.

Ich kann mir gut vorstellen, dass skeptische Leser spätestens hier erstaunt ausrufen: „Wie kann man nur so weit gehen und solche ‚Kurpfuscher‘ und ‚Quacksalber‘ an ernsthaft erkrankte Patienten ran lassen?" Oder: „Wie können solche Menschen behaupten, körperliche Erkrankungen zu heilen oder auch nur zu beeinflussen?" Ich kann es diesen Lesern nicht verdenken. Manche der bisher vorgestellten Verfahren und Ansätze spiritueller Heiler muten in der Tat – gelinde ausgedrückt – recht abenteuerlich an. Hinzu kommt, dass nur sehr wenige Heiler über eine Zusatzausbildung als Arzt oder Psychologe verfügen. In scharfem Kontrast hierzu suchen oft Menschen mit schweren chronischen Erkrankungen spirituelle Heiler auf, wie eine Befragung für die Enquête-Kommission des Deutschen Bundestages (1996)[3] oder auch die der Arbeitsgruppe um Andreas Obrecht von der Universität Graz (Belschan, 2000) ergaben. Oft ist der Heiler der letzte Strohhalm bei schweren chronischen Erkrankungen. Das bedeutet nun nicht, dass Klienten von Geistheilern sich in ihrer Not völlig unkritisch auf alles einlassen, was Heiler mit ihnen treiben. In der österreichischen Befragung der Obrecht-Arbeitsgruppe sagen immerhin mehr als die Hälfte der Klienten von Geistheilern, dass es auch Heiler gebe, welche „mehr versprechen, als sie halten können". Dennoch wäre es falsch, die Mehrheit der Heiler als Anbieter von reinem Blendwerk abzuqualifizieren. Der Arbeitsgruppe von Andreas Obrecht gelang es immerhin, 50 Geistheiler intensiv bezüglich ihrer Methoden und Einstellungen zu befragen. (Allerdings ist natürlich diese Stichprobe nicht repräsentativ, wegen der Verborgenheit der Heiler.) Die Autoren betonen, dass sie entgegen ihrer ursprünglichen Erwartung sehr viele Heiler angetroffen haben, welche ihren Patienten mit hoher Ernsthaftigkeit und Verantwortungsgefühl begegnen. Auch raten diese in der Regel eher zur zusätzlichen Abklärung des Leidens durch einen ärztlichen Fachmann. Danach gefragt, warum sich ein Heilerfolg ihrer Ansicht nach einstelle, betonten Heiler, dass neben den spirituellen Wirkkräften

---

[3] Siehe Literaturangabe in Kap. 1.

auch die intensive emotionale Zuwendung, welche dem Patienten das
Gefühl des Vertrauens, Verstehens und Aufgehobenseins vermittle, eine
stark heilende Wirkung habe (siehe dazu auch Andritzky, 1997).

Gerade letzterer Punkt könnte zu der Vermutung Anlass geben, dass
der so oft als kalt gescholtene Medizinbetrieb, die unpersönliche Apparate-
medizin, in welcher der Patient nur noch eine Nummer sei und nicht mehr
als Mensch in seinen Nöten wahrgenommen werde, mit ein Grund für die
Hinwendung zu alternativen Heilformen ist. Das bestätigt sich jedoch nur
bedingt. In den Interviews mit Klienten von Heilern werden zwar solche
und ähnliche Gründe genannt, aber nur wenige der befragten Nutzer von
alternativen Verfahren lehnen die Schulmedizin radikal ab, wie z. B. unsere
eigenen und auch die österreichischen Befragungen zeigen. Dies deckt sich
mit der Tatsache, dass Klienten von Geistheilern, wie schon erwähnt, die
Angebote der Heiler in der Regel *zusätzlich* zur konventionellen Gesund-
heitsversorgung nutzen. Aber die Tatsache, dass beide Systeme oft parallel
genutzt werden, ist ebenfalls ein Hinweis, dass viele Menschen mit gesundheitlichen oder seelischen Problemen ganz offensichtlich etwas suchen, was
das offizielle ärztliche oder psychotherapeutische Versorgungssystem nicht
hinreichend abdeckt. Bei gleichzeitigem Bedeutungsverlust des traditionellen religiösen Systems gewinnt der alternative Sektor Menschen, welche
dort das zu finden hoffen, was sie in den traditionellen kirchlichen und
akademischen „Versorgungssystemen" vermissen.

Für die Attraktivität des spirituellen Sektors spricht auch die erstaunlich
hohe Zufriedenheit der Klienten. Beispielsweise berichten 65 % bis 95 %
der Patienten von geistigen Heilern in den verschiedenen in Deutschland
und Österreich durchgeführten wissenschaftlichen Befragungen, dass es
ihnen nach der Behandlung durch spirituelle Heiler besser gehe. Auch die
hohe Bereitschaft zum finanziellen Engagement spricht für sich. Denn die
Kassen erstatten keine Kosten. Vor dem Hintergrund der immer wieder
aufflammenden Diskussion zur Finanzierung des Gesundheitssystems ist
dies ein zusätzlich erstaunliches Faktum. In unserer zusammen mit dem
Freiburger Institut durchgeführten Klientenbefragung haben wir die Höhe
der Ausgaben für alternative Heilbehandlungen und Wochenendkurse
erfragt[4]. Durchschnittlich geben Klienten aus den alten Bundesländern für
den Besuch von Heilern oder auch für die Teilnahme an Kursen mehr als
1000,– € im Jahr aus. In den neuen Bundesländern lag der Betrag etwas
niedriger. Für bestimmte Angebote waren Teilnehmer auch bereit, sich
finanziell wesentlich höher zu engagieren.

Um noch einmal den radikalen Skeptiker zu Wort kommen zu lassen.
Ein häufiges Argument, welches man spätestens an dieser Stelle hört, ist:

---

[4] In dieser Befragung wurden nicht nur Patienten/Klienten von spirituellen Veranstaltungen
befragt, sondern auch von alternativen Kursen wie etwa Yoga oder Meditation ohne dezidiert spirituellen Anspruch (Straube und Kollegen, 2000).

„Das sind doch nur Dumme, welche sich auf solche Bauernfängerei einlassen." Wie wir schon weiter oben sahen, gehört auch dieses Argument in den Bereich bequemer Vereinfachungen. Erinnert sei in diesem Zusammenhang an das Beispiel der Heilung mittels Exorzismus, welches ich am Anfang des Kapitels dargestellt habe. Wie die befragende und ebenfalls erstaunte Wissenschaftlerin betont, handelt es sich bei der Auftraggeberin um eine gebildete und kompetente Person. Und in der Tat zeigen alle bisherigen Untersuchungen, dass die Nutzer spiritueller Heilmaßnahmen keineswegs nur zu den unteren Schichten der Gesellschaft zählen. Wenn 42 % der Bevölkerung in der BRD sagen, dass es geheime magische Kräfte gebe, und wenn sogar noch mehr Personen manchen Menschen hellseherische Fähigkeiten zutrauen, dann ist dies zumindest ein indirekter Hinweis darauf, dass der alternative Glaubenssektor „gesellschaftsfähig" ist und nicht nur in dunklen Hinterstübchen von naiven Quacksalbern vor naiven Gläubigen zelebriert wird. Um es noch einmal zu betonen: Es gibt keinen Hinweis in den bisherigen Untersuchungen, dass mangelnde Bildung oder gar mangelnde Intelligenz mit der Akzeptanz von spirituell begründeten Heilmaßnahmen einhergehen. Schließlich ist hierbei auch daran zu erinnern, dass es vorwiegend Menschen mit universitärer Ausbildung waren, welche zu den ersten Propagandisten der Neuen Lehren zählten. Dementsprechend rekrutieren sich auch Heiler keineswegs aus den unteren Bildungsschichten. Die Arbeitsgruppe um Andreas Obrecht stellte sogar eine überproportionale Häufung von Akademikern bei den von ihr befragten Heilern fest[5].

Eine Besonderheit zieht sich jedoch wie ein roter Faden durch alle Untersuchungen. Mehr Frauen als Männer ergreifen den Heilerberuf, und die Klienten der Heiler sind wesentlich häufiger weiblich. Frauen sind generell religiöser, wie wir schon in Kapitel 1 gesehen haben. Das trifft auch auf den alternativen religiösen Sektor zu.

Sind spirituelle Heilmethoden tatsächlich wirkungsvoll? – Existieren zuverlässige wissenschaftliche Therapiestudien?

Natürlich fragt man sich, worauf die Erfolge der Heiler und spirituellen Kursleiter beim Publikum beruhen. Einige werden die Erfolge in den Bereich der Einbildung und Selbsttäuschung verweisen. Andere werden sich mit der Annahme begnügen, dass es eben medial begabte Menschen

---

[5] Die Befragung von Obrecht und seinen Mitarbeitern wie auch die oben erwähnten ähnlichen Befragungen können jedoch aus erwähnten Gründen (grauer Markt etc.) nicht repräsentativ angelegt sein.

gebe (siehe Umfrageergebnisse) oder dass nach entsprechenden Anleitung (etwa in speziellen Kursen) jeder in der Lage sei, kosmische Energieströme oder kosmische Schwingungen zu nutzen. Andere werden weitergehen und in unserem naturwissenschaftlich bestimmten Zeitalter die kosmischen oder sonst wie gearteten Energieströme nachweisen wollen. So nimmt es nicht Wunder, dass sogar Physiker, Physiologen und Biologen sich daran machten, die so gearteten Energieströme aus der „anderen Welt" zu erforschen. So entwickelte Walter Niesel, Arzt und ehemaliger Professor an der Universität Kiel, zusammen mit seiner Frau ein Messgerät zur Erfassung „feinstofflicher Energien", welche von einem Heiler ausgehen könnten. Dazu hat er 1995 ein Buch veröffentlicht. Aber auch andere Quellen magischer Energien wie z. B. spirituelle Kraftorte wollen die Autoren damit untersuchen. Ein gewagtes Unterfangen, denn für den Mainstream-Wissenschaftler geraten solche Forscher in den Verdacht, „Spinner" oder Scharlatane zu sein. Trotzdem ist der Eifer dieser Wissenschaftlergruppen ungebrochen. So versuchte eine Wissenschaftlergruppe aus den USA die Energieströme bei der Polaritätstherapie zu messen. Hier geht es u. a. darum, durch Massagen „falsch gepolte" kosmische Lebensenergie im Körper wieder ins Lot zu bringen. Die Autoren, Benford und Mitarbeiter (1999), meinen, den Nachweis einer Umpolung durch die *healing energy* des Heilers tatsächlich gefunden zu haben. Denn die Gammastrahlung des Körpers, gemessen mit einem Magnetometer, veränderte sich nach der Polaritätsmassage. Allerdings ist damit nicht zwingend nachgewiesen, dass hier eine *healing energy* direkt an der Änderung des Magnetfelds beteiligt ist, wie die Autoren selbst betonen. Harald Wiesendanger, Autor mehrerer Bücher zum geistigen Heilen, ist der Ansicht, dass, wenn besondere Energieströme vom Heiler ausgehen bzw. er solche nutzt, sich diese dann auch auf Pflanzen und Tiere auswirken müssten. Wiesendanger berichtet in seinem 2002 erschienenen Werk *Das große Buch vom geistigen Heilen* über mehrere entsprechende Versuche. Danach scheinen sich tatsächlich in einigen der Versuche Effekte nachweisen zu lassen, so z. B. Veränderung von Bakterien im Laborversuch, wenn ein spiritueller Heiler diese zu beeinflussen sucht. Wiesendanger merkt jedoch zusammenfassend an: „Sie [gemeint sind: die Phänomene] treten weitgehend unregelmäßig auf, sind dadurch für Forscher kaum berechenbar." An anderer Stelle: „Außerdem zeigen sich die Psi-Phänomene oft nur in der allerersten Untersuchung, während sie sich in der Wiederholung abschwächen oder völlig verschwinden" (S. 296).

    Wie erklärt sich dann aber der gute Ruf der Heiler bei ihren Patienten? Doch alles nur fauler Zauber? Oder lassen sich die positiven Heilerlebnisse der Patienten wissenschaftlich belegen? Es sieht aufgrund der nachfolgenden Studie zunächst tatsächlich so aus. Wieder ist es Harald Wiesendanger, Expräsident des Dachverbandes Geistiges Heilen, welcher hier die Initiative ergreift. Zusammen mit Harald Walach von der Universität Freiburg und weiteren Kollegen aus Deutschland und der Schweiz prüft er in einer im

Jahr 2001 erschienenen wissenschaftlichen Studie, ob spirituelle Heiler die Lebensqualität von Patienten mit chronischen Schmerzen verbessern können. Um wissenschaftlichen Standards zu genügen, wurde zusätzlich zu der Gruppe von Patienten, welcher den Heilern zugeteilt waren, auch eine Vergleichsgruppe untersucht, für welche kein Heiler zur Verfügung stand. Ein solcher Vergleich ist nötig, da sich auch ohne Behandlung spontan Besserungen des Befindens einstellen können. Nur wenn die Besserung in der Gruppe, welche von Heilern betreut wird, diejenige der Vergleichsgruppe übersteigt, ist von einer Wirksamkeit der Heiler auszugehen (siehe Kasten 3.2e). Damit nicht genug. Es wird in der Studie außerdem überprüft, ob Heiler auch aus der Ferne, folglich ohne direkten Kontakt zum Patienten, Heilungseffekte erzielen.

Um es kurz zu machen. Die Ergebnisse sind recht durchschlagend. Heiler sind tatsächlich in der Lage, die Lebensqualität von Schmerzpatienten wesentlich zu verbessern. Darüber hinaus fand selbst bei Fernheilung eine Besserung statt. Ebenso auch bei der Gruppe von Patienten, der man lediglich ein Amulett gegeben hatte, welches mit der „Heilenergie" des Heilers aufgeladen war. Allerdings wurde die Studie nicht unter sog. Doppelblindbedingungen durchgeführt (siehe Kasten 3.2e) Das Wissen um eine Behandlung ist aus psychologischer Sicht ein äußerst wichtiger – allerdings hier störender – Effekt. Denn damit bleibt die Interpretation der Ergebnisse offen. Wir werden im nachfolgenden Kapitel sehen, dass Erwartung und Hoffnung allein schon äußerst mächtige Wirkungen hervorbringen können. Es ist folglich nicht auszuschließen, dass psychologische Effekte hineinspielen. Ein Zusatzergebnis erklärt den Heilerfolg zumindest teilweise: Vor Beginn ihrer Studie fragten Wiesendanger und Kollegen die Patienten, ob und wie hoch sie den Erfolg der Heiler einschätzen würden. Und in der Tat besserte sich das Wohlgefühl der Patienten, je höher die positive Erwartung an die spirituelle Kraft der Heiler vor der Behandlung war! Eine Selbstbestätigung der Erwartung, der vorgefassten Meinung bzw. der eigenen Prophetie (siehe oben). Folglich alles „nur" Psychologie?

Natürlich lässt sich dies aufgrund der Wiesendanger-Studie nicht entscheiden. Wenn man die Wirkung spiritueller Kräfte nachweisen will, dann muss man noch weit drastischere wissenschaftliche Prüfexperimente durchführen. Das sog. *experimentum crucis*, das entscheidende Experiment, muss so durchgeführt werden, dass der Betroffene nicht weiß, ob gerade eine Heilmaßnahme stattfindet oder nicht. Es ist wie bei den Fernbetstudien im vorigen Kapitel. Nur so kann der eventuelle Effekt positiver Erwartung minimiert werden. Da Heiler sagen, sie könnten Heilungen auch aus der Ferne vollbringen, stehen Fernheilstudien nicht im Widerspruch zum Anspruch der Heiler. Man nahm die Heiler beim Wort. Der Heiler erhält in den entsprechenden wissenschaftlichen Therapieexperimenten dann lediglich den Namen, manchmal zusätzlich auch das Foto des Patienten.

Ein direkter, persönlicher Kontakt zum Patienten findet nicht statt (siehe Kasten 3.2e). So knallhart und drastisch, da die Autoren ihren skeptischen Kollegen beweisen wollten, dass die Wirkung spiritueller Fernheilung mehr ist als bloße „Einbildung" der Patienten oder ihrer Behandler. Die Ausgangssituation bezüglich der wissentschaftlichen Bewertung entspricht der in den Betexperimenten des vorigen Kapitels. Ebenso wie dort werden auch hier nur Studien berücksichtigt, welche die Kriterien wissenschaftlicher Güte erfüllen. Auch hier richte ich mich neben der eigenen Durchsicht der Forschungsarbeiten nach der Beurteilung des Forschungsstandes durch kompetente Kollegen. Sechs Studien überspringen diese Hürde, wie aus Kasten 3.2f zu ersehen ist.

Ich greife zur Demonstration vier Studien heraus, um das Vorgehen zu veranschaulichen. Gleich vorneweg die wohl erstaunlichste Studie, da sie sich an die Beeinflussung von AIDS wagt. Es handelt sich um das Experiment von Sicher und Kollegen vom Cancer Research Institute in San Francisco, welches 1998 im *Western Journal of Medicine* veröffentlicht wurde. Bei 40 AIDS-Patienten wurde der Einfluss von Fernheilung auf den Krankheitsverlauf untersucht. Es waren mehrere Heiler an der Studie beteiligt. Zwar wurde der für AIDS so wichtige CD4$^+$-Titer (Antigenwert) dadurch nicht verändert, aber insgesamt war der Krankheitsverlauf in der Gruppe, welcher Fernheilung zuteil wurde, günstiger während der zehnwöchigen Fernheilungsperiode im Vergleich zur Gruppe, welche in diesem Zeitraum keine Fernheilung erhielt. Wieder wussten, wie gesagt, Ärzte und Patienten während der Behandlungsphase nicht, wer sich in der Fernheilungsgruppe befand. Durch psychologische Einflussfaktoren lässt sich folglich der Unterschied zwischen den Gruppen nicht so ohne weiteres erklären.

Wie bei einem wissenschaftlich so heiklen Unterfangen fast zu erwarten, bleiben Fehlschläge nicht aus. Beutler und Kollegen von der Universitätsklinik Utrecht in Holland können in ihrer 1988 publizierten Arbeit keinen Einfluss von Fernheilung auf den Verlauf einer essentiellen Hypertonie feststellen. Immerhin wurden die Patienten über 15 Wochen aus der Ferne behandelt; allerdings nur einmal wöchentlich. Dies entspricht jedoch dem Zeitmuster in Praxen niedergelassener Heiler. Trotzdem, auch nachfolgende Studien anderer Arbeitsgruppen kommen zu ähnlich negativen Ergebnissen wie Beutler und Kollegen. So z. B. auch zwei Studien der Arbeitsgruppe um Edzard Ernst von der Medizinischen Fakultät der Universität Exeter (Harkness und Kollegen, 2000 und Abbot und Kollegen, 2001). Die erste Studie untersucht die Effektivität von Heilern bei Warzen, die zweite bei chronischen Schmerzen.

Nun könnte man vermuten, dass manche Forscher nicht daran interessiert sind, Erfolge von Geistheilern nachzuweisen. Oder gar ihren ganzen Ehrgeiz daran setzen, das Fernheilen zur bloßen Show-Veranstaltung zu erklären. Auf den ersten Blick könnte man dies bei der zuletzt genannten

Kasten 3.2e

Wissenschaftliche Standards für Therapiestudien

Um abschätzen zu können, ob eine bestimmte Therapieform „A" (etwa ein neues Medikament, eine neue Form von Psychotherapie oder eben Fernheilungen durch einen spirituellen Heiler) wirkungsvoll ist, müssen bestimmte Kontrollmaßnahmen durchgeführt werden. Hier ein paar Beispiele der wichtigsten Maßnahmen:

Wartegruppe: Gruppe ohne Therapie, um Ausmaß spontaner Veränderungen zu messen. Nur wenn die Wirkung von „A" wesentlich über den spontan auftretenden Veränderungen liegt, kann man eine Wirkung „A" behaupten.

Kontrollgruppe: Hier wird die Wirkung einer anderen Therapieform „B" mit der Wirkung von „A" verglichen. Man will hier z.B. wissen, ob eine neue Therapie „A" der herkömmlichen Therapie überlegen ist. Manchmal wird eine Wartegruppe auch als Kontrollgruppe bezeichnet.

Randomisierung (Zufallszuteilung): Die Patienten sollten per Zufall der Therapiegruppe oder der Wartegruppe bzw. der Kontrollgruppe zugeteilt werden, um z.B. zu verhindern, dass durch den Versuchsleiter absichtlich oder unabsichtlich die schwerer Erkrankten in die Wartegruppe oder Kontrollgruppe geraten. Wäre das der Fall, wäre ein Erfolg der Therapie „A" zweifelhaft, da nur leichter Erkrankte mit „A" behandelt wurden. Um dies zusätzlich zu sichern wird manchmal auch *überkreuz* (sog. *crossover design*) getestet. Zur Halbzeit der Studie wechseln die Patienten, welche vorher „A" erhalten hatten, zur Therapie „B" etc.

Doppelblindbedingungen: Patienten und auch die Wissenschaftler dürfen nicht wissen, welche Behandlung gerade durchgeführt wird (Therapie „A" oder „B" oder keine Therapie). Man hat festgestellt, dass schon die Information, dass man sich in der Gruppe mit der „richtigen" Therapie befindet, eine Besserung bei Patienten bewirkt, auch wenn in Wirklichkeit keine Therapie stattgefunden hat. Auch das Wissen des Untersuchers könnte den Patienten und seine eigene Einstellung beeinflussen. Erst am Ende der Therapie wird der Zuteilungsschlüssel geöffnet (z.B. ein versiegeltes Kuvert, welches die jeweiligen Nummern der Patienten enthält, welche „A" erhielten oder sich in der Wartegruppe befanden.)

All dies lässt sich natürlich nur dann durchführen, wenn es möglich ist, die Therapieform für Patienten und Untersucher zu „verschleiern", etwa indem die in Behandlung „A" oder „B" verabreichten Pillen gleich aussehen, aber verschiedene Substanzen enthalten bzw. zusätzlich auch keine wirksame Substanz. Oder eben indem man im Falle der Fernheilung den Patienten nicht wissen lässt, ob er gerade Fernheilung erhält.

(Ethikkommissionen der zuständigen Universität müssen beurteilen, ob solche Studien für Patienten zumutbar sind.)

Kasten 3.2f

Wirkung alternativ spirtueller Heiler bei verschiedenen Patientengruppen/Problembereichen

Autor/Autoren	Art des Problems/Erkrankung	Ergebnis des Betens
Beutler*, 1988	Essentielle Hypertonie	–
Wirth*, 1993	Zahnschmerzen	+
Sicher*, 1998	AIDS	+
Harkness*, 2000	Warzen	–
Abott*, 2001	Chronische Schmerzsyndrome	–
Ebneter*, 2002	Diabetes Mellitus	+

Wie in Kapitel 3.1 wurden nur kontrollierte Doppelblindstudien berücksichtigt, welche guten wissenschaftlichen Standards genügen. Berücksichtigt wurden die kritischen Durchsichten bzw. Meta-Analysen (Prüfung nach einheitlichen Methodenkriterien) von Ernst (2004), Ebneter und Kollegen (2001), Astin und Kollegen (2000). Die mit * markierten Studien wurden zusammen mit Kollegen des jeweiligen Autors durchgeführt.

Studie annehmen. Denn in der Studie von Abbot und Kollegen aus dem Jahr 2001 werden Patienten mit chronischem Schmerz behandelt, bei denen die konventionelle Medizin bisher versagt hatte. War die Fragestellung somit unfair? Offensichtlich nicht, wenn man bedenkt, dass es oft gerade diese Patienten sind, welche Heiler aufsuchen und welche von einer Besserung ihres Leidens berichten. Auch wenn man sich die Argumentationen der Autoren genauer anschaut, dann hat man nicht das Gefühl, dass hier eine Gruppe von möglichen Konkurrenten in ein schlechtes Licht gerückt werden soll. Hinzu kommt, dass spirituelle Heiler in Großbritannien im offiziellen Gesundheitssystem ihren festen Platz haben. Oft werden diese von Klinikärzten bei schwer therapierbaren Fällen hinzugezogen. Auch die Arbeitsstätte, aus der die Autoren Abbot und Harkness kommen, ist nicht nur „unverdächtig", sondern im Gegenteil handelt es sich um das Department of Complementary Medicine der Universität. Folglich eine Arbeitsgruppe, welche die Erforschung der Wirkung alternativer Heilmaßnahmen auf ihre Fahnen geschrieben hat und ebenfalls mit Heilern zusammenarbeitet. Diese und andere negative Ergebnisse lassen sich somit nicht einfach wegdiskutieren. Verwunderlich ist ja auch, dass die Fernheiler bei dem relativ einfachen Problem der Warzenbeseitigung versagen (Harkness und Kollegen), aber bei komplizierteren Problemen, wie etwa AIDS, erfolgreich sind (Sicher und Kollegen).

Wie dem auch sei, auch frühere Übersichtsdarstellungen zum wissenschaftlichen Status des Fernheilens kommen (bei Anwendung strenger wissenschaftlicher Standards) zu dem Schluss, dass in etwa eine Fitfty-Fifty-Situation vorliegt. Denn wie man es auch dreht und wendet, der wissenschaftliche Status des Fernheilens bleibt offen. Hebt man die positiven Ergebnisse hervor, dann wird man sagen: „Ja, am spirituellen Heilen ist was dran." Bedenkt man jedoch die etwa gleiche Anzahl der Studien mit negativem Ergebnis, dann wird ein eher vorsichtiger Beobachter der Szene, diese zumindest als offenes Rennen bezeichnen[6].

Resümee: Wissenschaftliche Sensation, maskierte Scharlatanerie oder übernatürliche Kräfte mit behinderter Durchschlagskraft?

„Betrüger, nicht Heiler", überschreibt die Ethnologin Helga Velimirovic ihren Bericht über die „geistige Chirurgie" philippinischer Heiler. Schon die Zande in Afrika wussten, dass einige der Heiler Tricks anwenden, was sie jedoch nicht hinderte, sich „guten" Heilern anzuvertrauen. Als *tricksters* und *trancers* charakterisiert der Ethnologe Mathias Guenther die Magier und Heiler der San, der südafrikanischen Buschmänner. Denn das ist es, was sie ihm schildern. Wir sehen, selbst bei Anhängern Jahrtausende alter spiritueller Heilkultur herrscht Skepsis. Natürlich erst recht in der modernen wissenschaftlichen Welt. Entsprechend negativ bis baff sind die Reaktionen der etablierten Wissenschaft angesichts der Ergebnisse ihrer ärztlichen Kollegen zum „religiösen" Heilen. Schon bei den medizinischen Studien zu den Heileffekten anonymer Betgruppen gingen ja die Wogen hoch, wie wir im vorigen Kapitel sahen. Beispielsweise waren viele der zugesandten Kommentare ärztlicher Kollegen in den *Archives of Internal Medicine* (in der eine dieser Studien veröffentlicht worden war) voll des schroffen Befremdens. Jedoch konnten die Herausgeber die Veröffentlichung dieser „exotischen" Studie letztlich nicht verhindern, da sie in methodologischer Hinsicht den strengen Wissenschaftskriterien des sehr angesehenen Journals voll und ganz genügten. In ähnlich scharfer Form monierten in ihrem Editorial die Herausgeber des *American Journal of Internal Medicine*, Browner und Goldman (2000), den theoretischen Anspruch der Fernheilerstudie von Harkness und Kollegen. Auch Browner und Goldmann konnten aus den oben genannten Gründen die Publikation nicht verhindern. Ihr Kommentar jedoch: Es sei höchst zweifelhaft bzw. undenkbar, dass übernatürliche Kräfte auf körperliche Krankheiten

---

[6]   Zur Methodenkritik siehe z.B. Walach, H. (2002). Letters to the editor, *Pain, 96*, 403–412.

einwirkten. Andererseits konzedieren sie, dass bei genügender Anzahl positiver und methodologisch gut belegbarer Ergebnisse die Wissenschaft möglicherweise in ein Dilemma hineingerate.

Soweit ist es jedoch noch nicht. Zwar lässt sich aufgrund der Forschungsergebnisse die Frage, ob das Übernatürliche auf unsere Gesundheit einwirkt, nicht eindeutig zurückweisen. Aber eben auch nicht eindeutig bejahen. Denn, würde es sich bei der Fernheilung – nüchtern betrachtet – um Pharmaka handeln, mit der Wirksubstanz „Gott" oder „alternative spirituelle Energie", würden diese Pharmaka aufgrund der unklaren Ergebnislage noch nicht die Zulassung erhalten können. Unabhängig von der Frage, welche Wirksubstanz da wirkt: Wirkt Gott oder doch eher alternative Energien? Da das Absolute nicht teilbar ist, und wenn an den Ergebnissen etwas dran ist, dann kann nur eine der beiden Wirksubstanzen die „Wahrheit" für sich beanspruchen. Dieser Vergleich steht noch aus. Immerhin trieb die wissenschaftliche Neugier der Arbeitsgruppe von Andreas Obrecht dazu Patienten zu fragen, welche „energetische Macht", die göttliche oder die alternativ-spirituelle, ihrer Ansicht nach mehr Heilung vollbringe. Das Ergebnis war, dass die Patienten über etwa gleich gute Erfahrungen bei den unterschiedlichen Formen heilender „Energien" berichten.

Ein heikles Thema. Noch heikler, wenn man bedenkt, dass z.B. die oben erwähnte Studie von Sicher und Kollegen Heiler der verschiedensten Glaubensrichtungen einsetzt, christliche, buddhistische, schamanische etc. Gemäß der modernen unorthodoxen Alles-geht-Einstellung interessieren sich die Autoren aber nicht dafür, welcher dieser Heiler erfolgreicher geheilt hat. Dies entspricht Tendenzen der Neuen Lehren, welche sich im Grunde nicht so sehr für die Frage nach dem besseren Glaubenssystem interessieren (wegen der Ablehnung einer solchen Fragestellung bzw. des Dogmatikvorwurfs wandte man sich ja davon ab). Vielmehr geht es ganz humanzentriert um die Suche nach den transzendenten Kräften, welche den Menschen schon hier auf der Erde glücklich werden lassen.

Entsprechend locker wechseln Patienten zwischen den spirituellen Heilsystemen. Ablehnungen einer bestimmten Richtung hört man in den Interviewstudien selten. Auch den Vorwurf der unseriösen bloßen Show hört man selten. Sicher werden einige Anbieter auf die gegenwärtig so populäre Esoterikwelle aufspringen, aber der Vorwurf allgemeiner Scharlatanerie oder gar des Betrugs lässt sich nicht so ohne weiteres dingfest machen. Immerhin, in subjektiver Hinsicht geht es dem Gros der Patienten nach dem Heilerbesuch deutlich besser, wie wir sahen. Von vielen Autoren, welche sich mit Heilern und ihrem Weltbild beschäftigt haben, wird immer wieder der hohe Ernst, Bescheidenheit und oft auch große Zurückhaltung bezüglich der Vergütungsfrage bei der Mehrzahl der Heiler hervorgehoben.

Der von der Heilkraft spiritueller Kräfte überzeugte Anhänger wird sogar eine Gegenrechnung aufmachen. Er wird argumentieren, dass man in den wissenschaftlichen Studien zum christlichen oder alternativen Heilen nie ganz sicher sein könne, dass alle beteiligten Heiler oder auch Fürsprechbeter immer 100%ig bei der Sache waren. Oder auch argumentieren, dass eventuell nicht in allen Studien Heiler oder Beter mit besonders gutem Draht zum Höheren beteiligt waren. Weiterhin würde er argumentieren, dass, wenn man dies kontrollieren könnte, die Effekte wahrscheinlich noch eindeutiger ausgefallen wären. Dies wird wahrscheinlich immer das Dilemma der Glaubensheilungen bleiben. Auch noch so sorgfältig durchgeführte Studien können eine so gestaltete Qualitätskontrolle nie gewährleisten. Denn es bleibt das Grundproblem, dass eine der naturwissenschaftlichen empirischen Forschung verpflichtete Wissenschaft keine endgültige Beweisführung auf einem Gebiet antreten kann, welchem sie nicht angehört. Der wissenschaftliche Gottesbeweis war immer eine Versuchung, speziell aber seit dem Aufkommen der Aufklärung als Fundament eines neuen naturwissenschaftlichen Denkens im 18. und 19. Jahrhundert (siehe z.B. die entsprechenden Bemühungen von Knutzen, 1747). Doch dies wurde spätestens im 20. Jahrhundert in dieser Form nicht ernsthaft weiterverfolgt. Nun lebt der Gottesbeweis in anderer Form wieder auf, z.B. als Versuch, die Heilenergie von Heilern zu messen bzw. damit die „feinstoffliche" Ursache zu ergründen, die auf dem Menschen heilend einwirke.

Menschen verspüren so manches. Manchmal ist es ein eigenartiges Gefühl, in Gegenwart einer anderen Person oder an einem „unheimeligen" Ort, etwa einem sog. Spukschloss (was britische Forscher kürzlich auf natürliche Phänomene zurückführen konnten). Ein anderes Mal erscheint in einer okkultistischen Sitzung der eigene Großvater im Spiegel. Auch Patienten, welche an Heilsitzungen teilnehmen, machen nicht selten gewaltige, ungewöhnliche Erfahrungen, welche von dem Alltagserleben abgehoben scheinen. Zwar können z.B. Abbott und Kollegen keine Heileffekte nachweisen, sie waren aber umso mehr überrascht, als nur in der Gruppe der Patienten, auf welche der Heiler (ohne deren Wissen) einzuwirken suchte, wesentlich häufiger „ungewöhnliche Empfindungen" berichtet wurden als in der Vergleichsgruppe ohne Heilerfernwirkung. Gemäß der Weltanschauung der Anhänger der Neuen Lehren wäre die Begründung hier, dass Heiler und Patienten an einem sog. Höheren Bewusstsein teilhaben und der Heiler nur die Verbindung wieder festigt und kanalisiert. Da ferner Materie (der menschliche Köper) und Nichtmaterie (die Seele) eins sei und beides mit dem Höheren Bewusstsein, Höheren Energieraum etc. verbunden sei, könne eine „geistige" Beeinflussung selbst der körperlichen Empfindungen – und auch aus der Ferne – stattfinden. Der Anhänger der Neuen Lehre wird einen solchen Befund als frohe Botschaft werten, der Leidende als Hoffnungsschimmer, der Skeptiker als Zufallsbefund – und den Hinweis auf ein transpersonales Bewusstsein als abenteuerliche Behauptung zurückweisen.

Wie gesagt, ist es nie auszuschließen, dass es einen Rest an Ereignissen und Ursachen geben kann, welcher sich naturwissenschaftlicher Klärung entzieht, das enthebt uns jedoch nicht der Verpflichtung, Aufklärung der Ursachen von Heilungen so weit wie möglich zu treiben – allerdings nur da, wo es Sinn macht. Die Behauptung der Neuen Lehre, dass Menschen an einem Höheren Bewusstsein teilhätten und deswegen die Heilung zustande komme, ist letztlich auch eine Behauptung, welche die Psychologie tangiert. Jedoch wird man ein solches Höheres Bewusstsein nicht messen können oder auch nur wollen. Aber man kann den psychologischen Rest aufklären. Und das ist eine ganze Menge, wie wir in den nachfolgenden Kapiteln sehen werden.

Zu denken gibt z. B. ein weiterer Befund aus der Abbot-Studie: Bei allen an der Studie beteiligten Patienten, also auch bei denjenigen, welche *nicht* vom Heiler „behandelt" wurden, reduzierten sich die Schmerzbeschwerden gleich stark. Das überrascht zunächst, denn es handelt sich um Patienten, welche seit Monaten bis Jahren an ärztlich nicht behandelbaren chronischen Schmerzen litten. Die nahe liegende Deutung ist hier, dass mächtige psychologische Faktoren am Werke sind. Alle Patienten wussten, dass sie an einer Heilerstudie teilnahmen, sie waren auch positiv alternativen Heilformen gegenüber eingestellt. Nur wussten sie eben nicht, ob sie für die Behandlung vorgesehen waren oder nicht. Das erklärt wohl auch, dass selbst die nicht vom Heiler behandelten Patienten „ungewöhnliche Empfindungen" an sich verspürten, nur eben etwas weniger als in der aus der Ferne behandelten Gruppe. Letzteres – wie gesagt – ein Trost für diejenigen, welche fürchten, das Zauberhafte verschwinde mit solchen empirisch-naturwissenschaftlichen Studien aus der Welt. Ein Rest an Geheimnisvollem bleibt. Eine Auffassung, welche z. B. auch Einstein immer wieder betont hat. Vieles davon ist aber im Menschen selbst begründet.

Bibliographie-Auswahl

Abbot, N. C., Harkness, E. F., Stevinson, C., Marshall, F. P., Conn, D. A. & Ernst, E. (2001). Spiritual healing as a therapy for chronic pain: a randomized, clinical trial. *Pain, 91,* 79–89.

Andritzky, W. (1997). Wer nutzt unkonventionelle Heilweisen und was sind die Motivationen? *Wiener Medizinische Wochenschrift, 18,* 413–417.

Apostolska, A. (1998). *Die Sternzeichen und deine kosmische Energie. Die neue astrologische Charakterkunde.* München: Ullstein.

Astin, J. A., Harkness, E., Ernst, E. (2000). The efficacy of „distant healing": A systematic review of randomized trials. *Annals of Internal Medicine, 132,* 903–910.

Belschan, A. (2000). Siehe Obrecht, A. (2000).

Benford, M. S., Talnagi, J., Burr, D., Boosey, S., Arnold, L. E. (1999). Gamma radiation fluctuations during alternative healing therapy. *Alternative Therapies, 5,* 51–56.

Beutler, J. J., Attervelt, J. T., Schouten, S. A., Faber, J. A., Dorhout Mees, E. J. & Geijskes, G. G. (1988). Paranormal healing and hypertension. *British Medical Journal (Clinical Research Edition), 296,* 1491–1494.

Binder, M. & Wolf-Braun, B. (1995). Geistheilung in Deutschland. *Zeitschrift für Parapsychologie und Grenzgebiete der Psychologie, 37,* 145–177.

Bochinger, Ch. (2003). *Die unsichtbare Religion in der sichtbaren. Zur Alltagsreligiosität evangelischer und katholischer Christen in Franken.* In: Heimbach-Steins, M.: *Religion als gesellschaftliches Phänomen. Soziologische, theologische und literaturwissenschaftliche Annäherung.* Frankfurt a. M.: Peter Lang, im Druck.

Bourne, L. (1987). *Autobiographie einer Hexe.* München: Knaur.

Browner, W. S., Goldman, L. (2000). Distant healing an unlikely hypothesis. *American Journal of Medicine, 108,* 507–508.

Dürr, H.-P. (2002). *Wissenschaft und Transzendenz.* Tagung der Akademie Heiligenfeld, Bad Kissingen 30.5.–2.6.2002.

Ebneter, M., Binder, M. & Saller, R. (2001). Fernheilung und klinische Forschung. *Forschende Komplementärmedizin – Klassische Naturheilkunde, 8,* 274–287.

Ebneter, M., Binder, M., Kristof, O., Walach, H., Saller, R. (2002). Fernheilung und Diabetes mellitus: Eine Pilotstudie. *Forschende Komplementärmedizin – Klassische Naturheilkunde, 9,* 22–30.

Ernst, E. (2004). *Evidence-based complementary and alternative medicine. Efficacy, safety and cost.* Vortrag. Stockholm, 2, 2004.

Federspiel, K. & Lackinger Karger, I. (1996). *Kursbuch Seele.* Köln: Kiepenheuer & Witsch.

Grom, B. (2002). *Hoffnungsträger Esoterik?* Regensburg: Topos Verlagsgemeinschaft/Verlag Friedrich Pustet.

Habermann, M. (1995). *„Man muss es halt glauben."* Berlin: Verlag für Wissenschaft und Bildung.

Harkness, E. F., Abbot, N. C., Ernst, E. (2000). A randomized trial of distant healing for warts. *American Journal of Medicine, 108,* 448–452.

Höhne, A. (1995). *Geistheiler heute: ihre Methoden – ihre Erfolge.* Freiburg i. Br.: Bauer.

Jonas, W. & Crawford, C. (2003). Science and spiritual healing: a critical review of spiritual healing, „energy" medicine, and intentionality. *Alternative Therapies Supplement: Definition and Standards in Healing Research, 9,* 56–71.

Knutzen, M. (1747). *Philosophischer Beweis von der Wahrheit der christlichen Religion.* Zitiert in M. Kühn (2003). *Kant – Eine Biographie.* München: C. H. Beck.

Losada, I. (2002). *Auf dem Holzweg zur Erleuchtung.* München: Ullstein.

Moos, U. (2000). Siehe Obrecht, A. (2000).

Niehenke, P. (2000). *Astrologie. Eine Einführung.* Leipzig: Reclam.

Niesel, W., Pegels-Niesel, B. (1995). *Umgang mit heilenden Energien.* Innsbruck: Resch-Verlag.

Obrecht, A. (Hrsg.) (2000). *Die Klienten der Geistheiler.* Wien: Böhlau.

Pittler, M. H., Abbot, N. C., Harkness, E. F. & Ernst, E. (2000). Location bias in controlled clinical trials of comlementary/alternative therapies. *Journal of Clinical Epidemiology, 53,* 458–459.

Sandra (1991). *Ich, die Hexe.* München: Goldmann Verlag.

Sicher, F., Targ, E., Moore, D., Smith, H. S. (1998). A randomized double-blind study of the effect of distant healing in a population with advanced AIDS. Report of a small-scale study. *Western Journal of Medicine, 169,* 356–363.

Straube, E. R., Hellmeister, G., Ronneburg, G., Selinger, K. (2000). Sind esoterische und andere alternative Heilverfahren eine Konkurrenz für etablierte Therapieverfahren? *Standpunkt sozial, 10,* 43–50.

Velimirovic, H. (1990). „Psychische Chirurgen" auf den Philippinen: Betrüger, nicht Heiler. *Skeptiker, 1,* 4–9.

Wiesendanger, H. (2002). *Das große Buch vom geistigen Heilen.* Schönbrunn: Lea Verlag.

Wiesendanger, H., Werthmüller, L., Reuter, K., Walach, H. (2001). Chronically ill patients treated by spiritual healing improve in quality of life: results of a randomized waiting-list controlled study. *The journal of alternative and complementary medicine, 7,* 45–51.

Wirth, D. P., Brenlan, D. R., Levine, R. J., Rodriguez, C. M. (1993). The effect of complementary healing therapy on postoperative pain after surgical removal of impacted third molar teeth. *Complementary Therapy and Medicine, 1,* 133–138.

Wirth, D. P., Cram, J. R., (1994). The psychophysiology of nontraditional prayer. *International Journal of Psychosomatics, 41,* 68–75.

4 Glauben und Heilen
   – Ergebnisse der Forschung

In den beiden nachfolgenden Kapiteln geht es darum, zum einen religiös bedingte Heileffekte den Befunden aus der wissenschaftlichen Therapieforschung gegenüberzustellen und zum anderen die Kräfte im Patienten und im Heiler aufzudecken, welche am Heilvorgang beteiligt sind bzw. welche dem Heiler die Überzeugung verschaffen, die Macht des Heilens zu besitzen.

4.1 Warum heilt Glauben? – Antworten der Therapieforschung

Das therapeutische Ritual hilft – auch ohne Einsatz der Heilkunst

„Seeing, hearing, feeling are miracles, and each part and tag of me is a miracle."
Walt Whitman:
Leaves of Grass (1855)

Das Zusammentreffen eines Heilenden und eines Hilfesuchenden folgt einem bestimmten, immer wieder ähnlich ablaufenden Muster: bestimmte Handlungen und Gesten, bestimmte Worte, ein bestimmtes Ambiente, bestimmte Gegenstände und Heilmittel, die Struktur des Beginns und des Endes. All dies sendet für den Hilfesuchenden bestimmte Signale aus. Unsere Psyche und sogar unser Körper – wie wir sehen werden – stellen sich entsprechend darauf ein. Hierzu genügt schon die Andeutung irgendeines wichtigen Teilelements. Schon wenn nur das Etikett „Therapie" angeboten wird, springt die „Ich-bin-in-einer-Therapie"-Automatik im Patienten an bzw. ergibt sich bereits ein therapeutischer Gewinn für Patienten, wie das interessante Experiment der US-amerikanischen Psychologen Slutsky und Allen (1978) zeigt. Die Psychologen kündigten einer Gruppe von Angstpatienten lediglich an: „Wir bitten Sie, an einem psychologischen Experiment teilzunehmen, welches Ihre Angst reduziert." Einer anderen Gruppe wurde jedoch gesagt, dass sie eine Therapie gegen Angst erhalten werde. Tatsächlich wurde für beide Gruppen jedoch dieselbe Prozedur durchgeführt. Diese bestand lediglich darin, bestimmte, vorher festgelegte Themen zu erörtern. Obwohl in beiden Fällen keine eigentliche Therapie durchgeführt wurde, nahm die Angst in der Gruppe, deren Aktivitäten man die Überschrift „Therapie" verpasst hatte, sehr deutlich ab. Das war nicht der Fall bei der Gruppe, der man mitgeteilt hatte, sie würde an einem „Experiment" teilnehmen.

Nun könnte man denken: Wenn das so ist, dann kann ja jeder irgendetwas anbieten und dem dann ganz einfach die Überschrift „Therapie" verpassen, ohne irgendetwas Spezifisches zu tun. Es wird schon funktionieren. Die intelligent gemachte Studie der beiden amerikanischen Forscher hat auch dies berücksichtigt. Zwar bessert sich unbestreitbar das Befinden in der Pseudotherapiegruppe, aber in zwei weiteren Gruppen, in welcher die Forscher tatsächlich eine nachweislich wirksame Angsttherapie (Verhaltenstherapie) anboten, waren die Effekte noch wesentlich stärker. Hier war es dann ziemlich egal, ob die durchgeführte Angstdesensibilisierung als „Experiment" oder als „Therapie gegen Angst" ange-kündigt wurde. Das zur Ehrenrettung einer professionell durchgeführten Therapie.

Die Studie stellt jedoch keinen Einzelfall dar. Das Image „Therapie" erweckt Erwartungen, und dies allein schon setzt den Heilprozess ein Stück weit in Bewegung. Goethe hat folglich nur bedingt Recht mit dem Ausspruch „Name ist Schall und Rauch". Das zeigen auch Studien des bekannten Therapieforschers Irving Kirsch (2000). Verhaltenstherapie ist zwar eine wirkungsvolle Therapie, wie wir gerade gesehen haben. Aber offensichtlich kann man die Wirkung noch etwas steigern, wenn man die Stellschraube mit der Aufschrift „Beeindrucke den Patienten" noch etwas weiter dreht. In einer dieser Studien aus der Kirsch-Arbeitsgruppe wurde den Probanden mitgeteilt, dass ein Entspannungstraining eine Kompo-nente der Verhaltenstherapie sei. Für eine andere Gruppe wurde dasselbe Entspannungsprozedere jedoch als eine Form von Hypnose bezeichnet. Auch hier zeigte sich, dass das Etikett „mächtige Heilmethode" die stär-kere therapeutische Wirksamkeit nach sich zog. Die Hypnose hat eben das Image, besonders tief greifende Änderungen herbeizuführen. Dem folgen die psychischen Prozesse ganz unbewusst.

Aber auch unabhängig vom Image eines bestimmten Verfahrens löst jedes Element des Behandlungsrituals beim Patienten tendenziell positive Erwartungen bzw. eine Bewegung der psychischen Prozesse in Richtung Heilung aus. Das zeigt sich z. B. schon während der Annäherung an die „rettende" Therapiestunde. Bereits nach der Anmeldung oder beim War-ten auf die Behandlung bessert sich das psychische Befinden. Dies nicht nur in psychischer Hinsicht, auch der Körper reagiert. Möglicherweise lassen die Schmerzen schon etwas nach. Sicher hat der eine oder andere Leser schon etwas Ähnliches erlebt, nachdem er einen Termin beim Arzt vereinbart hat oder wenn er im Wartezimmer auf die Behandlung wartet. Auch dies hat man systematisch erforscht. Gemäß den Untersuchungser-gebnissen von Lawson (1994) treten erstaunliche 40 % bis fast 70 % der Symptomlinderung schon nach der Anmeldung zur Therapie ein, ohne dass eine Behandlung erfolgte.

Diese und die anderen oben angeführten Untersuchungsergebnisse beziehen sich vor allem auf die Einwirkungen des Rituals auf die Psyche. Aber wie wir im weiteren sehen werden, demonstrieren viele Untersu-chungen, dass die „Beeindruckung" der Seele auch eine Besserung des körperlichen Befindens nach sich zieht bzw. beides sehr eng miteinander verquickt ist. Das zeigen z. B. Studien, welche eine zentrale und als beson-ders mächtig eingeschätzte Komponente der körperlichen Behandlung überprüfen: den operativen Eingriff. Es handelt sich um die wohl dras-tischsten im Dienste der Wissenschaften durchgeführten Studien, die ich kenne. Diese stammen allesamt aus den sechziger bis frühen siebziger Jahren des vorigen Jahrhunderts. (Heute würden Ethikkommissionen sich sehr schwer tun, die Genehmigung zu erteilen[1].) Eine immer wieder zitierte Untersuchung stammt z. B. von Dimond von der University of Kansas. Dimond beschäftigte sich in den sechziger Jahren in seinen wissenschaftlichen Arbeiten vor allem mit der Therapie der Angina pectoris, einer Erkrankung, welche sich in starken, periodisch auftretenden Brustschmerzen über der Herzregion aufgrund mangelnder Blutversorgung des Herzens äußert. Die damalige Routinebehandlung bestand in der Abbindung einer bestimmten, zum Herzen führenden Arterie, um damit die Gesamtblutversorgung des Herzens zu verbessern. Dimond und seinen Mitarbeitern kamen Zweifel, ob diese Form der Therapie die richtige Behandlung sei. Um dies zu prüfen, führte er bei einigen Patienten eine Scheinoperation durch, d. h., es wurde bei diesen Patienten kein innerer Eingriff vorgenommen, sondern lediglich ein paar äußerlich sichtbare Schnitte am Brustkorb. Die oberflächliche Wunde wurde danach wieder verbunden. Bei anderen Patienten wurde die damals übliche Routineoperation tatsächlich ausgeführt. Alle Patienten nahmen somit an, dass sie an der Arterie operiert worden waren. Auch die Ärzte, welche das Ergebnis der Operation zu beurteilen hatten, wussten nicht, ob der jeweilige Patient „richtig" operiert worden war oder nicht (d. h., die Studie wurde unter den Bedingungen einer sog. randomisierten Doppelblindprüfung durchgeführt, siehe vorherige Kapitel). Das Ergebnis erregte einiges Aufsehen, denn bei sehr vielen Patienten, welche nur eine Scheinbehandlung erhalten hatten, besserte sich das Krankheitsbild ebenso wie nach den tatsächlich durchgeführten Operationen. Daraufhin wurde diese Form der operativen Behandlungen von Angina pectoris aufgegeben. Auch deshalb, weil vorher schon die Arbeitsgruppe um Cobb (1959) ähnliche Ergebnisse berichtete. Fazit aus der Sicht der Psychologie: Bei Angina pectoris würde sehr wahrscheinlich auch ein anderes „eindrucksvolles" medizinisches Ritual zu demselben Resultat führen wie die damals übliche Operationsmethode. Psychologische Faktoren spielen zwar eine Rolle, ersetzen aber natürlich nicht eine adäquate medizinische Versorgung. Ferner lassen sich die Ergebnisse auch nicht so ohne weiteres auf jede Form somatischer Erkrankungen übertragen.

Dennoch, Ergebnisse erfolgreicher „leerer" Operationsrituale liegen auch für andere Erkrankungsformen vor. So berichten Roberts und Kollegen (1993) sowie Turner und Kollegen (1994) von erfolgreichen Scheinoperationen bei Bronchialasthma oder bei Verdacht von Bandscheibenproblemen. Auch hier waren die Ergebnisse der Scheinoperationen vergleichbar mit denen tatsächlich durchgeführter Operationen.

---

[1] Heute ist an jeder Universität eine Ethikkommission angesiedelt. Forschungen an Lebewesen bedürfen der Genehmigung der örtlichen Ethikkommission (siehe dazu auch Ezekiel und Kollegen (2001). The ethics of placebo – controlled trials. A middle ground. *New England Journal of Medicine*, 345, 915–919).

Das heißt konkret: Bei weit mehr als der Hälfte der Patienten verbesserte sich der Gesundheitszustand nach Scheinoperationen. Ein solches Vorgehen mag unethisch anmuten. Jedoch ist zu bedenken, dass erst durch solche Scheinoperationen aufgedeckt werden konnte, dass die bisherigen Operationen nicht die Ursache der Erkrankung beseitigten bzw. dass psychologische Faktoren operative Erfolge vorgaukelten. Angesichts dieser Ergebnisse empfahl beispielsweise bereits 1968 die Thorax-Gesellschaft der Vereinigten Staaten, die bisherige Operationsmethode bei Bronchialasthma nicht mehr anzuwenden.

Eine Operation ist eine besonders dramatische medizinisch-rituelle Inszenierung. Dass Dramatik und Elaboriertheit hierbei eine gewisse Rolle bei der Suggestion der Wirksamkeit spielen, lässt sich auch durch den Wirkungsvergleich von Scheininjektion und Scheinpille demonstrieren, d. h. auch hier lässt sich das psychobiologische System beeindrucken: Das Ritual beginnt im ersteren Fall mit dem Abtupfen der Einstichstelle. Die Spritze wird aufgezogen. Die Spritze mit der in ihr sichtbaren Flüssigkeit nähert sich der Einstichstelle. Der Einstich schmerzt etwas. Die Einstichstelle wird mit einem Pflaster geschützt. Wie sich der Leser schon denken kann, benötigt man nicht unbedingt eine wirkungsvolle Substanz, um Wirkung zu erzielen. Das ergibt der Vergleich der Wirkung einer Spritze mit einer Medikamentenkapsel. Obwohl beide keine Wirksubstanz enthalten, stellt sich z. B. bei Arthritis- und Rheuma-Patienten in Bezug auf ihre Schmerzen nach der Spritze eine deutlichere Linderung ein als nach einer ebenfalls „leeren" Medikamentenkapsel. Natürlich wissen die Patienten auch hier nicht, dass weder Injektion noch Medikament eine Wirksubstanz enthalten.

Ähnliche Effekte lassen sich durch scheinbare Dosiserhöhung (größere Medikamentenkapsel) erzielen. Oder man simuliert eine längere Dauer der Behandlung, indem man ein Scheinpräparat länger verabreicht. Selbst die Farbe spielt eine Rolle und einiges andere mehr, das zeigen die Durchsichten entsprechender Forschungsarbeiten durch Frauke Eidam (2002) sowie Thomas Gauler und Thomas Weihrauch (1997). Die Wirkung der Scheinbehandlungen folgt auch hier lediglich der fantasierten Potenz des Behandlungsverfahrens. Mit anderen Worten, die Pille oder die Spritze ist nicht „leer", sondern mit „Psychologie" angefüllt und erzielt so auch ohne chemische Substanz ihre Wirkung im Körper.

Natürlich kommt es auch hier auf das jeweilige medizinische Krankheitsbild bzw. auf den psychischen Zustand des Patienten an. Ferner ist zu betonen, dass grundsätzlich die modernen, in langen Prüfungsreihen getesteten Präparate in der Hand des gut ausgebildeten Arztes der Wirkung von Scheinpräparaten eindeutig überlegen sind. Das war der Grund für ihre Auswahl nach oft jahrelangen Testprozeduren – unter Einschluss von Scheinbehandlungen, welche ja Teil der üblichen Doppelblindprüfungen sind. Ohne eine solche Prüfung erhält heute kein Medikament mehr die Genehmigung durch die Gesundheitsbehörden. Aber auch wenn der Patient (wie für solche Tests vorgeschrieben) darüber aufgeklärt wird, dass er möglicherweise ein Leerpräparat erhalten wird, lässt sich das psychobiologische System „Mensch" allein schon durch jedwede Komponenten des üblichen akademischen Behandlungsrituals beeindrucken. Das zeigen die einschlägigen Experimente sehr deutlich.

Es ist immer wieder darauf hingewiesen worden, dass solche Reaktionen auch durch Lernprozesse bedingt sind. Patienten lernen u. U. schon sehr früh in ihrem Leben, dass ärztliche Behandlungen Heilprozesse implizieren bzw. dass bestimmte Elemente des Rituals mit Heilungen verbunden sind. Und in der Tat lässt sich auch dies wissenschaftlich nachweisen. So „imitiert" eine medikamentöse Scheinbehandlung bei Patienten mit Arthritis u. U. den vorangegangenen Behandlungsverlauf mit einem bewährten Präparat zur Arthritisbehandlung. War die vorige Behandlung bei einem bestimmten Patienten mit dem *spezifischen* Präparat erfolgreich, dann war auch die Behandlung mit dem Scheinpräparat eher erfolgreich. Jedoch erlernt das psychobiologische System nicht nur seine Erfolgsstorys, sondern auch die negativen Seiten von Behandlungen mit Medikamenten. Dies ist einer der Gründe, warum bei der Prüfung neuer Medikamente im Doppelblindversuch auch diejenigen Probanden, welche nur das biochemisch wirkungslose Präparat erhalten, deutliche negative Effekte an sich verspüren. Eine häufig zu machende Beobachtung. Trotzdem hat es mich immer wieder verblüfft, wie prompt solche Beschwerden auftreten. So beobachteten meine Mitarbeiter und ich bei Prüfung eines neuen Antidepressivums, dass unsere freiwilligen, gesunden Probanden auch beim harmlosen Vergleichspräparat teilweise starke „Nebenwirkungen" berichteten. Viele dieser Probanden klagten über Veränderungen des vegetativen Nervensystems oder Störungen im Magen-Darm-Trakt. Da die Probanden natürlich darüber aufgeklärt wurden, dass z. B. das zu prüfende Antidepressivum Nebenwirkungen haben kann, verspürten sie prompt einige der möglichen, aber eigentlich selten auftretenden Nebenwirkungen auch in der Scheinpräparatbehandlung. Wie gesagt, sie waren „blind" für die tatsächliche Behandlungsabfolge, d. h., die Probanden wussten auch hier nicht, ob sie das Antidepressivum oder das wirkungslose Vergleichspräparat erhalten hatten. Trotzdem lief die volle Nebenwirkungspalette des Antidepressivums auch bei den – aus wissenschaftlichen Gründen – „getäuschten" Probanden ab.

Solche Prozesse folgen eingefahrenen Automatismen. Dem Betroffenen ist der Zusammenhang in der Regel nicht bewusst. Mit anderen Worten: Die Reaktionen sind nicht durch bewusst durchgeführte Überlegungen erklärbar. Die Betroffenen fühlen sich tatsächlich schmerzfreier oder spüren tatsächlich die Nebenwirkungen, ohne dies in Zweifel zu ziehen. Das psychobiologische System reagiert und nicht der kritische Verstand. Selbst bei Tieren lassen sich ähnliche Prozesse beobachten. Schon Pavlow

(1849–1936), der Entdecker des bedingten Reflexes[2], und damit der „automatisch" nach bestimmten Lernphasen auftretenden reflexhaften Reaktionen, berichtete Entsprechendes. Ein Kollege von Pavlow experimentierte z. B. mit der Wirkung von Morphium bei Hunden – einer Droge, welche man damals häufig bezüglich ihrer Wirkung auf Schmerzen untersuchte. Nachdem Pavlows Kollege einige Versuche mit den Hunden durchgeführt hatte, um die Wirkung verschiedener Dosierungen zu erproben, stellte der Wissenschaftler fest, dass sich bei den Hunden schon nach Öffnung der Stalltür Übelkeit und Schläfrigkeit einstellte, *ohne* dass sie irgendein Präparat erhalten hatten. Es war genau die Reaktion, welche Pavlows Kollege bei vorherigen Versuchsdurchgängen unter der Gabe von Morphium beobachtet hatte. Mehrere systematische Untersuchungen in der Nachfolge von Pavlows Mitteilungen bestätigten dies. Ratten reagierten beispielsweise auf eine Spritze mit an sich harmloser Kochsalzlösung mit vermehrter motorischer Aktivität, wenn die Spritze in mehreren vorangegangenen Versuchen Amphetamin enthalten hatte. Die Wirkung von Amphetamin ähnelt den heute so beliebten „Disko-Drogen". Es steigert die Wachheit und führt zu Aktivitätserhöhungen. Die Ratten tanzten selbst nach der danach gegebenen harmlosen Spritze sozusagen im Käfig, da der Organismus gelernt hatte, dass das die Folge zu sein habe.

Der Organismus wiederholt die Behandlungsreaktion auch dann, wenn das Ambiente nur dieselben Merkmale aufweist, d.h. auch ohne, dass die Behandlungsmaßnahme wiederholt oder dass das Scheinmedikament gegeben wird. Wurde z. B. in der Folge auf eine Morphiumgabe immer ein bestimmtes Geräusch im Käfig abgespielt, reagierten die Tiere auch ohne vorherige Morphiumbehandlung nach Abspielen desselben Geräuschs mit einem drastischen Absinken der Körpertemperatur und mit Köperzittern (den Entzugserscheinungen nach wiederholter Morphiumeinnahme), wie z. B. Robert Ader (2000) in seiner Übersichtsarbeit über Lerneffekte bei Scheinbehandlungen schildert. Es ist reizvoll, wenn auch spekulativ, dies etwa auf die Umgebungsreize im Klinik- oder Praxisalltag zu übertragen – weiße Kittel, weiße Betten, medizinische Geräte, spezifische Gerüche etc. Möglicherweise spielt dies eine gewisse Rolle, und wie wir weiter unten sehen werden, ist „da etwas dran". Jedoch ist es nicht unproblematisch, Ergebnisse aus Tierversuchen so ohne weiteres auf die menschliche Situa-

---

[2] Ein bedingter Reflex bedeutet vereinfacht ausgedrückt, dass der Organismus „erwartet", dass zwei oft zusammen auftretende Ereignisse, X und Y, auch dann zusammen auftreten, wenn z. B. nur Y auftaucht. Pavlow demonstrierte dies an der automatisch bzw. reflexhaften „Erwartung" von Hunden, denen man Futter (X) immer dann gab, wenn eine Glocke (Y) ertönte. In der Folge stellte sich bei den Hunden Speichelfluss schon dann ein, wenn allein die Glocke ertönte (Y). Ähnliche Reaktionen ließen sich auch bei Menschen nachweisen. Allerdings basiert hier das Verhalten – im Gegensatz zu älteren Annahmen – nur zum Teil auf rein reflexhaften Reaktionen.

tion zu übertragen. Beim Menschen laufen natürlich facettenreichere Empfindungen, Erwartungen und Vermutungen ab, z. B. auch deswegen, weil Therapien besondere sozialpsychologische Konstellationen darstellen und deswegen besondere Wirkkomponenten beinhalten, wie wir im Folgenden sehen werden.

Der mächtige Heilende hilft

Ein wesentlicher Teil der rituellen Handlung besteht natürlich aus der Figur des Heilenden selbst. An diese knüpfen sich große Hoffnungen, vor allem wenn der Ruf seiner Kunstfertigkeit mit dem Prestige mächtiger Wirksamkeit ausgestattet ist. Das ist besonders beim medizinischen Behandlungswesen der Fall. In den letzten hundert Jahren hat es große Erfolge, ja Triumphe, gefeiert. Die oben erwähnten radikalen Studien dienten ja gerade dazu, durch harte Fakten einen wissenschaftlich untadeligen Ruf zu schaffen. In demoskopischen Umfragen rangiert der Beruf des Arztes stets im obersten Bereich prestigeträchtiger Tätigkeiten. Ärzte stellen Autoritätspersonen dar. Lange Zeit genügte es, dass der Arzt dem Patienten mitteilte: „Jetzt nehmen Sie mal die XY-Pillen für zwei Wochen und dann wird es Ihnen besser gehen." Der Patient vertraut in der Regel dem Heilenden, ohne die Behandlungsvorschriften des Arztes weiter zu hinterfragen, auch heute noch im Zeitalter des sog. mündigen Patienten. Die Behandlungsanweisungen werden besonders dann nicht vom Patienten hinterfragt, wenn der Status des Behandlers hoch ist. Auch dann nicht, wenn diese von den Überzeugungen des Patienten stark abweichen, wie entsprechende Forschungsergebnisse zeigen (siehe z. B. Huf, 1992). In der Behandlung zeigt sich die Wirkung des Prestiges, dann, wenn man die Effekte einer Medikation, welche vom Arzt gegeben wird, mit denen vergleicht, welche eine Krankenschwester erzielt, wie die Arbeitsgruppe der Shapiros herausfand (Arthur & Elaine Shapiro, 2000). In den US-amerikanischen Praxen ist es üblich, die Wände des Behandlungsraumes mit akademischen Urkunden, den Insignien des akademischen Prestiges, zu schmücken. Wahrscheinlich hilft dies – ganz absichtslos – ebenfalls bei der Förderung der Heilung.

Der mit akademischen Weihen versehene Behandler ist in den Augen der Hilfesuchenden jemand mit überlegenem Wissen. Er kann das Unerklärliche erklären, denn er weiß die Diagnose und in der Regel auch die Prognose. Das macht ein Stück weit seine „Macht" aus. Er gibt rätselhaften und oft als bedrohlich empfundenen Veränderungen einen Namen. Die Diagnose ordnet das diffus Ängstigende in den Kanon der behandelbaren Krankheiten. Jetzt weiß der Patient, dass der Wissende eine Lösung für das Problem hat. Ganz entsprechend ändert schon allein das Stellen einer Diagnose das Befinden (siehe auch weiter unten). Für Patienten ist es wichtig, sich in den Händen eines Sicherheit ausstrahlenden Therapeuten zu befinden, der den Eindruck vermittelt, er wisse genau, was er tue und dass er selbst von der Wirksamkeit seiner Therapie überzeugt ist. Der bekannte Bochumer Psychotherapieforscher Dietmar Schulte (1996) fand heraus, dass das Durchziehen eines einmal aufgestellten Therapieplanes eher zu Erfolgen führt als mehrmaliges Anpassen an augenblickliche Befindlichkeiten des Patienten. Ein Ergebnis, welches selbst unter erfahrenen Therapeuten zu großem Erstaunen führte, entspricht es doch so gar nicht der intuitiven Erwartung, dass ein enges Eingehen auf die momentane Bedürfnislage des Patienten Erfolg versprechender sei. Offensichtlich erzeugen häufige Strategieänderungen beim Patienten den Eindruck, dass er einen unsicheren Therapeuten vor sich habe.

In der Therapieausbildung lernt man, dass ein empathisch warmes, verstehendes und akzeptierendes Auftreten die therapeutische Grundhaltung der Wahl sein müsse. Das ist sicher richtig. So gesehen überrascht es dann doch, dass systematische Untersuchungen ein scheinbar gegenteiliges Bild ergeben. Denn man fand heraus, dass besonders die Therapeuten, welche sich in der Interaktion mit den Patienten eher dominant verhalten, erfolgreicher sind. Das erinnert ein wenig an die oben angeführten Ergebnisse von Dietmar Schulte. Allerdings betonen Beutler und Kollegen (1994) in ihrer Überblicksarbeit auch, dass noch andere Eigenschaften hinzukommen müssen, um die Ergebnisse zu erklären. Denn es ist hier z. B. keineswegs ein kalter Autoritätstypus gemeint. Auch Thomas Gauler und Thomas Weihrauch (1997) verweisen auf die Rolle von positiver Zuwendung, Wärme und vor allem Enthusiasmus, mit dem ein Behandlungsverfahren angeboten wird. Zumindest bei psychischen Erkrankungen konnte man nachweisen, dass Enthusiasmus eine Rolle spielt. Enthusiastische Psychiater erzielten z. B. bei 77 % der Patienten eine deutliche Besserung des Befindens nach Verabreichung eines Psychopharmakons. Im Vergleich dazu erreichten Psychiater, welche die Behandlung ohne Enthusiasmus durchführten, bei nur 10 % der Patienten eine Besserung des Befindens.

Meiner eigenen Beobachtung nach spielen sich ähnliche Effekte bei Einführung neuer Therapien ab. Anfänglich sind die Erfolge groß. Bei Überprüfung durch eher skeptische Kollegen sind dann die Effekte noch vorhanden, aber oft längst nicht mehr so großartig. Wie wir im Folgenden immer wieder sehen werden, ist es sehr entscheidend, welche Erwartung der Therapeut beim Patienten auslöst – nicht nur bei psychischen Problemen, sondern auch bei körperlichen Erkrankungen. Der bekannte Psychotherapieforscher Klaus Grawe (1998) betont in diesem Zusammenhang, dass der Therapeut dem Patienten glaubwürdig erscheinen muss, um Erfolg zu haben. Vielleicht ist auch so etwas wie charismatische Persönlichkeit im Spiel, zumindest hat man diesen Eindruck, wenn man die Erfolge alternativ-spiritueller Heiler untersucht (siehe Kap. 4.2). Leider existieren hierzu keine systematischen Untersuchungen. Von Interesse könnte in diesem Zusammenhang eine Untersuchung von Jörg Felfe (2002) von der Universität Halle sein. Felfe untersuchte Eigenschaften erfolgreicher Manager. Auch diese müssen überzeugen und mitreißen können. Charismatische Führungspersönlichkeiten unter den Managern waren demgemäß Menschen mit Selbstvertrauen, mit Visionen, unkonventionellem Verhalten und emotional intuitivem Entscheidungsstil; ferner rhetorisch geschickt, dynamisch und unterstützend. Spontan kommen da Erinnerungen an Begründer neuartiger Therapierichtungen auf, wie z. B. die Figur eines Fritz Perls (1893–1970), dem Begründer der Gestalttherapie. Der sehr dominante und autoritäre Führungsstil bei der Leitung von Therapiegruppen, welcher zu emotional äußerst aufwühlenden Erfahrungen bei den Gruppenteilnehmern führte, war sehr mit seiner Person und wahrscheinlich auch seinen Erfolgen verbunden.

Vieles, was zur Rolle des Therapeuten erforscht worden ist, stammt naturgemäß aus der Psychotherapieforschung. Denn hier ist das Verhalten des Therapeuten entscheidend für den Erfolg. Wir sahen jedoch schon, dass auch bei körperlichen Erkrankungen der Figur des Behandlers eine besondere Rolle zukommt. Auch hier haben rein psychologische Momente große Bedeutung bzw. eine Vermittlerrolle zwischen Arzt und Körper. Das Verhalten des Arztes, seine Äußerungen und sein Auftreten enthalten für den Patienten wichtige Signale. Patienten sind durch ihr Leiden in der Regel demoralisiert. Auf umso fruchtbareren Boden fällt jede positive Voraussage des Arztes. Howard Fields und Donald Price (2000) stellen aufgrund ihrer Durchsicht entsprechender Forschungsergebnisse fest: Je größer die *psychische* Belastung eines Patienten vor Beginn der Behandlung, desto stärker ist der Effekt der ärztlichen „Verheißung" auf das Befinden. Die Aussage des Arztes, dass sich mittels der (Leer-)Infusion die Schmerzen lindern werden, führte dann auch tatsächlich zu einer deutlichen Wirkung. Diese war der Wirkung eines mittelstarken Analgetikums vergleichbar, wie die Forscher feststellten. Zusammenfassend meinen die Autoren, dass das sehr deutlich darauf hinweise, dass dem Arzt selbst die Rolle eines Medikaments zukomme. Ganz ähnlich sprach der Psychoanalytiker Michael Balint (1896–1970), welcher als Erster begann, den in der medizinischen Behandlung Tätigen in sog. Balint-Gruppen die psychologischen Momente jeder somatischen Behandlung nahe zu bringen, von der „Droge Arzt".

Der Glaube an die akademische Heilslehre und ihre Zaubermittel hilft

Claudius Galenus (129–199), der berühmte Leibarzt des römischen Kaisers Marc Aurel, meinte, dass ein Arzt dann am erfolgreichsten heile, wenn er das verabreiche, zu dem das Volk das meiste Vertrauen habe. Galenus spielt hier auch auf das sog. Anciennitätsprinzip an. Das, was von alters her bewährt zu sein scheint, hat einen gewissen Nimbus (u. a. deswegen waren die Lehren des Galenus selbst lange tonangebend – in einigen Regionen Europas sogar bis ins 19. Jahrhundert). Galenus bezog sich in seinen Heilslehren u. a. auf griechische und ägyptische Rezepturen. Das Anciennitätsprinzip spielt noch heute in den alternativen spirituellen Heilslehren eine große Rolle. Hier findet man oft den Hinweis, dass die Heilmaßnahme Z seit Tausenden von Jahren bei den XY-Völkern ein bewährter Heilritus sei. Spätestens seit Beginn des letzten Jahrhunderts hat sich jedoch die Begründung für die Wirksamkeit einer Behandlungsmaßnahme partiell umgekehrt. Partiell deswegen, weil nun zwei Systeme konkurrieren: der Glaube an den medizinischen Fortschritt, begründet durch den Nimbus der modernen Wissenschaft, und daneben der Glaube an Heilverfahren mit dem Nimbus übernatürlicher Kräfte bzw. der Tradition einer langen und geheimnisvollen Heilsgeschichte. Die Zwitternatur medizinischer Behandlung demonstriert sehr treffend der in Kap. 2.2 erwähnte Nobelpreisträger Paul Ehrlich (1854–1915) anlässlich seiner Entdeckung eines neuartigen Mittels zur Behandlung der Syphilis: Er bezeichnete dieses als „meine Zauberkugel".

Viele Menschen nutzen heute verschiedene Systeme parallel und wandeln so zwischen verschiedenen Anschauungswelten – ohne dass der Widerspruch für sie ein Problem zu sein scheint. Alle Systeme helfen ein Stück weit ja auch, wie wir in den vorhergehenden Kapiteln gesehen haben. Wenn man es unideologisch betrachtet, dann hat der, der heilt, Recht. Damit könnten wir es bewenden lassen. Sind wir jedoch neugieriger, dann wollen wir doch wenigstens die Gründe dafür soweit wie möglich aufklären. Eine mögliche Hypothese ist, dass ganz offensichtlich neben nicht weiter aufklärbaren „höheren" Kräften und *spezifischen* medizinischen Heileffekten in beiden Heilssystemen zusätzlich sehr ähnliche Wirkkräfte vorhanden sein müssen. Die oben geschilderten Ergebnisse legen dies nahe. In dem hier zu erörternden Kontext wäre demgemäß der Glaube an die Macht moderner Wissenschaften bzw. der daraus abgeleitete Nimbus der ärztlichen Behandlungskunst ein Kandidat für die Erklärung von erfolgreichen Therapien, welche *nicht* durch die spezifische medizinische Maßnahme zu erklären sind, aber dennoch eine bestimmte Krankheit heilen. Hierfür hat die moderne medizinische Therapieforschung selbst – oft ohne es zu wollen – die besten Beweise geliefert, wie wir im Folgenden sehen werden.

Jedes neu eingeführte medizinische Behandlungsverfahren ist das momentan beste. Patient und Arzt versprechen sich davon die nun durchschlagendere Wirkkraft. Nun passiert es naturgemäß in regelmäßigen Abständen immer wieder, dass der wissenschaftliche Fortschritt neue Erkenntnisse zutage fördert. Dann stellt sich u. U. heraus, dass die Ursache einer bestimmten Erkrankung eine ganz andere ist als bisher angenommen oder ein Medikament doch nicht so effektiv wirkt, wie man bisher glaubte. Angesichts dieser neuen Befunde sind dann alle bisherigen Behandlungen bestimmter Krankheiten falsch oder zumindest nicht optimal. Das eigentlich Erstaunliche daran ist, dass man trotzdem in der Zeit vor den neuen Entdeckungen keinen Grund sah, mit der bisherigen Behandlung unzufrieden zu sein. Denn diese lieferten bisher sehr gute bis gute Resultate (ansonsten hätte man sie ja schon früher aufgegeben).

Genau diese Diskrepanz zwischen medizinischem Schein und medizinischer Wirklichkeit legen die kritischen Untersuchungen der amerikanischen Forscher um Roberts (1993) wie auch früher schon Benson und McCallie (1979) offen. Wie kommen die Autoren zu einer solchen Aussage? Ganz einfach, sie schrieben namhafte Universitätskliniken in den USA an und forderten diese auf, ihnen solche medizinischen Studien zu schicken, bei denen man positive Behandlungsergebnisse erhalten, nun aber im Lichte neuer Erkenntnisse die Behandlungsstrategie verändert hatte. Es kam einiges zusammen, beispielsweise veraltete Behandlungen von Bronchialasthma, Herpes simplex und Ulkus. Zwar waren Roberts und Mitarbeiter auf viele sog. falsch positive Ergebnisse gefasst, aber zu ihrer eigenen Überraschung waren die Effekte der unwissentlich falsch oder nicht optimal durchgeführten Behandlungen äußerst hoch: durchschnittlich 40 % der damals medizinisch inadäquat behandelten Patienten wiesen exzellente Behandlungserfolge auf! Immerhin zeigten zusätzliche 30 % gute Behandlungserfolge, d. h., bei durchschnittlich 70 % der Patienten hätte eigentlich kein dringlicher Grund bestanden, die Behandlung zu ändern. Die Basis dieser Erfolge war unter anderem: Beide, Ärzte und Patienten, *glaubten* damals, dass eine optimale Therapie stattfände. Das Ergebnis folgte zum Teil zumindest auch dem Glauben!

Ein anderer Grund dafür, dass sich nicht optimale Therapien halten konnten, ist, dass es früher keineswegs Routine war, ein neu eingeführtes Medikament gegen ein Leerpräparat zu testen. Erst langsam setzte sich die Erkenntnis durch, dass auch reine Fantasien über die Wirkung eines bestimmten Behandlungsmittels mächtige Wirkkomponenten darstellen. Wie gesagt, bei *beiden* Teilnehmern am medizinischen Ritus, dem Medizinmann und seinen gläubigen Anhängern. Als Konsequenz aus dieser Erkenntnis wurde die schon mehrfach erwähnte Doppelblindtestung eingeführt. Das heißt, jedes neu einzuführende Medikament musste sich gegen die Wirkung eines Scheinmedikaments durchsetzen. Auch aus dem zusätzlichen Grund, dass neben der Wirkkraft der Fantasie die bei jedem Krankheitsbild spontan auftretenden Schwankungen bzw. Besserungen der Befindlichkeit als biochemische Wirkkraft des Medikaments missinterpretiert werden können.

Jedoch soll nicht der Eindruck entstehen, dass nur Zufallsschwankungen und Psychologie medizinische Behandlungserfolge erklären. Moderne Präparate müssen besser sein als diese Wirkkräfte, um zugelassen zu werden. Oben war z. B. der Erfolg einer „falschen" Behandlung bei Ulkus angeführt. Deswegen soll hierzu der Forschungsstand bezüglich moderner medikamentöser Ulkusbehandlung kurz erörtert werden. In 31 Forschungsarbeiten zur Wirkung von Cimetidin, einem Mittel zur Ulkusbehandlung, lagen die Heilungsraten bei durchschnittlich 78 % und für die Scheinbehandlung mit einem Leerpräparat bei 48 % der Patienten, wie Mehl-Madrona (2001) berichtet. Andererseits ist es beachtlich, dass immerhin durchschnittlich fast die Hälfte der Patienten auf ein Präparat reagieren, welches sie überhaupt nicht erhalten haben! Im letzteren Fall wirkt ganz offensichtlich nur der Glaube an das „Zaubermittel" der modernen Medizin. Zusätzlich können – wie erwähnt – natürlich auch Spontanschwankungen in manchen Fällen eine Besserung herbeiführen. Allerdings bewegen sich solche Schwankungen in beide Richtungen, sodass hier als Haupteffekte der Glaube an den Heiler und seine Mittel sowie die Wirkkräfte des Ritus übrig bleiben. Bei den Patienten, welche spezifisch medizinisch (mit Cimetidin) behandelt wurden, sind von der Gesamtwirkung (den 78 %) demgemäß Glaubenseffekte und mit Einschränkung auch mögliche Spontaneffekte zu subtrahieren. Mit anderen Worten, es kann nicht übersehen werden, dass in vielen Fällen – neben den spezifischen biophysiologischen Wirkkräften – die Wirkkräfte, welche eigentlich der gläubigen Anhängerschaft an den medizinischen Ritus geschuldet sind, die Erfolge der modernen Medizin noch glanzvoller gestalten.

Ich habe bisher den Ausdruck „Scheinbehandlung" anstatt „Placebo" verwendet. Mancher Leser wird sich schon gewundert haben. Meine Absicht war, den zwar gebräuchlichen, aber oft sehr irreführend verwendeten Ausdruck „Placebo" zunächst zu vermeiden, um den Leser nicht auf eine falsche Fährte zu führen. Manche Autoren klassifizieren eine Placebo-Gruppe schlichtweg als Gruppe ohne Behandlung. Andere tun Placebo-Wirkung oft als Effekt bloßer „Einbildung" plus Spontanschwankungen ab. Auch die etymologische Bedeutung des Begriffs „Placebo" – das was gefällt – (siehe Kasten 4.1a) deutet noch nicht auf eine Zuschreibung tatsächlicher, ernst zu nehmender Wirkung hin. Doch solche „Einbildung" entwickelt manchmal gewaltige Effekte, wie wir gesehen haben, sodass man nur feststellen kann, dass auch ein „leeres" Präparat zwar chemisch leer ist, aber nicht in psychologischer Hinsicht leer ist. Der Ausdruck Scheinbehandlung macht hingegen die eigentliche Ursache des paradoxen Effekts viel deutlicher: Es handelt sich um eine Illusion mit nachweisbarer Wirkung.

Die Wirkung hängt neben seelischen Wirkkräften[3] natürlich auch von körperlichen Dispositionen des Patienten ab, daneben auch von den Bedingungen, unter denen die Scheinbehandlung durchgeführt wird. Deswegen

---

[3] Bisher lässt sich nicht feststellen, welche Persönlichkeitseigenschaften zu einer Placebo-Reaktion disponieren. Auch die lange als Faktor angenommene Suggestibilität stellte sich nicht als entscheidend heraus (ganz abgesehen davon, dass es sich bei dem Begriff „Suggestibilität" um einen zwar häufig gebrauchten, aber sehr schillernden Begriff handelt). Es muss wohl angenommen werden, dass es sich bei der Placebo-Reaktion um eine *allgemeine* menschliche Eigenschaft handelt

reicht die Bandbreite der Placebo-Reaktion von 0 % bis zu 90 % Heilungen. Es handelt sich hierbei nicht nur um ein diffuses Besserfühlen. Körperliche Erkrankungen verschwinden u. U. tatsächlich. So lässt sich etwa bei einer Scheinbehandlung mit einer Placebo-Pille bei Patienten mit Ulcus ventriculi oder Ulcus duodeni auch der anatomische Nachweis des Verschwindens des Geschwürs durch Röntgenbilder und Endoskopie erbringen.

Da psychologischen Vorgängen bei Scheinbehandlungen eine wesentliche Rolle bei der Übersetzung der „rituellen" Bedeutung der Heilmittel in somatische Prozesse zukommt, ist es von erheblichem Interesse zu erfahren, was sich im Organ der Psyche, dem Gehirn, während der Fantasie „Ich werde adäquat behandelt" ereignet. Neue Untersuchungsverfahren erlauben es, solche Vorgänge im Inneren des Gehirns, mittels der PET- oder

Kasten 4.1a

Placebo, Etymologie und Geschichte

Der heute so populär gewordene Begriff „Placebo" ist dem liturgischen Gebrauch entlehnt. Ab dem 12. Jahrhundert wurde im Ritus der römisch-katholischen Kirche in Anlehnung an einen Psalm zu Beginn der Totenmesse bsw. als Refrain *„Placebo domino in regione vivorum"* („Ich werde dem Herrn im Bereich der Lebenden gefallen") gesungen. Bald wurde der Begriff „Placebo" zum Synonym für Totenandacht. Im englischen Sprachraum wurde ab dem 14. Jahrhundert der liturgische Begriff dann auch in säkularer Bedeutung benutzt: *„to sing a placebo"* bedeutete dann, sich bei Höhergestellten einzuschmeicheln, zu heucheln. Aber auch in der Totenmesse wurde der Begriff dafür verwendet, um die Gesänge der oft bezahlten Trauernden zu bezeichnen, welche anstelle der wirklichen Hinterbliebenen am Grab des Verstorbenen „Placebos" sangen. Hier taucht der Begriff „Placebo" erstmalig auch im Sinne von „Substitut" auf. Weitere Bedeutungswandlungen setzten ein; so wurden Schmeichler, Heuchler oder Intriganten als „Placebo" bezeichnet.

Im 18. Jahrhundert begann man dann, gezielte Scheinmedikamente, welche man als Placebos bezeichnete, als medizinische Heilmethode einzusetzen, wenn der Patient sehr auf Behandlung drängte oder eine spezifische Behandlung für sein Leiden nicht existierte.

Erst seit etwa 1940 wurden Placebos als Vergleichsmedikation bzw. Pseudo- oder Leermedikament in der klinischen Arzneimittelprüfung eingesetzt. Vor Einführung dieser Kontrollmöglichkeit – um spezifische Behandlungseffekte zu erkennen – wurden bis zu fünfmal mehr Medikamente als wirksam ausgewiesen, als es heute der Fall ist. Heute kann ohne die vorherige Placebo-Kontrolle kein Medikament zugelassen werden.

fMRT-Technik, sichtbar zu machen[4]. Leider existieren bisher nur wenige solcher Untersuchungen der Placebo-Behandlung. Als geradezu sensationell ist deswegen die Untersuchung des kanadischen Neurologen Raul de la Fuente-Fernandez und seiner Kollegen aus Vancouver zu bezeichnen. Die Arbeit wurde aus diesem Grund auch von der angesehenen Wissenschaftszeitschrift *Science* 2001 publiziert. Die Arbeitsgruppe wies nach, dass ein Scheinpräparat bei Parkinson-Patienten zu der gleichen biochemischen Veränderung im Gehirn führen kann wie ein spezifisches Anti-Parkinson-Medikament. Die Parkinson'sche Erkrankung ist eine neurodegenerative Erkrankung. Es sind besonders Hirnzentren betroffen, welche für die Weiterleitung der neuronalen Erregung mittels des biochemischen Botenstoffs Dopamin verantwortlich sind. Deswegen leiden Parkinson-Patienten vor allem unter einem Mangel an Dopamin im Gehirn. Da Dopamin an der Steuerung von Bewegungen beteiligt ist, haben Parkinson-Patienten besonders Probleme im Bewegungsapparat, was sich u. a. durch Zittern bemerkbar macht. (Ein prominenter Parkinson-Patient war z. B. der jüngst verstorbene Papst Johannes Paul II.) Dieser Mangel wird nun durch die medikamentöse *Schein*behandlung zum Teil durch vermehrte Ausschüttungen aufgehoben. Entscheidend scheint zu sein, dass alle Patienten schon vorher Erfahrungen mit Anti-Parkinson-Medikamenten gemacht hatten und deswegen die infrage kommenden Hirnareale sozusagen auf die entsprechende Reaktion vorbereitet waren. Zur Erklärung dieses Effekts weisen die Autoren darauf hin, dass Dopamin auch an der Modifikation kognitiver Funktionen beteiligt und u. a. Teil des sog. Belohnungssystems des Gehirns sei. Auch hier sehen wir wieder, dass die gezielte Erwartung an die Potenz eines Mittels nicht nur auf der Ebene der vorgeblichen Illusion stehen bleibt, sondern u. U. in massive neurobiologische Veränderung konvertieren kann!

Etwas Ähnliches, ist auch bei einer anderen Studie passiert. Ärzte und Psychologen um Andrew Leuchter von der Universität von Kalifornien in Los Angeles (UCLA) berichteten 2002 ebenfalls über starke Aktivitätsänderungen im Gehirn nach Gabe eines Scheinpräparats. In diesem Fall im EEG von Patienten, welche wegen Depression stationär behandelt wurden und deren Depression unter Scheinmedikation abnahm. Es ist zwar bekannt, dass sich bei etwa 25 % bis 60 % depressiver Patienten nach einer Behandlung mit einem Scheinpräparat – im Glauben, es handle sich um ein Antidepressivum – die Erkrankung bessert, aber bisher hatte man die-

---

[4] Gemeint ist hier eine sog. PET-Untersuchung (Positronen-Emissions-Tomographie). Wie auch die funktionelle MRT (Magnet-Resonanz-Tomographie) erlaubt sie, Aktivitätsänderungen in den verschiedenen Regionen des Gehirns direkt am Bildschirm sichtbar zu machen. Durch die PET-Untersuchung ist es zusätzlich möglich, Veränderungen der Ausschüttung bestimmter biochemische Überträgerstoffe im Gehirn, welche der Signalweiterleitung zwischen Nervenzellen dienen, sichtbar zu machen.

sen Befund nicht so ernst genommen wie die kalifornischen Forscher, um
dieser Spur auch im Gehirn selbst nachzugehen. Besonders aufschlussreich
ist, dass sich bei diesen Patienten eine Änderung nur in einem bestimmten, sehr bedeutsamen Areal des Gehirns ergab. Es handelt sich um den
Präfrontalbereich, von dem wir in Kapitel 2.1 schon festgestellt haben,
dass dieses Areal des Gehirns sehr entscheidend ist für die Genese von
Gedanken über die Welt. Aber noch erstaunlicher war, dass das „richtige"
Medikament in genau diesem Areal ebenfalls Änderungen bewirkte. Aber
auch hier nur bei Patienten, welche auf das Medikament ansprachen. Damit
jedoch nicht genug. Die Änderungen waren zur Überraschung von Andrew
Leuchter und Kollegen genau entgegengesetzt zur Änderung unter Placebo.
Vereinfacht ausgedrückt kam es unter Placebo zu einer stärker koordinier-
ten Arbeit der Hirnzellen, unter dem Medikament aber war die Koordina-
tion der Hirnzellenaktivität in diesem Areal vermindert. Trotzdem besserte
sich in beiden Fällen die Depression.

Noch ist unklar, was diese unterschiedlichen Reaktionen des Gehirns
bedeuten. Im einen Fall produziert das pychobiologische System Mensch
selbst die Änderung und im anderen Fall das Medikament. Und offensichtlich ist ersteres – im Fall der Depression – nicht einfach eine Imitation der
Medikamentenwirkung. Bisher existiert noch keine vergleichbare Studie
aus anderen Forschungsgruppen. Überhaupt sind wir noch weit davon
entfernt zu verstehen oder auch nur gezielte Vermutungen darüber anzu-
stellen, was da warum geschieht, wenn das System Mensch sich selbst heilt.
Jedoch erlaubt das Ergebnis die wichtige Aussage, dass die Implikation von
Hoffnung und Glauben als Teil des Behandlungsplanes (durch ein Leerpräparat) tief greifende Änderungen im psychobiologischen System Mensch
provozieren kann. Es wird damit auch verständlich, warum sich Menschen
von alters her auf die Suche nach einem von der Gemeinschaft akzeptierten, als mächtig angesehenen Zaubermittel gemacht haben. Und wie wir
sehen, kann man in jedem der sehr unterschiedlichen Glaubenssysteme
– bis hin zum akademisch verankerten – damit tatsächlich „zaubern".

Das medizinische Orakel hilft

Heiler aus archaischen Zeiten und heutige indigene Schamanen befragen
ein Orakel, bevor sie die Heilprozedur beginnen. Das Orakel zeigt Ursache
und Behandlungswege auf. Das macht Sinn – auch im heutigen klinischen
Alltag, und das nicht nur im medizinischen Sinne sondern auch wegen
der starken psychosomatischen Wirkung. Auch dies ist mittlerweile systematisch untersucht worden. Der Placebo-Forscher Walter Brown (2002)
berichtet in seinem Übersichtsartikel über eine schon ältere Untersuchung
aus England: Immer wieder suchten Patienten medizinische Einrichtungen

wegen körperlicher Beschwerden auf, bei welchen keine eindeutige Diagnose gestellt werden konnte. Die britischen Ärzte bemerkten, dass es diesen Patienten deutlich schlechter ging, wenn man ihnen keine Diagnose mit auf den Weg geben konnte. Sie untersuchten dies systematisch an 200 Patienten. Etwa der Hälfte der zufällig ausgewählten Patienten wurde mitgeteilt, dass keine schwere Erkrankung vorliege und die Ärzte erwarten, dass es ihnen nun bald besser gehen würde. Den übrigen Patienten wurde lediglich mitgeteilt, dass die Ursache ihrer Beschwerden den Ärzten unklar sei (was ja der Wahrheit entsprach). Die sehr drastischen Unterschiede zwischen den beiden Gruppen sind in Kasten 4.1b dargestellt. Wie wir sehen, berichten weit mehr Patienten mit Diagnose (ohne dass sie behandelt wurden), dass es ihnen subjektiv besser gehe, als in der Gruppe ohne Diagnose. Ähnliches demonstrierte der US-amerikanische Psychotherapieforscher Cooper (1980). Er erzielte gleich gute Ergebnisse wie mit einer Standardpsychotherapie, wenn er den Patienten nur eine „plausible Erklärung" für ihr Leiden gab. Ansonsten beschäftigte er diese Gruppe im gleichen Zeitraum wie die „richtig" behandelte Therapiegruppe lediglich mit einfachen Aufgaben. Folglich wurde auch hier keine Therapie durchgeführt, und doch besserte sich das Befinden!

Das erinnert mich an einen von mir sehr geschätzten Kollegen, welcher bei der Präsentation seiner neuesten Forschungsergebnisse sehr kleinlaut berichtete, dass die von ihm geprüfte neuartige psychotherapeutische Behandlungsmethode zwar in gewisser Weise zu wirken schien, aber die Nettoeffekte nicht sehr berauschend wären. Es handelte sich um Patien-

Kasten 4.1b

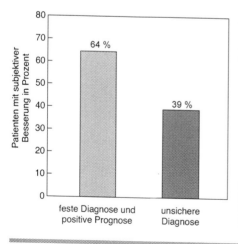

Auswirkungen verschiedener Diagnosen bzw. Prognosen auf die Gesundheit von Patienten.

Nach Brown, W. A. (2002). Der Placebo-Effekt. *Spektrum der Wissenschaft*, 3, 1998, 68-74.

ten mit Angststörungen. Bei der Wartegruppe besserte sich die Angst-
symptomatik fast im gleichen Ausmaß wie die der über mehrere Wochen
psychotherapeutisch behandelten Gruppe, obwohl bei fast allen Patienten
das Angstgeschehen schon über mehrere Jahre andauerte. Die plausible
Erklärung des Kollegen: Die intensiven diagnostischen Prozeduren einer
psychologischen Universitätsambulanz gaben den diffusen Ängsten, für
die die Patienten bisher keine Erklärung hatten, einen Namen. Das diffuse
unerklärliche Geschehen bekam Struktur. Die Patienten sahen, dass man
ihr Leiden verstand und nun offensichtlich wusste, was zu tun sei.

Dies erklärt dann auch, dass sich schon in der ersten Psychotherapiesitzung u. U. bis zu zwei Drittel positiver Symptomveränderung ereignen
kann, wie Howard und seine Mitarbeiter (1993) herausfanden. Ich selbst
erlebe immer wieder, dass nach der Diagnosestellung die Patienten geradezu erleichtert die erste Psychotherapiesitzung verlassen, obwohl ich
im Wesentlichen nur den weiteren Ablauf der kommenden Behandlung
besprochen und ein paar Hinweise auf die mögliche Diagnose gegeben
habe. Während meiner Ausbildung in Verhaltenstherapie betonten meine
Ausbilder immer wieder, dass es zu Beginn der Therapie wichtig sei,
dem Patienten klar zu machen, dass Verhaltenstherapie ein wirksames
und wissenschaftlich gut abgesichertes Verfahren ist. Auch dies stimuliert
zusätzlich die hoffnungsvolle Erwartung beim Patienten. Überhaupt auch,
wie der Therapeut die Behandlung ankündigt. Erinnert sei in diesem
Zusammenhang an die oben erwähnte Einführung neuer Therapien. Der
Enthusiasmus der Therapeuten ist ein wichtiger Teil bei der Erzeugung
positiver Resultate.

Mit anderen Worten, auch das akademische Orakel sollte so ausfallen,
dass es die günstigste Wirkung nach sich ziehen kann. In der psychologischen Forschung ist dieser Mechanismus schon seit längerem, ganz
unabhängig von den Ergebnissen der Therapieforschung, bekannt. Dort
wird dies als *self-fulfilling prophecy* bezeichnet (siehe auch Kap. 4.2 sowie
Kap. 3.1: Galtons Verdikt). Voraussagen lassen die Wirkung manchmal fast
zwangsläufig eintreten – zumindest in psychologischer Hinsicht. Bei kei-
nem anderen Gegenstand der Psychotherapieforschung herrscht so große
Einigkeit unter den Wissenschaftlern wie darüber, dass die Erzeugung von
positiver Erwartung – neben der spezifischen Behandlungsmethode – sehr
entscheidend für den Erfolg ist (siehe z. B. Grawe, 1998; Kirsch, 2000).
Auch in systematischen Untersuchungen der Wirkung spirituellen Heilens
lassen sich ähnliche Effekte nachweisen. Die im vorhergehenden Kapitel
erwähnte Studie von Wiesendanger und Kollegen (2001) stellte fest, dass
sich u. a. auch die positive Wirkung eines mit der Heilenergie eines Heilers aufgeladenen Amuletts auf das Wohlbefinden von Schmerzpatienten
besonders dann deutlich steigerte, wenn diese vor der Studie eine positive
Erwartung an diese Form der Therapie geknüpft hatten. Dass hier tatsächlich ein Erwartungseffekt einen wichtigen Beitrag leistet, demonstriert eine

Studie, bei der schon durch alleinige Ankündigung eines Entspannungstrainings ein positiver Effekt eintrat, welcher sich bis auf Änderungen in
wichtigen Köperfunktionen erstreckte (Veränderung mehrerer Parameter
des Immunsystems; Shea, 1991; Eidam, 2002). Deswegen sind die in vielen
Therapiestudien eingesetzten Wartegruppen keine Gruppen, welche man
als Leer-Therapiegruppen bezeichnen könnte. Denn ganz offensichtlich
entfalten manchmal die Fantasien über das kommende positive Ereignis
u. U. stärkere Wirkkraft als das Erleben des Ereignisses selbst. Das zeigt das
interessante Zusatzergebnis der erwähnten Studie: Die Durchführung des
Entspannungstrainings selbst brachte im Vergleich zur bloßen Ankündigung weit weniger positive Immunsystemreaktionen. Offensichtlich *erwar-
teten* die Patienten mehr (deswegen die positive Reaktion des Immunsystems), als die Therapeuten zu bieten hatten. Die Lehre daraus ist, dass
Therapeuten sich hüten sollten, überzogene Hoffnungen zu erzeugen. Wie
Arthur Shapiro und David Morris bereits 1978 feststellten, reduziert sich
bei zu hohen Erwartungen der positive therapeutische Effekt oder wendet
sich sogar in sein Gegenteil. Eine zu krasse Konfrontation mit der Realität
tötet dann die schönste Fantasie.

Die Macht der Psyche: Psychosomatik

Wie Alltagserfahrungen zeigen und die oben angeführten Beispiele aus der
Forschung belegen, ist der Einfluss der Seele auf den Köper evident. Wie
stark dieser Einfluss werden kann, zeigt nachfolgendes Beispiel, welches ich
Gaby Mikettas (1992) Abhandlung über den Einfluss der Psyche auf das
Immunsystem entnehme. Ein Patient, dessen Tumor sich im fortgeschrittenen Stadium befand, verlangte vom Arzt, ihm ein neuartiges Medikament
zu geben, da dieses doch sehr wirksam sei. Zumindest hatte er das in einer
Zeitschrift gelesen. Der Arzt folgte seiner Aufforderung, da er offensichtlich
keine andere Möglichkeit mehr sah, dem Patienten zu helfen. Der Tumor
verschwand. Als der Patient jedoch etwas später in derselben Zeitschrift
las, dass sich das Medikament doch als unwirksam herausgestellt habe,
erkrankte er von neuem. Der Tumor wuchs wieder. Der Arzt entschloss
sich, einen Trick anzuwenden – genau genommen zu einer Lüge. Er spritzte
dem Patienten eine Kochsalzlösung, teilte ihm aber mit, dass es sich um
eine sehr wirksame Neuentwicklung des Medikamentes handle. Wieder
genas der Patient. Radikale Aufklärung hat auch ihre Schattenseiten. Eine
starke Imaginationsfähigkeit hilft hingegen manchmal – je nachdem.

Da unsere Imaginationsfähigkeit offensichtlich so mächtig ist, uns retten
zu können, hat sie eben auch das Potential zu zerstören, wie wir sehen.
Letzteres ist die Schattenseite unserer Fähigkeit, weit über das konkret
Vorliegende hinaus greifen zu können, einer entscheidenden Etappe in der

menschlichen Evolution (siehe Kap. 2.1). Diese Begabung zur Imagination des Positiven bzw. ebenso des Negativen drückt sich u. a. in zahlreichen psychischen Erkrankungen aus – eine Entdeckung, welche die moderne kognitive Verhaltenstherapie zum Gegenstand ihrer Behandlungsstrategie machte. Einen der wichtigen theoretischen Grundsteine hierzu legte Martin Seligman von der University of Philadelphia im Jahr 1975 mit seinem nun schon klassischen Werk *Helplessness. On depression, development and death.* In diesem relativ schmalen Werk versucht Seligman nachzuweisen, dass das Gefühl bzw. die Illusion der Hilflosigkeit eine der Ursachen der Depression sei. Mit dem Beispiel der tödlichen Folgen einer Verfluchung am Freitag, den 13., leitet er die Darstellung seiner Theorie ein (siehe Kasten 4.1c). Seligman wollte damit zeigen, dass das Gefühl der Unentrinnbarkeit nicht nur hohe Verzweiflung, sondern manchmal sogar den Tod zur Folge haben kann.

Letztlich geht es Seligman jedoch in erster Linie nicht um seelische Probleme mit Todesfolge, sondern um eine neue Theorie der Depression. Depression entsteht nach Seligman durch wiederholte Erfahrung der Hilflosigkeit. Als Beleg führt er zahlreiche in seinem Experimentallabor durchgeführte Tierversuche an. Verschiedene Tiere, Ratten, Hunde etc. wurden in Situationen gebracht, in denen sie unangenehmen Erlebnissen, wie z. B. Schmerz oder sehr lautem, unangenehmen Krach, nicht entrinnen konnten. Den Tieren sollte so die Erfahrung der Hilflosigkeit vermittelt werden.

Kasten 4.1c

„Plötzlicher psychosomatischer Tod"

„1967 kam eine Frau kurz vor ihrem 23. Geburtstag völlig aufgelöst ins Städtische Krankenhaus von Baltimore gelaufen und bat um Hilfe. Sie und zwei andere Mädchen hatten verschiedene Mütter, waren aber von derselben Hebamme an einem Freitag, dem 13., im Okefenokee-Sumpfgebiet zur Welt gekommen. Die Hebamme hatte alle drei Babys verflucht und prophezeit, dass die eine vor ihrem 16. Geburtstag, die zweite vor ihrem 21. Geburtstag und die dritte vor ihrem 23. Geburtstag sterben würde. Die erste war mit 15 Jahren bei einem Verkehrsunfall ums Leben gekommen; die zweite war am Abend vor ihrem Geburtstag bei einer Schlägerei in einem Nachtclub versehentlich erschossen worden. Nun wartete sie als dritte voller Entsetzen auf ihren eigenen Tod.

Die Klinik nahm sie etwas skeptisch zur Beobachtung auf. Am nächsten Morgen, zwei Tage vor ihrem 23. Geburtstag, wurde sie tot in ihrem Klinikbett aufgefunden – ohne erkennbare organische Todesursache."

(Quelle: Seligman, M. E. P. (1983). Erlernte Hilflosigkeit, München: Urban und Schwarzenberg.)

Im entscheidenden zweiten Teil des Experiments hatten die Tiere nun die Möglichkeit, der unangenehmen Situation auszuweichen. Dies taten sie aber nicht. Für Seligman hatten die Tiere eine so stark negative („depressive") Erwartung entwickelt, dass sie jetzt nicht mehr in der Lage waren, nach Möglichkeiten der Verbesserung ihrer Lage zu suchen. Um zu prüfen, ob dies auch für Menschen Gültigkeit hat, führte Seligman daraufhin Experimente mit Studenten durch. Es handelte sich um Personen, welche zu leichteren Formen der Depression neigten. Er kam zu ähnlichen Ergebnissen. Hier ging es z.B. darum, unangenehmen Geräuschen auszuweichen. Seine Experimente und seine Theorie fanden weltweite Beachtung, lösten aber auch heftige und kontroverse Diskussionen aus.

Eigentlich erzeugte Seligmann einen Zustand, den man heute als Kontrollverlust bezeichnet. Dieser Zustand ist nun nicht nur auf die Depression beschränkt, sondern das Gefühl, keine Kontrolle mehr über wichtige Lebenssituationen zu haben, beschreibt ein allgemeines seelisches Risiko (siehe Kap. 3.1). Mich selbst hat es immer wieder gewundert, dass Seligman einen anderen Teil der Ergebnisse in seiner Theoriebildung kaum berücksichtigt. Die Tiere, welche längere Zeit der Situation scheinbarer Unentrinnbarkeit ausgesetzt wurden, entwickelten Bluthochdruck, Magengeschwüre und auch biochemische Veränderungen im Gehirn. Eigentlich hatte Seligman damit einen Beitrag zur Psychosomatikforschung geleistet (wie schon sein Einführungsbeispiel zeigt). Er hätte sich hierbei auf zahlreiche ähnliche Forschungsergebnisse stützen können. Auch z.B. auf die klassischen Versuche von Walter Cannon (1871–1945), dem Begründer der modernen Psychosomatikforschung. Cannon beschäftigte sich u.a. mit den seelischen Gründen von plötzlichen Todesfällen. Auch Cannon experimentierte mit Tieren. Er fand heraus, dass ständige Konfrontation mit Angst auslösenden Reizen bei einigen Tieren den Tod zur Folge hatte. Daneben interessierte sich Cannon für Berichte von Ethnologen über die Bedingungen des sog. Voodoo-Todes im Afrika und Hawaii des 19. Jahrhunderts. Gemeint sind relativ plötzlich eintretende Todesfolgen nach einem Tabubruch. Die Betroffenen erleben die Situation ebenfalls als unentrinnbar, da nun ein schwerer Fluch auf ihnen lastet. Der amerikanische Forscher Robert Hahn (2000) berichtet ähnliche Fälle aus anderen Regionen der Erde. Allerdings weist Hahn auch darauf hin, dass von manchen Ethnologen angezweifelt wird, dass ein direkter Zusammenhang bestehe. Denn radikale Verhaltensänderungen der „Verfluchten", wie Nahrungsverweigerung und Dehydrierung durch fehlende Flüssigkeitsaufnahme, könnten ebenso den Tod zur Folge gehabt haben. Somit stelle sich der Tod in manchen Fällen als sekundäre Folge der Verfluchung ein.

Grundsätzlich ist es schwierig, aus den in der ethnologischen Literatur berichteten Einzelfällen allgemeine Gesetzmäßigkeiten abzuleiten. Ebenso ist es – wie bereits erwähnt – problematisch, aus Tierversuchen auf das Denken und Fühlen von Menschen zu schließen. Schließlich musste Seligman seine Theorie revidieren, denn die Merkmale der Depression lassen sich nicht auf das Gefühl, hilflos zu sein, reduzieren. Neben der stark verminderten Fähigkeit, Freude und Enthusiasmus zu empfinden, bestimmen negative Wahrnehmungen, Einstellungen und Erinnerungen, sog. negative Kognitionen, die Depression. Stark depressive Menschen kennzeichnet typischerweise eine sog. depressive Trias. Damit sind im Wesentlichen negative Einstellungen in drei wichtigen Lebensbereichen und Erwartungen gemeint: 1. negative Einschätzung der eigenen Personen, 2. keine positive Erwartung an Menschen, welchen man begegnet und mit welchen man befreundet oder verwandt ist, 3. keine positive Erwartung bezüglich der Zukunft.

Mittlerweile kennt man recht genau das körperliche Risiko solcher und verwandter negativer Kognitionen. Zahlreiche wissenschaftliche Studien belegen das Schädigungspotential für den Körper. Selbst das Risiko eines frühen Todes kann die Folge sein, wenn gleichzeitig eine körperliche Grunderkrankung mit entsprechendem Risiko vorliegt. Andererseits kann natürlich Depression auch Folge z. B. einer chronischen Körpererkrankung sein. Ferner können negative Kognitionen, wie tiefe Trauer oder überstarke Angst, eine „ungesunde" Lebensweise (siehe oben) oder gar den Suizid nach sich ziehen. Hier sind deshalb vorzugsweise nur Studien berücksichtigt, in denen die Forscher solche sekundären Effekte weitgehend ausschließen konnten.

Eine prominente, mittlerweile klassische Untersuchung stammt aus dem National Center for Chronic Desease Prevention and Health Promotion in Atlanta (USA). Diese Studie von Anda und Mitarbeitern (1993) demonstriert, dass während eines 12-jährigen Beobachtungszeitraums 2832 Patienten mit ischämischen Herzerkrankungen dann häufiger einen ungünstigeren Krankheitsverlauf hatten oder auch häufiger verstarben, wenn gleichzeitig depressive Beschwerden vorhanden waren. Auch kritische Nachuntersuchungen bestätigen den Zusammenhang, wie gesagt auch unter Berücksichtigung bzw. Ausschluss der sekundären Folgen von Depressionen. Angesichts solcher und weiterer drastischer Botschaften von der Forschungsfront fragt sich Wulsin in seinem Kommentar im *Archive of Internal Medicine* aus dem Jahr 2000: „Does depression kill?" Die Antwort lautet natürlich: Depression tötet in der Regel nicht, sondern verschlechtert die Überlebensbedingungen z. B. auch in Abhängigkeit von der Art der somatischen Grunderkrankung. Das Schicksal eines bestimmten Betroffenen ist damit natürlich noch längst nicht besiegelt.

Andererseits weist ein Zusatzergebnis der Arbeitsgruppe um Anda und Kollegen darauf hin, dass negative körperliche Konsequenzen sich auch dann einstellen, wenn keine *voll* ausgeprägte Depression vorliegt, u. a. genügt schon ausgeprägte Hoffnungslosigkeit oder mangelnder Optimismus. So führt bei älteren Menschen eine negative Einschätzung der Zukunft wesentlich häufiger zu frühem Tod, wie Stephen Stern und Kollegen (2001) nachweisen konnten. Dies betraf fast ein Drittel der 64- bis

79-Jährigen aus dieser Altersgruppe. Im Vergleich dazu verstarben nur 11 % der Personen, die eine optimistische Lebenseinstellung hatten. Ähnliches berichtet Shelley Taylor (2001) bei jüngeren Menschen über den Verlauf von AIDS-Erkrankungen.

Aber damit nicht genug. Auch andere Formen negativer Emotionen und Kognitionen, wie z. B. pathologische Ängste, verschlechtern die Prognose bei körperlichem Leiden. Es handelt sich um Kognitionen, welche z. B. Situationen, Personen oder Objekte so bedrohlich einschätzen lassen, dass diese vermieden werden. Beispielsweise stellten Alys Cole-King und Keith Gordon Harding (2001) vom Wound Healing Research Center der Universität von Wales in Cardiff fest, dass von 53 an Unterschenkelwunden leidenden Personen bei 15 von insgesamt 16 hochängstlichen und bei allen 13 depressiven Patienten die Wundheilung ungewöhnlich langsam vonstatten ging. Diese Reihe ließe sich durch zahllose weitere Beispiele unendlich fortsetzen (siehe Kasten 4.1d). Worauf es hier jedoch nur ankommt, ist zu zeigen, dass eine enge Verflechtung zwischen beiden Ebenen besteht. Da dies so ist, kann

---

Kasten 4.1d

Das Leben – eine Serie von Krankheiten

Alice wurde von ihrer Ärztin, der sie sehr vertraute, in eine psychosomatische Klinik überwiesen. Diese hatte Alice seit sechs Monaten behandelt und sie in dieser Zeit 23-mal gesehen! Alice hatte über eine Reihe von Beschwerden geklagt – allgemeine Missempfindungen und Schmerzen, Übelkeit, Müdigkeit, unregelmäßige Menstruation und Benommenheit. Aber auch gründlichste Untersuchungen der Ärztin hatten keinen organischen Befund ergeben. Davor hatte sie einen Gynäkologen aufgesucht, der sie wegen Uterusschmerzen behandelte, einen Neurologen, der sie wegen Kopfschmerzen und Ohnmachtsanfällen untersuchte, und weitere Spezialisten, die sie wegen Brust- und dann auch Bauchschmerzen behandelten.

In der psychosomatischen Klinik machte sie dem dortigen Psychologen gleich klar, dass sie nur im Vertrauen auf ihre Ärztin hier und nur körperlich krank sei. „Ich wüsste nicht, wie ein Psychologe mir helfen könnte", war eine ihrer typischen ablehnenden Äußerungen.

Nach einiger Zeit konnte der Psychologe dann doch ihr Vertrauen gewinnen. Es stellte sich heraus, dass Alice offenbar ein sehr ängstlicher Mensch war, und das besonders in Situationen, in denen sie sich durch andere beschwert fühlte. Auch kriselte es in ihrer Ehe, und ihr Mann dachte an Scheidung.

(Quelle: Fallbeispiel nach Davison, J. & Neale, J. M. (2002). *Klinische Psychologie*. Weinheim: Beltz. Adaptiert und gekürzt durch den Verfasser.)

man z. B., wie die Neurologen Hans Christof Diener und Kollegen (1995) von der Universität Essen, demonstrieren, durch Behandlung der Depression chronische Schmerzsyndrome lindern.

Aber warum spreche ich auch hier von Illusionen, bei einer so schweren Erkrankung wie pathologischer Depression oder pathologischer Angst, wird sich mancher Leser fragen. Ist so etwas etwa nur eine Illusion? Die Antwort ist: Natürlich ist für den Betroffenen das seelische Leiden schmerzliche Realität und wird deshalb von Therapeuten sehr ernst genommen. Mit dem Ausdruck „Illusion" ist nicht gemeint, dass das Leiden nur etwa eine Farce sei. Aber, wie leicht zu zeigen ist, ist kein Mensch nur minderwertig und die Zukunft immer in allen Aspekten düster, auch werden wir selten mit Mitmenschen nur negative Erlebnisse haben können, wie schwer depressive Menschen in ihrer Trias-Einschätzung der Welt annehmen. So sind auch nicht die eigenen Kinder oder der eigene Mann ständig in Gefahr, wie Menschen, welche an einer bestimmten Form pathologischer Angst leiden, meinen. Seelische Störungen sind zwar oft Konsequenzen früher traumatischer Erfahrungen, aber deshalb fast alles als negativ oder bedrohlich einzuschätzen, entspricht keineswegs der Realität. Deswegen der Ausdruck Illusion. Die Aufgabe der Therapie ist es deshalb, diese Illusionsbereitschaft zu verändern, d. h. die Einschätzung der Welt und der Dinge und Personen in ihr näher an realistischere Einschätzungen heranzuführen.

Was noch zu klären bleibt, ist, wieso es zu einer Änderung auf der zweiten Ebene (Körper) kommt, wenn die erste Ebene (Psyche) geheilt wird. Der Grund ist die sehr enge neuronale Verschaltung zwischen Gehirn und Körper. Beispielsweise besitzt das Gehirn Zentren, welche den Schmerz modulieren, z. B. im Mittelhirn bzw. im Thalamus – einer zentralen Relaisstation des Gehirns. Aber auch in der Hirnrinde, dem obersten Verarbeitungszentrum für psychische Prozesse befinden sich Schmerzzentren. Das hat zur Folge, dass sich die Schmerzempfindung z. B. durch Ablenkung beeinflussen lässt. Schmerz ist somit nicht nur ein somatisches, nur an einem bestimmten Körperorgan stattfindendes Ereignis. Auch die Psyche moduliert den Körperschmerz. Kürzlich berichtete die Wissenschaftszeitschrift *Science* ganz entsprechend, dass psychischer Schmerz und körperlicher Schmerz teilweise von denselben kortikalen Arealen des Gehirns moduliert werden. Offensichtlich ein zusätzlicher Grund, warum wir von seelischem Schmerz sprechen können, und letztlich auch, warum beides so stark psychophysiologisch miteinander verquickt ist.

Noch zentraler für „Heilen oder Schaden durch die Psyche" ist jedoch das Immunsystem. Hier hat ein neuerer Forschungszweig, die Psycho-Neuro-Immunologie, in den letzten 20 bis 30 Jahren rasante Fortschritte gemacht. Der Name ist hier Programm und Resultat zugleich. Die Wechselwirkungen von Psyche, Nervensystem und Immunsystem bzw. somatischen Funktionen sind danach wesentlich enger, als man früher angenommen hatte. Eine der Verbindungsachsen, welche hier in Frage kommen, ist die Achse

Großhirn–Hypothalamus–Hypophyse–Nebenniere. Letztere sorgt für die Ausschüttung von Hormonen. Erinnert sei in diesem Zusammenhang daran, dass bei hoher seelischer Belastung sog. Stresshormone von der Nebenniere ausgeschüttet werden. Über diese Hormone besteht dann wiederum eine Modulationsmöglichkeit des Immunsystems. Der Vollständigkeit halber ist auch das vegetative Nervensystem mit seinen Steuerungszentren im Gehirn (z.B. Anstieg der Herzfrequenz bei Aufregung) zu nennen, welches ebenfalls Verbindung zum Immunsystem hat, aber auch bei andauernder Überbeanspruchung direkt am Entstehen von Krankheiten beteiligt sein kann.

Der kerngesunde vergiftete Gärtner. Oder: Krankheiten, die keine sind

„Nachdem ein Hobbygärtner in F. beim Umgraben in seinem neu erworbenen Schrebergarten auf mehrere große Ampullen mit gelblicher Flüssigkeit gestoßen war, begab er sich sofort zu seinem Hausarzt und klagte u.a. über starke Übelkeit. Der Arzt konnte jedoch keine Anhaltspunkte für eine Erkrankung feststellen. Die inzwischen eingeschaltete Feuerwehr brachte die Ampullen in ein Speziallabor. Es stellte sich heraus, dass die Ampullen Urin enthielten" (Meldung des Hessischen Rundfunks vom 10.9.2002).

Dasselbe lässt sich experimentell erzeugen, wie ein in einschlägigen Lehrbüchern immer wieder zitiertes Beispiel einer japanischen Forschergruppe zeigt: Bei 13 Versuchsteilnehmern, welche leicht zu Hautirritationen neigten, berührte der Versuchsleiter die Armhaut der Probanden mit Blättern einer den Versuchsteilnehmern unbekannten harmlosen Pflanze. Es wurde den Versuchsteilnehmern jedoch mitgeteilt, dass es sich um eine giftige Pflanze handle. Bei allen 13 Versuchspersonen führte daraufhin der Kontakt mit der Pflanze zu Hautirritationen. Daraufhin wurde bei denselben Personen eine nun tatsächlich leicht *giftige* Pflanze am anderen Arm appliziert. Hier wurde den Versuchsteilnehmern gesagt, dass es sich um eine *harmlose* Pflanze handle. Trotzdem oder gerade deswegen – je nachdem, was man erwartet – entwickelten nur bei 2 der 13 Versuchsteilnehmer Hautirritationen (siehe Kirsch, 2000).

Solche „Einbildungen" können sich zu andauerndem *psychischem* Leiden verfestigen, obwohl Ärzte keine *organische* Ursache entdecken, geschweige denn die vom Patienten empfundene Dramatik des Krankheitsgeschehens nachvollziehen können. Wenn es noch eines Beweises der Macht der Imagination bedurft hätte, dann ist er spätestens hier erbracht. Zwar verschwand nach Aufklärung über die Ursache beim „vergifteten" Gärtner die Symptomatik. Bei einer sich verfestigten Imagination einer körperlichen Erkrankung bringt jedoch selbst modernste Diagnosetechnik für den Betroffenen keinen überzeugenden Gegenbeweis. Hier nützt Aufklärung wenig. Im

Gegenteil, die Arztbesuche verlaufen äußerst frustrierend. Der behandelnde Arzt sagt, dass dem Patienten nichts fehlt. Der Patient glaubt dem Arzt nicht und beschließt weitere und „bessere" Spezialisten aufzusuchen. Selbst das oben beschriebene Prestige moderner akademischer Heiler versagt gegenüber der Eigendynamik dieses seelischen Geschehens. Die Psyche signalisiert körperliche Not, und der Betroffene ist felsenfest überzeugt. Er spürt ja das Leiden am eigenen Leibe oder befürchtet zumindest, dass der Ausbruch einer schweren bedrohlichen Erkrankung kurz bevor stehe. Eine solche Patientenkarriere zieht sich in der Regel über Jahre hin, ohne dass ein „handfestes" somatisches Leiden entdeckt, geschweige denn eine Ursache dingfest gemacht werden kann. Als *doctor shopping* bezeichnen amerikanische Forscher sehr drastisch dieses Verhalten. Und viele sind betroffen. Winfried Rief (1998), einer der deutschen Experten auf diesem Forschungsgebiet, berichtet, dass etwa 20 % der Patienten in Arztpraxen kein organisch bedingtes Leiden haben. Noch höher ist der Anteil in psychosomatischen Kliniken: Bis zu 85 % der Patienten haben lediglich eine Scheinerkrankung, so wie die Patientin im Fallbeispiel in Kasten 4.1d.

Es ist jedoch ausdrücklich zu betonen, dass es sich hier in der Regel nicht um Simulanten handelt. Es sind psychische Probleme, welche sich im Hintergrund der somatischen Beschwerden abspielen. Die körperlichen Leiden sind hier lediglich die Signalflagge der Psyche. Dennoch ist dies dem Betroffenen zunächst keineswegs klar. Das verursachende psychische Problem verbirgt sich hinter den körperlichen Beschwerden. Deswegen die Sam-

Kasten 4.1e

Somatoforme Störungen: Unterteilung in Untergruppen und Symptombeispiele (Auswahl wichtiger Krankheitsbilder)

Somatisierungsstörungen
Schmerzen in verschiedenen Köperregionen, Magen-, Darmbeschwerden, urologische Beschwerden oder Beschwerden an den Sexualorganen

Pseudoneurologische Beschwerden
Konversionsstörungen, pseudoneurologische Beschwerden (z. B. Erblindungen, Lähmungen etc.)

Hypochondrie
Übertriebene und ständige Befürchtungen, krank zu werden

Wichtiger Unterschied:
Psychosomatische Krankheiten sind von Somatoformen Störungen zu unterscheiden. Erstere sind durch psychische Probleme (z. B. Stress) bedingte tatsächliche körperliche Erkrankungen. Bei letzteren handelt es sich um psychische Störungen mit körperlichen Pseudosymptomen.

melbezeichnung „somatoforme Störungen" für diese Erkrankungen (siehe Kasten 4.1e) – eben nur der Form nach somatisch. Beispielsweise haben beim Somatisierungssyndrom Schmerzen Signalfunktion, welches für den erfahrenen Behandler ein Ansatzpunkt für die psychologische Behandlung darstellt. Für den Betroffenen hat hingegen nur das körperliche Symptom Realitätscharakter.

Noch wesentlich dramatischer sind neurologische Scheinerkrankungen, die sog. Konversionsstörungen. Hier imitiert die Psyche neurologische Störungen. Der Ausdruck „Konversion" besagt, dass seelisches Geschehen in körperliches Leiden „konvertiert". Betroffene Menschen erblinden u. U. oder erleben plötzliche Lähmungen. Wiederholte neurologische Untersuchungen ergeben auch hier keine entsprechenden somatischen Ursachen. Die Konfrontation mit einer Konversionsstörung war für Sigmund Freud einer der Gründe, eine neue Theorie der Entstehung seelischer Krankheiten zu entwickeln und darauf die sog. psychoanalytische Behandlung zu gründen. Gerade weil diese Erkrankung sich so dramatisch nach außen hin darstellt, kann ein geschickter Heiler oder Arzt hier geradezu wahre Wunderheilungen der staunenden Öffentlichkeit vorführen. So wurde der Wunderdoktor Dr. Anton Mesmer im 18. Jahrhundert u. a. durch die Heilung einer blinden Pianistin oder eines gelähmten bayrischen Akademierates berühmt. Er nannte seine Heilkraft „animalischen Magnetismus". Es ist möglich, dass es sich um Konversionsstörungen handelte. Stefan Zweig, der Biograph Mesmers, dazu: „Nach Mesmers völlig richtiger Auffassung … kann der seelische Heilungswille, der Gesundheitswille, tatsächlich Wunder an Genesung tun: Pflicht des Arztes ist deshalb, dies Wunder herauszufordern" (2002, S. 56–57).

Resümee: Leiden, Hoffen, Wunder

Während ich dieses Kapitel schreibe, kommt gerade im Radio die Meldung: „Mutter Theresa wird vom Papst selig gesprochen." Sie starb 1997, und der Vatikan leitete ein beschleunigtes Seligsprechungsverfahren ein. Das Heilwunder der Theresa, welches eine der Voraussetzungen für ihre Seligsprechung war: Der Tumor einer Inderin mit Namen Monika Basra verschwand sehr plötzlich und medizinisch unerklärlich. Durch Vermittlung Mutter Theresas, so die Argumentation der Gutachter der vatikanischen Kommissionen. Die Initialzündung war offensichtlich ein Lichtstrahl, welcher von einem Bild der Muter Theresa auszugehen schien, als Monika Basra in der Krankenhauskapelle betete. Monika Basra begann daraufhin, zusammen mit einer Ordensschwester Mutter Theresa um Fürsprache bei Gott zu bitten. Später wurde auch eine wundertätige Medaille, welche gleich nach dem Tod von Mutter Theresa deren Leib berührt hatte, auf den Bauch der Kranken gelegt. Seither ist Monika Basra geheilt.

Religiös eingestellte Menschen werden dazu neigen, nicht nur diese, sondern manche andere in diesem Buch geschilderte Genesung, welche ohne spezifische ärztliche Maßnahme zustande kommt, dem christlichen Gott zuzuschreiben; andere einer kosmischen Heilkraft oder ähnlichen übernatürlichen Kräften. Andere wiederum der Heilkraft eines Heilers. So wie z. B. die in Kapitel 3.2 geschilderte Erleichterung von Schmerzpatienten durch ein Amulett, welches mit der Heilkraft des Heilers aufgeladen war. Ob dies letztlich der alleinige Grund oder zumindest ein zusätzlicher Grund ist, lässt sich, wie mehrfach betont, nicht mit wissenschaftlichen Mitteln belegen oder widerlegen. Die Frage von Joyce (1998), ob „Gott ein Placebo" sei, ist deswegen als wissenschaftliche Frage gegenstandslos. Andererseits verunsichern die teilweise recht starken Effekte von Scheinbehandlungen ganz offensichtlich auch das naturwissenschaftliche Selbstverständnis mancher Ärzte. „Placebos are ghosts that haunt our house of biomedical objectivity", so Anne Harrington (2000, S. 1) in metaphorischer Umschreibung des Problems. Ob der Placebo-Effekt ein Mythos sei, fragt sich andererseits John Bailar 2001 in einem Editorial im *New England Journal of Medicine* in Reaktion auf eine Studie mit negativem Ausgang in derselben Zeitschrift. Eine solche Studie kommt verunsicherten Wissenschaftlern gerade recht. In der besagten Studie meinen die dänischen Autoren Hrobjartsson und Gotzsche (2001), keine sehr wesentlichen Effekte bei ihrer Durchsicht von Placebo-Behandlungen feststellen zu können. Natürlich löste dieser singuläre Befund heftige Diskussion aus. Stehen doch Hunderte von Studien dagegen. Wir lernen daraus, dass Placebos selbstverständlich nicht ebenso effektiv sind wie moderne, gut erprobte Behandlungsverfahren. Aber das wussten wir schon, und das Gegenteil würde auch niemand behaupten. Stattdessen kommt es entscheidend auf die Behandlungsbedingungen an, ob eine Scheinbehandlung so starke positive Erwartungen erzeugt, dass selbst körperliche Prozesse hierdurch radikal verändert werden. Die dänische Studie hat dies jedoch nicht berücksichtigt[5]. So überrascht es denn auch nicht, dass die äußerst hohe Schwankungsbreite der Placebo-Reaktion das auffälligste Ergebnis der Studie war. Das heißt: Bei den in der Studie zusammengefassten Einzelergebnissen sind sowohl fehlende als auch starke Effekte unter Scheinbehandlung zu registrieren. Die Existenz des Letzteren überrascht wie gesagt nicht. John Bailar drückt denn auch in seiner abschließenden Bewertung der dänischen Arbeit die Überzeugung aus, dass die Schlussfolgerung der Autoren eine Übergeneralisierung sei. Ich kann dem nur zustimmen.

Eine Scheinbehandlung ist eben in der Regel nicht „nichts". Die in ihr steckende Psychologie entfaltet u. U. sehr mächtig ihre Wirkung. Die Effekte lassen sich bei systematischer Erzeugung unterschiedlicher Erwar-

---

[5] Hrobjartsson und Gotzsche (2001) stellten bei einem Teil der durchgesehenen Studien signifikante subjektive, aber keine oder nur geringe objektive Veränderungen nach Placebo-Behandlungen fest.

tungen beim Patienten oder Probanden im Laborexperiment sehr zuverlässig auslösen, wie wir gesehen haben. Die gezielte Wirkkraft der Illusion, der Hoffnung auf das psychobiologische System lässt sich nicht negieren. In diesem Fall sind Illusionen äußerst positiv. Es handelt sich um eine in jeder Behandlung nutzbringende fundamentale anthropologische Konstante. Walt Whitman hat in der als Motto für dieses Kapitel zitierten Gedichtzeile Recht: Das Mirakel liegt – soweit wir es wissen können – auch in uns! Die Ursache ist somit weitgehend aufdeckbar. Zumindest soweit es sich um die dem System Mensch innewohnenden psychobiologischen Kräfte handelt. Diese (eigene) Macht der Psyche beweist sich dann eben auch in ihrer gegenteiligen Wirkung; in der Tatsache, dass *körperliches* Leiden auch ohne organisch begründete Basis quasi als Illusion, und dann als Erblindung, Lähmung oder extreme Schmerzen, auftreten kann. Gerade hier zeigt sich denn auch besonders drastisch die Macht der menschlichen Imaginationsfähigkeit.

Wir sehen, unsere starke Imaginationsfähigkeit lässt sich auch in die Kategorie „Psychologie selbstschädigender menschlicher Irrtümer" einordnen. Auch hier wirken Illusionen mit hoher Durchschlagskraft. Dies reicht von körperlichen Erkrankungen, welche durch negative Gedanken erzeugt werden, über nur illusionierte, aber äußerst ängstigende körperliche Erkrankungen (sog. somatoforme Störungen) bis zur umfangreichen Palette psychischer Störungen, bei welchen die Psyche dem Betroffenen eine Gefahr oder negative Aussichten nur „vorspielt", dennoch aber für den Betroffenen als bittere Realität erscheinen. Letztere Erkenntnis bildet den therapeutischen Hebel für Aaron Beck, ehemals Professor an der Universität von Pennsylvania in Philadelphia. Seine Erkenntnis, dass so geartete pathologische Lebenseinstellungen als kognitive Irrtümer einzustufen seien, erregte weltweit großes Aufsehen. Besonders aber, dass Beck nachweisen konnte, dass durch eine bestimmte therapeutische Dialogform die „Denkfehler" des Patienten auflösbar sind. Eine neue Form von Psychotherapie war geboren, die kognitive Verhaltenstherapie.

Logischerweise schlägt das Kraftpendel dieser besonderen Illusionsfähigkeit auch in die positive Richtung aus. Deswegen kann Heilung (nicht nur durch Aufklärung des negativen) Irrtums erfolgen, sondern als „heilsamer" Irrtum. Das verweist auf die andere positive Macht bzw. die andere Seite der Medaille unserer hohen Imaginationsfähigkeit. Es begründet auch, warum uns die Natur bzw. Evolution so ausgestattet hat (siehe auch Kap. 5). Der Nutzen ist offensichtlich: Alle Heiler – ob akademisch geprüft oder lediglich durch eigene Überzeugung ernannt – machen sich dies (mehr oder weniger bewusst) zunutze. Ebenso wie Adepten der schwarzen Magie die gegenteilige Kraft der Psyche nutzen können, worauf schon Cannon bezüglich des Voodoo-Todes hinwies. Im Falle der Scheinerkrankungen bzw. somatoformen Störungen treibt die Psyche sozusagen Schadenszauber „am eigenen Leibe". Die schwarze wie die weiße Magie wirken somit über dieselbe Seele-Leib-Wechselwirkung mithilfe von Fantasie, Kreativität, Imaginationsfähigkeit und Illusionsbereitschaft. Diese können sehr extreme Zustände herbei„zaubern". Oder in anderer Sichtweise: Imaginations- bzw. Illusionsfähigkeit können Selbstheilungskräfte deaktivieren oder aktivieren.

Bibliographie-Auswahl

Ader, R., Cohen, N., Felten, D. (1995). Psychoneuroimmunology: interaction between the nervous system and the immune system. *The Lancet, 345,* 99–103.

Ader; R. (2000). *The role of conditioning in pharmacotherapy.* In: Harrington, A. (Hrsg.). *The placebo effect.* Cambridge, Ma.: Harvard University Press.

Anda, R., Williamson, D., Jones, D., Macera, C., Eaker, E., Glassman, A., Marks, J. (1993). Depressed affect, hopelessness and the risk of ischemic heart disease in a cohort of U.S. adults. *Epidemiology, 4,* 285–294.

Benson, H. & McCallie, D. P. (1979). Angina pectoris and the placebo effect. *New England Journal of Medicine, 300,* 1424–1429.

Beutler, L. E., Machado, P. P., Allstetter Neufeld, S. (1994). *Therapist variables.* In: Bergin, A. E. & Garfield, S. L. (Hrsg.): *Handbook of psychotherapy and behavior change.* New York: Wiley.

Brown, W. (2002). Der Placebo-Effekt. *Spektrum der Wissenschaft, 1,* 30–35.

Cobb, L. A., Thomas, G. I., Dillard, D. h. (1959). An evaluation of internal mammary artery ligation by double-blind technique. *New England Journal of Medicine, 260,* 1115–1118.

Cole-King, A. & Harding, G. (2001). Psychological factor and delayed healing in chronic wounds. *Psychosomatic Medicine, 63,* 216–220.

Cooper, J. (1980). Reducing fears and increasing assertiveness: the role of dissonance reduction. *Journal of Experimental and Social Psychology, 16,* 199–213.

De La Fuente-Fernandez, R., Ruth, T. J., Sossi, V., Schulzer, M., Calne, D. B., Stoessl, A. J. (2001). Expectation and dopamine release: mechanism of the placebo effect in Parkinson's disease. *Science, 293,* 1164–1166.

Diener, H. C., van Schayck, R., Kastrup, O. (1995). *Pain and depression.* In: Bromm, B. & Desmendt, J. E. (Hrsg.). *Pain and the brain. From nociception to cognition.* New York: Raven Press.

Dimond, E. G., Kittle, C. F., Cockett, J. E. (1960). Comparison of internal mammary artery ligation as sham operation for angina pectoris. *American Journal of Cardiology, 4,* 483–486.

Eidam, F.-M. (2002). *Der Placeboeffekt und die Wirkfaktoren von Psychotherapie.* Diplomarbeit, Jena: Friedrich-Schiller-Universität.

Eidam, F.-M. (2003). *Neuere Ergebnisse der Placebo-Forschung.* Unveröffentlichtes Manuskript.

Felfe, J. (2002). *Transformation und charismatische Führung und Commitment im organisatorischen Wandel.* Habilschrift. Halle-Wittenberg: Martin-Luther-Universität.

Fields, H. L. & Price, D. D. (2000). *Toward a neurobiology of placebo analgesia.* In: Harrington, A. (Hrsg.).*The placebo effect.* Cambridge, Ma.: Harvard University Press.

Gauler, T. C. & Weihrauch, T. R. (1997). *Placebo. Ein wirksames und ungefährliches Medikament?* München: Urban & Schwarzenberg.

Grawe, K. (1998). *Psychologische Therapie.* Göttingen: Hogrefe.

Hahn, R. A. (2000). *The nocebo phenomenon: scope and foundations.* In: Harrington, A. (Hrsg.).*The placebo effect.* Cambridge, Ma.: Harvard University Press.

Harrington, A. (2000). *Introduction.* In: Harrington, A. (Hrsg.).*The placebo effect.* Cambridge, Ma.: Harvard University Press.

Howard, K., Lueger, R. J., Maling, M. S., Martinowich, Z. (1993). A phase model of psychotherapy outcome: Causal mediation of change. *Journal of Consulting and Clinical Psychology, 61,* 678–685.

Hrobjartsson, A. & Gotzsche, P., C. (2001). Is the placebo powerless? An analysis of clinical trials comparing placebo with no treatment. *New England Journal of Medicine. 344,* 1594–1602.

Huf, A. (1992). *Psychotherapeutische Wirkfaktoren.* Weinheim: Psychologie-Verlags-Union.

Joyce, C. R. B. (1998). Is God a placebo? *Forschende Komplementärmedizin/Research in Complementary Medicine, 5 (Suppl. 1),* 47–51.

Kirsch, I. (2000). *Specifying nonspecifics: psychological mechanisms.* In: Harrington, A. (Hrsg.). *The placebo effect.* Cambridge, Ma.: Harvard University Press.

Lawson, D. (1994). Identifying pretreatment change. *Journal of Counseling & Development, 72,* 244–248.

Leuchter, A. F., Cook, I. A., Witte, E. A., Morgan, M., Abrams, M. (2002). Changes in brain function of depressed subjects during treatment with placebo. *American Journal of Psychiatry, 159,* 122–129.

Mehl-Madrona, L. (2001). Placebo and their effectiveness: Roberts (1995), *Advances in Mind-Body Medicine, 17,* 17–18.

Miketta, G. (1992). *Netzwerk Mensch.* Stuttgart: Georg Thieme.

Rief, W. (1998). *Somatoforme Störungen.* In: Reinecker, H. (Hrsg.). *Lehrbuch der Klinischen Psychologie.* Göttingen: Hogrefe.

Roberts, A. H., Kewman, D. G., Mercier, L., Hovell, M. (1993). The power of nonspecific effects in healing: implications for psychosocial and biological treatment. *Clinical Psychology Review, 13,* 375–391.

Schulte, D. (1996). *Therapieplanung.* Göttingen: Hogrefe.

Seligman, M. E. (1975). Helplessness. On depression, development, and death. San Francisco: Freeman & company. Dt.: *Erlernte Hilflosigkeit* (1983). München: Urban & Schwarzenberg.

Shapiro, A. K. & Morris, L. A. (1978). *The placebo effect in medical and psychological therapies.* In: Garfield, S. L. & Bergin, A. E. (Hrsg). *Handbook of psychotherapy and behavior change.* New York: Wiley.

Shapiro, A. K. & Shapiro, E. (2000). *The placebo: is it much ado about nothing?* In: Harrington, A. (Hrsg.). *The placebo effect.* Cambridge, Ma.: Harvard University Press.

Shea, J. D. (1991). *Suggestion, placebo, and expectation.* In: Schumaker, J. F. (Hrsg.). *Human suggestibility: Advances in theory, research, and application.* New York: Routledge.

Slutsky, J. M. & Allen, G. J. (1978). Influence of contextual cues on the efficacy of desensitization and a credible placebo in alleviating public speaking anxiety. *Journal of Consulting and Clinical Psychology, 46,* 119–125.

Stern, S., Dhanda, R., Hazuda, H. P. (2001). Hopelessness predicts mortality in older Mexican and European Americans. *Psychosomatic Medicine, 63,* 344–351.

Taylor, S. E. (2001). Psychological resources, positive illusion and health. *Advances in Mind-Body Medicine, 17,* 48–49.

Turner, J. A., Deyo, R. A., Loeser, J. D., von Korff, M., Fordyce, W. E. (1994). The importance of placebo effects in pain treatment and research. *Journal of the American Medical Association, 271,* 1609–1614.

Wulsin, L. R. (2000). Does depression kill? *Archives of Internal Medicine, 26,* 1731–1732.

Zweig, S. (2002). Die *Heilung durch den Geist. Mesmer – Mary Baker-Eddy – Freud.* Frankfurt a. M.: S. Fischer.

4.2 Heiler und Heilen durch Glauben – Die psychologische Perspektive

Die Gewissheiten der Heiler

„… bei Jean-Jacques Rousseau und unzähligen anderen ist auch hier ein zur Gesundheit der ganzen Menschheit ersonnenes Allheilsystem aus der Krankheit eines Einzelnen gezeugt."
Stefan Zweig

Schamanen, Medizinmänner, Wunderheiler und heutige alternativ-spirituelle Heiler haben die Gewissheit, dass sie heilen können. Worauf basiert diese Chuzpe? Nur wenige Heiler haben eine Ausbildung in einem Heilberuf und halten dies in der Regel auch nicht für nötig, wie unsere eigene Befragung und die des Freiburger Instituts feststellt[1]. Die Frage ist nun, wie begründen alternativ-spirituelle Heiler bzw. Geistheiler selbst ihre Gewissheit, Krankheiten beseitigen zu können? Wie gelangen sie zu einer Diagnose, wie begründen sie ihre Behandlungsmethode, wie ihre eigene Fähigkeit? Heiler sind Individualisten, welche durch keine einheitliche Schulung gegangen sind, deswegen wird man keine Standardantworten auf diese Fragen erwarten können. Trotzdem treten in den nachfolgend auf der Basis von Interviews und Beobachtungen dargestellten Äußerungen spiritueller Heiler in Deutschland und Österreich[2] immer wieder ähnliche Muster auf:

Auffinden der Diagnose
Natürlich ist die Diagnostik spiritueller Heiler recht unkonventionell. Die Freiburger Heilerbefragung ergibt, dass die überwiegende Mehrheit der 214 befragten Heiler sich nicht nach konventionellen, d.h. medizinischen Diagnostikstandards richtet (85 %). Für viele liegt die Ursache körperlicher

---

[1] Gemeint ist das schon mehrfach erwähnte „Institut für Grenzgebiete der Psychologie und Psychohygiene", Freiburg im Breisgau, welches über Finanzierung durch eine Stiftung (Holler-Stiftung) als einziges Institut in Deutschland in der Lage ist, Forschungen auf Grenzgebieten der Psychologie selbst durchzuführen, und auch in der Lage war, die Finanzierung von Forschungsprojekten anderer Forschergruppen zu gewähren (darunter auch zahlreiche Studien des Autors). Mit „Befragung" ist die Studie „Geistheilung in Deutschland" (1997) gemeint bzw. der Abschlussbericht (4 Bände) der Befragung von 214 Heilern, unveröffentlicht (siehe dazu auch Literaturliste); im Text als Freiburger Studie bezeichnet.

[2] Hierzu wurden neben der Freiburger Studie (welche die umfangreichste ist) Berichte/Studien folgender Autoren/Forschungsgruppenleiter ausgewertet: Martina Bühring (1993), Ute Moos (1999), Andreas Obrecht (1999), Harald Wiesendanger (2002). (Bei Wiesendanger handelt es sich allerdings nicht um eine empirische Befragung im eigentlichen Sinne.) Ferner wurden Biographien von spirituellen Heilern ausgewertet.

Beschwerden in der falschen Einstellung zum Leben oder in Alltagsproblemen ihrer Klienten begründet. Diese Heiler bevorzugen damit eine psychologische Erklärung, auch wenn somatische Erkrankungen vorliegen. Dementsprechend zentriert ihre Diagnostik auf „geistige", spirituelle, energetische Probleme in der Psyche oder auch im Körper ihrer Patienten. Beispielsweise meint der Heiler Emil B., dass er nichts über die eigentliche Krankheit wissen müsse, da diese nicht das „Primäre" sei (Moos, 2001).

Das Diagnose-Instrument ist demzufolge der Heiler selbst. Er erfährt die Diagnose etwa aufgrund der hohen Sensitivität seiner Hände. So beim Heiler Peter S., welcher sich nach Universitäts- und Psychotherapieausbildung dem schamanischen Heilen verschrieben hat. Er fährt mit seinen Händen im Abstand von einigen Zentimetern über den Körper des Klienten, um die kranken Stellen zu erspüren. Peter S.: „Ich schaue auch in den Menschen hinein, was spirituell mit ihm los ist, ob auf der paranormalen oder auf der nichtalltäglichen Seite der Wirklichkeit irgendwelche Probleme liegen. Dazu nehme ich in der Regel meine Rassel, verändere meinen Bewusstseinszustand und mache eine kurze [schamanische] Reise, tauche in diese nichtalltägliche Wirklichkeit ein, gehe zu meinen Helfern und lasse mir dort erklären, um was es sich handelt" (Moos, 2001, S. 103). (Mit „Helfern" sind die schamanischen Hilfsgeister gemeint.)

Oder es wird eine Art „Antenne" für die Ursache der Schwierigkeiten postuliert. „Als er an mit vorbeiging, spürte ich große Schmerzen. Von außen sah man nichts, aber ich wusste sofort, dass er Schwierigkeiten in der linken Gesichtshälfte hatte … und sah, wie sein Energiefeld von seinem Körper ausstrahlte", berichtet der Heiler Gene Egidio in seiner Biographie (1997, S. 18–19). So auch bei den elf Heilern, welche Martina Bühring (1993) interviewt hat. Diese Heiler berichten, dass sie die Fähigkeit hätten, sich in andere Menschen „hineinzuversetzen" (Frau Z.) oder „hineinzudenken" (Frau S.). Die Heilerin B. nimmt demgemäß die vom Patienten ausgehenden „Feinstrahlungen" mit ihren „Röntgenaugen" wahr. Aber auch Visionen werden als Mittel zur Diagnosefindung berichtet. Die Heilerin F. berichtet, dass sie in Zuständen außergewöhnlichen Bewusstseins den Erkrankungsgrund „sieht"; dass sie so die Diagnose „hellsichtig" erfasse und dann auch die weitere Krankheitsprognose. Aber auch in der eigenen Person spüren manche Heiler „Therapiehelfer". Der Heiler P.: „Ich bin allein und doch ist da noch jemand in mir" (Bühring, 1993, S. 88).

Das hört sich recht abenteuerlich an und in akademisch-medizinischer Sicht wie grobe Kunstfehler. Immerhin stellt sich jedoch in den Befragungen auch heraus, dass viele Heiler ihre Patienten – auch zur eigenen Absicherung – auffordern, sich von einem Facharzt untersuchen zu lassen. Gefährliche Eigenüberschätzungen bleiben jedoch nicht aus. Ich selbst musste dies kürzlich in einem kleinen Selbstversuch feststellen. Eine der beiden von mir aufgesuchten Heilerinnen erfasste ganz gut, dass etwas in der Nähe meines Magens nicht stimmen würde. Andere Probleme allerdings nicht. Aber immerhin. Bei der zweiten Heilerin ging die Diagnose jedoch total daneben. Diese forderte mich auf, das von meiner Ärztin verschriebene Medikament mitzubringen. Es handelte sich um ein Mittel zur Behebung einer chronischen Bauchspeicheldrüsen-Unterfunktion. In der Diagnosesitzung hielt die Heilerin Medikamente über meine Bauchregion. Sie legte ihre Handfläche auf die meine. Aufgrund des geringen Gegendrucks meinerseits entschied sie, dass das Medikament nicht das richtige bzw. zumindest zu hoch dosiert sei. Ich ließ das Medikament daraufhin zu Testzwecken weg. Später versuchte ich es mit einer geringeren Dosierung. In beiden Fällen setzten meine Verdauungsprobleme wieder ein. Die Heilerin forderte mich zu meiner Überraschung auch auf, ihre Diagnose der behandelnden Ärztin mitzuteilen. So sicher war sie sich in ihrem Wissen! Dazu passt in etwa auch: „Medikamente sind schädlich", eine Äußerung des Heilers W. Nur Patienten mit Krebs schickt dieser Heiler zum Arzt (Freiburger Studie, S. 172, 191).

Behandlung/Durchführen des Heilrituals

Nicht nur bei der Diagnosestellung, sondern vor allem auch bei der Behandlung spielen veränderte Bewusstseinszustände eine Rolle. Die Freiburger Studie berichtet, dass viele Heiler sich durch Meditation auf die Behandlung vorbereiten (40 %). Trance, eine andere Form veränderter Bewusstseinszustände, wird ebenfalls von Heilern eingesetzt, um (neben der Diagnose) Behandlungsanweisungen von „höheren Wesen" oder von sonstigen übernatürlichen Kräften zu erhalten. Albert G. berichtet z. B., dass er sich die Stirn reibe, wodurch er sehr schnell in einen Trancezustand falle, zusätzlich setze er dann auch Rassel und Trommel ein. Er warte auf ein „Bild", auf das er sich dann einlassen könne. Hierdurch erfahre er, wie er vorgehen solle (Moos, 2001).

Manche Heiler bezeichnen sich nicht als die eigentlichen Behandler, sondern lediglich als Vermittler. Sie meinen das auszuführen, was eine höhere Kraft ihnen zu tun aufgibt. So äußern sie, dass z. B. Jesus oder ein schamanisches Geistwesen ihnen Anweisungen gebe. „Nichts kommt von mir, sondern es kommt alles von außen, von oben, von Gott, von der universellen Energie", erklärt der Heiler Peter S. (Moos, 2001, S. 101). Der Trancezustand dient dann dazu, um „in eine andere Welt einzutauchen" und sich bei der Behandlung durch die von dort empfangenen Botschaften leiten zu lassen. Heiler M. z. B. erlebt hierbei, dass das körperliche Leiden in ihn übergehe, von ihm aufgenommen werde (Freiburger Studie). Obrecht (1999) und Moos (2001) berichten über eine andere oft bei Fernheilungen eingesetzte Variante: Mittels Schwingungen eines Pendels therapiert z. B. der Heiler Emil B. Er hält das Pendel über ein Foto des Betroffenen. Emil B. berichtet, dass er mit dieser Methode schon mehrere Krebsheilungen erfolgreich durchgeführt habe. Mittels des Pendels kommuniziere er mit den „Spirits", um die Krankheitsursache zu eruieren und zu erfahren, welche weiteren Schritte zu unternehmen seien.

Die von Martina Bühring in Berlin befragten Heiler arbeiten – wie viele andere auch – mit dem klassischen Handauflegen. Das Handauflegen wird vom Heiler Peter S. in der österreichischen Studie von Moos (2001) damit begründet, dass die heilende Energie konzentriert werde, indem man die Hände direkt auflegt oder auch nur in den Aurabereich des Patienten bringt. Oder es werden die spirituellen Energiezentren, die sog. Chakren, durch Handauflegen beeinflusst. Heiler R.: „… und da gibt's also ein Standardprogramm, was mit Schulter-Chakren anfängt, dann also Kopf-, Schläfen-, Ashna-Chakra und dann geht's also die Wirbelsäule runter, und zwar mit einer Hand senden, mit der anderen empfangen. So und dann bei der sog. Kontaktbehandlung lasse ich die Hände laufen, wie sie wollen" (Freiburger Studie, S. 196).

Manche der Berliner Heiler „besprechen" die Krankheitsursache. So behandelt einer dieser Heiler Flechten, Gürtelrosen, Wunden und Gliederschmerzen mit der Beschwörungsformel: „Ate Gebir Leiam Adonai Lglon Ajien Schadai." Der Heiler berichtet, dass er dabei ein Stück Fleisch in die linke Hand nehme und drei Kreise und Kreuze um das Gebrechen in die Luft zeichne. Dann gehe er zum nächsten Friedhof und begrabe das Fleisch im jüngsten Grab. Dabei seien folgende Worte zu sagen: „Alles was ich sehe, nehme zu, alles was ich lege, nehme ab, wie der Körper in dem Grab" (Bühring, 1993, S. 81).

Intuition ist neben Zuständen am Rande des Wachbewusstseins und der eigenen Sensibilität ein weiterer oft genannter Ratgeber der spirituellen Heiler. Heiler S: „Ich folge meistens der Intuition, … dann zieht's mich irgendwo hin, und ich versuche sofort, dem ersten Impuls zu folgen, weil das ist meistens der richtige" (Freiburger Studie, S. 196). Ähnlich der Heiler U: „Sehr ausgeprägte Intuition und dass ich eben vieles weiß, bevor es ausgesprochen wird, es ist einfach ein klares inneres Wissen oft da" (Freiburger Studie, S. 198). Wie wir sehen, entsteht bei Heilern auch ohne längere Vorgespräche eine für sie zwingende Gewissheit. Diese sagt ihnen, wo und wie sie bei der Behandlung vorzugehen haben. Die spirituellen Behandler sagen oft, dass sie schon beim Betreten des Behandlungsraumes an der Aura des Patienten die Störungszonen „sehen" oder dass sie an eigenen körperlichen Reaktionen die Störung von Energiefeldern derselben spüren. So gesehen wird es zumindest nachvollziehbar, dass viele spirituelle Heiler der Ansicht sind, dass sie keine akademische Ausbildung benötigen, um erfolgreich behandeln zu können. Sie setzen die direkt, persönlich und spontan an sich selbst wahrgenommenen Vorgänge als unmittelbar gegebene Realität gegen die Realität der nur mittelbar erfassbaren, naturwissenschaftlich abgesicherten Diagnostik und Behandlung.

Begründung der eigenen Heilfähigkeit und der Ursache der Heilwirkung
Der spirituell Heilende wartet auf das Auftauchen der Eingebung, wie wir sahen. Folgerichtig sehen sich viele der befragten Heiler lediglich

als Vermittler, lediglich als Medium. In der Freiburger Interviewstudie (S. 186–187) drücken dies die Befragten wie folgt aus: „Ich hab einen Geistführer ..." (Heilerin F.). „Einer davon ist Indianer, der mir also auch Heilmittel während der Heilung sagt, ..." (Heilerin O.). „Ich habe einfach – so wie Sie mir jetzt gegenübersitzen – ... relativ regelmäßig eine Person aus der Welt, die uns nicht so zugänglich ist, sitzen, von der ich einfach alles gelernt hab', was ich eben halt weiß von der spirituellen Welt." Ganz ähnlich die Begründung eines von Moos (2001) befragten schamanischen Heilers: „... dass ich nicht glaube, dass wir die Heiler sind oder ich der Heiler bin, sondern die Hilfsgeister, die Verbündeten das tun" (Heiler Karl F.; Moos, 2001, S. 56). In diesem Sinne äußert sich auch der von der Autorin interviewte Heiler Albert G. Er bezeichnet sich als „christlichen Schamanen" und findet den Begriff „Heiler" bedenklich: „Es impliziert, dass der Betreffende heilt, und in Wirklichkeit sind es ja andere Energien, die bloß den so genannten Heiler benützen" (ebenda, S. 61). Andere Heiler begründen ihre Heilfähigkeit mit der eigenen besonderen Begabung, welche das Erspüren und die Nutzung höherer Kräfte einschließt. Der amerikanische Heiler Gene Egidio z.B. beschreibt seine Heilfähigkeit in seiner Autobiographie als „Gabe Gottes". Allerdings erlebt auch er den Heilprozess als relativ passiv, nicht von ihm selbst bewusst gesteuert: „Ich wusste nur, dass ich Menschen heilen konnte, aber den Ablauf konnte ich nicht erläutern" (1997, S. 98). Oder an anderer Stelle: „Ich wusste, dass ich die Fähigkeit besaß, das Leben eines Menschen positiv zu beeinflussen, aber ich wusste nicht, wie oder warum gerade *meine* Anwesenheit ihm half" (S. 98).

Auch hier wieder spielen seelische Ausnahmezustände eine Rolle. Darauf weist z.B. auch Martina Bühring ausdrücklich hin. Alle die von ihr interviewten Heiler deuteten direkt oder indirekt an, dass der Heilprozess in unterschiedlichen Formen erweiterter Bewusstseinszustände stattfinde, sowohl beim Heiler wie auch beim Patienten. Möglicherweise begründet dies auch die „Unfähigkeit" des Heilers Gene Egidio und anderer, über die Wirkkomponenten des Heilprozesses weitergehende Angaben zu machen. Sie empfinden dies als etwas, was über sie kommt, in ihnen wirkt, eine Kraft, eine Energie oder andere Formen übernatürlicher Mächte, sei es Christus oder Gestalten und Kräfte aus anderen religiösen Kontexten. Gene Egidio: „Während ich mich in einen Menschen hineinversetzte, erhielt ich eine Eingebung über das, was nötig war, um ihm zu helfen; aber sobald ich die Information weitergegeben hatte, war es aus meinem Gedächtnis gelöscht" (S. 99). Ein anderer international bekannter Heiler, der Brite Malcom Southwood, begründet u.a. seine Fähigkeit zur Fernheilung folgendermaßen: „Ich für meinen Fall empfinde es so, als wäre ich nicht mehr Teil meines eigenen Körpers oder Verstandes, sondern existierte abseits davon. Es ist, als würde mir mein Körper lediglich als Mittel zur Kommunikation dienen. Als Geist bin ich jenseits von Zeit und Raum und allen Dimensionen … Und weil ich weiß, dass ich überall zur gleichen Zeit bin, ist Fernheilung für mich etwas ganz Normales" (Southwood, 2001, S. 225).

Einige Heiler betonen jedoch, dass der Heilprozess nur durch die Kombination eigener Anstrengungen und der Mitarbeit des Patienten effektvoll sein könne. So äußert z.b. der oben schon erwähnte Heiler Karl F.: „Wesentlich ist …, dass der Klient selber etwas tut und im Kontakt zu den Geistwesen Unterstützung findet" (Moos, 2001, S. 59). Ebenso wird verschiedentlich angeführt, dass der Glaube des Patienten wichtig für den Erfolg der Behandlung sei. Hiermit ist natürlich nicht irgendeine religiöse Konfession gemeint, sondern die Bereitschaft, sich auf den Heilprozess einzulassen und dem Heiler hinsichtlich seiner Anweisungen und Ratschläge Glauben zu schenken. Bestimmte Inhalte bzw. völlige Übereinstimmung des Patienten mit dem Glaubenssystem des Heilers werden von den meisten Heilern nicht für das Gelingen des Heilprozesses vorausgesetzt. Ganz im Sinne des schon in den vorigen Kapiteln geschilderten Pluralismus der alternativen spirituellen Szene herrscht extreme Glaubenstoleranz bzw. extreme Permissivität. Das Primat haben die am eigenen Leib verspürten Empfindungen und Kräfte. Die religiöse Interpretation hat dann oft eine eher sekundäre Bedeutung für die Interaktion mit dem Patienten.

Oft wird erst *nachträglich* nach dem Grund für die an sich selbst verspürten, außergewöhnlichen, nicht „normalen" Wahrnehmungen und Kräfte gesucht. Die religiösen Entwürfe der Welt werden dann in unterschiedlich kombinierten Versatzstücken zur Begründung herangezogen. Der oben schon mehrfach erwähnte „christlich-schamanische" Heiler (Albert G.) ist hierfür paradigmatisch. Einer der von U. Moos befragten Heiler, Peter S., drückt den multiplen Glaubenshintergrund der Heiler stellvertretend für viele Heiler so aus: „Ich weiß, dass die Christuskraft eine starke Sache ist. Also ich stehe durchaus auch auf dem Boden des Christentums, halte aber die schamanischen Kräfte mit denen des Christentums für durchaus kompatibel. Die islamischen Kräfte sind kompatibel, nur beherrsche ich sie nicht, auch die tibetischen Kräfte. Wer heilt, hat Recht, und was hilft, ist gut" (Moos, 2001, S. 69).

Ätiologiemodelle/Glaubenshintergründe

„Anima forma corporis". Frei übersetzt: Die Seele bestimmt den Körper. Mit diesem Diktum des Kirchenlehrers Thomas von Aquin (ca. 1225–1274) begründet der Heiler Albert G. seine Annahme vom Primat der geistigen Kräfte gegenüber den körperlichen (Moos, 2001). Das klingt so, als wären hier Psychotherapeuten am Werke, welche somatische Erkrankung durch Psychotherapie heilen wollen. Dass dies nicht grundsätzlich von der Hand zu weisen ist, zeigen die alltägliche Arbeit in psychosomatischen Kliniken und auch die Forschungsergebnisse, welche im vorigen Kapitel dargestellt wurden. Spirituelle Heiler verstehen sich jedoch nicht

primär als psychosomatisch arbeitende Psychotherapeuten. Lediglich das Ganzheitskonzept bildet eine Klammer mit den Lehren der Psychosomatik. Heilen an nur einer Stelle im Gesamtsystem Mensch heilt danach „automatisch" Störungen an einer anderen Stelle. Das ist die Begründung vieler Heiler, und deswegen interessiert sie die Aufspaltung in einzelne Symptome wenig, da alle Teile des Systems Mensch ein untrennbares Ganzes bilden.

Aus der Sicht spiritueller Heiler wirken beim Heilen jedoch nicht nur psychische Kräfte, sondern andere, immaterielle Kräfte auf den Organismus. Das deshalb, weil im Weltbild des spirituellen Heilens keine Trennung zwischen Materie und Nicht-Materie existiert. Geistige Kräfte haben so betrachtet Macht auch über die Materie. Letztere wird eben nicht als „unbeseelt" oder „leblos" angesehen. Im Gegenteil, man rechnet alle Erscheinungen und Dinge der geistigen, spirituellen Sphäre zu (eine etwas andere Auffassung von Ganzheitlichkeit, wie wir sehen).

Die Ursache körperlicher oder auch seelischer Erkrankungen wird von vielen Heilern als verloren gegangener bzw. gestörter Zugang zu den verschiedenen Formen universeller bzw. universaler Energie, Kraft oder Wesenheiten betrachtet. Die Heilerin E.: „Jede Krankheit ist eine energetische Krankheit. Wenn Energie in der richtigen Weise fließt, entsteht Harmonie" (Freiburger Studie, S. 193). Hier klingt die Auffassung an, dass Krankheit durch ein Ungleichgewicht oder auch eine Disharmonie zwischen verschiedenen spirituellen Kräften entstehe. Andere sehen Krankheit als eine Art Besessenheit. Gute und böse Geistwesen, Engel oder Dämonen stören dann das Gleichgewicht. Der Heiler A. über einen Patienten: „… er wirft sich hin und her und spricht in einer Sprache, die ich nicht verstehe, total verrückte Laute, schwitzt sich völlig nass, macht auch furchtbare Grimassen, hat Krallenhände und irgendwann kommt die Entspannung, er ist wieder zurück, … der Dämon ist aus ihm ausgewichen" (ebenda, S. 183). Heiler, welche dem schamanischen Konzept folgen, schreiben Krankheiten demgemäß nicht zur Ruhe gekommenen Seelen zu, wie z. B. Heiler B.: „Sehr viele Krankheiten sind von Verstorbenen verursacht, sehr häufig im Bösen, aber nicht nur. Es gibt anhängliche Verstorbene, die von Übel sind" (Moos, 2001, S. 76).

Wie gesagt, dient die Behandlung dem Zweck, die Abspaltung bzw. Disharmonie zwischen menschlicher Seele oder Energiefeld und den übernatürlichen Kräften bzw. den jenseitigen Wesenheiten aufzuheben. Oft wird auch nur ganz allgemein von Energieströmen im Körper gesprochen, die durch die Maßnahmen des Heilers beeinflusst werden sollen. Hier wird dann eine Annäherung an moderne naturwissenschaftliche Weltbilder vollzogen. (Ein weiterer Hinweis auf die Durchlässigkeit in der Theoriebildung.) Nach Auffassung des britischen Heilers Malcom Southwood beeinflusst er durch sein Heilen das elektromagnetische Energiefeld des Menschen. Hierdurch werde die innere und äußere Ausgewogenheit im

Menschen wiederhergestellt. Das klingt naturwissenschaftlich, aber wie wir oben schon sahen, ist er dabei „jenseits von Geist und Raum".

Bezüglich der weltanschaulichen Begründung der Heilkraft bedienen sich Heiler im Kosmos der Weltkulturen. Ich wies schon mehrfach darauf hin (siehe auch Kap. 3.2). Stellvertretend für viele: „Der heilige Geist ist ja eine Energie, die von der Sonne kommt" (Heiler C.; Freiburger Studie, S. 182). Zentraler Kern der Heilslehren sind spirituelle Kraft- oder Energiekonzepte. Man beruft sich auf alles durchdringende Wirkkräfte, beispielsweise die in amerikanisch-indigenen, hinduistischen oder polynesischen Kulturen sehr ähnlich konzipierten spirituellen Kräfte, welche dort als „Seataka", „Prana" oder „Mana" bezeichnet werden. Teilweise im Sinne abstrakter Wirkprinzipien, teilweise auch personifiziert, teilweise mit fast weltlicher Bedeutung. Jedoch sind in Übereinstimmung mit archaischen Konzepten diese besonderen Kräfte oder Energien auch in Pflanzen, Tieren und an bestimmten spirituellen Orten anzutreffen. Entsprechend sind diese dann auch Teil der Behandlung.

Der Weg zum Heiler/Berufungserlebnisse

Außergewöhnliche Erlebnisse stehen am Beginn vieler Heilerkarrieren. Ein plötzliches Schlüsselerlebnis bildet oft den Startpunkt. Das ist bei 88 % der in der Freiburger Studie befragten 214 Heiler der Fall. Nicht die Berufsausbildung, auch nicht die Einweihung in die Heilkunst durch einen erfahrenen Heiler und damit das allmähliche Hineinwachsen in eine neue Aufgabe charakterisiert den Anfang. (Jedoch kommt natürlich auch dieses vor.) Der schon erwähnte Heiler Gene Egidio: „Ich war erst fünf. Aber ich griff instinktiv nach seinem blutenden Daumen und hielt ihn fest. Als er meine Hand wegzog, blutete der Finger kaum noch. Dass ich das geschafft hatte, das machte ihm Angst" (1997, S. 43). „Und dann hatte ich mal eine Schulung in Heilmagnetismus mitgemacht. Und dann hat man festgestellt, dass ich sehr starke Kräfte in den Händen habe ... da sind wir irgendwo in den Urwald gefahren und da war ein Lehrer, ... der hat gesagt: ‚Sie haben eine wahnsinnige Ausstrahlung' " (Heilerin D.; Freiburger Studie, S. 180).

Gene Egidio gibt an, dass er zu dieser Zeit auch seine Fähigkeit, die Zukunft vorauszusagen und Gedanken zu lesen, entdeckt habe. Das ist nicht untypisch. Auch andere Heiler berichten, dass sich zusammen mit der Heilfähigkeit übersinnliche Erlebnisse und Fähigkeiten (sog. paranormale Eigenschaften) häuften. Die Heilerin D. sagt über Spukphänomene: „Als Kind habe ich schon gehört, wenn niemand im Hause war, und ich habe Schritte gehört, also ich bin immer schon medial veranlagt gewesen, und ich habe auch früher medial gezeichnet ...". Der Heiler A.: „... okkult belastet oder besessen. Das ist möglich, ich habe auch entsprechende Erlebnisse gehabt, wo ich so nachts wach wurde und irgendwelche Wesenheiten um mich herum waren ..." (Freiburger Studie, S. 177, 183).

Ein anderer Heiler, Albert C., beschreibt im Interview seine besonderen Empfindungen und Wahrnehmungen während des katholischen Gottesdienstes. Er erlebte als Kind besonders während der Segensandachten oft „ekstatische Gefühle" (Moos, 2001). Harald Wiesendanger (2002) berichtet, dass der berühmte britische Heiler Stephen Turoff, als er 12 Jahre alt war, Stimmen aus dem Nichts hörte, die ihn seither unentwegt verfolgten: „Wir wollen dich für geistige Operationen." Er wurde später Geistheiler und soll zahlreiche Wunderheilungen mittels sog. geistiger Operationen – Operationen ohne Instrumente, nur mit den eigenen Händen – vollbracht haben. Wiesendanger berichtet weiter, dass bei Turoff die endgültige Hinwendung zum Heilen bzw. zu Operationen mit spirituellen Mitteln geschah, als er plötzlich in Trance fiel. Er fühlte daraufhin, dass eine andere Wesenheit von ihm Besitz ergriff. Die Wesenheit meldete sich mit Dr. Kahn und leitet ihn von nun an bei seinen Operationen (S. 128–133). Viele der in der Freiburger Studie und von M. Bühring befragten Heiler geben auch an, dass ihre besonderen Fähigkeiten „vererbt" worden seien. Der Heiler N.: „Über sechs Generationen gab es in meiner Familie solche Volksheiler …" (Freiburger Studie, S. 176).

Die Initiation zum Heiler findet auch bei zeitgenössischen Heilern oft in einer seelisch-körperlichen Krise statt. Ein typisches, archaisches Muster! Hiervon wird im nächsten Abschnitt noch ausführlich die Rede sein. Entsprechendes findet sich auch im Berichtsband der Freiburger Studie. Die Heilerin L. erlebte beispielsweise einen „Energieschub" nach einer Meditation, der sie sehr verwirrte. Sie war in dieser Zeit mehrmals hintereinander wegen Herzproblemen in eine Klinik eingeliefert worden. Zufällig fiel ihr dann Literatur über Kundalini-Energie und Lichtarbeit in die Hände. Sie wandte sich daraufhin an eine Reiki-Meisterin. Diese pendelte ihre Energien aus und bescheinigte ihr, starke Energien zu haben. Sie, die ehemalige Atheistin, wurde daraufhin religiös und begann sich selbst als Heilerin zu etablieren (Freiburger Studie, S. 151–152). Solche „Initiationen" können in manchen Fällen geradezu schockartig in den Körper des zukünftigen Heilers fahren, wie im Beispiel in Kasten 4.2a. Maria D. wehrt sich zunächst gegen die Möglichkeit, Heilerin zu sein: „Ich war natürlich sehr irritiert, ich hatte das Gefühl einer unheilbaren Krankheit und einer absoluten Grenze, vor der ich Angst hatte … Ich habe es als Zwang empfunden, und jemand macht mit mir etwas, was ich nicht will … Und es war ein Protest in mir, als mir plötzlich bewusst wurde, dass ich – von einigen zumindest – als Geistheilerin betrachtet wurde … es war eine wirklich ganz schlimme Zeit" (Obrecht, 1999, S. 19). Jerome Frank (1981), der Autor des Klassikers *Die Heiler*, sieht den Weg vom physischen oder psychischen Leiden zum Heiler als geradezu paradigmatisch für diesen Berufsstand an und spricht vom *wounded healer*. Auch M. Bühring sieht bei fast allen von ihr interviewten Heilern einen solchen Zusammenhang.

Kasten 4.2a

Die Heilerin Maria D.: Die Krise der Initiation

„Eines Tages, es war im Jahr 1989, habe ich mein Bad angestrichen, es war eine vollkommen alltägliche Situation. Dann hab' ich gewartet, dass es trocknet. Ich habe mir gedacht: … jetzt werde ich einen Kaffee trinken und dann weitermachen. Ich bin in die Küche gegangen und habe plötzlich das Gefühl gehabt, von einem Stromschlag getroffen zu werden. Es war gleißendes Licht vor mir. Ich kann nicht sagen, ich habe Licht gesehen, es war eher so, als würde man in einen Schweißapparat blicken. Ich war sicher, dass irgendwo ein Kurzschluss gewesen sein muss. Ich habe alles weggeworfen und gedacht, ich muss nachschauen. Da ist das Licht immer stärker geworden, und plötzlich hab ich nichts mehr gesehen … Zwischen neun und zwei am Nachmittag habe ich keine Erinnerung."

Später im Krankenhaus berichtet Maria D., dass der Arzt nicht wusste, was die Ursache ihres Zusammenbruchs war. Er habe ihr den Puls gefühlt und dabei festgestellt, dass seine eigene Sehnenscheidenentzündung plötzlich verschwand.

Später ließ sie sich in Österreich nieder und ist heute eine ständig ausgebuchte Heilerin. Sie arbeitet in einer Praxisgemeinschaft mit Ärzten, um nicht in die „Ecke der Scharlatanerie gestellt" zu werden.

(Quelle: Obrecht, 1999, S. 18.)

Wounded healer – ein immer noch gültiges archaisches Muster

„Therapie mit Geistern: bloßer Wahn?", fragt Wiesendanger (2002) in seinem Standardwerk über geistiges Heilen. Wiesendanger verteidigt jedoch die „abnormen" Erlebnisse und Empfindungen spiritueller Heiler als gerechtfertigte andere Realität. Andererseits drängt sich dem Laien und natürlich auch dem psychologischen Fachmann immer wieder der Eindruck auf, dass man es in manchen Fällen mit geistiger Störung zu tun habe. Viele spirituelle Heiler hören Stimmen oder sehen Dinge, welche andere Menschen nicht wahrnehmen, manche fühlen sich sogar aus dem Jenseits angeleitet etc. Der Verdacht, dass wahnhafte Phänomene bei religiösen, magischen Heilritualen im Spiele sein könnten, ist deshalb nicht so ohne weiteres von der Hand zu weisen.

Der einer vorurteilsvollen Polemik unverdächtige Albert Schweitzer fragte sich, ob Jesus von Wahnphänomenen geplagt sei. Seiner 1913 veröffentlichten medizinischen Dissertationsschrift gibt er den bezeichnenden Titel: *Die psychiatrische Beurteilung Jesu*. Albert Schweitzer führt hierzu entsprechende Belege aus dem Neuen Testament an: „Und als er aus dem Wasser stieg, sah er, dass der Himmel sich öffnete und der Geist wie eine Taube auf ihn herabkam. Und eine Stimme aus dem Himmel sprach: ‚Du bist mein geliebter Sohn, an dir habe ich Gefallen gefunden.' " (Mk 1, 9–11)[3]. Das gesamte Neue Testament ist mit ähnlichen Berichten angefüllt. Jesus hört Stimmen, ohne dass jemand anwesend ist. Hinzu treten auch visuelle Erscheinungen, z. B. als er sich für mehrere Tage allein fastend in die Wüste zurückzieht. Unter der Voraussetzung, dass es sich bei Jesus und den geschilderten Ereignissen tatsächlich um historisch belegbare Begebenheiten handelt, ist bei nüchterner wissenschaftlicher Betrachtung die Diagnose einer Psychose nicht auszuschließen: Größenwahn (die Annahme, Gottes Sohn zu sein), gepaart mit dem Hören von Stimmen, zählt zu den Symptomen einer Schizophrenie. Albert Schweitzer erwägt eine ähnliche Diagnose (siehe dazu Kasten 4.2b).

Das alles erinnert mich an meine Ausbildungszeit in verschiedenen psychiatrischen Kliniken in Deutschland und in der Schweiz. Spontan fallen mir zwei Patienten ein, welche sich für Jesus hielten. Sie kamen zu dieser Überzeugung, nachdem sie mehrfach die Stimme Gottes gehörten hatten. Die Stimme sagte ebenfalls, dass sie Gottes Sohn seien und gab ihnen Anweisungen zur Verkündigung dieser Botschaft. Das war auch der Grund ihrer Einlieferung in die psychiatrische Klinik. (Einer der Patienten lief eines Tages an einem kalten Wintertag nur mit einem Nachthemd bekleidet auf die Straße und predigte.) Beide Patienten ließen sich durch kein Gegenargument von der Vorstellung abbringen, Gottes Sohn zu sein, z. B. auch nicht dadurch, dass dieser ja schon existieren würde. Sie beharrten darauf, dass sie der wahre Sohn Gottes seien. Die Fantasien und Halluzinationen (das Stimmenhören) verschwanden nach der Behandlung mit Psychopharmaka. Die Diagnose lautete in beiden Fällen „Schizophrenie".

---

[3] Dem Markus-Evangelium wird von der Forschung die höchste Authentizität zugeschrieben (Theißen & Merz, 2001). Auch kritische Bibelforscher bestreiten nicht, dass Jesus von Nazareth eine historische Gestalt gewesen sei. Da das Markus-Evangelium jedoch erst 70 Jahre n. Chr. entstanden ist, ist natürlich nicht mit Sicherheit zu sagen, ob sich die Ereignisse tatsächlich genau so zugetragen haben, wie sie im Markus-Evangelium geschildert werden (im Text als „Mk" abgekürzt). Zugrunde gelegter Text: *Die Bibel – Einheitsübersetzung der Heiligen Schrift. Altes und Neues Testament*. Augsburg: Pattloch Verlag (1991).
Unter religionspsychologischem Gesichtspunkt ist vor allem von Interesse, dass die Heiler-Zuschreibung (zur Figur des Jesus) sich in eine lange Tradition einreiht. Darauf kommt es mir hier an – nämlich auf die „psychologische" Realität. Dabei ist es nicht von zentraler Bedeutung, ob es sich um eine von Erwartungen gesteuerte Beschreibung der Autoren des Neuen Testamentes handelt oder um ein historisches Ereignis. Die Parallelität der Merkmale mit vielen Heilerfiguren und auch zum Teil mit den zeitgenössischen jüdischen Wander-Charismatikern verweist ebenso auf die psychologische Realität entsprechender Muster (siehe dazu auch später im Text).

Kasten 4.2b

Symptome der Schizophrenie

„Zum Beispiel kaufte ich nicht die Kölln-Haferflocken, weil es für mich klar war, dass diese irgendetwas mit Prostitution zu tun haben …", berichtet eine ehemalige Patientin über ihre schizophrene Erkrankung. Die Äußerungen schizophrener Patienten schrammen oft haarscharf an der Alltagsrealität vorbei oder verlassen diese ganz. Für jeden ist zwar das, was man als Realität bezeichnen kann, mit anderen Inhalten gefüllt, aber die obige Aussage macht keinen Sinn. Besonders wenn man die weitere Begründung hört: „Aber ich kaufte eine Menge Glücksklee-Dosen, um meinen Tag glücklicher zu machen." Die Welt ordnet sich für den Betroffenen anders. Kölln-Flocken und Glücksklee sind nicht mehr einfach nur Markennamen oder Lebensmittel, nein sie haben eine „tiefere" Bedeutung. Die Namen sind Hinweise, verweisen auf eine dahinter liegende (private) Bedeutung.

Generell ordnet das schizophrene **wahnhafte Denken** die Bedeutung der Dinge in der Welt neu, bringt sie in ungewöhnliche Zusammenhänge. Diese Auflösung der normalen Ordnung führt zu Verunsicherung und Misstrauen. Alles bezieht der Betroffene auf sich. Manchmal führt dies zu der Wahnvorstellung, eine besondere Rolle zu haben (z. B. Religionsstifter) oder verfolgt zu werden, weil man im Mittelpunkt des Interesses des CIA sei.

Gründe dafür sind auch Scheinwahrnehmungen, sog. **Halluzinationen**. Meist sind es Stimmen, ohne dass eine andere Person anwesend wäre. Auch **Sprache** und **Denken** verändern den normalen Ablauf. Sie wirken ungewöhnlich, vage und mehrdeutig. Auf die Frage des Arztes, mit wem er denn morgen spazieren gehe, antwortete ein Patient: „mit meinem Vater", um dann zu ergänzen: „mit dem Sohn und dem Heiligen Geist". (Dies ist keineswegs als Witz gemeint, denn der Patient verzieht keine Miene.)

Ein zentrales Charakteristikum der Schizophrenie ist die teilweise oder gänzliche **Auflösung** des geordneten Zusammenwirkens **psychischer Funktionen,** wie wir an den Beispielen sehen. Inhalte tauchen zusammen auf, welche in der Alltagswahrnehmung nichts miteinander zu tun haben. (Man geht entweder mit den Verwandten spazieren oder versucht, im Gebet dem Heiligen Geist nahe zu sein.) Der Verlust koordinierter Tätigkeit der Psyche (Wachbewusstsein) kann bis zur sog. **Identitätsstörung** voranschreiten. (Man hat eine leitende Funktion in einem deutschen Geheimdienst und ist gleichzeitig Bauer im Allgäu, das ist in diesem Zustand dann kein Widerspruch mehr.)

Soweit die wichtigsten sog. produktiven Symptome, da nur diese im Kontext mit psychosenahen Phänomenen beim religiösen Erleben eventuell Bedeutung haben könnten.

Quelle: Straube, 1992, S. 26.

Generell sind religiöse Wahnvorstellungen bei Patienten mit Schizophrenie häufig. Ein Viertel bis ein Drittel schizophrener Patienten sieht sich als Messias, als religiöse Erwecker und halluzinieren religiöse Erscheinungen und Empfindungen. Auch Personen mit einer manischen Psychose – eines der Hauptmerkmale ist der Größenwahn – berichten manchmal Ähnliches (siehe z. B. Andreasen & Black, 1993).

Was uns hier im Zusammenhang mit dem Thema des Heilens besonders interessiert: Von Jesus wird berichtet, dass er zahlreiche Heilwunder vollbringt. Er heilt Menschen, welche von sog. unreinen Geistern besessen sind, Lahme, Blinde und Taubstumme. „Da brachte man einen Taubstummen zu ihm, er möge ihn berühren. Er … legte ihm die Finger in die Ohren und berührte dann die Zunge des Mannes mit Speichel; dann blickte er zum Himmel auf … und sagte zu dem Taubstummen: ‚… öffne dich!' Sogleich öffneten sich seine Ohren, seine Zunge wurde von ihrer Fessel befreit, und er konnte richtig reden" (Mk, 32–36). Natürlich verbreitete sich der Ruhm dieses Wunderheilers sehr rasch überall im Land. „Und immer wenn er in ein Dorf oder eine Stadt oder zu einem Gehöft kam, trug man die Kranken auf die Straße hinaus und bat ihn, er möge sie wenigstens den Saum seines Gewandes berühren lassen. Und alle, die ihn berührten, wurden geheilt" (Mk, 6, 56). Das Neue Testament berichtet daneben zahlreiche andere (nichttherapeutische) Wunderarten. Jesus verwandelt danach Wasser in Wein. Er speist 5000 Personen mit nur fünf Broten und zwei Fischen, geht auf dem Wasser etc. Solche Berichte waren für die damalige Zeit nichts Ungewöhnliches. (In anderem Kontext würde man dies als magische Tricks apostrophieren, siehe Kap. 2.2). Die Wunderberichte entsprechen üblichen Taten vieler sog. Wundertäter heute und früher. (Gerade komme ich von der Geistheilertagung in Basel zurück, wo ein brasilianischer Heiler versicherte, dass er vor Zeugen über dem Wasser eines Sees geschwebt habe.) Und in der Tat, zeitgenössische Schriftquellen berichten über zahlreiche sog. Wander-Charismatiker. Auch das Neue Testament erwähnt sie. Manche Religionswissenschaftler sind deshalb der Ansicht, so z. B. Gerd Theißen und Annette Merz (2001), dass die Wundertaten dieser Heiler bei der Abfassung des Neuen Testaments Jesus nachträglich zugeschrieben wurden.

Ob nun die Wundertaten des Jesus wirklich historisch belegbar sind oder nicht, ist unter psychologischem Gesichtspunkt und unter dem Aspekt, welchen wir hier im Blick haben, ein relativ müßiger Streit. Im Gegenteil, die Berichte jener Zeit, ob sie nun auf Heilwundern von Jesus von Nazareth oder anderen Wundertätern beruhen, entsprechen der Universalität des Phänomens bzw. verweisen auf die fundamentale psychologische Verankerung entsprechender Zuschreibungen und Erlebnisse. Zu allen Zeiten hofft der Mensch, dass die „Verzauberung" seines Leidens durch machtvolle, charismatische Heilergestalten möglich würde.

Beispielsweise berichtet der römisch-jüdische Geschichtsschreiber Flavius Josephus über Wunderheilungen des jüdischen Wundertäters Eleazar:

„Ich habe zum Beispiel gesehen, wie einer der unseren, Eleazar mit Namen, in Gegenwart des Vespasianus, seiner Söhne, der Obersten und der übrigen Krieger die von bösen Geistern Besessenen davon befreite. Die Heilung geschah in folgender Weise. Er hielt unter die Nase des Besessenen einen Ring, in dem eine von den Wurzeln eingeschlossen war, welche Salomo angegeben hatte, ließ den Kranken daran riechen und zog den bösen Geist durch die Nase heraus. Der Besessene fiel sogleich zusammen, und Eleazar beschwor dann den Geist, indem er den Namen Salomons und die von ihm verfassten Sprüche hersagte, nie mehr in den Menschen zurückzukehren" (zitiert nach Theißen & Merz, 2001, S. 257). Eleazar war ein Zeitgenosse von Jesus. Theißen und Merz machen jedoch darauf aufmerksam, dass Jesus keine Zaubersprüche und keine magischen Mittel benutzt hätte (außer seines Speichels, wie schon berichtet). Aber dies tun viele der hier erwähnten Heiler ebenfalls nicht. Sie heilen oft nur durch Berührung. Ferner argumentiert Theißen, dass Jesus „dem Glauben selbst die Kraft zur Heilung zuspricht". Aber auch das entspricht den Aussagen mancher Heiler. Erfahrene heutige Heiler betonen, dass der Glaube an die Macht der im Ritual angerufenen Kräfte entscheidend sei.

Erweckungserlebnisse bzw. wahnähnliche Zustände bei der Initiation zum Heiler werden von Schamanen, Medizinmännern, Zauberpriestern und Religionsstiftern aus allen Zeiten und Regionen der Welt berichtet. Erinnert sei beispielsweise an den Gründer des Reiki-Heilverfahrens, Mikao Usui (siehe Kap. 3.2). (Die Übersetzung des japanischen Ausdrucks „Reiki" bedeutet „göttliche Energie".) Mikao Usui lebte um die Wende des vorigen Jahrhunderts in einer christlichen Klosterschule von Kyoto. Sein Ziel war, die Kraft zu entdecken, mit der Jesus geheilt habe. Während einer Zeit, in der er über Wochen fastete, erschien ihm auf einem Berg „ein großes weißes Licht". Daraufhin wurde ihm die Methode des Reiki offenbart, – heute ein wesentliches Element bei sehr vielen spirituellen Heilsitzungen. Eine Methode, mit welcher durch Handauflegen überirdische Energie auf den Patienten übertragen werden soll.

Aus dem schamanischen Kulturkreis berichtet Schamane Dyukhade Entsprechendes: „Die Geister führten mich zu einer Lärche, die so hoch war, dass sie den Himmel berührte. Ich hörte Stimmen: ‚Es wurde angeordnet, dass du eine Trommel aus dem Ast dieses Baumes erhalten sollst'. Ich hatte das Gefühl mit den Vögeln des Sees durch die Luft zu fliegen. Sobald ich den Boden verließ, rief mir der Herr des Baumes zu: ‚Mein Ast ist abgebrochen … nimm ihn und mache daraus eine Trommel, sie wird dich den Rest deines Lebens beschützen.' Ich sah den fallenden Ast und fing ihn mit einem Flügel auf" (Vitebsky, 2001, S. 81).

Entsprechende Erweckungserlebnisse finden wir bei heutigen spirituellen Heilern. Der auch durch TV-Massenheilungen bekannte spirituelle Heiler Eli Lasch hat Erscheinungen während eines Vortrages, als er noch (israelischer) Generaldirektor des Gesundheitswesens im Gazastreifen war.

„Unverhofft kam etwas Helles auf mich zu, ein Lichtblitz fuhr in meinen Körper … Mein Körper sprengte seine physischen Grenzen und sprang wie eine gespannte Feder in die Höhe" (Lasch, 1998, S. 152). Er beschreibt, dass er daraufhin in die Lage versetzt wurde, Chakren und Auren anderer Personen zu sehen. „Hochgeistige Menschen strahlen ein starkes Indigo aus … Alte Menschen besaßen ein helles Lila …" (S. 155). Seine Umgebung ist zunehmend beunruhigt. Seine Frau empfahl ihm, einen Psychiater aufzusuchen. Später war Lasch der Ansicht, nun auch mit Tieren auf „telepathische Weise" kommunizieren zu können. Ein Falke leitet ihn beispielsweise in Jaffa zum Haus einer früheren Bekannten, deren neue Adresse ihm nicht mehr geläufig war. (Er heiratet später eine Freundin dieser Bekannten, nachdem er sich von seiner Familie getrennt hatte. Er sah dies alles als Erfüllung einer Vorsehung an.)

Der US-amerikanische Heiler Gene Egidio erlöst „erdgebundene Seelen" in den Gräbern eines Friedhofs bei Leningrad („Meine Gabe erlaubte mir erdgebundene Seelen zu befreien", 1997, S. 26) und prophezeit dann seiner etwas irritierten Begleiterin: Ein Zeichen für die Erlösung der Seelen „wird gleich in Form von Vögeln auftauchen" (S. 27). Was dann seiner Schilderung nach auch geschah. Oft teilen Heiler mit ihren Klienten die ungewöhnlichen Wahrnehmungen. Eine Teilnehmerin einer seiner „Offene-Augen-Meditation" erhob sich und sagte zu Gene Egidio: „Ich habe Sie beobachtet, während Sie Ihre Energie aussandten, und konnte nur eine Lichtform sehen, die sich um Ihren physischen Körper und durch ihn hindurch bewegte. Manchmal war Ihr Körper auch nur eine einzige Ausdehnung von Licht" (S. 99). Gene Egidio wurde übrigens, wie aus seiner Autobiographie hervorgeht, in jungen Jahren wegen seiner Behauptungen, Heilungen zu vollbringen, und wegen seiner Präkognitionen (Voraussage von Ereignissen) auf Betreiben seiner Eltern in eine psychiatrische Anstalt eingewiesen.

Nach den ersten Kontakten mit schamanischen Heilern und Zauberpriestern gelangten die russischen Eroberer Sibiriens bald zu der Ansicht, dass die meisten von ihnen eigentlich Fälle für die Psychiatrie wären. Entsprechendes äußerten selbst die später dort eintreffenden Ethnologen. Der bekannte russische Ethnologe Vladimir Bogoraz (1865–1936) war beispielsweise der Ansicht, dass die „verrückten" Handlungen der Schamanen nur durch die gezielte Wahl der „nervösesten und instabilsten Personen" in der Stammesgruppe zu erklären seien. Möglicherweise ist in dieser Beobachtung ein Funken Wahrheit enthalten. Beispielsweise glaubten die Jakuten in Sibirien, dass ein Schamane nur die Krankheiten heilen könne, mit deren Krankheits-„Geistern" er während seiner Initiation in Berührung gekommen sei. Das bedeutet, um z. B. eine seelische Störung heilen zu können, muss man selbst durch den Zustand der Verrücktheit gegangen sein, und um eine körperliche Krankheit heilen zu können, muss man sie selbst vorher durchlebt haben. Der Ethnologe Piers Vitebsky (2001) schildert die schwierigen Initiationsphasen eines neu zu berufenden Schamanen.

Der Geist des verstorbenen Schamanen der Ewenken[4] geht danach so lange umher, bis er von dem zukünftigen Schamanen Besitz ergreifen kann. Die zuvor oft schon durch Träume und Visionen auserwählte Person wird daraufhin schwer psychisch und physisch krank und lernt während dieser Krankheit die Geister verstehen. Vitebsky betont, dass das Durchleben der sog. schamanischen Krankheit ein zentraler Bestandteil der Initiationsphase sei. Das bedeutet, dass sie „scheinbar den Verstand verlieren, wirres Zeug reden und nackt durch die Landschaft rennen ... Wochenlang hocken sie auf einem Baum oder liegen regungslos am Boden ... werden von Geistern verfolgt und gequält, die sie zum Aufgeben bringen wollen" (S. 57). Das kann bis zur Wahrnehmung der eigenen Zerstückelung gehen, ebenfalls ein häufiges Motiv in unterschiedlichen Kulturen des religiösen Heilens (beispielsweise in der ägyptischen Mythologie). Der schon erwähnte Schamane Dyukhade beschreibt seine Initiation folgendermaßen: „Der Ehemann der Herrin des Wassers, der große Herr der Unterwelt, sagte mir, dass ich auf jedem Pfad der Krankheit reisen müsse ... trotzdem betrat ich das mittlere Zelt und wurde auf der Stelle verrückt. Es waren die Pocken-Menschen. Sie schnitten mir das Herz heraus ... In diesem Zelt fand ich den Meister meines Wahnsinns, in einem anderen sah ich den Meister der Verwirrung ... ich sah mich in jedem Zelt um und wurde vertraut mit dem Weg verschiedener menschlicher Krankheiten ... Dann ging ich durch die Öffnung eines ... Felsens. Dort saß ein nackter Mann und schürte ein Feuer ... Als der nackte Mann mich sah, nahm er eine Zange, so groß wie ein Zelt, und hielt mich fest. Er schnürte mir den Kopf ab, zerteilte meinen Körper in kleine Stücke ..." (Vitebsky, 2001, S. 60).

In einem anderen kulturellen Kontext würde der Schamane Dyukhade von der Polizei aufgegriffen und in eine psychiatrische Klinik gesperrt. Im traditionellen kulturellen Kontext des sibirischen Schamanismus bedeuten seelische und körperliche Qualen den notwendigen Weg, welcher durch das Stadium des *wounded healer* führt.

Heilen als Grenzüberschreitung

Obwohl sich der Eindruck der Geistesstörung bei manchen heutigen und vielen geschichtlichen Heilern geradezu aufdrängt, handelt es sich keineswegs nur einfach um Fälle für die Psychiatrie. Auch Albert Schweitzer verneint schließlich nach sorgfältiger Erwägung aller „Symptome" des Jesus

---

[4] Auch als Tungusen bezeichnete in Sibirien lebende Völkerschaften. (Der für die Medizinmänner von diesen Völkern benutzte Terminus *saman* – sowie ähnliche Bezeichnungen bei anderen Völkern Nordostasiens – setzte sich allmählich als prototypische Gattungsbezeichnung „Schamane" für entsprechende Heiler-/Magier-Figuren in anderen Regionen der Erde durch.)

von Nazareth, dass dieser unter Dementia praecox, die damalige Bezeichnung für Schizophrenie, leide. Ebenso sind die Diagnose „Schizophrenie" oder irgendeine andere schwere Geistesstörung als pauschale Erklärung für das Benehmen und die Ansichten heutiger Heiler zurückzuweisen. Entscheidend für diese Einschätzung ist, dass das Verhalten erfolgreicher spiritueller Heiler, früher und heute, nicht von einem totalen Kontrollverlust gekennzeichnet ist. Denn Psychose bedeutet totaler Kontrollverlust. Zwar hat beispielsweise der Heiler Eli Lasch halluzinationsartige Erscheinungen und überschreitet damit die Grenzen der Normalität, wie immer man diese auch definieren mag. Zumindest stellt sich dies so dar, nach allem was wir wissen. Denn seine Schilderungen zeigen, dass Eli Lasch seinen Berufsalltag „im Griff" hat. Er bewältigt seine administrativen Aufgaben als Leiter einer israelischen Gesundheitsbehörde, obwohl sich schon zu dieser Zeit „die andere Welt" meldet. Er meistert seine TV-Shows perfekt. Seine Äußerungen sind in sich stimmig. Seine Heildemonstrationen sind so überzeugend, dass zahlreiche Menschen nach der Sendung anrufen und von ihrer wundervollen Heilung berichten. Traditionelle schamanische Heiler mögen sich zwar zeitweise sonderbar betragen, speziell ihren Habitus während der Heilzeremonie könnte man als die klassischen Symptome einer Schizophrenie etikettieren, wenn z. B. der Schamane auf dem geistigen Flug in die Unter- oder die Oberwelt ist und dort Unterredungen mit Geistern hat. Entscheidend ist jedoch, dass ein erfahrener Schamane danach in die Alltagsrealität zurückfindet. Vor allem aber auch, dass er in der Lage ist, den Heilvorgang zu kontrollieren (wenn auch meist mit Unterstützung von Helfern).

In ihrer sehr sorgfältigen Analyse kommt Jane Murphy (1976) in der Wissenschaftszeitschrift *Science* deshalb zu dem Schluss, dass das Etikett „Schizophrenie" dem Phänomen Schamanismus nicht gerecht werde. Schizophrenie oder auch Manie bedeuten auf dem Höhepunkt der Erkrankung einen Zusammenbruch fast der gesamten Persönlichkeit (siehe oben). Erfolgreiche spirituelle Heiler geraten nach Murphy nur partiell und nur zeitweise in Zustände, welche einer Psychose ähneln. Jane Murphy weist in diesem Zusammenhang auch darauf hin, dass z. B. bei den Eskimos der Begriff *nuthkavihak* ein Verhalten kennzeichnet, welches in westlichen Ländern als schizophren bezeichnet würde. Die Eskimovölker wie auch viele andere indigene Völker verwenden solche Bezeichnungen jedoch niemals für das Verhalten ihrer Schamanen oder Heilmagier.

Die in den vorhergehenden Kapiteln erwähnten Interviewstudien und Beobachtungen der heutigen spirituellen Heiler zeigen, dass diese im Alltag ebenfalls ihren Mann oder ihre Frau stehen. Sie führen in der Regel eine erfolgreiche Praxis und niemand würde auf die Idee kommen, und schon gar nicht ihre Klienten, sie als Kandidaten für die Psychiatrie zu empfehlen (auch wenn dem Patientenneuling zunächst manches „komisch" vorkommen mag). Im Gegenteil, der Heiler H., welcher an sich entdeckte, dass er Dinge sehen kann, die andere nicht sehen, bemerkt: „... habe dann sofort eine Praxis eröffnet, und ich bin keine vier Wochen da, dann bin ich ausgebucht" (Freiburger Studie, 1999, Teil 4, S. 176). So etwas würde er nicht leisten können, wenn er ständig von Halluzinationen geplagt würde. Ähnlich erfolgreich ist beispielsweise der Heiler M., welcher u. a. glaubt, dass magische Einflüsse „erdgebundener Seelen" die Krankheiten seiner Klienten verursachen. Auch er berichtet, dass seine Praxis total überlaufen sei. Seine Klienten müssten Wartezeiten von drei bis vier Monaten auf sich nehmen (Freiburger Studie, 1999, Teil 1, S. 80). Die Wissenschaftler der Freiburger Studie können Realitätsnähe und Popularität der offensichtlich nur scheinbar seelisch schwer gestörten Heiler aufgrund eigener Beobachtungen in deren Praxen bestätigen. Wenn man sich nun nicht zu der absurden Behauptung versteigen will, dass nur Verrückte solche „merkwürdigen" Heiler aufsuchen, was ja einer Publikumsbeschimpfung gleich käme und letztlich ja auch nicht der Wirklichkeit entspricht, dann ist nach anderen Erklärungen zu suchen.

Die Psychiatrisierung bestimmter Menschengruppen ist nicht der Weg, der uns weiterführen kann. Und doch erscheint das Erleben mancher Heiler einer Schizophrenie oder Psychose nahe zu kommen. Wie ist dieser Widerspruch aufzulösen? Nähe zwar, aber doch nicht Gleichheit. Die Auflösung des Widerspruchs ergibt sich aus der Tatsache, dass eine *voll entwickelte* Schizophrenie nur eine Extremvariante psychischer Merkmale darstellt. Das Risiko, an Schizophrenie zu erkranken, beträgt für jede Person in der Bevölkerung weniger als 1 %. Dieses Risiko ist in allen Kulturen und Ländern in etwa gleich. Dem liegt eine genetische Veranlagung zugrunde, d. h., seit Urzeiten trägt die Menschheit die Disposition in ihrem Erbmaterial mit sich. Jedoch ist es wie bei vielen anderen Krankheiten, mal tritt Schizophrenie in stärkerer, mal in schwächerer Ausprägung auf. Letzteres wird als sog. schizotypischer Persönlichkeitszug bezeichnet. Ein unglücklicher Ausdruck, der für einen bestimmten Teil der Menschheit problematische Charaktereigenschaften attestiert. Zu betonen ist deshalb, dass nur sehr wenige dieser Personen jemals mit einer psychiatrischen Einrichtung in Berührung kommen. Die Ausprägung dieser Persönlichkeitszüge schwankt mit der Belastung, welcher der Betroffene ausgesetzt ist. Oft handelt es sich um sehr kreative Menschen mit ungewöhnlichen Lebenseinstellungen und unkonventionellem Lebensstil.

Wenn man dies nun unter evolutionspsychologischer Perspektive betrachtet, ergibt sich die Frage, wieso im harten Überlebenskampf während der Evolution der Spezies Mensch schwere psychische Störungen, wie z. B. die Schizophrenie, nicht einfach verschwunden sind. Eine mögliche Erklärung ist eventuell an den genetischen Rändern dieser schweren Störungen zu suchen. Wie oben schon erwähnt, ist beispielsweise Kreativität eines der Merkmale schizotypischer Menschen, aber z. B. auch das Merkmal mancher Menschen am Rande der Manie-Psychose oder schwerer melancholischer Zustände bzw. Depressionen (siehe z. B. Rothenberg, 1990; Jamison, 1993). Die Antwort auf die Frage nach dem evolutionären Überleben von Extemvarianten liegt in der größeren Reichhaltigkeit der Lebensformen, Lösungen und Adaptionsvorteile, welche durch Menschen am Rande des Normalitätsspektrums der kulturellen Entwicklung der Gesellschaft von der Frühzeit bis heute angeboten wurden und werden. Anders ausgedrückt, durch Menschengruppen, welche in ihren Eigenschaften nicht nur „ausgeglichen" um ein Mittelmaß herumpendeln, sondern sich am Rande des Ungewöhnlichen bewegen. Das gilt auch für andere Formen psychischer Ausnahmezustände, wie wir sehen werden.

Wie gesagt, sind die schizotypischen Persönlichkeitsvarianten hier von besonderem Interesse. Wie wir der Aufstellung der Persönlichkeitszüge in Kasten 4.2c entnehmen, ist „magisches Denken" ein die Schizotypie begleitendes Persönlichkeitsmerkmal. Nun könnte man spekulieren, dass es gerade dieser Persönlichkeitszug war, welcher in der geschichtlichen Entwicklung der Menschheit Personen mit diesen Eigenschaften zum Schamanen, Zauberpriester, religiösen Heiler oder religiösen Führer prädestiniert hat. In anderer Betrachtungsweise zeigt es jedoch, dass gerade das magische Denken Annahmen enthält, welche sehr viele Menschen charakterisiert (siehe z. B. die in Kap. 1 geschilderte Verbreitung in der Bevölkerung). Da nur höchstens 5 % der Bevölkerung schizotypische Persönlichkeitszüge aufweisen, haben wir auch hier nur eine Extremvariante der allgemein verbreiteten Bereitschaft in der Bevölkerung, solchen Weltinterpretationen anzuhängen. Spinnen wir den weiter oben dargestellten Befund noch weiter aus, dann würde auch diese Bereitschaft in Phasen größerer Lebensbelastung und Krisen stärker zum Tragen kommen bzw. dafür latent bereit stehen, um ungewöhnliche Schicksalsschläge und Belastung deuten zu können – und eventuell auch bewältigen zu können. Kurz gesagt, in extremen Lebensumständen werden u. U. die verborgenen Anteile unserer „Normalität" sichtbar – der Hang zu magischen Weltinterpretationen bzw. deren Nutzung zur Verbesserung der Lebenssituation.

Kasten 4.2c

Schizotypie, eine Persönlichkeits-Variante

Mit Schizotypie wird eine Persönlichkeitsakzentuierung bezeichnet, in welcher die Symptome der Schizophrenie meist nur als schwaches Echo anklingen.

Viele Veränderungen können durchaus noch als Extremvarianten des normalen Alltagsverhaltens gelten: Alltäglichen Ereignissen werden ungewöhnliche Aspekte abgewonnen, sie werden in sehr ungewöhnlicher Weise interpretiert. Einhergehen Veränderungen der Empfindungen und Wahrnehmungen. Eine oft extrem erhöhte Sensitivität fällt auf. Dinge

⟩⟩⟩⟩⟩⟩⟩⟩⟩⟩⟩⟩⟩⟩⟩⟩⟩⟩ Fortsetzung

und Erscheinungen werden beachtet, welche andere nicht bemerken oder nicht ungewöhnlich finden.

Die Betroffen spüren z. B. die Anwesenheit einer besonderen Kraft oder einer Person, ohne dass andere Personen dies bestätigen könnten. Manchmal kann sich dies bis zur Annahme steigern, hellseherische oder telepathische Fähigkeiten zu haben, da plötzlich seltsame Anmutungen verspürt werden.

Menschen mit schizotypischen Wesenszügen neigen zu abergläubischen, magischen Interpretationen von Ereignissen. Banalen Ereignissen wird oft eine besondere Bedeutung untergeschoben. Zusammenhänge werden anders interpretiert, als es normalerweise geschieht. Man könnte all dies auch als extrem erhöhte Sensitivität bezeichnen.

Auch am eigenen Körper werden von den Betroffenen Veränderungen verspürt, welche beunruhigen. Der eigene Körper kommt diesen Personen manchmal unwirklich und fremd vor, manchmal auch die eigene Person selbst, z. B. wenn sie in den Spiegel schauen und dann das Gefühl haben, dass eine fremde Person vor ihnen steht.

Aufgrund der Veränderungen in Wahrnehmungen und Empfindungen kann sich erhöhtes Misstrauen einstellen (durch Verunsicherung). Dies kann sich manchmal bis zu paranoiden Ideen steigern.

Die Sprache fällt manchmal durch Vagheit und Mehrdeutigkeit auf. Die Betroffenen haben häufig Schwierigkeiten, einen normalen und herzlichen Kontakt herzustellen. Sie wirken eher kühl und abweisend, ohne menschliche Wärme. Menschen mit schizotypischen Persönlichkeitszügen berichten, dass sie nur wenige Freunde haben und dass sie generell auch an Dingen wenig Freude haben, welche normalerweise angenehme Empfindungen auslösen.

Es ist hierbei im Rahmen eines Textes über Heilen an den „Grenzen der Normalität" zu betonen, dass manche der oben geschilderten „Symptome" durchaus Veränderungen betreffen, wie sie jeder von uns erleben kann, zumindest in kurzen Episoden und besonders nach schweren seelischen Belastungen. Die Merkmale einer schizotypischen Persönlichkeit stellen lediglich Extremvarianten der bei allen Menschen vorhandenen Bandbreite an Wahrnehmungs- und Empfindungsmöglichkeiten dar.

Durch die Darstellung extremer Varianten des Empfindens und Denkens soll – wie gesagt – das in jedem von uns mehr oder weniger deutlich vorhandene Potential sichtbar gemacht werden. Eine magische Weltdeutung oder extremes mystisches religiöses Erleben bedeutet somit auch nicht unbedingt, dass der Betroffene kurz vor dem Ausbruch einer Schizophrenie steht (siehe Text).

Quelle: Davison, Neale & Hauzinger, 2002.

An beiden Seiten der Grenze: Die Dissoziationsfähigkeit

Not begleitete zu allen Zeiten das Schicksal des Menschen. Kein Wunder, dass die Menschheitsentwicklung noch eine weitere und leichter umsetzbare Möglichkeit hervorgebracht hat, um seelische Ausnahmezustände als Heilvorgänge zu nutzen. So arbeitet die von Monika Habermann beschriebene Heilerin z. B. mit einem Medium, welches im Zustand der Trance einen Geist inkorporiert. Ein Geistwesen, welches durch seine Vertreibung das Verschwinden der Krankheit zur Folge hat (siehe Kap. 3.2). Der Heiler H. meditiert, um Dinge zu sehen, die andere nicht sehen. In allen möglichen Varianten spielen außergewöhnliche Bewusstseinszustände beim modernen spirituellen Heilen eine Rolle, um den Zugang zu den „jenseitigen" Kräften herzustellen.

Meditation und vor allem Trance sind auch in fast allen indigenen und sonstigen traditionellen religiösen Kulturen das Mittel der Annäherung an das Metaphysische (siehe Kasten 4.2d und 4.2e). Eine uralte Entdeckung der Menschheit und in religionspsychologischer Sicht von erheblichem Interesse. Denn die nahe liegende Erklärung ist, dass durch die Öffnung des In-mir-verborgen-Liegenden, von etwas, das dem Wachbewusstsein nicht zugänglich ist, ein extrem ungewöhnlicher, und damit für religiös Suchende sich ein „heiliger" Raum öffnet. Da es Erfahrungen sind, die im Alltag so nicht möglich sind, liegt es nahe, das außergewöhnliche Erleben als etwas zu interpretieren, was nicht von dieser Welt ist. So auch in der Heilzeremonie in Trance, in welcher ganz konsequent das Erleben des Übernatürlichen das Gefühl verstärkt, der außerirdischen Kraft nahe zu sein.

Jedoch werden die Inhalte der Trance oder Meditation keineswegs in allen Religionen als ein geistiges Wandern in *jenseitige* Dimensionen erlebt. In manchen Strömungen östlicher Religionen wird die durch die Meditation erfahrene Veränderung durchaus als auch *im* Meditierenden selbst vorhandene übernatürliche Kraft interpretiert. Aber selbst in der europäischen Mystik finden sich entsprechende Auffassungen. So erlebt Meister Eckhart (ca. 1260–1329 n. Chr.) in der meditativen Versenkung den christlichen Gott in sich selbst. (Eine Auffassung, welche allerdings nicht der christlichen Lehre entsprach bzw. zumindest von dieser als missverständlich kritisiert wurde. Meister Eckhart wurde deshalb wiederholt der Prozess gemacht.)

Trance (aber auch Meditation) spaltet das Erleben partiell oder völlig (je nach der Tiefe des Eintauchens in geistige Räume des Außerbewusstseins) von den Inhalten des alltäglichen Wachbewusstseins ab (Kasten 4.2d und 4.2e). Menschen in Trance oder in tiefer meditativer Versenkung haben deswegen das Erleben außergewöhnlicher Erfahrungsräume. Dieses Gefühl der Fremdheit des Erlebens kann sich bis zum Wechseln der eigenen Identität steigern, meist nicht vollständig und oft nur als flüchtige Erscheinung. Diese Erlebnisse ähneln deshalb dem Erleben im Traum, in dem das Wachbewusstsein seine Realitätsprüfung sozusagen abschaltet.

Beispielsweise berichten die südafrikanischen San, dass sie während des Heiltanzes die Identität einer Antilope annehmen (siehe Kap. 2.1). Der sibirische Schamane verwandelt sich während seines Trancetanzes bei-

Kasten 4.2d

Das Wachbewusstsein – eine manchmal gefährdete Selbstverständlichkeit

Im Zustand des Wachbewusstseins interpretieren wir in einem bestimmten Moment wahrgenommene Ereignisse sowie Gefühle und Gedanken als unser *eigenes* Erleben, als unsere eigenen Gedanken und Gefühle. Das kommt uns so selbstverständlich vor, dass wir uns nicht weiter damit beschäftigen. Erst in Ausnahmezuständen, etwa der Schizophrenie, nach Drogeneinnahme oder in Trance (siehe Kasten 4.2e) und selbst schon in Tagträumereien gerät dieser Wirklichkeitscheck ins Schwanken. Wir verlieren die Übersicht. In Extremzuständen täuschen wir uns über das, was Wirklichkeit ist. Wir wissen dann nicht mehr, ob sich etwas tatsächlich zugetragen hat oder bloß Trug- oder Fantasiegebilde ist. Die Verständigung darüber mit einer anderen Person ist deshalb äußerst erschwert. Denn wir erleben dann Dinge, welche aus den gespeicherten Bildern, Inhalten und Ideen außerhalb des Wachbewusstseins stammen. Durch die Destabilisierung der Ordnungsinstanzen des Wachbewusstseins können wir diese nicht bezüglich der Realität und den Gesetzen der normalen Verstandestätigkeit ordnen.

In der voll konzentrierten Tätigkeit des Wachbewusstseins hingegen können wir die von außen kommenden Ereignisse geordnet verarbeiten oder das, was wir geistig selbst produzieren, in geordneten Schritten mit unseren Verstandeskräften bearbeiten. Wir wissen, dass wir als identische Person existieren und somit wir *selbst* der Akteur, wir *selbst* der Beobachter sind, der seine Außenwelt von seiner Innenwelt trennen kann, der seine eigenen Gefühle und Gedanken beobachtet – etwas, was uns vom Tier unterscheidet, da wir uns unserer selbst bewusst sind.

Kasten 4.2e

Meditation und Trance – Gemeinsamkeiten und Unterschiede

Meditation und **Trance** führen beide in Regionen außerhalb des Wachbewusstseins. Sie werden beide traditionell im religiösen Kontext eingesetzt und in neuerer Zeit auch in psychotherapeutischen Behandlungen (ohne religiöse Bezüge). Im letzteren Fall dient Meditation vor allem der Entspannung, dem Erreichen innerer Ruhe und Gelassenheit. Trance

Fortsetzung

bzw. der Zustand in der Hypnose wird im therapeutischen Kontext durch einen Therapeuten herbeigeführt. Neben Entspannung dienen Suggestionen des Therapeuten während der Trance auch der Problemlösung. Vereinfacht ausgedrückt, werden psychische Probleme, welche auf der Ebene des Wachbewusstseins (im Alltag) nicht gelöst werden können, dem „Unbewussten zur Lösung vorgeschlagen". So suggeriert der Therapeut beispielsweise in bildhafter Sprache das Auftauchen innerer Ruhe, neuer Lösungswege für bestehende Probleme etc. Nicht von ungefähr ähneln dabei die vom Therapeuten suggerierten „Bilder" oft Erlebnissen, wie sie in Träumen vorkommen etc.

In beiden Techniken ist die Beachtung des eigenen **Atemrhythmus** die zentrale Leitlinie. Durch allmähliche Verlangsamung des eigenen Atemrhythmus durch den **Meditierenden** oder durch die entsprechende Suggestion des **Hypnotiseurs** stellen sich dann gleichsam automatisch Entspannung und ein Gefühl der inneren Ruhe ein. In späteren Phasen der **Meditation**, nach langer Übung und Meisterschaft, stellen sich zunehmend Wahrnehmungen ein, welche als unwirklich, „nicht von dieser Welt" erlebt werden. Bei entsprechender religiöser Einstellung wird dies dann als tiefere Schau mit besonderer symbolischer Bedeutung gedeutet. Es existieren sehr unterschiedliche Meditationsmethoden, welche von der Herstellung ruhiger innerer Versenkung und Reduktion des Reizeinstroms von außen bis zur Erzeugung von Ekstase und von expansiven Gefühlen reichen können (siehe dazu z. B. Engel, 1997).

Im Gegensatz zu den verschiedenen Meditationsübungen stellt sich der Zustand der **Trance** gleichsam automatisch ein, wenn man nur längere Zeit einem monotonen Reiz ausgesetzt ist, etwa dem gleichförmigen Schlag einer Trommel, den eigenen gleichförmigen Tanzbewegungen. Im religiösen Heilkontext begibt sich der Heiler in Trance und nicht notwendigerweise auch der Patient bzw. die übrigen Teilnehmer an der Zeremonie (in der modernen Psychotherapie ist dies, wie gesagt, umgekehrt).

Offensichtlich benötigt das **Wachbewusstsein**, um seine normale Tätigkeit beizubehalten, die stark variierende Abfolge von Umgebungsreizen, was ja unserer gewöhnlichen Umgebung entspricht. Jede Abweichung davon (folglich längere Gleichförmigkeit) führt uns vom Wachbewusstsein weg.

In der **Trance** begeben wir uns jenseits dieser geordneten Welt. Wir registrieren das Auftauchen einer zweiten Spur mit ungewöhnlichen Inhalten. Wir spalten (dissoziieren, Kasten 4.2f) bei Tieferwerden der Trance einen immer größer werdenden Teil dessen, was wir erleben, vom Wachbewusstsein ab. Material aus den uns normalerweise nicht bewussten Tätigkeiten unseres Gehirns strömt immer stärker ein. Mit dem Ende der Trance endet dieser Zugang zu sonst nicht bewussten Vorgängen im Gehirn abrupt.

spielsweise in den Pockengeist, um die Pockenkrankheit zu bekämpfen. Der Heiler Dr. Queiroz in Brasilien fühlt sich während seiner „geistigen" Operationen im Zustand der Trance vom Geist eines verstorbenen Arztes besetzt. In diesem Moment ist er nicht er selbst, sondern der andere.

Zwar ist die Fähigkeit, in Trance oder Meditation zu versinken, jedermann gegeben, aber auch hier – wie im näheren und weiteren Umfeld psychoseähnlicher Merkmale – sind manche Menschen stärker dafür prädestiniert als andere. Zusätzlich tritt in Phasen traumatischer Belastungen das Verschwinden aus dem Wachbewusstsein häufiger auf und kann sich in Extremvarianten steigern, welche dann behandlungsbedürftig sind (siehe Kasten 4.2f). Der französische Neurologe Janet (1859–1947) prägte für dieses teilweise „Ausweichen" aus der Spur der Alltagsrealität den französischen Begriff *dissociation*, womit er die Fähigkeit zur „Aufspaltung" seelischer Prozesse meint bzw. dass wir alle „Dissoziierer" sind. Wir sind in der Lage, spontan und ohne Hypnotiseur zu dissoziieren. Vorstufen der Dissoziation beginnen schon dann, wenn wir bei einem langweiligen Vortrag unseren Tagträumereien nachhängen. Wir alle erinnern uns sicher an die Schulzeit, wenn der Lehrer uns aufrief, da er an unserem „glasigen" Blick merkte, dass wir nicht im Hier und Jetzt waren. Das demonstriert exakt unsere Dissoziationsfähigkeit: Alltägliches Wegdriften aus der Spur des Wachbewusstseins. Diese erste Spur wird jedoch in der Regel nicht völlig verlassen. Je nach Dissoziationszustand nehmen wir wie durch einen Schleier wahr, was in der Außenwelt pas-

Kasten 4.2f

Dissoziationsstörungen – die unbekannte innere Welt in mir bestimmt die Richtung

Bei **Störung** normaler **Dissoziationsvorgänge** wechseln die Betroffenen im Extremfall zwischen zwei oder mehr Persönlichkeiten. Sozusagen mit dem Material aus dem uns sonst nicht bewussten Raum der Psyche werden völlig „automatisiert" neue Identitäten konstruiert. Die Betroffenen wechseln dann oft sogar in kurzer Folge von der einen in die andere Identität. Es kommt zu stimmlichen Veränderungen, zu Veränderungen in der Bevorzugung der Kleidung, der Gewohnheiten etc. Andere Formen von Dissoziationsstörungen zeigen sich z.B. im plötzlichen Verlassen der eigenen Wohnung. Die betroffenen Personen finden sich dann an einem anderen Ort wieder und wissen nicht, wie sie dorthin gekommen sind. Auch nicht, wie sie heißen und wo sie wohnen. Dissoziationsstörungen sind äußerst selten. Dissoziationen als Abdriften der Konzentration von einer bestimmten Tätigkeit, Tagträumereien oder leichte tranceartige Phänomene begleiten hingegen unseren Alltag.

siert. Sozusagen eine zweigleisige Fahrt unseres psychischen Apparates – auf der Spur der Innenwelt und gleichzeitig auf der der Außenwelt. Unter bestimmten Umständen, kann jedoch letztere Spur immer mehr verblassen, wie wir in der Beschreibung der Symptome im Kasten 4.2f sehen. Glücklicherweise sind solche Extremvarianten selten, was auf die grundsätzliche Stabilität unseres Wachbewusstseins hinweist. Es trägt in der Regel den Sieg gegenüber den Kräften der Dissoziation davon. Dies zur Beruhigung des Lesers. Tagträumereien enden in der Regel nicht in Identitätsstörungen. Die Spaltung in der Dissoziation ist keine Vorform der Schizophrenie.

Diese Zweigleisigkeit erklärt auch, warum z.B. eine hypnotisierte Person Anweisungen des Hypnotiseurs folgen kann oder der erfahrene Schamane in der selbst induzierten Trance durchaus noch zu kontrollierten Handlungen – etwa zum Vollzug der Heilzeremonie – in der Lage ist, d.h., es ist normalerweise sogar schwer, das Wachbewusstsein völlig zu verlassen (siehe Kasten 4.2g). Das erklärt, dass es beispielsweise im Falle der Meditation langen Übens und großer Meisterschaft bedarf, um eine tiefe Versenkung (außerhalb der Inhalte des Wachbewusstseins) für längere Zeit stabil aufrecht zu erhalten. Die Meditationsformen der asiatischen Hochkulturen, wie etwa die Zen-Meditation, sind künstlich hergestellte Zustände, welche die Dissoziationsfähigkeit nur nutzen. Trance hingegen stellt sich natürlicherweise ein. Hierzu genügt, dass man sich monotonen äußeren Reizen längere Zeit aussetzt oder monotone Körperbewegungen lange Zeit durchführt, wie etwa bei gleichmäßigem Trommelschlag und dem Trancetanz. Oder man lässt sich durch einen Hypnotiseur in Trance versetzen, was auch relativ schnell und durch sehr einfache Mittel geschehen kann. Trance wird durch *äußere* Reize angeregt. Tiefe Meditationszustände sind letztlich nur durch *innere* vom Meditierenden durch langwierige Übungen herzustellende Veränderungen zu erreichen.

Dissoziation, das Öffnen der zweiten Spur, wird ganz offensichtlich seit Urzeiten gezielt zum Erreichen religiöser Erfahrungen eingesetzt. Da jedoch Menschen sehr unterschiedlich mit der „Begabung" zur Dissoziation ausgestattet sind, könnte man vermuten, dass bei bestimmten Menschen besonders häufig spontan – d.h. auch ohne Meditations- oder Tranceübungen – ungewöhnliche Bilder und Empfindungen auftreten. Das wollten wir in unserer Arbeitsgruppe mit einem eigenen Projekt überprüfen. Wir haben dazu über 200 Personen befragt, teilweise auch solche mit hoher Dissoziationsneigung. Wir hatten das Ergebnis zwar vermutet, aber es hat uns doch wegen seiner Eindeutigkeit überrascht: Personen, welche im Fragebogen angeben, dass sie übernatürliche Kräfte an sich spüren oder andere übersinnliche Erfahrungen machen würden, berichten häufig darüber, dass sie im Alltag dissoziieren. Solche Dissoziierer kreuzten z.B. folgende Aussagen des Fragebogens an: „Ich besitze die Fähigkeit, Verbindungen mit übernatürlichen Kräften aufzunehmen." Oder: „Wenn ich möchte, kann ich meinen Körper verlassen und in ihn zurückkehren." Oder: „Ich besitze die Fähigkeit, mit Toten in Verbindung zu treten." Interessant war auch ein Zusatzergebnis: Bei Personen mit ausgeprägten psychischen Problemen war der Zusammenhang zwischen Dissoziationsneigung und solchen übersinnlichen Erfahrungen besonders hoch. In der Fachsprache als „paranormale" Erfahrungen bezeich-

---

Kasten 4.2g

Die tibetische Heilerin dissoziiert: Nur die „andere" Person in ihr heilt

„Wenn sie sich in Trance versetzt, dann stellt sie ihren Köper der großen tibetischen Yogini[*] Dorje Yudroma aus dem 14. Jahrhundert zur Verfügung, um hier und heute Menschen zu heilen. Die Wandlung, die sie vor unserer Kamera vollzieht, ist staunenswert. Ihr Gesicht wird breiter, mächtiger, ihre Stimme tiefer und resoluter; ihr ganzer Charakter scheint sich zu wandeln. Sie kleidet sich schließlich auch wie Yogini – mit einem roten und mit goldenem Brokat besetzten Umhang, einer Krone und einem roten Tuch vor dem Mund …

Es haben sich etwa 25 Patienten in dem kleinen Raum eingefunden … es sind Russen, Holländer, Amerikaner, viele Nepalesen, drei Tibeter und die Schweizerin mit ihrem Hüftleiden. Nachdem Lhamo Dolkar sich in ihre neue Identität eingefunden hat, treibt sie zur Eile. Jeder soll drankommen, bevor sie wieder aus der Trance erwacht …
Schließlich komme ich dran. Ich habe Schmerzen im Knie, die mir auch nicht durch die Meniskusoperation genommen wurden. Sie setzt ein kleines Kupferrohr neben die Kniescheibe und bohrt es so fest in die Haut, dass es mehr wehtut als alle Schmerzen, die ich dort je hatte. Durch das Röhrchen saugt sie eine dicke schwarze Flüssigkeit aus meinem Knie ab …

Mit schmerzverzerrtem Gesicht und spitzen Schreien kommt sie aus der Trance wieder heraus. Ihr liegender Körper windet und bäumt sich dabei auf und nieder, so als habe sie entsetzliche Krämpfe. Danach ist sie wieder die kleine, bescheidene tibetische Hausfrau. Sie fragt, wie es war. Sie selbst hat keine Erinnerung … Sie lächelt uns alle an, geht hinaus in die Küche und kommt für jeden mit einer Tasse heißem Tee zurück."

---

[*] Yoginis sind Frauen, welche zu Lebzeiten im Sinne der tibetisch-buddhistischen Lehre ein „hohes Bewusstsein" erreicht haben und, nachdem sie verstorben sind, in anderen Personen wirken können, um Menschen zu helfen und auch zu heilen. Quelle: Bericht des Dokumentarfilmers Clemens Kuby (2003, S. 188–189, 192).

net. Ein unglücklicher Ausdruck (siehe Glossar), den wir deswegen hier
nicht weiter verwenden wollen. Er stempelt Erfahrungen vieler Menschen
als „nicht normal" ab (Straube und Kollegen, 2000)[5].

Möglicherweise deutet sich in letzterem Ergebnis ein wichtiger psycho-
logisch-funktionaler Zusammenhang an: Einerseits ist die Dissoziationsneigung nach starken psychischen Belastungen erhöht, andererseits interpretieren manche der Betroffenen dann ihre ungewöhnlichen Erfahrungen
als Zugang zu übernatürlichen Kräften. Vorstellbar ist, dass hierdurch die
heilende Funktion religiöser Erfahrungen verstärkt ins Spiel kommt. Dies
aber nur dann, wenn eine positive religiöse Interpretation möglich wird.
Solche Erlebnisse ängstigen denn auch, wenn dies nicht geschieht. Über das
Hereinbrechen von neuen, vorher nicht gemachten Erfahrungen berichten
viele spirituelle Heiler, wie wir gesehen haben. Oft standen zunächst Furcht
und Ablehnung im Vordergrund. Später dann verwandelte sich das Erleben
ins Positive, als neue spirituelle Sichtweisen und die Gewissheit, heilen zu
können, auftauchten.

Die Universalität der Antworten: Auch Drogen, Fasten und Einsamkeit führen zum Jenseits

Da es sich bei unserer Fähigkeit zu dissoziieren, d.h. unserer Fähigkeit, das
Wachbewusstsein zeitweise zu verlassen, um eine psychische Grundeigen-
schaft handelt, sind wir, um dem „überirdischen Erleben" nahe zu kommen, nicht nur auf Zustände am Rande der Psychose, Meditationsübungen
oder den Trancetanz angewiesen. Auch wer zur Erzeugung spontaner
Dissoziationen nicht besonders begabt ist und sich nicht auf langwierige
Tranceerituale oder die noch viel schwierigeren Meditationsübungen einlassen will, kann einen Blick ins Jenseitige werfen. Bestimmte Drogen und
viele andere Mittel sind hierbei von alters her sehr hilfreich. Wir wollen uns
hiermit nur kurz beschäftigen, da Drogen bei heutigen spirituellen Heilern
keine Rolle spielen[6]. Andererseits ist der Hinweis auf die große Bandbreite

---

[5] Für speziell interessierte Leser: In der Gruppe der 100 Personen mit psychischen Stö-
    rungen (darunter auch 30 Personen mit schweren Dissoziationsstörungen) korrelierte
    die Merkmalsausprägung *Dissoziationsneigung* mit paranormalen *Erfahrungen* r = .46.
    Die Korrelation der *Dissoziationsneigung* korrelierte ebenfalls r = .46 mit paranormalen
    Überzeugungen. In der Gruppe der Personen ohne schwere psychische Störungen (101
    Personen) war der Zusammenhang teilweise niedriger, die entsprechenden Werte: r = .35
    und r = .49. Mit anderen Worten, die statistischen Kennwerte bestätigen einen relativ engen
    Zusammenhang zwischen außersinnlichem Erleben/entsprechenden Einstellungen und
    Dissoziationsneigungen, d.h. Personen, welche z.B. außersinnliche Erfahrungen machen
    bzw. die Welt „paranormal" interpretieren, neigen tendenziell zu Dissoziationen im Alltag.
    Und: Außersinnliches/„paranormales" Erleben ist bei Personen, welche *wenige* psychische
    Probleme haben, geringer. Anders betrachtet: Psychische Probleme fördern diesen Zusam-
    menhang (siehe Text). (Straube und Kollegen, 2000. Gefördert durch Drittmittel des Instituts
    für Grenzgebiete der Psychologie und Psychohygiene e.V. Freiburg i. Br.).

bewusstseinsverändernder Methoden von Interesse, da dies die Universalität des Phänomens aufzeigt. Universalität in dem Sinne, dass trotz unterschiedlicher Methoden der Destabilisierung des Wachbewusstseins immer wieder ganz ähnliche Phänomene auftreten.

Besonders in Mittelamerika, aber auch in Südamerika, spielen halluzinogene Stoffe aus Pilzen, Kakteen und Pflanzen beim Heilprozess eine Rolle. Ich erwähnte schon die Heilerin Maria Sabina in Kapitel 2.1. Sie berichtet nach der Einnahme von psilocybinhaltigen Pilzen: „Ich ließ mich davontragen. Ich hatte keinen Widerstand, und ich fiel in einen tiefen, bodenlosen Brunnen. Ich spürte eine Art Schwindel … und ich hatte eine Vision." Sie erfährt dann in dieser Drogenvision die Diagnose der Krankheit. Die Azteken nahmen wegen der religiösen Bedeutung der Erscheinungen an, dass im Peyote-Kaktus der Gott der Ekstase, Xochipilli, anwesend sei. Die europäische religiöse Tradition schlug andere Wege ein: extremes Fasten oder auch extreme Einsamkeit. Denn auch nach längerem Fasten stellen sich u. a. ungewöhnliche Wahrnehmungen ein. Solches erlebten beispielsweise europäische Eremiten, welche sich in Kirchen einmauern ließen und nur durch zwei kleine Luken mit der Außenwelt verbunden waren. Eine sehr drastische Methode der Abschottung von der Reizflut des Alltags (und um dem Wachbewusstsein die normale Analysebasis zu entziehen). Für den indischen religiösen Kulturkreis prägen Eremiten, welche als Heilige bzw. Erleuchtete gelten, noch heute das religiöse Leben.

Extreme Einsamkeit lässt „Übersinnliches" jedoch auch ohne religiöse Suche entstehen. Das heißt, die Deutung des Erlebens in veränderten Bewusstseinszuständen wird durch die Grundeinstellung des Betroffenen geprägt (siehe auch weiter unten). Das demonstrierte der italienische Forscher Maurice. Er verbrachte sieben Monate allein in einer Höhle. Er halluzinierte nach zwei Wochen Schreie, dann bunte Flecken an der Höhlendecke. Nach zwei Monaten sah er Personen auf sich zukommen, ohne dass jemand da war, und hörte deren Stimmen. Ähnliches erlebten Versuchspersonen, welche sich freiwillig für einige Zeit in einen Wassertank stecken ließen. Hier wollten die Forscher erproben, ob sich durch eine noch stärkere Isolation von äußeren Reizen (sog. Reizdeprivation) solche Effekte auch kurzfristig einstellen. Die Wissenschaftler verwendeten hierzu einen absolut dunklen Behälter, in den kein Laut von außen eindringen konnte. Zusätzlich befanden sich die Versuchspersonen bis zum Hals in einer Flüssigkeit mit hoher Dichte (angereichert mit hydriertem Magnesiumsulfat), sodass auch ihre taktilen Empfindungen minimiert waren. (Aus Sicherheitsgründen waren die Versuchspersonen – für den Notfall

---

6 Einer der Impulse zur Entwicklung der New-Age-Theorien waren bezeichnenderweise die „Grenzüberschreitungs"erfahrungen einiger der Hauptprotagonisten nach Einnahme halluzinogener Drogen (siehe Kap. 3.2).

– durch ein Mikrofon mit der Außenwelt verbunden.) Die zahlreichen bisher durchgeführten Studien ergaben, dass es schon nach wenigen Minuten bei dieser Form extremer Reizdeprivation zu psychischen Ausnahmeerlebnissen kommen kann. Diese können sich bis zum Auftreten von Scheinwahrnehmungen (Halluzinationen) steigern. Beispielsweise berichtete eine Versuchsperson einer 1977 von Kempe an der Universität Hamburg durchgeführten Studie nach 24 Minuten Reizdeprivation: „Mein Körper kommt richtig zur Ruhe, auch mein Geist. Jetzt sehe ich Bilder von gläsernen Särgen, die drehen sich und darin liegt ’ne weiß gekleidete Frau …“ Nach 32 Minuten: „Ich sehe ganz fantastische Landschaften …“ Nach 46 Minuten: „Jetzt kommt mir mein Bein unheimlich lang vor, bis zum Knie schon mal drei Meter …“ (zitiert in Dittrich, 1996, S. 52–53).

Wie wir sehen, lässt sich mit sehr unterschiedlichen Methoden die Wahrnehmung der Realität erschüttern. Trotzdem ähneln sich die Resultate. Dies entspricht der zentralen Hypothese Adolf Dittrichs (1996). Er wertete dazu Berichte über Erfahrungen mit halluzinogenen Stoffen und Trancephänomenen verschiedener indigener Völker und Untersuchungen anderer Forscher aus. Ferner unternahm er selbst experimentelle Untersuchungen mit verschiedenen Substanzen, welche die Kontrollfunktion des Wachbewusstseins schwächen. Dabei treten nach Dittrich im Wesentlichen immer wieder drei Erscheinungen auf, welche sich folgendermaßen zusammenfassen lassen: 1. ozeanische Selbstentgrenzung, 2. Ich-Auflösung und Angstgefühle, 3. Visionäre Umstrukturierung. Dittrich legte den Versuchspersonen nach Beendigung des Versuches einen Fragebogen vor. Die drei Kategorien (Skalen) sind aus den Ergebnissen der Befragung gebildet worden. Interessanterweise wurde die Skala 1 ursprünglich „Mystisches Erleben" genannt. Anbei einige Beispiele zur Verdeutlichung der Erlebnisse der Versuchsteilnehmer:

Skala 1 (Ozeanische Selbstentgrenzung):
„Ich fühle mich, als ob ich schwebe."
„Die Grenze zwischen mir und meiner Umgebung schien sich zu verwischen."
„Es kam mir vor, als ob ich träumte."
Skala 2 (Ich-Auflösung und Angst):
„Meine eigenen Gefühle kamen mir fremd, als nicht zu mir selbst gehörend, vor."
„Ich hatte das Gefühl, ich hätte keinen eigenen Willen mehr."
„Ich beobachtete mich selbst wie einen fremden Menschen."
Skala 3 (Visionäre Umstrukturierung):
„Ich habe bei völliger Dunkelheit oder mit geschlossenen Augen plötzlich Lichtblitze gesehen."
„Dinge in meiner Umgebung hatten für mich eine fremdartige, neue Bedeutung."
„Ich sah Dinge, von denen ich wusste, dass sie nicht wirklich waren."

Die Erwartung des „Sehers" bestimmt, ob Gott, Götter, Teufel, die nackte Angst oder die Glorie erscheint

Der Schriftsteller Aldous Huxley beschreibt als Himmel und Hölle seine Drogenerfahrungen und Charles Baudelaire in seinem Gedichtband *Die Blumen des Bösen*: „Das Opium macht weit … dehnt noch die Unendlichkeit." Auffällig ist, dass durch die Erschütterung des Wachbewusstseins zwar formal gesehen recht ähnliche Resultate erzeugt werden, aber doch sehr verschiedene Inhalte. Manche hören Gott oder sehen Geister, andere lediglich nicht weiter deutbare Gestalten, vor denen sie sich fürchten. Warum das so ist, interessierte z. B. auch den Religionspsychologen Ralph Hood und seine Mitarbeiter (1996). Personen mit religiöser Voreinstellung erlebten die in der Reizdeprivation auftretenden Phänomene als religiös. Personen ohne religiöse Einstellung jedoch nicht. Offensichtlich gibt die Erwartung die Richtung vor.

Das erinnert an das berühmte Karfreitagsexperiment von Panke, welches in den einschlägigen Lehrbüchern immer wieder zitiert wird. Das Karfreitagsexperiment wurde mit Theologiestudenten durchgeführt, um herauszufinden, ob die eigene Einstellung das Erleben unter einer halluzinogenen Droge steuert. In einem Doppelblindversuch erhielten die Studenten entweder Nicotinsäure als harmloses Placebo oder Psilocybin. Psilocybin ist in den „göttlichen" Pilzen enthalten, welche schon die Azteken in ihren religiösen Riten verwendeten (siehe oben). Die schon öfters erwähnte mexikanische Heilerin Maria Sabina nannte die von ihr verwendeten Pilze bezeichnenderweise „Heiliger-Petrus-Pilze". Panke wollte diesen Bedeutungszusammenhang nutzen. Deswegen begann das Experiment mit einem Vortrag über die traditionelle religiöse Bedeutung des Psilocybin bei den Azteken. Um religiöse Assoziationen noch weiter anzuregen, wurde das Experiment an einem Karfreitag durchgeführt. Zusätzlich wurde ein Gottesdienst zelebriert, welcher dann mit Meditationen abschloss. Das von Panke Erwartete trat ein. Die Studentengruppe, welche die Substanz des mexikanischen heiligen Pilzes erhalten hatte, berichtete tatsächlich weit mehr religiöse Erlebnisse als die Gruppe, welche lediglich die Substanz ohne halluzinogene Wirkung erhalten hatte. (Da die Versuchsanordnung doppelblind durchgeführt wurde, wusste natürlich keiner der Studenten, was in den Kapseln war, welche er schluckte.) Die Deutung bleibt natürlich lediglich auf der psychologischen Ebene und ist deswegen, wie bei anderen Befunden auch, grundsätzlich offen. Denn wer kann entscheiden, ob damit tatsächlich doch der Weg zum Göttlichen gebahnt wird. So auch bezüglich des nachfolgenden Experiments.

Die Frage, welche ich mir angesichts dieses Ergebnisses stellte, war: Kann man religiöse Erlebnisse auch bei *nicht* religiös eingestellten Personen erzeugen? Der Anlass zu einem eigenen Experiment war dann, dass eines Tages eine Studentin, Frau Susanne Elendt, zu mir kam und fragte, ob ich ein Diplomthema im Bereich der Hypnoseforschung vergeben würde.

Hier kam mir mein Problem wieder in den Sinn. Frau Elendt war sofort begeistert und bereit, einen erheblichen Forschungsaufwand auf sich zu nehmen. Sie stellte verschiedene Studentengruppen zusammen. Natürlich waren auch wieder Theologiestudenten dabei, aber eben diesmal auch areligiöse Studenten. Ich besprach ein Tonband mit Texten, welche zur Einleitung eines leichten Trancezustandes geeignet erschienen. Folglich keine Einzelsitzungen unter Hypnose, damit alle Teilnehmer sich unter den gleichen Bedingungen in die Trance begaben. Um es kurz zu machen: Der Text, welcher die Hypnose erzeugte, enthielt für alle Studenten die gleichen Suggestionen, z.B. besondere Naturerlebnisse, Szenen von plötzlich aufreißenden Wolken sowie das Hervortreten von schönem gleißenden Licht, also keine religiösen Texte, sondern nur ganz allgemein gehaltene Formulierungen. Jedoch sollten die Teilnehmer die Möglichkeit haben den Texten eine religiöse Bedeutung zu unterlegen, d.h., sie waren zweideutig. Das Ergebnis war, dass die religiös eingestellten Personen weit häufiger religiöse Erlebnisse in der Trance berichteten als die areligiösen Studenten. Aber was uns ja besonders interessierte: Bei einem Teil der Studenten hatten wir zusätzlich auf dem Tonband Suggestionen eingestreut, welche ein religiöses Erleben in der Trance provozieren sollten. Besonders interessierten uns die nicht religiös eingestellten Studenten: Würden sie sich zu religiösen Deutungen der Naturereignisse verleiten lassen? Wie die weitere Auswertung der Ergebnisse zeigte, war dies jedoch nicht der Fall. (Die Studenten wurden in einem Fragebogen bezüglich ihrer Erlebnisse im Zustand der Trance befragt und natürlich auch zur Trancetiefe. Somit konnten wir recht sicher sein, dass Letzteres nicht der Grund für das Fehlen des religiösen Erlebens war.) Gegen unsere Erwartung brachten aber auch bei den Theologiestudenten die im Text eingestreuten Hinweise keine Steigerung der religiösen Erlebnisproduktion. Das bedeutet, es müssen schon tiefer verankerte Einstellungen vorhanden sein, um bei dem teilweisen Außerkraftsetzen der Kontrollfunktion des Wachbewusstseins in der Trance Entsprechendes zu erleben (Elendt, 2000).

Nur dem Suchenden offenbaren sich „die Götter". Oder sind es doch nur Trugbilder? Die Entscheidung wird die Psychologie nicht liefern können, wohl aber den Interpretationsraum um interessante Alternativen erweitern.

Heiler und ihre Patienten – Menschliches, allzu Menschliches

Veränderte Bewusstseinszustände erklären nur zum Teil das besondere Erleben spiritueller Heiler und ihrer Patienten. Nicht alle spirituellen Heiler oder Patienten sind während der Heilsitzung in Trance oder sonstwie am Rande des Wachbewusstseins. Im Menschen arbeiten ganz offensichtlich noch andere Vorgänge, welche die Wirklichkeit verändern.[7] Mit anderen Worten: Es geht um unsere alltäglichen Selbsttäuschungen.

Auch bei diesem Thema wird so mancher Leser recht erstaunt sein oder innerlich rebellieren. „Jetzt geht der Autor aber zu weit", wird sich so mancher Leser sagen. Eine verständliche Reaktion. Scheint doch die Frage nach unseren täglichen Selbsttäuschungen ganz erheblich unser Selbstverständnis als vernunftbegabtes Wesen zu untergraben. Das ist natürlich hier nicht intendiert. Im Gegenteil: Alltagsillusionen haben u. a. auch eine Schutzfunktion, wie wir sehen werden. Nebenbei bemerkt, ist es grundsätzlich besser zu verstehen, wie der Mensch wirklich beschaffen ist und warum dies so ist, als einem überhöhten Selbstbild anzuhängen. Bezeichnenderweise hat selbst die psychologische Forschung lange Zeit einen großen Bogen um das Thema der Selbsttäuschungen gemacht bzw. tat sich schwer, entsprechende Forschungsergebnisse zu akzeptieren.

Erst mit dem Aufsehen erregenden Artikel der Psychologen Tversky und Kahneman im Jahr 1974 in der Zeitschrift *Science*, in dem die Autoren kognitive Täuschungen als allgemeine psychologische Gesetzmäßigkeiten nachwiesen, hat sich dies allmählich geändert. Mittlerweile ist unbestreitbar, dass die sog. kognitiven Täuschungen alle Lebensbereiche mehr oder weniger beherrschen. Es handelt sich zweifellos um Gesetzmäßigkeit unseres Denkens und Erlebens. Unserer Fähigkeit zur nüchternen rationalen Analyse ist die Selbsttäuschung als Zwilling beigegeben. Auch vor den Türen der Wissenschaft macht dieses Zwillingspaar nicht Halt. Die Geschichte der Wissenschaften belegt dies immer wieder sehr deutlich. Viele Thesen werden und wurden aufrecht erhalten und vehement verteidigt, obwohl die Forschungswirklichkeit schon längst zahlreiche den alten Thesen diametral widersprechende Befunde geliefert hatte. Entsprechendes Aufsehen erregten deshalb die Essays von Thomas Kuhn, in denen er der Wissenschaft den Spiegel der Geschichte ihrer Täuschungen vorhält. Andererseits ist die moderne empirisch ausgerichtete Wissenschaft ja gerade aus diesem Grunde entstanden: Der Einfluss der Selbsttäuschungstendenzen sollte so zumindest zurückgedrängt werden. Vermeiden lassen sie sich offensichtlich nicht. Selbst in Bereichen, in welchen Selbsttäuschungen harte finanzielle Konsequenzen haben, werden oft nicht ausreichend begründbare Entscheidungen getroffen. Entscheidungen, ohne dass entsprechendes Datenmaterial zu Absicherung vorhanden wäre. Die entsprechenden Untersuchungen von Daniel Kahneman und seinen Mitarbeitern von der Princeton University erzielten weltweite Beachtung. Für seine

---

[7] Hier bleibt natürlich die philosophisch-religionsphilosophische Frage, was Realität sei, ausgeklammert. Der empirisch-psychologisch begründete Realitätsbegriff konstituiert sich in einem gegebenen Beispiel durch das, was mehrere unabhängige Beobachter nach Aufklärung über Fehlermöglichkeiten als objektiv richtige Lösung oder korrekte bzw. verzerrungsfreie Sichtweise anerkennen würden.

bahnbrechenden Forschungen erhielt Daniel Kahneman im Jahr 2002 den Nobelpreis in der Sparte Wirtschaftswissenschaften!

Es ist folglich nahe liegend, dass erst recht in Bereichen „weicherer" Faktenlagen die Tür für verzerrte Wahrnehmungen, Erinnerungen und Schlussfolgerungen weit offen steht. So eben auch im Bereich des Heilens, ganz unabhängig davon, ob dieses nun spiritueller oder medizinisch-natur-wissenschaftlicher Natur ist. Dies gilt gleichermaßen für das Erleben von Heilenden und Patienten. Die in Kapitel 4.1 dargelegten Forschungsergebnisse belegen dies ja recht eindeutig. Die Gründe liegen in der Tendenz zu – zumindest teilweise „heilsamen" – illusionären Wahrnehmungen und Schlussfolgerungen. Anbei zur Illustration zehn psychologische Gesetze des Irrens, welche unsren Alltag begleiten:

1. *Unser Selbstwertgefühl schützen wir – auch um den Preis der Realitätsverzerrung.*
   Vor Beeinträchtigung unseres Selbstwertgefühls schützen uns „nützliche" Wahrnehmungstäuschungen und Interpretationen. Besonders interessant, dass selbst erfahrene Psychotherapeuten nicht davor gefeit sind: War die Therapie wenig erfolgreich, dann meinten die befragten Therapeuten, dass dies wohl am Patienten lag. Hatte die Therapie hingegen ein positives Ergebnis, wurde eher umgekehrt argumentiert. Therapeuten sind „auch nur Menschen". Entsprechende kognitive Verzerrungen finden sich bei jedermann. Wenn man es etwa in einem psychologischen Laborexperiment so einrichtet, dass jeder Teilnehmer exakt die gleiche Anzahl positiver und negativer Äußerungen über sich hört, und er ferner auch Gelegenheit hat, dem Loben und Tadeln der anderen Teilnehmer am Experiment zuzuhören, dann „erinnern" sich in der anschließenden Befragung die Versuchsteilnehmer, mehr positive Statements über sich gehört zu haben als über andere Personen. Der Psychologe Daniel Gilbert (2002) von der Harvard-Universität spricht aufgrund solcher und ähnlicher Befunde – in Analogie zur Abwehrfunktion des Immunsystems – von der Abwehr unseres „psychologischen Immunsystems" (siehe z. B. auch Koch, 1992), d. h., wir schützen uns auch um den Preis der Wahrnehmungs- oder Erinnerungsverzerrung vor der Beeinträchtigung unseres Selbstwertgefühls.

2. *Feste Überzeugungen verändern Wahrnehmungen und Erinnerungen.*
   Experimentelle Untersuchungen belegen beispielsweise, dass Personen, welche von ihren telepatischen Fähigkeiten überzeugt waren, auch sicherer waren, dass sie mehr Treffer erzielt hätten als Personen, welche nicht daran glaubten. In Wirklichkeit unterschied sich die Trefferzahl bei beiden Personengruppen jedoch nicht. Die Experimente wurden mit Studenten durchgeführt. Die Studenten mussten erraten, welche Abbildung einer einfachen Figur eine andere Person in einem anderen Raum gerade vor sich liegen hatte. Das Ergebnis hat weniger mit Telepathie zu tun als mit Gesetzmäßigkeit unserer Informationsverarbeitung

im Gehirn: Unser Gehirn „bevorzugt" Informationen, welche mit der eigenen Erwartung konform gehen. Anderes wird leicht ignoriert oder schnell vergessen.

Interessant war das Zusatzergebnis des Telepathie-Experimentes: Die Höhe der Erregung während des Experiments korrelierte mit der Höhe der Täuschung über die eigene telepathische Fähigkeit, wie die Arbeitsgruppe um Dieter Vaitl an der Universität Gießen herausfand (Schienle und Kollegen, 1996). Die Forschergruppe ermittelte die Schlagfrequenz des Herzens während der Durchführung der telepathischen Aufgabe. Hieran lässt sich ablesen, dass, je bedeutsamer ein Ereignis für das eigene Wertesystem ist, wir desto eher bereit sind, einer uns positiven Wahrnehmung oder Erinnerung ein bisschen nachzuhelfen. Natürlich sind wir uns dessen nicht bewusst. Hier laufen automatisierte Stabilisierungsprogramme ab (siehe oben).

3. *Versetze den Patienten in gute Stimmung, dann glaubt er dir eher, und das nimmt dann auch noch seiner Krankheit das Bedrohliche.*
Dass Emotionen die Einschätzung der Realität verändern, ist bekannt. Das kann man dann nutzen, um ein gewünschtes Ergebnis beim Empfänger einer Botschaft zu erzielen. Ein gut belegtes Ergebnis der kognitionspsychologischen Forschung ist, dass Personen in guter Stimmung Informationen weniger kritisch überprüfen als Personen in schlechter Stimmung. Das könnte sich dann z. B. auch für die Bewertung der eigenen Erkrankung auswirken, wenn der Heilende eine gute Behandlungsatmosphäre erzeugt. So schätzten Versuchspersonen von Johnson und Tversky (1983) – Letzterer arbeitete über viele Jahre mit dem Nobelpreisträger Kahneman zusammen – Katastrophen und Krankheiten als weniger risikobehaftet ein als Personen, denen im Laborversuch unangenehme Gefühle induziert wurden (siehe auch Bless und Kollegen, 1996; Forgas, 1995; Frijda und Kollegen, 2000; Schwarz, 2000).

4. *Auch wenn die Informationslage unsicher ist, gelangt man zu sicheren Einschätzungen und Entscheidungen.*
Die Welt, in der wir leben, ist äußerst komplex. Zusammenhänge sind schwer zu durchschauen. Die Zukunft ist ungewiss, u. a. deswegen hatten und haben Orakel jedweder Art einschließlich der heutigen Horoskope so große Bedeutung. Geschickterweise sind „gute" Horoskope eher vieldeutig abgefasst. So kann sich jeder das heraussuchen, was seinen eigenen Vorannahmen entspricht (siehe Kasten 4.2h). Als hätten die Erfinder der Orakel und Horoskope die Ergebnisse von Psychologie-Lehrbüchern vorweggenommen! Eine unbestimmte Information „passt immer". Denn eine vage Information gibt Raum für die Projektion eigener Bedürfnisse und Wünsche.
Generell gilt: Unsicherheit wird als bedrohlich empfunden, man versucht deshalb, eine eindeutige Aussage aus einem diffusen Angebot herauszufiltern (z. B. Forgas, 1995).

Kasten 4.2h

Gute Orakel und Horoskope sind vieldeutig

Der mächtige lykische Herrscher **Krösus** befragte das berühmte Orakel von Delphi, wie sein geplanter Feldzug gegen die Perser ausgehen werde. Die Antwort des Orakels: Ein großes Reich wird untergehen. Er griff daraufhin die Perser an, da er in seiner Selbstüberschätzung dachte, damit sind sicher „die anderen" gemeint. Ergebnis des Feldzuges: Sein Reich ging unter, nicht das der Perser!

Das ist heute auch nicht anders. Vage allgemein gültige Aussagen zeigen auch z. B. bei Studienanfängern und nicht nur beim ehrgeizigen Krösus ihre Wirkungen. Mittlerweile ein Klassiker in jedem Einführungsseminar am Beginn des Psychologiestudiums. Das Vorgehen ist dabei folgendermaßen: Den Studenten wird eine umfangreiche Testbatterie vorgelegt. Ihnen wird ferner gesagt, dass dies Fragebogen zur **Feststellung von Charaktereigenschaften** seien. Zur nächsten Seminarstunde kommt der Seminarleiter mit einem Packen verschlossener Umschläge. Auf jedem steht ein Name eines Seminarteilnehmers. Nachdem die Umschläge verteilt worden sind, öffnet jeder „sein persönliches Gutachten", wie er meint. Nachdem alle Studenten genug Zeit hatten, das etwa dreiseitige Gutachten zu lesen, fragt der Seminarleiter, wer der Ansicht ist, dass das Gutachten die Charakterisierung der eigenen Person richtig eingeschätzt habe. Das immer wieder erstaunliche Ergebnis ist, dass etwa 70 % bis über 80 % der Studenten dies bejahen. Alle Studenten haben jedoch dasselbe (allgemein und vage abgefasste) Gutachten erhalten! Sie trauen den Fähigkeiten der Psychologen noch viel zu und sind bereit, sich darauf zu verlassen.

Ich selbst bin in meinem ersten Psychologiesemester darauf reingefallen. Eine gute Anregung zum kritischen Denken! Wenn man z. B. liest, „Sie haben das Bedürfnis, von anderen Personen geschätzt zu werden" oder „Sie haben herausgefunden, dass es manchmal nicht klug ist, sich anderen gegenüber völlig zu öffnen" etc. etc., kann fast jeder zustimmen. Dann kommt natürlich noch das Prestige der Wissenschaft hinzu. Wahrscheinlich habe ich mir damals auch das herausgesucht, „was mir in den Kram passte".

Das kann man dann noch steigern: „Verkauft" man dann solche allgemeinen Feststellungen als von Experten für den Geburtszeitpunkt persönlich zusammengestelltes Horoskop, dann steigert sich die Zustimmung noch weiter. Prof. Ryck Schneider von der University of Kansas fand heraus, dass dann das „Horoskop" nur noch sehr selektiv gelesen wird. Das, was passen könnte, gewinnt an Gewicht, das andere passiert nicht den **Realitätsfilter** (siehe Punkt 5 im Text).

So kann man dann fast jede Behauptung an den Mann oder die Frau bringen, besonders Gläubige beeindruckt die **Macht der sich im**

〰〰〰 Fortsetzung

Horoskop spiegelnden kosmischen Konstellationen. Nun wundert es auch nicht weiter, dass Personen (mit ganz unterschiedlichen Geburtszeitpunkten), welche sich auf eine Zeitungsannonce gemeldet hatten und denen das französische Forscherehepaar Gauquelin identische „Horoskope" geschickt hatte, auch diesen ohne weiteres zustimmten. 141 der 150 befragten Personen sagten, dass die Deutungen genau ihrer Persönlichkeit entsprächen. Das Pikante daran: Es handelte sich um das Horoskop des Massenmörders Marcel Petiot.

Quelle: Koch, 1992; Goode, 2000.

Auf einen ähnlichen psychischen Mechanismus zielen Studien, welche zeigen, dass Menschen im Allgemeinen sog. heuristische Abkürzungen nehmen, um zu einem Urteil zu gelangen. Im Nachhinein wird allerdings die anfängliche Unsicherheit „vergessen". Befragt man diese Personen *nach* der Entscheidung bezüglich ihrer Urteilsfindung, ist die Einschätzung der eigenen Sicherheit bezüglich der Schussfolgerung oder der getroffenen Entscheidung jetzt wesentlich höher als vorher (z.B. Hergovich, 2001). Das gilt im Prinzip ebenso für die Anschaffung eines neuen Wagens, für die Wahl einer politischen Partei oder einer Heilmethode. Hinterher wird die Entscheidung als völlig gerechtfertigt verteidigt, obwohl sich die Faktenlage u.U. nach der Entscheidung nicht geändert hat. Gegenargumente werden nun kaum noch zur Kenntnis genommen. Die Kognitionspsychologen bezeichnen dies als Vermeidung kognitiver Dissonanzen. Folglich Vermeidung widersprechender Gedanken und Ansichten, um wenigstens eine Scheinstabilität bezüglich der Einschätzung der Welt zu erreichen bzw. deren Komplexität zu reduzieren (siehe auch Mellers und Kollegen, 1998).

5. *Details und Feinheiten fallen durch ein kognitives Raster.*
Es passt zu dem oben Gesagten und ist gleichsam das Basisgesetz der menschlichen Informationsverarbeitung. Denn diese arbeitet nach der sog. Top-down-Methode: Übergeordnete Gesichtspunkte werden bevorzugt und Details vernachlässigt. Das geschieht auf allen Ebenen der Informationsverarbeitung. In Abbildung 4.2a wird nur etwas Sinnvolles gesehen, wenn man mit der Vorinformation „Hund, Weg und Baumstamm" an die Abbildung herangeht. (Jeder Leser kann dies selbst in einem kleinen Experiment mit Bekannten und Freunden erproben.) Übergeordnete Absichten, Ideen und Erwartungen bestimmen, was wir wahrnehmen und erleben. Ein Patient, der die feste Überzeugung hat, von einem renommierten Heilenden oder Arzt behandelt zu werden, nimm eher die positiven Effekte wahr als die negativen (siehe Kap. 4.1).

Auch im Nachhinein wird er seine Wahl eher durch stützende positive Informationen anfüllen können als durch negative (siehe oben). Die Kehrseite der Medaille, d. h. eine „Bestätigung" der eigenen, schon vorher festgelegten Sicht, findet z. B. bei Vorurteilen – etwa gegen Minderheiten – statt. Man sieht dann nur das, was man zu sehen erwartet hatte. Alle Muslime sind … usw.

Es wird ja auch das eher in Erinnerung behalten, was zu den eigenen Vorannahmen passt (siehe oben), oder eben nur das wahrgenommen. Zeigt man Versuchspersonen beispielsweise schwarze und weiße Figuren, welche sich über einen Bildschirm bewegen, und fordert sie auf, nur auf die schwarzen Figuren zu achten, dann bemerken die Versuchspersonen u. U. nicht das rote Kreuz, welches unerwartet im Laufe des Versuches auftaucht. Die Arbeitsgruppe der Harvard-Psychologen Daniel Simons und Christopher Chabris konnten eine solche *inattention blindness*, wie sie es nennen, auch in einem lebensnahen Laborexperiment nachweisen. Ihre Versuchspersonen sollten ein Baseballspiel beobachten. Die Aufgabe bestand nun darin, dass nur auf die Häufigkeit des Ballwechsels innerhalb der Mannschaft in *weißem* Trikot zu achten war. Hinterher befragt, stellte sich heraus, dass die meisten Beobachter nicht bemerkt hatten, dass eine schwarz gekleidete Frau oder eine Person, welche mit

Abb. 4.2a: Quelle: Straube (1992).

einem schwarzen Gorillafell bekleidet war, über das Spielfeld lief. Die Beobachter waren ja gerade mit den Spielaktionen der weiß gekleideten Personen beschäftigt. Da stört ein Gorilla das „geschlossene Weltbild" des Betrachters doch erheblich. Lief jedoch eine weiß gekleidete Person – ebenfalls ein Nichtspieler – über das Spielfeld bzw. den Monitor, dann berichteten die Versuchspersonen hinterher dieses Ereignis (Carpenter, 2001; Mack & Rock, 1998).

6. *Unsere Tendenz, illusionäre Zusammenhänge zu sehen, gaukelt uns eine andere Welt vor.*

Wir neigen dazu, Ereignisse und Merkmale auch dann miteinander zu verknüpfen, wenn in der betreffenden Situation überhaupt kein Zusammenhang besteht (siehe oben) oder wo wir in der Einschätzung des Zusammenhanges zumindest unsicher sein müssten. Man klammert sich hierbei an seine vermeintlich so sicheren Erfahrungen. Hierzu ein Beispiel: In einem psychologischen Laboratorium wurden freiwillige Versuchspersonen aufgefordert, an einer Art Kartenspiel teilzunehmen. Das Ziel bestand nun darin, eine höherwertige Spielkarte zu ziehen als der Spielgegner. Bei den Gegnern handelte es sich um Mitarbeiter des Versuchsleiters, was die Versuchspersonen allerdings nicht wussten. Ein Mitspieler war sehr korrekt und eher gediegen gekleidet und trat selbstsicher auf. Der andere war nachlässig gekleidet und gebärdete sich nervös und linkisch. Ferner wurde das Spiel so manipuliert, dass unabhängig vom Typus des Mitspielers die Häufigkeit der Gewinne für jede Versuchsperson dieselbe war. Entscheidend war nun, dass die Versuchspersonen auf der Basis der Einschätzung ihrer eigenen Erfolgsmöglichkeiten Geldbeträge setzen konnten. Wenn die Versuchspersonen mit dem nervösen Mitarbeiter spielten, setzten sie höhere Geldbeträge, als wenn sie mit dem selbstsicher auftretenden Mitarbeiter spielten. Die Gewinnchancen beruhten jedoch lediglich auf dem Zufallsprinzip! Dies wäre eigentlich für die studentischen Versuchspersonen leicht zu durchschauen gewesen (siehe Punkt 10). Bezeichnenderweise richteten sie sich jedoch nicht danach, sondern nach der vermeintlich gesicherten Tatsache, dass linkische und schlecht gekleidete Spielgegner schlechtere Spieler sind. In der psychologischen Forschung werden solche Fehleinschätzungen als illusionäre Korrelation bezeichnet (siehe z. B. Koch, 1992; Hergovich, 2001).

7. *Die Illusion, das Schicksal durch eigene Handlungen unter Kontrolle zu haben, beruhigt.*

Wie schon in Kapitel 1 dargestellt, gehört es sozusagen zur alltäglichen Illusion bzw. zur Alltagsmagie, dass wir meinen, eine von uns *selbst* ausgeführte Handlung fördere den Erfolg bei einem Glücksspiel, z. B. wenn ein Würfelspieler meint, dass das eigene Würfeln höhere Gewinnchancen beinhalte, als wenn eine andere Person für ihn würfelt. Ebenso alltagsmagisch sind bestimmte „Rituale" beim Würfeln. Etwa, indem man die Würfel schneller wirft, um höhere Ziffern zu erreichen. Derselben Illusion unterliegt man, wenn man darauf besteht, selbst ein Los zu ziehen, und es nicht dem Partner oder gar einem Fremden überlässt. Natürlich ist die Wahrscheinlichkeit, einen Treffer in einer Lotterie oder eine hohe Zahl beim Würfeln zu erreichen, unabhängig vom Ausführenden. Lotterie und Würfelspiel sind ja keine Geschicklichkeitsspiele.

Dass wir aber trotzdem ungerechtfertigterweise der Illusion anhängen, das eigene Schicksal „in der Hand zu haben", ist durch experimentelle Untersuchungen in psychologischen Labors sehr gut belegt. Wir wollen möglichst viele Dinge unter Kontrolle haben (siehe z. B. Vyse, 1997). Denn ein andauerndes Gefühl des Kontrollverlustes erzeugt seelisches Unbehagen und psychosomatische Krankheiten (siehe vorherige Kapitel). Auch deshalb ist u. a. die Angst vor Kontrollverlust eines der Motive der Hinwendung zum religiösen und magischen Heils- und Hilfsversprechen (z. B. Grom, 1996).

8. *Unser Gedächtnis ist selektiv bezüglich emotionaler Inhalte und bewahrt uns so (scheinbar) vor Schaden an unserer Seele.*

Sigmund Freud entwickelte die psychoanalytische Behandlungsmethode aus der Erkenntnis heraus, dass für seine Patienten manche schmerzhafte Erinnerung nicht mehr verfügbar war. Freud nannte das Verdrängung. Für ihn war der Widerstand gegen eine bestimmte Erinnerung ein Indiz dafür, dass hier eine Art Selbstschutz arbeitete. (Es dauerte Monate oder Jahre, bis er zusammen mit dem Patienten die verdeckte Erinnerung wieder freilegen konnte. Er war der Ansicht, dass nur durch Aufdeckung des verdrängten Schmerzes eine Heilung zu erreichen sei. Denn nach Freuds Auffassung ist die Verdrängung die Ursache von Neurosen. So gesehen, verursacht das, was uns schützen soll – die Verdrängung –, wiederum psychische Probleme.)

Freuds Theorien wurden von Seiten der experimentellen Psychologie zwar heftig kritisiert, aber die Aussage der Erinnerungsverfälschung trifft den Kern des Problems: Unser Erinnerungsvermögen ist nur begrenzt zuverlässig. Die entscheidenden und viel beachteten experimentellen Forschungen hierzu stammen von Elizabeth Loftus und ihrer Arbeitsgruppe von der Washington University. Zwar kritisiert Loftus ebenfalls die Beweisführung Freuds, aber sie demonstriert in ihren sehr sorgfältig durchgeführten empirischen Untersuchungen, dass besonders nach emotional belastenden oder traumatischen Ereignissen den nachträglichen Schilderungen mit großer Vorsicht zu begegnen ist (z. B. Loftus, 2001).

9. *Bloß suggerierte, mehrmals wiederholte oder reichhaltig ausgeschmückte falsche Informationen werden mit dem wirklichen Geschehen vermischt.*

Die Forschungen von Loftus und anderen zeigen, dass man der Tendenz zur Erinnerungsverfälschung auch noch ein bisschen nachhelfen kann. Vereinfacht gesagt, wenn man etwas Bestimmtes hören will, dann erhält man das gewünschte Ergebnis. Werden z. B. dem „Erinnerer" nach dem

Ereignis nachträglich falsche Informationen über das Ereignis geliefert, dann fügt er diese u. U. in die Erinnerung der ursprünglichen Situation ein. Das bloß suggerierte Material wird als eigene Erinnerung abgespeichert. Man kann sich leicht ausmalen, wie man so den Erinnerungen etwa von Tatzeugen eine bestimmte Richtung geben kann, wenn man gezielt und wiederholt nach Details fragt, welche überhaupt nicht vorhanden waren.

Das kann sogar so weit gehen, dass ein bloßes Fantasiegebilde, wenn es vom Erzähler mit sehr vielen Details und Ausschmückungen versehen wurde, bei späterer Befragung mit größerer Wahrscheinlichkeit für wahrer gehalten wird als eine Geschichte, welche sich nur auf die groben Umrisse eines Ereignisses beschränkt. Das „Jägerlatein" hat dann eine größere Chance für wahr gehalten zu werden, wenn der Erzähler die Jagd, auf der er den (natürlich sehr kapitalen) Hirsch erlegte, mit besonders vielen Details ausschmückt.

Ereignisverfälschungen kann man jedoch noch einfacher erreichen. Man muss die falsche Geschichte nur oft genug wiederholen. Da mehrmals präsentierte Informationen besser im Gedächtnis bleiben, werden zumindest Teile davon irgendwann zur „Wahrheit". Dieses und den Trick der Ausschmückung macht sich die Skandalpresse zunutze. Das immer wieder gestreute und mit zahlreichen Details versehene Gerücht, etwa der angeblichen Affäre der Prinzessin XY mit dem XX, verwandelt sich bald in eine sensationelle Botschaft, welche von den Lesern dann als Ereignis eingestuft wird, „an dem was dran" sein müsse.

10. *Zufälle sind keine – die Bedeutung des Ereignisses für den Beobachter ist entscheidender.*
Besonders in der religionspsychologischen Betrachtung der Berichte von Gläubigen wird immer wieder deutlich, dass sich die Frage nach der Zufälligkeit von Ereignissen für Gläubige dann nicht stellt, wenn die Begebenheiten für sie bedeutsam sind (z. B. Obrecht, 1999). In den vorher wiedergegebenen Berichten schildern z. B. berühmte Heiler, wie sich dass Wetter ganz plötzlich „aufgrund" ihrer eigenen Willensanstrengung ändert oder dass Vögel auffliegen, „weil" der Heiler die Seelen auf dem Friedhof in Leningrad befreit hatte. Ebenso werden vom Patienten Heilungen natürlich einem Heilenden zugeschrieben, wenn die Besserung während der Behandlung geschieht. Die Möglichkeit der spontanen Besserung wird dann von Patient und Heilendem gerne ausgeschlossen.
Auch hier handelt es sich letztlich nur um einen Sonderfall einer allgemeinen psychologischen Gesetzmäßigkeit. Wir alle unterliegen *inevitable illusions* (Piattelli-Palmarini, 1994). Die Darstellung in Kasten 4.2i illustriert, dass so geartete „Denkfehler" paradoxerweise gerade unserem Überleben als Spezies dienten. Denn aus der evolutionspsychologischen Perspektive wird deutlich, dass es Sinn macht, unsere Umgebung ständig nach Ereignissen abzusuchen, welche für uns bedeutsam kein könnten.

Kasten 4.2i

Die Entscheidung, keinen Volvo zu kaufen, oder was das über die Evolution der Menschheit aussagt

Problem: Warum richtet sich ein potentieller Volvo-Käufer nicht nach den positiven Erfahrung von 10 000 Volvobesitzern, sondern stattdessen sehr wahrscheinlich nach einer einmaligen Erfahrung mit diesem Wagentyp, wie verschiedene Studien zeigen?

Antwort: Unsere menschliche Evolutionsgeschichte ist der Grund.

Dazu ein Beispiel: Nehmen wir einmal an, seit Urzeiten badete und wusch sich eine Gruppe unserer afrikanischen Vorfahren in einem bestimmten See. Dem einzigen Gewässer in der Gegend. Nichts passierte bisher. Die Älteren, welche ihr Wissen wiederum von ihren Vorfahren bezogen, berichteten nichts Negatives über den See. Somit war er nur von guten Geistern bewohnt. In den Erzählungen der Älteren wurde der See deshalb immer als ungefährlich und nützlich für die Gruppe gelobt. Eines Tages kommt jedoch ein Kind nicht mehr vom Baden zurück. Ein singuläres Ereignis. Es wurde danach als weise angesehen, nicht mehr im See zu baden.

Ähnliches passierte bei der Entscheidung, keinen Volvo zu kaufen, nachdem der Kaufinteressent den liegen gebliebenen Volvo des Nachbarn gesehen hatte, so das weitere Ergebnis der Studie. So werden unsere Vorfahren den Teich nun für gefährlich gehalten haben. Das Baden wird eingestellt, auch wenn sie die Ursache des Verschwindens des Kindes nicht kennen. Ein erzürnter Geist des Teiches musste wahrscheinlich für sie als Ursache herhalten. Die Ureinwohner versuchen, den erzürnten Geist zu besänftigen.

Unser Kaufinteressent wird wahrscheinlich kein Beschwörungsritual in Auftrag geben und sich stattdessen für eine andere Marke entscheiden.

Eine statistische Überlegung wäre sinnvoller gewesen (10 000 Beurteilungen), gilt aber allgemein viel weniger als das *eigene* Erleben (siehe Text). Es steckt in unseren Genen.

Quelle: Piattelli-Palmarini, 1994; Hell, Fiedler & Gigerenzer, 1993.

Wir können und wollen ein uns wichtiges Ereignis nicht – wie im wissenschaftlichen Experiment – hundertmal wiederholen, um herauszufinden, ob es Zufall war oder nicht. Das subjektive Beeindrucktwerden sagt uns, dass das Ereignis wichtig für uns ist. Der deutsche Kognitionsforscher Gerd Gigerenzer betont zu Recht, dass es sich hier eben nicht um Denkfehler im eigentlichen Sinne handelt, da solche durch Bedeutsamkeit geleitete Denkfiguren das Überleben unserer Vorfahren in der afrikanischen Savanne garantierte (siehe auch Gazzaniga, 1998).

Da wir uns bezüglich der Bedeutung von Ereignissen so gerne täuschen, prüft die Naturwissenschaft jeden ihrer Befunde „gegen den Zufall", d.h. ob Zusammenhänge zwischen Ereignis A und Ereignis B auch aus statistischer Sicht bzw. der Wahrscheinlichkeitstheorie noch als bedeutsam anzusehen sind. Naturwissenschaftliches Denken hat dann auch nicht vor der „naturwissenschaftlichen" Überprüfung des „religiösen Heilens" Halt gemacht, wie wir in Kapitel 3.1 und 3.2 sahen. Hier treffen somit zwei Welten aufeinander. Denn im religiösen Erleben ist Zufall zunächst keine relevante Kategorie. Bezeichnenderweise wurden erst sehr spät in der Wissenschaftsgeschichte, im 17. Jahrhundert, die sog. Gesetze des Zufalls entdeckt bzw. als mathematische Größe relevant. Entsprechende Empfindungen wurden bei der Ausgestaltung unseres Gehirns während der Evolution eben nicht vorgesehen – sonst würden wir z. B. das Lottospielen lassen. Die Chance eines bedeutsamen Gewinns ist so gut wie ausgeschlossen. Die trotzdem regelmäßig aufflammende Hoffnung hat jedoch ihren festen Ort in unserer Psyche. Da wir über kein angeborenes Sensorium für Zufälliges verfügen, kann die scheinbare Abwesenheit des Zufalls das Gefühl, einem bedeutsamen religiösen Moment beizuwohnen, erzeugen. Im Umkehrschluss notierte der Theologe und Philosoph Schleiermacher (1768–1834) in sein Tagebuch: „In der Lotterie liegt eigentlich eine sehr schöne kosmische und ironische Idee …" Nämlich: die (dort fast aussichtslose) Hoffnung auf das Wunder.

Resümee: Heilen am Rande von Ratio, Wachbewusstsein und Konvention

Heilen unter Zuhilfenahme religiöser Empfindungen und Erfahrungen und Heilen durch Ärzte und Psychotherapeuten scheinen auf den ersten Blick aus verschiedenen Welten zu stammen. Heilen in der Anrufung eines Heiligen oder durch spirituelle Heiler stellt die Welt der nur persönlich erlebbaren Erfahrungen gegen die Welt der wissenschaftlichen Deutung. Eine heftige Konfrontation zwischen privatem Erleben, Intuition und Zuständen am Rande der Verrücktheit mit der Rationalität der Naturwissenschaften. Dass dies heute geschieht, in einer Zeit, in der Computermodelle in der Lage sind, die Welt rational abzubilden und daraus Prognosen zu errechnen – nicht nur bezüglich des Wetters –, regt viele auf. Es wird dabei übersehen, dass beides, die bloße Imagination und das errechnete Weltbild, sich aus derselben menschlichen Grundausstattung bildete (siehe auch nächstes Kapitel).

Jedoch erklärt Heilen am Rande psychischer Ausnahmezustände nur einen Teil der Heilvorgänge, wie wir gesehen haben. Ganz gewöhnliche psychische Mechanismen, *inevitable illusions*, befördern jedes gewünschte Resultat, wenn das Heilarrangement günstige Bedingungen schafft. Zusammen mit starken Selbstheilungskräften, wie wir sie in Kapitel 4.1 kennen gelernt haben, treibt die hohe Imaginationsbereitschaft des Menschen fast automatisch auf das gewünschte Ergebnis zu. Dass hier eine tiefer liegende evolutionspsychologische Verankerung ihre Wirkkraft entfaltet, scheint der Schlüssel zur Aufklärung des Warum zu sein (siehe Kap. 5). Das erklärt auch, warum die „Fähigkeit" zur Realitätsveränderung den Alltag des Menschen bestimmt – und Rationalität nur ein scheinbares Primat hat. Denn wie wir sahen, hat Erstere eine Schutzfunktion. Deswegen auch hat diese „Fähigkeit" in der Evolution überlebt bzw. ist als tatsächliche „Fähigkeit" anzuerkennen. Sie ist Grundelement unserer psychischen Ausstattung. Heilen unter Zuhilfenahme religiöser Komponenten kann dies deshalb auch heute noch nutzen, wie schon zu Zeiten, als Naturwissenschaft lediglich aus Sterndeutungen bestand.

Bei allem muss uns natürlich immer bewusst sein, dass wissenschaftliche Analysen im Grenzbereich religiöser Gewissheiten nur das *vor* dieser Grenze liegende beleuchten kann. Wobei allerdings festzustellen ist, dass jede Form religiöser Gewissheit selbst wiederum starke psychologische Wirkung hat, ohne dass die Gewissheit völlig hinterfragbar ist. Denn beispielsweise könnte ein Anhänger des Wunderglaubens genauso gut behaupten, dass unsere Psyche so „gebaut" ist, um Wunder möglich zu machen. Dissoziationen und Zustände am Rande der Verrücktheit würden dann als Ausbildung von Sensoren angesehen, welche für religiöse Empfindungen und Botschaften geschaffen worden seien. Das wäre dann eine andere Deutung der Evolution.

Andererseits ist nicht zu übersehen, dass die oben geschilderten, „automatisch" auf das positive Ergebnis zutreibenden psychobiologischen Wirkkräfte, welche in jeder Heiler-Patient-Interaktion zum Tragen kommen, leicht zur Scharlatanerie verführen können. Clemens Kuby beschreibt beispielsweise in seinem 2003 erschienenen Buch *Unterwegs in die nächste Dimension*, in dem er viele wundersame Heilungen mit großer Ehrfurcht schildert, den Budenzauber des auch in Deutschland berühmten afrikanischen Schamanen Papa Elie. Papa Elie schickt u. a. Menschen in eine Höhle, um dort in Kontakt mit ihren Ahnen zu treten. Viele kamen von ihren Erlebnissen hoch ergriffen wieder aus der Höhle heraus. In der dunklen Höhle versteckt Papa Elie zwei Mitarbeiter, welche dann den entsprechenden Budenzauber veranstalten. Clemens Kuby wurde auf den Schamanen aufmerksam, als dieser in Deutschland in TV-Shows auftrat. Auch manche philippinischen, sog. geistigen Chirurgen wurden überführt, dass sie mit Tricks arbeiteten (Kap. 3.2). Erst kürzlich sah ich einer solchen „Operation" zu. Es floss zwar reichlich Blut, und die Anwesenden waren beeindruckt. Da ich aber hinter dem Heiler stand, konnte ich ein Gefäß sehen, welches für die Masse der Zuschauer nicht sichtbar war! Die Berichte der Wunderheilungen der philippinischen Heiler sind unzählig. Als reine Denksportaufgabe könnte man – eingedenk der oben berichteten

Erfolge von Scheinoperationen – sich vorstellen, dass das perfekte Drama der „Operation" und dann auch noch unter Einbeziehung „überirdischer Kräfte" allein hierdurch seine Wirkung entfalten könnte.

Den schönen Zauber einer Heilung vorzugaukeln, ist allzu einfach. Wenn der Heileffekt dann tatsächlich eintritt, kann dies allein schon auf die involvierten psychologischen Kräfte zurückgeführt werden. Mancher Heiler kann deshalb auch auf dem oben beschriebenen Mechanismus der Selbsttäuschung reiten, ohne es zu wissen. Manch andere wollen es eventuell auch gar nicht so genau wissen und verfahren nach dem simplen Motto: „Wer heilt, hat Recht." Das recht einfach herzustellende positive Erleben des Patienten, besonders wenn das Ritual eindrucksvolle Elemente aufweist, bestärkt solches Vorgehen. In gewisser Hinsicht haben es spirituelle Heilrituale sogar leichter im Vergleich zu den wesentlich nüchterneren Ritualen der modernen Medizin oder dem ebenso nüchternen Vorgehen in der modernen Psychotherapie – zumindest bei einfacheren Störungen und bei Krankheiten, bei welchen psychologische Faktoren eine Rolle spielen (und das ist bei vielen somatischen Krankheiten der Fall). Spirituelle Heiler können mit der (psychologisch) mächtigen Droge „überirdische Kraft" arbeiten. Eine kleine grüne Pillenkapsel oder auch die faktenbasierte nüchterne Prognoserede des Arztes machen da viel weniger her. Dass dennoch auch dieses Effekte erzielt, welche jenseits der rein medizinischen Wirkung liegen, weist auf allgemeine Wirkkräfte bzw. die Verankerung in der anthropologischen Grundausstattung des Menschen hin. Der Mensch war immer schon in der Lage, sich am eigenen Schopf aus jedwedem Sumpf zu ziehen. Er braucht dazu nur die entsprechende Anregung.

Bibliographie-Auswahl

Andreasen, N. C. & Black, D. W. (1993). *Lehrbuch Psychiatrie*. Weinheim: Beltz, Psychologie Verlags Union.

Bless, H., Schwarz, N., Clore, G. L., Golisano, V., Rabe, C., Wolk, M. (1996). Mood and use of scripts: does a happy mood really lead to mindlessness? *Journal of Personality & Social Psychology, 71*, 665–679.

Bühring, M. (1993). *Heiler und Heilen. Eine Studie über Handauflegen und Besprechen in Berlin*. Berlin: Dietrich Reimer Verlag.

Carpenter, S. (2001). Sights unseen. *Monitor on Psychology, 32*, 54–57.

Damasio, R. A. (2003). *Ich fühle, also bin ich. Die Entschlüsselung des Bewusstseins*. München: List.

Davison, G. C., Neale, J. M. & Hauzinger, M. (2002). *Klinische Psychologie. Ein Lehrbuch*. Weinheim: Beltz, Psychologie Verlags Union.

Dittrich, A. (1996). *Ätiologie-unabhängige Strukturen veränderter Wachbewusstseinszustände*. Berlin: Verlag für Wissenschaft und Bildung.

Egidio, G. (1997). *Wessen Hände sind das? Die Lebensgeschichte des weltberühmten Heilers*. Bern: Scherz Verlag.

Elendt, S. (2000). *Der Einfluss der Erwartung auf das religiöse Erleben. Eine experimentelle Untersuchung anhand von veränderten Bewusstseinszuständen.* Diplomarbeit, Jena: Friedrich-Schiller-Universität.

Engel, K. (1997). *Meditation. Empirical research and theory.* Frankfurt a. M.: Peter Lang.

Forgas, J. P. (1995). Mood and judgement: the affect intrusion model (AIM). *Psychological Bulletin, 117,* 39–66.

Freiburger Studie, siehe Institut für Grenzgebiete der Psychologie und Psychohygiene.

Frijda, N. H., Manstead, A. S. R. & Bem, S. (2000). *Emotions and beliefs. How feelings influence thoughts.* Cambridge: University Press.

Gazzaniga, M. S. (1998). *The mind's past.* Berkeley: University of California Press.

Gilbert, D. T. (2002). Decisions and revisions: the affective forecasting of changeable outcomes. *Journal of Personality and Social Psychology, 82,* 503–514.

Hell, W., Fiedler, K., Gigerenzer, G. (1993). *Kognitive Täuschungen. Fehl-Leistungen und Mechanismen des Urteilens, Denkens und Erinnerns.* Heidelberg: Spektrum Akademischer Verlag.

Hergovich, A. (2001). *Der Glaube an Psi. Die Psychologie paranormaler Überzeugungen.* Bern: Verlag Hans Huber.

Institut für Grenzgebiete der Psychologie und Psychohygiene (1999). *Geistheilung in Deutschland..* Freiburg i. Br.: *Unveröffentlichter Forschungsbericht/Abschlußbericht.* (Projektleitung: Schott, H., Mischo, J.; Projektmitarbeit: Wolf-Braun, B., Binder, M.)

Jamison, K. R. (1993) *Touched with fire. Manic-depressive illness and the artistic temperament.* New York: The Free Press.

Johnson, E. J. & Tversky, A. (1983) Affect, generalisation and the perception of risk. *Journal of Personality and Social Psychology, 45,* 20–31.

Kasten, E. (2001). Wenn das Gehirn aus der Balance gerät: Halluzinationen. *Spektrum der Wissenschaft, Digest: Rätsel Gehirn, 2,* 34–41.

Koch, E. (1992). *Illusionäre Korrelation als Modell paranormaler Überzeugungen.* Frankfurt a. M.: Peter Lang.

Kuby, C. (2003). *Unterwegs in die nächste Dimension. Meine Reisen zu Heilern und Schamanen.* München: Kösel.

Lasch, E. (1998). *Das Licht kam über mich. Mein Weg vom Schulmediziner zum Geistheiler.* Freiburg i. Br.: Hans Nietsch-Verlag.

Loftus, E. F. (2001). Falsche Erinnerungen. *Spektrum der Wissenschaft, Digest: Rätsel Gehirn, 2,* 62–67.

Mack, A. & Rock, I. (1998). Inattentional blindness. Cambridge: MIT-Press.

Mellers, B. A., Schwartz, A. & Cook, A. D. J. (1998). Judgment and decision making. *Annual Review of Psychology, 49,* 447–477.

Murphy, J. (1976). Psychiatric labeling in a cross-cultural perspective. *Science, 191,* 1019–1028.

Obrecht, A. (1999). *Die Welt der Geistheiler. Die Renaissance magischer Weltbilder.* Wien: Böhlau.

Obrecht, A. (Hrsg.) (2000). *Die Klienten der Geistheiler. Vom anderen Umgang mit Krankheit, Krise, Schmerz und Tod.* Wien: Böhlau.

Piatelli-Palmarini, M. (1994). *Inevitable illusions. How mistakes of reason rule our mind.* New York: Wiley.

Rothenberg, A. (1990). *Creativity and madness. New findings and old stereotypes.* Baltimore: The Johns Hopkins University Press.

Schienle, A., Vaitl, D. & Stark, R. (1996). Covariation bias and paranormal belief. *Psychological Reports, 78,* 291–305.

Schwarz, N. (2000). Emotion, cognition and decision making. *Cognition and emotion, 14 (4),* 433–440.

Schweitzer, A. (1913). *Die psychiatrische Beurteilung Jesu. Darstellung und Kritik*. Tübingen: Verlag J. C. B. Mohr.

Segal, S. (2000). *Kollision mit der Unendlichkeit. Ein Leben jenseits des persönlichen Selbst*. Reinbek: Rowohlt.

Southwood, M. S. (2001). *Mein Weg als Heiler. Die Prinzipien des geistigen Heilens*. München: Droemer'sche Verlagsanstalt Th. Knaur Nachf.

Straube, E. R. (1992). *Zersplitterte Seele oder: Was ist Schizophrenie?* Frankfurt a. M.: Fischer Taschenbuch Verlag.

Straube, E. R., Dornbusch, K. & Bischoff, N. (2000). *Abschlussbericht zum Forschungsprojekt: Dissoziation als Prädiktor für paranormale Überzeugungen*. Jena: Institut für Psychologie, Friedrich-Schiller-Universität.

Theißen, G. & Merz, A. (2001). *Der historische Jesus. Ein Lehrbuch*. Göttingen: Vandenhoek & Ruprecht.

Tversky, A. & Kahneman, D. (1974). Judgment under uncertainty: heuristics and biases. *Science, 185*, 1124–1131.

Vyse, S. (1999). *Believing in magic. The psychology of superstition*. New York: Oxford University Press.

Wright, D. B., Loftus, E. F. & Hall, M. (2001). Now you see it; now you do it: Inhibiting recall and recognition of scenes. *Applied Cognitive Psychology, 15*, 471–482.

Weitere im Text erwähnte aber hier nicht aufgeführte Literatur findet der Leser in der Literaturliste zu Kap. 1, 2.1 und 3.2.

5 Letzte Gedanken: Warum Therapie durch Glauben, durch schöne Verführungen und durch starke innere Bilder?

Christentum, afrikanischer Götterglaube, indianische Riten erwarten zusammen das Heil – in Haiti und fast auch schon so in Europa

„An der Spitze winden sich einige in den Wasserstrahl hinein – einer beginnt auf einem steilen, algengrünen Abhang den Tanz des Schlangengottes vorzuführen ... Im Dorf unten wird die Jungfrau Maria auf einem Kombiwagen herumgefahren ... einige Kinder haben mit Mehl und gemahlener Baumrinde ein Vévé[1] auf die Straße gezeichnet und Rosenblätter über das Göttermuster gestreut. Die Jungfrau Maria zieht darüber hinweg ... Volksfest in Plain du Nord. Friedhof neben der Kirche. Am Kreuz für Baron Samedi ... ein rostiger Wellblechunterstand. Kranke liegen darunter. Sie erwarten eine Heilung vom Gott der Toten ... Fünf Stiere werden herangeführt. Um sie fünf Kreise von Priestern, Trommlern, Eingeweihten, Profanen. Die Stiere sind mit roten Tüchern und roten Stirnbändern geschmückt. Die Gemeinde singt sie an ... Die Priesterin – ganz in Rot – schwingt die Machete und tötet den Stier mit einem Stich in den Nacken ... Ein Gehilfe hält die Plastikschüssel bereit, um das Blut aufzufangen ... Sie häuten das Opfer und zerlegen es fromm und ordentlich für die Mahlzeit der Götter" (Fichte, 1976, S. 128–130).

Fra Hieronymus:
„ ,... dass Christus ein Mensch war und aß und trank, und zugleich war er Gott durch seine höchst augenfälligen Wunder ...'
,Auch die Zauberer und Hellseher taten Wunder', versetzte der Dominikaner süffisant.
,Jawohl, aber eben durch Zauberkunst!', konterte Fra Hieronymus."
Umberto Eco: Der Name der Rose

„Dichter sind Religionsgründer."
Martin Mosebach

In diesem Beispiel aus dem Haiti der siebziger Jahre werden die Kranken wie im Mittelalter in die imaginative Nähe des Heiligen gebracht. Dramatisch inszenierte archaische Blutopfer erinnern an noch frühere Zeiten etc. Dieser so bunt inszenierte Synkretismus ist trotz seiner Übersteigerung dem in unseren Breiten praktizierten ähnlich. Auch hier werden Wochenendveranstaltungen angeboten, um „sein inneres Feuer zu tanzen", wobei natürlich kein besonderer Tanzkurs gemeint ist, sondern „das innere Göttliche im rituellen Tanz zu erfahren", wie es im Prospekt des Veranstalters heißt; u. U. kommt der „heilige Tänzer" gerade aus dem Ostergottesdienst und ist im „richtigen" Leben Ingenieur bei BMW.

---

[1] Vévé: Zauberzeichen, magisches Zeichen.

Die Frage, warum die religiöse Welt so bunt geworden ist, beschäftigt viele – nicht nur die vom Mitgliederschwund bedrohten Kirchen. Die Antwort darauf ist nicht einfach, wie alles, was mit der Komplexität religiöser Bedürfnisse zu tun hat. Auch die hier vorgenommene Beschränkung auf die Linderung von Leiden bzw. Krankheiten erleichtert die Aufgabe nur zum Teil. Immer schwingt die Komplexität der dahinter liegenden magisch-religiösen Ideen mit. Damit nicht genug. Auch die neue Skepsis gegenüber modernen technisierten medizinischen Hilfssystemen ist zunächst rätselhaft. Damit behielt Malinowski nicht Recht, als er ein Ende der magisch-religiösen Absicherung des Lebens mit dem Anstieg des Angebots technischer Sicherheitssysteme voraussagte (siehe Kap. 2.2).

Allerdings kommt gerade von dieser Seite indirekte Hilfe für die Lösung unserer Aufgabe. Denn auch die akademischen Behandlungsverfahren wirken nicht allein über die in ihnen enthaltene naturwissenschaftliche Potenz, sondern über Mechanismen, welche allein im Menschen selbst liegen und welche erst recht und noch viel stärker bei religiösen Heilangeboten zum Tragen kommen. Damit erschließt sich indirekt ein weiterer wichtiger Punkt in unserer Diskussion, nämlich die Tatsache, dass das Erstaunen über das Wiederaufleben archaischer Kulte auf eine verengte Selbstdefinition des modernen Menschen verweist – eine Definition, welche Bedürfnisse und Potentiale des Menschen durch die modernen Errungenschaften vollendet sieht. Demgegenüber artikuliert die neu auflebende Attraktivität spiritueller Heilsuche ganz offensichtlich ein Unbehagen an den gängigen bisherigen Lösungsvorschlägen bzw. einen Hinweis auf brachliegende Bedürfnisstrukturen im Menschen.

Die christlichen Heilangebote, welche selbst einst erfolgreiche Neuerungen waren, verharren nun in traditionellen Verteidigungshaltungen (siehe z. B. Magievorwurf), obwohl sich das soziokulturelle Umfeld radikal verändert hat. Im Zeitalter postrationaler bürgerlicher Freiheiten greifen derartige Ausgrenzungsargumente jedoch zu kurz. Das trifft nicht nur für den kulturellen Dominanzanspruch traditioneller Formen der Religiosität zu, sondern auch für die Kritik der akademischen Heilangebote an den alternativen Heilformen, da hier eine radikal rationale Wissenschaftsideologie die Möglichkeiten der fruchtbaren Auseinandersetzung extrem einschränkt (siehe z. B. auch entsprechende Kritik von Seiten der Philosophie, z. B. Loo und Van Reijen, 1997). Im letzteren Fall führt der akademische Kämpfer die Auseinandersetzung noch im Geiste des 18. und 19. Jahrhunderts, als es darum ging, Aufklärung und (Natur-)Wissenschaftsgläubigkeit zum Sieg zu verhelfen. (Galtons starrsinniger Kampf gegen die Heilsversprechen der Kirche bzw. dem Heil-Glauben ihrer Anhänger ist hierfür paradigmatisch; siehe Kap. 3.1). Die Ratio hat seit langem ihren sicheren Platz in den westlichen Zivilisationen erobert. Aber der Kampf der aufgeklärten „Akademien" gewinnt nun Züge der Erstarrung, wobei über berechtigte Argumente – etwa der Gebrauch kritischer Vernunft – versucht wird, die unberechtigten gleich mit zu lancieren.

Eine Wissenschaft der Psychologie des Menschen angesichts aller seiner Bestrebungen (eben auch magisch-spirituelle Suche nach Heil und Heilen) würde ihr Thema verfehlen, würde sie scheinbar Absonderliches unter der Rubrik „zu ignorierende oder abnorme Ideen" ablegen. Dass in Deutschland kein Lehrstuhl für Religionspsychologie existiert, ist bezeichnend und geradezu eine dramatische Fehlleistung unserer Hochschulpolitik. (Auch ich konnte mich nur neben meinen sonstigen Aufgaben als Hochschullehrer zusätzlich um eine Psychologie der religiösen Ideen und des Heilens durch Religion kümmern.) Jede Psychologie hat sich im Grunde genommen die Frage zu stellen: Was ist der Mensch? Dies beinhaltet auch die Seiten der Psyche, welche als irrational, fehlerhaft, esoterisch, abnorm, spirituell etc. beiseite geschoben werden. Wir sahen ja in Kapitel 4.2, dass es lange dauerte, bis die Psychologie akzeptierte, dass Abweichungen von Normen der Logik und veränderte Realitätsauffassungen normale Ausstattungskomponenten der Psyche sind. Wenn in repräsentativen Umfragen sich zeigt, dass – je nach Fragestellung – zwischen 40 % und 50 % der Befragten die Existenz von Kräften außerhalb des kirchlich und rational-wissenschaftlich Akzeptierten annehmen, ist dies ein zusätzlicher Beleg, dass scheinbar abwegige, naive und irrationale Weltauffassungen ebenso die Definition des Menschen ausmachen wie die stringent logische Schlussfolgerung.

Doch bevor wir uns mit den psychologischen Gründen für diese gleichzeitig scheinbar normgerechten und gleichzeitig scheinbar abnormen Entwicklungen in der heutigen Gesellschaft beschäftigen, benötigen wir noch ein paar religionswissenschaftliche Stichpunkte für das theoretische Gerüst.

Ritual, Gefühl, Glaube, Dogma

Da sich das, was „Religion" ist, nicht präzis definieren lässt, wollen wir uns für unsere weitere Argumentation auf die Zugrundelegung wesentlicher Elemente beschränken. Ich beziehe mich auf die Einteilung des immer noch sehr einflussreichen Religionsphilosophen Alfred North Whitehead (1861–1947). Whitehead benennt vier Elemente, welche seiner Ansicht nach Religionen konstituieren: Ritual, Gefühl, Glaube, Dogma. (Allerdings stimme ich mit den weiteren Schlussfolgerungen, welche Whitehead daraus zieht, nicht völlig überein; siehe z. B. Whitehead, 1996). Wir finden alle diese Elemente im Haiti-Beispiel – weniger ausgeprägt ist dort jedoch der Einfluss des Dogmas. Eine mächtige Kirche, welche noch die Macht hat, über die Gläubigen zu gebieten, wäre sofort eingeschritten (siehe Kap. 2.2 und 3.2). Das ist im Haiti der sechziger Jahre, in der diese Szene spielt, wie auch in unseren westlichen Industriestaaten nicht mehr der Fall.

Dogma bedeutet nach Whitehead ein in sich geschlossenes, widerspruchsfreies System bindender Glaubenssätze. Whitehead geht so weit, dieses mit den Lehrsätzen der Physik oder Algebra zu vergleichen. (Auch Algebra kann man nicht sinnvoll betreiben, wenn die Lehrsätze nicht bindend sind.) Whitehead sieht eine Entwicklung im Laufe der Geschichte vom Ritus zum Dogma. Vom „primitiven" zum höheren Status. Letzteres sei bezüglich des Christentums gegeben, denn dieses sei eine „Buchreligion". Ferner sind für Whitehead die in den beiden großen christlichen Konfessionen aufgestellten Glaubensregeln ein Hinweis auf das Eindringen des Rationalen in die christliche Religion.[2] Man könne demnach auch sagen, die judaisch-christliche Lehre sei im Kern eine „Wort-Religion". Bezeichnend hierfür der Beginn des Johannes-Evangeliums: „Am Anfang war das Wort, und das Wort war bei Gott und das Wort war Gott" (Joh. 1,1). Folglich: Dem Wort wird Gottgleichheit zugestanden! Besonders dann aber wurde daraus eine dogmatische Glaubensform, als durch die bald nach dem Beginn der Christianisierung eingerichteten Konzilien bzw. später dann durch die protestantischen Reformatoren stringente Glaubensregeln festgelegt wurden (Korsch, 2004). Dazu später mehr.

Im Kontext unseres Interesses an der Nachfrage von Gläubigen bei Not, Leiden und insbesondere Krankheiten ist zunächst der andere Extrempol in Whiteheads System, der Ritus, von besonderer Bedeutung. Denn gerade hier entzündet sich der uralte Konflikt zwischen christlichem Dogma und „ausufernden" Heilriten (siehe Kap. 2.2 und 3.1). Denn im Grunde genommen appelliert jeder Heilritus seit seiner Erfindung in der vorgeschichtlichen Zeit (siehe Kap. 2.1) grundsätzlich an dieselben „archaischen" Reaktionssysteme in der Psyche des Menschen. Denn selbst die profanen akademischen Heilsysteme weisen Ritualelemente auf, auch ohne einen magischen oder sonstwie religiösen Überbau aufzuweisen. Somit bedarf es oft nicht einmal der spezifischen ärztlichen Kunst bzw. irgendeines Wirkstoffes, um Heilwirkungen zu erzielen. Demnach muss es wohl am Ritual selbst liegen, dass Heilung passiert – unabhängig von den Heildogmen des jeweiligen Heilers.

Das Ritual: Eigentlich die Kunst, aus dem Nichts Heil-Macht zu erzeugen

Rituale sind stereotype, gleichförmig ablaufende Muster des Verhaltens. Sie sind primär nicht dazu da, irgendeine Leistung aufgrund rationaler Begründung hervorzubringen. Demzufolge sind gängige Gründe für die Durchführung vordringlich religiöser, sozialer und emotionaler Art (Beit-

---

[2] Siehe z. B. die besondere Rolle der Scholastik bzw. deren Orientierung an der griechischen Philosophie als Teil der kirchlichen Lehre.

Hallahmi & Argyle, 1997). Rituale sind häufig wiederholte, zu bestimmten Zeiten, zu bestimmten Anlässen stattfindende Handlungen. So z. B. der Ritus des Jahreswechsels, des Übergangs vom Jugendlichen zum Erwachsenen oder zur Feier der Geburt etc.

Betrachten wir nun die Heilriten unter dieser Perspektive, dann ist es ein unerhörter Vorgang, dass streng rational betrachtet eine eigentlich leere Handlung, welche somit keine Heilwirkung hervorbringen kann, diese trotzdem bewirken soll. Wir erinnern uns, die Zande in Afrika (siehe Kap. 2.1) wurden von dem Ethnologen Pritchard gefragt, warum die Vorbereitungsprozedur für eine Arznei so kompliziert sein müsse. Die Antwort der Zande lautete sinngemäß: Mit jedem rituellen Element, welches hinzugefügt werde, werde der Medizin mehr „Seele" hinzugefügt. Ich kenne zwar keine Untersuchung, welche beweist, dass die Anzahl der Behandlungsschritte im medizinischen Ritual ebenso „mehr Seele" hinzufügen, aber ich vermute, dass die Zande Recht haben. So wirkt eine größere, aber „leere" Pille stärker als eine kleinere. Der gleiche seelische Mechanismus bewirkt wohl, dass die „leere" Spritze der ebenfalls leeren Pille überlegen ist. Der Herr Doktor bewirkt mehr, als wenn derselbe leere Behandlungsritus von der Krankenschwester ausgeführt wird. Wenn wir zusätzlich bedenken, dass schon das Vorbereitungsritual, folglich bevor der Hauptritus, die eigentliche medizinische Maßnahme begonnen hat, das psychosomatische Befinden ändert und erst recht ein aus der Luft gegriffenes medizinisches Orakel bzw. eine Diagnose hilft, ohne dass irgendeine Behandlung stattgefunden hat (siehe Kap. 4.1), dann kann man sich eigentlich nur wundern. Es sei denn, man nimmt dies als zusätzlichen Hinweis für die besondere Bedeutung von Riten und als Begründung, warum Riten von alters her einen wichtigen Part im Leben des Menschen spielen. Nicht nur, um sich in der Gruppe gut zu fühlen und um soziale Bindung zu stärken, sondern auch um psychisches und somatisches Befinden zu beeinflussen. Und das alles *ohne* eine *spezifische* Heilmaßnahme zu ergreifen!

Der scheinbare Skandal ist, dass bei oberflächlicher Betrachtung nichts, zumindest nichts Spezifisches vorhanden ist, was wirkt. Wenn man die in Kapitel 4.1 erwähnten Forschungsergebnisse zusammenfasst, dann kommt es im Wesentlichen auf die „Verpackung" an, ob der Ritus wirkt. Das Etikett, dass es sich um eine Heilmaßnahme handle, dass diese mächtig sei und der Glaube, dass auch der Heiler über Heilmacht verfüge, genügt dann schon, um die heilenden „Reflexe" beim Patienten auszulösen. Es ist nahe liegend, dass jeder geschickte Verführer dies ausnutzen kann. Man muss eben nur die richtigen Signale an das psychobiologische Resonanzsystem Mensch aussenden, um zumindest Reaktionen in die gewünschte Richtung auszulösen. Deshalb die nicht ganz ernst gemeinten 12 Regeln zu Errichtung einer Verführerpraxis in Kasten 5a.

Das ist auch der Grund, weshalb von Wissenschaftlern die Wirkung von Scheinpräparaten und Scheinbehandlungen oft nur mit Achselzucken bzw.

verärgert zur Kenntnis genommen wird, da sie den sehnlichst erhofften Nachweis der Überlegenheit der mühselig ausgetüftelten wissenschaftlichen Heilmaßnahme mindern oder gar zerstören. (Mir ging es da nicht viel anders als vielen meiner Kollegen.) Wie sagte die in Kapitel 4.1 zitierte Forscherin so schön: „Placebos are ghosts that haunt our house of biomedical objectivity." Die Wirkungen von Scheinbehandlungen sind mit Spukgeistern zu vergleichen, welche in dem so gut und solide gemauerten Haus der wissenschaftlichen Objektivität ihr Unwesen treiben. (Kein Wunder, dass Heilungen, welche allein durch den Ritus erfolgen, dann tatsächlich früher

Kasten 5a

12 Gebote für eine erfolgreiche Heilverführerpraxis.
Oder: Was jeder Leser beachten sollte, wenn er eine Praxis eröffnen will, ohne eine Ahnung von Medizin zu haben
(wissenschaftliche Begründung siehe Kap. 4.1)

1. Alles, was Sie machen, sollten Sie als Therapie bezeichnen.
2. Unterlegen Sie Ihrem Tun immer eine besondere Bedeutung.
3. Alles, was Sie dann tun, tut dann schon automatisch seine Wirkung.
4. Sie müssen sich nicht auf die Einflussnahme auf die Seele Ihres Klienten beschränken, denn in der Folge gehen auch mittelschwere körperliche Leiden automatisch zurück.
5. Reicht das nicht aus, machen Sie irgendetwas Drastisches.
6. Je komplizierter die Heilmaßnahme ist, umso beeindruckter ist der Patient.
7. Lassen Sie den Patienten mehrmals kommen, und machen Sie stur immer das Gleiche.
8. Sorgen Sie dafür, dass der Patient denkt, Sie wären etwas Bedeutendes (etwa Ausbildung bei Bibabo im Hindu-Tempel von Südhawaii, alter hinduistisch-indianischer Ritus etc.).
9. Seien Sie überzeugend, sicher, bestimmt bis dominant, Sie wissen ja, warum Sie das machen müssen und nicht der Patient.
10. Auch eine sicher vorgetragene Diagnose bzw. positive Prognose, bei der Sie aber vage bleiben und viel für Interpretationen durch den Patienten offen lassen, fördert das gewünschte Ziel.
11. Sie müssen irgendeine gut klingende Glaubenslehre oder auch eindrucksvolle wissenschaftliche Lehre oder beides vermischt als Begründung für Ihr Tun angeben.
12. Im Grunde genommen müssen Sie sich bei allem nur nach der Weisheit Voltaires richten: „Amüsiere den Patienten so lange, bis die Natur ihn von alleine heilt."

wie heute als Handlungen der Geister interpretiert wurden. Sozusagen eine archaische Psychologie.)

Dem im 18. Jahrhundert wirkenden berühmten Wunderarzt Dr. Anton Mesmer wurde trotz nachweislicher Erfolge – u. a. Heilung mehrerer hochgestellter Persönlichkeiten der europäischen Gesellschaft – von der Akademie der Wissenschaften in Paris die Heilerlaubnis entzogen; die Begründung der Akademie: „… da ein Nichts nicht in der Lage sei, zu heilen" (siehe Kap. 4.1). Mesmer meinte allerdings, dass eine mit dem Kosmos verbundene magnetische Kraft die Wirkung erziele. Das konnten natürlich die aufgeklärten Mitglieder der Akademie nicht anerkennen. Demzufolge blieb für sie nur der Scharlatanerie-Vorwurf übrig. Durch die Nachfolger von Mesmer wurde die Wirkung dann der beim Patienten wirkenden Autosuggestion zugeschrieben. Das kann man so auffassen. Da Suggestion jedoch ein schwer zu fassender, schillernder Begriff ist, wollen wir ihn hier nicht weiter verwenden (siehe z. B. Wagstaff, 1991; Kirsch, 2000).

Wir sehen, hier gerät die moderne rational wissenschaftliche Beurteilung der Dinge in Bedrängnis. Es bleibt ihr scheinbar nichts anderes übrig als erfolgreiche Behandlung, welcher eine völlig irrationale Begründung unterlegt wird, zu verdammen. Die besondere Bauart unserer Psyche macht es jedem Heiler leicht, sei er Verführer oder ernsthafter Heiler. Unter anderer Sichtweise begründet die starke Eigenwirkung solcher Rituale jedoch, dass unsere Psyche von Anbeginn für deren Aufrechterhaltung sorgen musste. Aber wenn man die Wirkung *nicht alleine* unter der Rubrik Gott, Geistwesen, kosmische Kraft, ärztliche Kunst oder eben Hokuspokus ablegen will, gewinnt man wichtige Einblicke in die besondere Bauart der menschlichen Psyche. Wissenschaftliches Achselzucken vergibt die Chance, etwas mehr über die psychobiologischen Elemente zu erfahren, welche für die vom Ritus ausgelösten Heilkräfte verantwortlich sind. Wie wir gesehen haben, bewirken grundsätzlich alle Komponenten des Heilritus eine Linderung von Leiden jeder Art. Aber manche „bringen eben doch mehr", und diese Tatsache könnte uns dann auch eine Begründung für die unterschiedliche Attraktivität der verschiedenen Riten liefern.

Religiös-magische Riten und die akademischen Therapien ziehen am gleichen psychologischen Strang – aber erstere können in gewisser Weise mehr bieten

Wie gesagt, ein jeder Ritus besteht zunächst nur aus einer bestimmten stereotypen Form bzw. immer gleichen Elementen. Im Falle des Heilens sind dies drei wesentliche Elemente: die Figur des Heilers, die besondere Heilkraft und der Leidende. Die konkreten Inhalte sind in jedem Ritus austauschbar, d. h. in gewisser Weise leer. Die Figur des Heilers kann ein Gott sein, wie etwa der Asklepios der Griechen, ein schamanischer Geist oder ein Arzt. Die Heilkraft kann irgendeine überirdische Energie sein, sei es das *prana* der Hindus, die Heilkraft Gottes oder eine leere Pille. Es genügt, eine entsprechende Vorstellung beim Empfänger auszulösen, um Veränderungen zu starten, wie wir gesehen haben. *Spezifische Inhalte* müssen also nicht notwendigerweise vorhanden sein, um einen Therapieerfolg zu erreichen. Jedem Arzt und jedem Gott springt dieses psychobiologisch fest eingebaute Helfersystem zur Seite.

Auf unserer Suche nach den Elementen im Ritus, welche besonders starke Wirkung erzielen, müssen wir folglich die *un*spezifischen Heilelemente des Ritus noch etwas genauer in Augenschein nehmen. Da die Figur des Heilers im Grunde genommen austauschbar ist und ebenso – in bestimmten Grenzen – die Inhalte des Heilmediums (Pille oder göttliche Kraft), müssen die Gründe vor allem im Leidenden selbst liegen. Da wir jedoch nach der Erklärung für die Attraktivität der alternativen spirituellen Heilverfahren suchen, lautet die Fragestellung: Was bieten – aus Sicht der Psychologie – diese dem in Not Geratenen und Leidenden, was weder die akademischen Heilverfahren bieten können und auch nicht in gleichem Ausmaß die Konkurrenz der traditionellen religiösen Heilangebote? Da alle im Prinzip die gleichen Elemente nutzen, in der Grundform folglich kein Unterschied besteht und man mit einem gewissen Grundbausatz einzelner formaler Elemente eine Scharlatanerie-Praxis aufmachen könnte, kann der Grund nur in Unterschieden der Intensität der Botschaft an das psychische „Empfängerorgan" des Leidenden liegen.

Emotionalität: Ausmaß an Erregung

Beeinflussung von emotionalen Zuständen ist ein wichtiges Moment in jedem Heilprozess. Der Leidende ist niedergeschlagen, depressiv und verzweifelt und doch hofft er. Die Frage ist jedoch, wie stark lässt sich das jeweilige Angebot darauf ein. Je mächtiger das angebotene Heilverfahren in den Augen des Patienten ist, umso eher werden sich bei ihm Hoffnung und Zuversicht einstellen. In Phasen der Depression heilen Wunden langsamer, sind Schmerzen schwerer zu ertragen. Der Neurologe Diener berichtet über Studien, in denen er nachweist, dass Körperschmerzen über antidepressive Medikation beeinflusst werden können (siehe Kap. 4.1). Auch durch Scheinbehandlungen lassen sich leichte bis mittelschwere Depressionen beeinflussen und damit das körperliche Befinden. Allein das Erstellen einer positiven Prognose ändert u. U. das körperliche Befinden, auch dann, wenn überhaupt keine Behandlung stattfindet. Um wie viel mächtiger wird dann die Wirkung einer auf „überirdischem Wissen" gestützten Prognose ausfallen! Der *barum*, der Seher, begleitete im Jahr 2000 v. Chr. in Mesopotamien nicht von ungefähr den Arzt (siehe Kap. 2.2). Eine frühe Form psychosomatischer Behandlung!

Entsprechend ist in Whiteheads Kategoriensystem „Gefühl" ein wesentliches Element jeder Religion. Zwar lösen auch akademische Heilofferten Hoffnung und Zuversicht aus, aber es handelt sich nur um eine kurzfristige Bindung. Der Arzt wird in seinem verständlichen Credo in Bezug auf die Kräfte der Vernunft nicht mehr zulassen. Es geht im Grunde genommen sehr nüchtern zu. Hingegen kann die emotionale Intensität in religiösen Kontexten unvergleichliche, u. U. extreme Steigerungen erreichen. Entsprechendes kann der medizinisch Heilende – wie gesagt – weder bieten noch zulassen. Die emotionale „Ausstrahlung" beschränkt sich auf seine professionelle Sicherheit und seine Reputation.

Schauen wir uns hingegen die beruflichen Karrieren vieler Heiler an, dann sehen wir drastische, aufwühlende Erweckungserlebnisse. Schwere körperliche und seelische Krankheiten, blitzartiges, schockartiges Gewahrwerden der eigenen Heilmacht sind immer wiederkehrende Elemente. So beschreibt einer der Heiler, dessen Interview in Kapitel 4.2 wiedergegeben ist, sein Erweckungserlebnis als unvermittelt auftretende „ekstatische Gefühle" während einer Segensandacht. Er meinte nun zu wissen, dass ihn das Göttliche „berührt habe". Andere Heiler fühlen sich durch eine höhere Kraft initiiert. Entsprechend ist ihr Auftreten. Die Patienten dieser Heiler berichten, dass sie bei der ersten Begegnung „sonderbar berührt" waren, irritiert waren oder zumindest das Gefühl hatten, dass etwas Seltsames vor sich gehe.

Grundsätzliche Ablehnung ist erstaunlicherweise nicht die Reaktion der Klienten, eher Faszination nach anfänglichem Befremden. Letztlich gehört ja das Irrationale zu jeder religiösen Botschaft. Auch Jesus sah sich als Folge der Aufklärung einer psychiatrischen Kategorisierung ausgesetzt. Zunächst sah sogar Albert Schweitzer diesen Verdacht als untersuchenswert an. Walter Nigg (1993) verteidigt in seiner Schrift das Verrückte als eigentlichen Kern der christlichen Botschaft. Er schildert z. B. einen nur lokal verehrten Heiligen aus der Frühzeit des Christentums, welcher Säulen schlug, damit diese beim nächsten Erdbeben umfallen mögen. Er wurde zwar wegen vieler weiterer Verrücktheiten von manchen Mitbürgern verspottet, doch trafen seine völlig unsinnig erscheinenden Heilanweisungen auf positive Resonanz. So empfahl er, Senf zur Heilung von Augenleiden auf die Augen zu streichen, was dann von Augenzeugen als Heilwunder berichtet wurde.

Nun könnte man einwenden, dass sich religiöse Gefühle nicht mit Alltagsgefühlen vergleichen ließen. Bernhard Grom (1996) stellt in seinem Lehrbuch *Religionspsychologie* allerdings nüchtern fest: „Religiöse Gefühle sind dem subjektiven Gefühlszustand nach kaum von profanen zwischenmenschlichen Gefühlen zu unterscheiden" (S. 247). Allerdings übersteigen viele Erlebnisse, das im Alltag Erlebbare. So berichtete z. B. eine Patientin einer Heilerin, welche von der Arbeitsgruppe von Professor Obrecht zu ihrem Erleben während der spirituellen Behandlung befragt wurde: „Auf einmal kriege ich ein wunderbares Gefühl. So eine innerliche Freude,

Liebe, und ich bin plötzlich in einem ganz hellen Licht" (Obrecht, 2000, S. 106). Das erinnert an das berühmte Statement von Rudolf Otto (1928), welches besagt, dass das Erleben des Waltens des Göttlichen (des sog. Numen) beim Gläubigen *fascinosum* und *tremendum* auslöse – Faszination und heilige Schauer. Thomas von Aquin[3] meinte entsprechend und sinngemäß, dass die Ursache von Wundern durch einen kräftigen emotionalen Stoß ins System Mensch zu erklären sei!

Imaginationen: Ausmaß der Anregung innerer Bilder

Hier kommen wir zum entscheidenden Punkt: Je stärker durch einen Heilritus Imaginationen angeregt werden, umso stärker ist dessen Wirkung. Zwar werden Imaginationen durch jede unspezifische Heilmaßnahme angeregt. Auch dem Arzt, welcher z. B. unabsichtlich eine falsche Therapie durchführt, hilft dies ein Stück weit, wie wir in Kapitel 4.1 gesehen haben. Der Arzt braucht hierzu keine Götterbilder oder Heiligenstatuen aufzustellen, um die Heilimaginationen bei seinen Patienten auszulösen.

Im magisch-religiösen Ritus ist dieser Effekt natürlich verstärkt. Schon die noch relativ abstrakte Vorstellung, dass eine übernatürliche Heilenergie nun strömen werde, wirkt. Zum einen, weil die Vorstellung einer besonderen Mächtigkeit damit verbunden ist. Und zum anderen, weil eine konkret vorhandene Gestalt als Vermittler der Energie diese auf den Patienten überträgt. Diese Vorstellung der Macht wird auf den Heiler dann auch selbst übertragen. Eine Patientin aus der Obrecht-Befragung berichtet über die Wirkung der Hände des Heilers, welche dieser über ihren Köper hält, ohne diesen jedoch zu berühren: „Er machte es dreimal, so fünfzehn bis zwanzig Minuten, und es wurde ganz heiß, so wie man jemand mit der Lampe anstrahlt" (Obrecht, 2000, S. 104).

Die Imagination bzw. das Erleben der Nähe der „Kraftquelle" ist in psychologischer Hinsicht wichtig. Wie anders ist zu erklären, dass Menschen Amulette bei sich tragen, den Ort der Wunder unbedingt aufsuchen, der Reliquie habhaft werden oder vor der Heiligenstatuette beten wollen. Aus psychologischer Sicht ist die Vorstellung eines fernen Gottes schwierig. Eine konkrete und nahe Quelle fördert hingegen Heil-Imaginationen bis zum Verspüren der davon ausgehenden Kraft „am eigenen Leibe". Auch die Zuschreibung von Spezialfähigkeiten in den Legenden der Heiligen oder die Spezialisierung der Krankheitsgeister der Schamanen fördert die Vorstellbarkeit der eigenen Heilung. Selbst berühmte Personen, auch wenn sie niemals gelebt haben oder selbst nicht religiös waren, wird dies zugetraut. So werden am Haus von Romeo und Julia in Verona Liebeswünsche angebracht, im Baum der Aphrodite auf Zypern ebenso. Dem *mana*

---

[3] Thomas von Aquin (ca. 1225–1274) beruft sich hier auf Ausführungen in den damals einflussreichen medizinischen Abhandlungen des islamisch-arabischen Denkers und Arztes Avicenna, eigentlich Ibn S'ina (980–1037).

des berühmten Revolutionärs Che Guevara wird zugetraut, das Wetter zu beeinflussen. Bolivianische Bauern bitten diesen an seinem Grab um Regen (siehe auch weiter unten).

Durch Imagination wird u. U. einem Gegenstand etwas hinzugefügt, was nicht der ursprünglichen sachlichen Bedeutung entspricht. Ein Kreuz bedeutet dann nicht „zwei Balken", sondern ein Symbol für eine religiöse Auffassung. In der Werbeindustrie macht man sich dies zunutze. So wird etwa das Attribut des Prestiges einem Produkt hinzugefügt, obwohl das Ganze eigentlich nur aus Blech, Plastik und Schrauben besteht. Die menschliche Psyche ist sehr flexibel. Beit-Hallahmi und Argyle (1997) sprechen in diesem Zusammenhang sogar von „willkürlichen" Bedeutungszuschreibungen. Denn je nach dem jeweiligen Zusammenhang bzw. der Propaganda wird aus ein und demselben Gegenstand etwas völlig anderes kreiert. Solche den einzelnen Elementen des Ritus willkürlich zuteilbaren Etikettierungen entscheiden dann darüber, welche besondere Bedeutung ein Gegenstand, ein Wort oder eine Geste für den Teilnehmer hat. So kann auch eine einfache Geste zum bedeutungshaltigen Symbol werden. Eine bestimmte Position der Hände kann dann durch diese „Willkürlichkeit" der Bedeutungszuschreibungen im religiösen Kontext u. U. die Aussendung der göttlichen Kraft bedeuten oder eine Verfluchung. Angesichts dieser prinzipiellen Willkürlichkeit kann dann z. B. die Gestik eines Arztes, ein bestimmter Gegenstand oder eine leere Pillenkapsel eine psychobiologisch nachweisbare Wirkung oder eben auch deren Gegenteil erzeugen (wenn sich der Arzt ungeschickt anstellt). Die Einbindung in einen bestimmten Ritus transportiert psychologische Macht bis in den Bereich der körperlichen Vorgänge. Ein Überstieg von der alltäglichen Bedeutung in Bedeutungen mit überraschender Wirkmacht. Das ist die gemeinsame psychosomatische Grundmelodie, welche allen Heilhandlungen zugrunde liegt. Auf dieser Grundmelodie kann dann jede spezifische Therapie aufbauen, unabhängig davon, ob das Spezifische profan oder sakral ist. Die Natur hat ein „totsicheres" System geschaffen. Auf dieser Klaviatur kann deshalb auch jeder Voodoo-Zauberer oder auch Scharlatan ohne große Mühe spielen. Allerdings in gewissen Grenzen. Denn es ist fraglich, ob letztere die nötige Authentizität herstellen können, welche ernsthafte, und deswegen angesehene Heiler vermitteln.

Interessanterweise haben sich Völker in einigen Kulturen genau hierüber schon früh Gedanken gemacht. Im Melanesischen bezeichnet *mana* eine besondere Kraft, welche sowohl eine heilige wie auch profane Bedeutung hat (siehe Kap. 4.2). Sie kann Dingen und Personen innewohnen. Meist handelt es sich um besondere und deswegen heilige Gegenstände, aber *mana* kann eben auch durch bestimmte Merkmale herausragende Personen kennzeichnen. So kann ein Herrscher *mana* haben, wie der oben erwähnte Che. Auch in anderen Kulturen gab es Entsprechendes. Die nordamerikanischen Sioux nannten dies *wakan*. *Wakan* war die Eigenschaft der Sonne, des Donners oder einer starken Persönlichkeit. In der Anschauung der afrikanischen Pygmäen haben bestimmte Tiere *megbe*, aber z. B. auch der Zauberer. Die Elenantilope der südafrikanischen San hat deswegen diese (Heil-)Funktion, und auch das *ngua* der Zande hat diese besondere seelische Kraft, welche der Arznei (bei der deswegen komplizierten Vorbereitung) hinzugefügt wird (siehe Kap. 2.1). Der Religionsethnologe Mircea Eliade (1998) übersetzt solche Zuschreibungen an besondere Dinge im Leben dieser Völker als „innewohnende Kraft". Dies könnte auch erklären, warum über Jahrhunderte die Bevölkerung von Großbritannien Heilzeremonien von ihren Königen verlangte und nicht nur von den eigentlich dafür zuständigen Priestern (siehe Kap. 2.2). Die Chroniken berichten über zahlreiche Erfolge der „königlichen" Heilungen. Die Bestätigungen durch die Nachuntersuchungen der damaligen Ärzte sind zumindest aufgrund der in Kapitel 4.1 geschilderten psychosomatischen Zusammenhänge plausibel.

In den christlichen Religionen schufen die Anhänger sich Bilder von Heiligen oder Ikonen, um Ihre Heil-Imaginationen anzuregen. In einem Vortrag über die Bedeutung von Ikonen in der östlichen bzw. orthodoxen Kirche betonte der Referent, dass eine Heiligen-Ikone das Fenster zum Göttlichen sei. Durch das Anschauen würde ein direkter Zugang zum Heiligen geschaffen. Das unterscheidet sich nicht sehr von den oben wiedergegebenen „archaischen" Zugängen zum *mana*. Jedoch, wohl um sich davon abzuheben, wird in westlichen christlichen Kirchen betont, dass solches „Anschauen" nur als Metapher Gültigkeit habe. Eine direkte Kraftwirkung sei dadurch nicht zu erwarten. Die Heiligenstatuen repräsentierten nur Symbole der Herrlichkeit[4]. Eine starke Abstraktion der „Wortreligion" und in starkem Kontrast zur *Erlebnis*-Erwartung der Gläubigen (siehe Kap. 2.2 und 3.1). Denn auf einen solchen Verzicht auf Tiefe und Unmittelbarkeit des zu erwartenden Erlebens der Heil-Macht wollen sie sich nicht einlassen. Alles in allem eigentlich kein guter Nährboden für Heil-Imaginationen!

Die direkte Schau ins Jenseits
– Zustände außerhalb des Wachbewusstseins

Hier trennen sich die Wege. Wortreligionen propagieren nicht den Tranceweg zum Göttlichen und erst recht nicht die akademischen Heilmaßnahmen. Für Anhänger magisch-religiöser Riten ist es jedoch eine nahe liegende Idee, in Zuständen außerhalb des Wachbewusstseins nach der Imago der mächtigen außerirdischen Kraft zu suchen. Naheliegend auch, weil die Psyche nun einmal so ausgestattet ist. Plastischer kann kein Geist oder Gott vor einem erscheinen als im Trancebild. Dies übersteigt bei weitem alles, was man im Wachzustand erleben kann. Das Erleben erscheint als eigene Wirklichkeit.

---

[4] Entsprechend werden in neueren theologischen Abhandlungen Szenen der Bibel als Metapher gedeutet. In diesem Sinne bezweifeln Theißen und Merz (2000), in ihrer historischen Analyse des Lebens Jesu, dass die Wunder Jesu jemals stattgefunden haben (siehe Kap. 4.2).

Höchst plausibel für den Suchenden, dass die darin auftretenden Bilder „nicht von dieser Welt" sein können. Manche indigene und auch manche heutige Heiler der spirituellen Szene heilen denn auch unter Nutzung der so erschienenen höheren Macht (siehe Kap. 4.2). Die Beeindruckung des Patienten ist entsprechend. Das oben angeführte *tremendum* und *fascinosum* stellen sich ein. Unter rein religionspsychologischem Gesichtspunkt: Eine raffinierte Erfindung der Evolution, um etwas prinzipiell außerhalb unserer alltäglichen Erfahrungswelt Vorhandenes sichtbar, hörbar, fühlbar zu machen und so unter Kontrolle zu bringen (siehe unten).

Einen im Vergleich dazu noch viel näher liegenden Weg zum Höheren bietet der Traum. Ein deswegen in fast allen Kulturen genutzter Zugang zur heiligen Botschaft. Ein prominentes Beispiel ist der Heilschlaf im Tempel des Asklepios. Die im Traum visualisierte Macht, der Gott, griff in den Gesundungsprozess ein. Dies dann als wortwörtliche Apotheose, als göttlicher Höhepunkt des Heilprozesses. Nicht der Chefarzt erschien zur Visite, sondern der Gott selbst – aber dann noch in der anderen Dimension. Vorbereitet wurde das Ganze durch den Aufenthalt im Tempel, durch Abbildungen des Gottes, Waschungen mit dem Quellwasser des Tempels, Gespräche mit den Priestern etc. Ohne das verinnerlichte Abbild der heiligen Gestalt wäre die Träumerei ja ziellos verlaufen.

In der Geschichte der christlichen Religion kommt ebenfalls dem Traum eine prominente Rolle zu, aber auch halluzinationsähnlichen Visionen. Hierüber berichten zahlreiche Gläubige und Heilige, so z. B. Hildegard von Bingen oder Lucia dos Santos, welche in einer Vision einen „weiß gekleideten Bischof" hinstürzen sah. Dies wurde vom kürzlich verstorbenen Papst als Weissagung des auf ihn verübten Attentates aufgefasst[5]. Visionen werden jedoch von Psychiatern nüchtern als Halluzinationen klassifiziert. Wie wir in Kapitel 4.2 sahen, charakterisieren ähnliche Visualisierungen (des für außenstehende Beobachter nicht Vorhandenen), d. h. Erscheinungen in Randbereichen des Normalen, auch manche Heiler. Diese berichten z. B. Auren zu sehen, auch Krankheitsherde, oder dass sie diese mit ihren Händen erspüren könnten.

Wie mehrfach betont, bedeutet dies jedoch nicht, dass solche von den Betroffenen als spirituelle oder als überirdisch erlebte Zustände lediglich psychiatrische Krankheitsbilder sind. Zunächst handelt es sich nur um starke Imaginationen außerhalb gewöhnlicher psychischer Zustände. Erst wenn sich weitere Symptome einstellen, welche ebenfalls Nähe zu einer seelischen Erkrankung aufweisen, ist die Frage nach anderen Einordnungen zulässig. Im Kontext von Religionen dienen Visionen jedoch kongeni-

---

[5] Die Nonne Lucia dos Santos „sah" zusammen mit zwei anderen Hirtenkindern 1917 die Jungfrau Maria in Fatima, Portugal, welches seitdem ein berühmter Wallfahrtsort ist. Fatima hatte damit Glück, wenn man es mit den anderen Orten kindlicher Visionen vergleicht (siehe z. B. Marpingen, Kap. 3.1).

alem Erkenntnisgewinn. Die Frage ist eher, warum die Träger solcher und verwandter, seltsam irrationaler Eigenschaften in den rauen Vorzeiten der Menschheitsentwicklung nicht einfach im Zuge der Evolution von der Bildfläche verschwunden sind. Zunächst handelt es sich ja nicht um zentrale Überlebenstechniken, wenn man aus der Alltagsrealität wegdriftet, um sich Botschaften aus dem Jenseits zu widmen. Zumindest ist nicht ummittelbar einzusehen, warum dies einen solchen Überlebensvorteil hatte, um sich in der afrikanischen Savanne der Vorzeit gegen andere Keulenschwinger durchzusetzen.

Evolutionspsychologische Perspektive: Vorteil durch intelligentere Problembewältigungen und Trans-Intelligenz

Besseres Heilen und bessere, kreative Ideen sind die zwei Seiten derselben Medaille. Die Evolution des Menschen sorgte dafür, dass beides möglich wurde (siehe Kap. 2.1). Beides wurde durch einen einfachen, aber folgenreichen Trick der Evolution erreicht: durch die mentale Fähigkeit, eine zweite Ebene hinter der unmittelbar vorhandenen zu öffnen. Dies ermöglichte neuartige Gebrauchsformen für Jagdwaffen und die Erfindung des besonderen Ritus, welcher simple Handlungssequenzen auf Ebenen bloßer Symbolik transportierte – mit den geschilderten Konsequenzen.

Das heißt, für solche, das unmittelbar Vorhandene übersteigende Ideen war eine neue psychische Ausstattung nötig, um die Herausforderungen und das Überleben des Homo sapiens sapiens in der Savanne und später in den Cro-Magnon-Höhlen Südfrankreichs zu ermöglichen. Neuartige Eigenschaften, weswegen man dem neuen Primatentypus die zweite *sapiens*-Auszeichnung zubilligte, um ihn vom geistig etwas schwerfälligeren Homo sapiens neanderthalensis abzuheben. Das klingt zwar ganz großartig, aber dabei wird oft übersehen, dass das Gehirn, welches diese Leistungen erbrachte, unter den Bedingungen der Savanne entstand. Wir sind deswegen nicht die perfekten Denkmaschinen, und manche unserer Verhaltens- und Denkweisen wirken in modernen Industriegesellschaften erstaunlich unangepasst, wie wir in Kapitel 4.2 gesehen haben. Zwar hat dasselbe Gehirn auch die Moderne hervorgebracht, aber wir sind letztlich ein Zwitterwesen, welches einerseits logisch folgerichtig denkt und andererseits geradezu zwanghaft „Denkfehler" begeht. Zwar ist letztlich alles in unserer Psyche „archaisch", da die entscheidenden chromosomalen Veränderungen des Gehirns sich vor etwa 150 000 und 200 000 Jahren ereigneten, aber ein Teil der Gehirnaktivität sorgte für die Entwicklung von Flugzeugen und der andere für Ideen, welche in den „Himmel fliegen".

Der frühe Homo sapiens sapiens war jedoch physisch anderen Kreaturen in der Savanne nicht überlegen. Er hatte sozusagen nur das doppelte *sapiens* als „Waffe", nur dieses Mittel, um einen Überlebensvorteil zu erringen. *Sapiens* bedeutet „weise". Ein ebenfalls schmeichelhaftes Prädikat. Gemeint ist Klugheit, Einsichtsfähigkeit, d. h. die Fähigkeit, für Alltagsprobleme intelligente Lösungen zu finden. Intelligenz ist, gemäß der Definition der US-amerikanischen Psychologen Sternberg und Kaufman (1998), die Fähigkeit des Menschen, sich mit seiner Lebensumwelt adaptiv auseinander zu setzen. „Adaptiv" bedeutet, auf Anforderungen des Lebens adäquat reagieren zu können, um das sich jeweils stellende Problem zu lösen.

Wie erwähnt, produziert unser Verstand allerdings gesetzmäßig Abweichungen vom logisch-kritischen Denkakt. In der Fachsprache der Kognitionspsychologie spricht man von *bias* des Denkens. Ein englischer Ausdruck, der soviel wie „Schiefe" bedeutet – folglich „schiefe" Schlussfolgerungen. (Nebenbei bemerkt, auch andere psychische Leistungen, z. B. unsere Wahrnehmungsleistungen, weisen charakteristische Fehlleistungen auf. Unter Umständen nehmen wir manches nicht oder verzerrt wahr; siehe Kap. 4.2). Dies zeigt, dass wir zwar in der Frühzeit unserer Entwicklung zum Homo sapiens sapiens gelernt haben, uns sowohl kritisch-analytisch als auch mit schiefen Schlussfolgerungen an die Bedingungen des damaligen Lebens anzupassen. Das heißt, es lässt sich zeigen, dass selbst letztere positiv-adaptive Qualitäten hatten. Andere „schiefe" Blickweisen auf die Welt dienten und dienen wiederum dazu, uns psychisch positiv zu stabilisieren (siehe Kap. 4.2). Zwar zielen beide Prozesse – solche, welche kritisch-logischen Normen des Denkens folgen (rationales Denken), und solche, welche sich mit leicht schiefen Lösungen aus der Affäre ziehen – auf unterschiedliche Realitätsebenen, aber beide dienen adaptiven Zwecken. Dies ist in Kasten 5b als adaptiver Prozess bzw. Problemlösungsverhalten auf den Realitätsebenen 1 und 2 dargestellt.

Aber Operationen auf dieser „höchsten" Ebene genügen keineswegs, um Probleme zu lösen. Besonders dann nicht, wenn es um die Schaffung von etwas Neuem geht, d. h. um kreative, schöpferische Leistungen. Beispielsweise schildert der Physiker Brian Green, dass, als er über eine neue Theorie zum Aufbau des Kosmos nachdachte, unvermittelt und intuitiv Bilder von Violinsaiten auftauchten. Die erste Idee für seine neuartige, heute viel diskutierte sog. String-Theorie war geboren. Ähnliches berichten viele andere kreative Wissenschaftler. Denn Denken bedeutet Grenzüberschreitung (Bloch). Das trifft sicher auch für die frühen Lösungswege unserer Vorfahren angesichts des zunächst nicht beherrschbaren Leidens zu (siehe Kap. 2.1). Die Parallelität beider, kulturpsychologisch anscheinend so weit auseinander liegender Prozesse zeigte sich z. B. noch im Denken Newtons. Für ihn waren beide, physikalische Schwerkraft und Kräfte der Alchemie, geeignete Erklärungen für rätselhafte Kräfte in der Natur. Seine entsprechenden Imaginationen verwiesen somit einerseits auf modernes empirisches Denken (bekanntlich kam er auf die Idee mit der Schwerkraft durch einen vom Baum fallenden Apfel) und andererseits auf archaische Neigungen spekulativer Art, welche nach geheimen Kräften in einer magischen Ideenwelt suchten.

Hierbei zeigt sich die Doppelgesichtigkeit unserer geistigen Auseinandersetzungen. Neben logischen Schlussfolgerungen als Ergänzung Imagination des Ungewöhnlichen, bisher nicht Vorstellbaren, um wichtige adaptive Leistung zu vollbringen. Der Homo sapiens sapiens überschreitet damit die Grenze der „bloß" kritischen Realitätsprüfung. Diese andere Seite der Medaille hilft ihm sowohl bei Schaffung einer neuen Physik als auch bei der Lebensbewältigung durch Religion. Beides sind wichtige adaptive Leistungen, um neue Einsichten für neue vorher nicht beschrittene Lösungswege zu gewinnen. Ich bezeichne diese Einsichtsleistungen in Ergänzung bzw. jenseits der zentralen Aufgabe der Intelligenz deswegen als Trans-Intelligenz (siehe Kasten 5b).

Kasten 5b

Fähigkeiten in der Auseinandersetzung mit Anforderungen/ Problemlösen

A Intellekt	**Realität 1:** rational, logische Prozesse, kritische Realitätsüberprüfung
B Intellekt: Bias-Prozesse	**Realität 2:** Verletzung logischer Regeln als Schutzfunktion/andere systematische Veränderungen der Realitätsprüfung, symbolisches Denken, Illusionen
C Hilfsfunktionen	**Realität 3:** imaginative Fähigkeiten — Denken in Metaphern — Fantasie — Intuition — Tagträume — Dissoziationen
D Alternative Bewusstseinszustände 1	**Realität 4:** Verstärkung der Dissoziation: Trance/Meditation
E Alternative Bewusstseinszustände 2	**Realität 5:** psychosesähnliche Zustände: Halluzinationen/Visionen, Träume

Bereiche B–E = Trans-Intelligenz = alternative Fähigkeiten zu A.
Fähigkeitspotential in der Auseinandersetzung mit Anforderungen bei Lebenshilfe und Heilen.

Der Unterschied zwischen der kritischen Realitätsprüfung auf der Ebene 1, der der Logik und der Ratio, und den intellektuellen Hilfsfunktionen auf der Realitätsebene 3 ist, dass letztere relativ automatisch und scheinbar unabhängig von aktiven Anstrengungen des Problemlösers ablaufen.[6] Die Kognitionspsychologie spricht in diesem Zusammenhang vom Gegensatz zwischen kontrollierten Prozessen und nicht kontrollierten Prozessen, da sich letztere, wie gesagt, ohne große Anstrengungen ergeben. So verlangt eine mathematische Prüfaufgabe viel Konzentration, während ein kreativer Einfall, das entscheidende „Bild", sich wie von alleine einstellt. Oft sind eben nicht nur sachlogische Operationen gefragt (das leistet ja auch ein Computer), sondern auch der geistige Überstieg in die nur vorstellbare Ebene – das Symbol hinter dem Gegenstand oder die bloße Theorie. So wurden etwa Blitz und Donner als Walten eines höheren Wesens vorgestellt und später dann als elektrische Entladungen.

Bezeichnenderweise stammt der Terminus „Theorie" ursprünglich aus dem religiösen Bereich. In den orphischen Riten der Griechen bedeutete Theorie „Anschauen" genauer: religiöse Kontemplation, was auf die Entstehung und damit psychische Ähnlichkeit zwischen wissenschaftlicher kreativer Leistung und religiösen Ideen zusätzlich hinweist. Auch auf der hirnphysiologischen Ebene finden wir Entsprechendes. Im gleichen Hirnareal befinden sich wichtige Zentren, welche entscheidend daran mitwirken, dass wir die Welt sowohl symbolisch-metaphorisch auffassen können, wie auch daran, dass wir mit kreativen Ideen das Vorgefundene „übertreffen". Es handelt sich um den beim Homo sapiens sapiens besonders ausgeprägten Präfrontalkortex (siehe dazu die Ausführungen in Kap. 2.1).

Die adaptiven Fähigkeiten der von mir so genannten Trans-Intelligenz reichen noch sehr viel weiter, denn erweiterte Funktionen nutzen die magisch-religiös bedingten Heilformen. Die Aufgabe, der sich die Evolution zu stellen hatte, war, ein möglichst plastisches Erleben der Heilkraft herzustellen. Auch sollte das vorgestellte Heil-Agens, etwa der überirdische Helfer, möglichst nah beim Leidenden erscheinen. Auch für diesen Fall hatte die Natur vorgesorgt. Der Homo sapiens sapiens wurde befähigt, sich durch Trance, aber auch meditative Versenkung die Figur des Überirdischen auf die Erde zu holen (Realitätsebene 4 in Kasten 5b). Dem Prototyp des Tranceheilers, dem Schamanen, fiel wahrscheinlich in der Frühzeit diese Aufgabe zu. Die weltweite Verbreitung dieses Typus und die andauernde Beliebtheit in archaischen Jäger- und Sammlerkulturen sprechen für

---

[6] Aufgrund neuropsychologischer Befunde, denen zufolge Willensakte im EEG schon vor der Entscheidung des Probanden sichtbar sind, ist zurzeit eine heftige Diskussion über Willensfreiheit entbrannt. Motto: Nicht ich entscheide, sondern mein Gehirn trifft die Entscheidung – und später erst merke ich, was ich will. Wie dem auch sei. Es ist anerkanntes Wissensgut, dass wesentlich mehr Vorgänge auf der Ebene nicht bewusster Vorgänge stattfinden im Vergleich zu den Vorgängen, von denen wir meinen, dass wir sie bewusst steuern.

sich. Die enge Verbindung zwischen Trance und Religion demonstriert auch die in Kapitel 4.2 wiedergegebenen Experimente: Theologiestudenten erlebten während der Suggestion *neutraler* Tranceszenen sakrale Bilder.

Auch eine andere Form veränderter Bewusstseinszustände bringt neue Erkenntnisse für den religiös Suchenden. Unter Umständen erscheinen Engel im Traum und bringen dem Träumenden entscheidende Botschaften. Ebenso manchmal sogar dem Forscher, welcher gerade an einem Problem sitzt, aber die Lösung noch nicht gefunden hat. So träumte z. B. der Entdecker der chemischen Struktur des Benzols, August Kekulé, von einer sich selbst in den Schwanz beißenden Schlange. Die Ringstruktur des Benzols war damit gefunden.

Noch weiter weg bzw. am Rand normaler visueller Einfälle sind die in der religionsgeschichtlichen Literatur zahlreich berichteten Halluzinationen bzw. Visionen. Auch diese dienen gegebenenfalls dem Empfänger als religiöses Einsichtsmittel, weswegen ich diese als Ebene 5 ebenfalls dem erweiterten Fähigkeitsspektrum der Trans-Intelligenz zurechne. Wie weiter oben und in Kapitel 4.2 ausgeführt, gibt es zahlreiche Gründe für das Bewahren dieser Phänomene auch in den rauen Zeiten unserer Entstehung als Spezies. Neben Visionen auf religiösem Sektor wird von einigen Forschern auf die erhöhte Kreativität von Menschen am Randbereich von Psychosen verwiesen.

Kurzum, wir laufen seit unserer Entstehung in der Savanne mit demselben Gehirn herum. Das hat zur Folge, dass wir auch für unsere heutigen geistigen Auseinandersetzungen die damaligen Lösungswege beschreiten. Einerseits war das Gehirn so fortschrittsfähig konstruiert, dass es uns in die Moderne führte, andererseits sehen wir unsere Umwelt immer noch mit den Augen des Jägers und Sammlers. Das schafft, wie wir sahen, Konflikte zwischen widerstrebenden kulturellen Tendenzen. Ferner: Da die Natur sparsam mit ihren Ressourcen umgehen musste, konnte sie für verschiedene Leistungsanforderungen immer nur dieselben Hirnareale zur Verfügung stellen. Deshalb wurde auch der profane und sakrale Heilritus nicht doppelt erfunden. Die Evolution musste auf Leistungsmerkmale ein und derselben Hirnstruktur zurückgreifen. (Ausnahmen bilden lediglich bestimmte extreme alternative Bewusstseinszustände, siehe oben.) Deswegen wirkt der Heilritus im profanen wie im religiösen Kontext über dieselben psychischen Mechanismen. Ein weiteres frühes Überlebensprinzip bestand darin, die Wirkung des Ritus möglichst sicher zu machen. Deswegen springt beim Rezipienten bzw. Teilnehmer des Ritus der psychobiologische Selbstheilungsmechanismus auch dann schon an, wenn nur einzelne Elemente vorliegen, wie wir in Kapitel 4.1 gesehen haben. Und doch ergeben sich Unterschiede bezüglich der einzelnen Riten, wie oben aufgeführt. Dies begründet vermutlich dann auch die unterschiedliche Attraktivität verschiedener Ritenformen. Sicher hat dies ein Stück weit damit zu tun, wie stark die hier als Trans-Intelligenz bezeichneten Eigenschaften durch den jeweiligen Ritus angesprochen werden. Andererseits hatte der Mensch der Frühzeit im Wesentlichen nichts anderes zur Verfügung als die Idee der Religion. So gesehen verwundert es nicht, dass die Elemente der Trans-Intelligenz dort besonders ins Spiel kommen. Der archaische Medizinmann hätte ohne Religion zwar etwas (siehe Kasten 5a), aber längst nicht so viel wie mit dem Repertoire der magisch-religiösen Ideen bewirkt. Das *tremendum* der Religion sorgt für den nötigen „Stoß ins System", d. h., die vorgestellte Macht des Göttlichen sorgt für das nötige emotional aufwühlende Erleben während des Ritus und für den Anstoß zur Änderung des psychobiologischen Geschehens.

Zwei widerstreitende Zugänge zum Höheren: Doktringeleitet vs. imaginativ-offen

Die Religionspsychologen McCauley und Lawson (2002) legen ihren Überlegungen über die psychologischen Grundlagen unterschiedlicher Riten verschiedener Kulturen die Theorie des britischen Religionsethnologen Harvey Whitehouse zugrunde. Whitehouse beobachtete im Jahr 1987 auf der melanesischen Insel Papua-Neuguinea zwei nebeneinander existierende religiöse Bewegungen mit entsprechend unterschiedlichen Riten. Den einen Typus bezeichnete er als doktrinbestimmt, den anderen als imaginative Version. Whitehouse entwickelte daraufhin die Theorie, dass religiöse Riten unter Zugrundelegung dieser beiden unterschiedlichen Ausdrucksweisen in zwei gegensätzlichen Typen kategorisiert werden können (Whitehouse, 1995 und 2000)[7].

Eine leicht vereinfachte und verkürzte Version ist in Kasten 5c dargestellt. Vereinfacht und gekürzt deshalb, weil wir für unsere weiteren Überlegungen nicht alle Elemente der Argumentation von Whitehouse benötigen. Auch benenne ich die von Whitehouse als imaginative Form bezeichnete Version „imaginativ-offene" Version und den anderen Typus, den doktrinalen Typus „rational-doktrinal", um den Kontrast deutlicher hervortreten zu lassen. Im Wesentlichen geht es darum, dass der doktrinale Ritus sich auf einen (meist schriftlich niedergelegten) Kodex beruft, welcher zu festen Zeiten und immer nach einem vorher festgelegten Plan durchgeführt wird. Eine zentrale, hierarchisch aufgebaute kirchliche oder Tempeladministration ist für die Überwachung zuständig. Die Vorschriften ergeben sich durch logische Ableitung aus der sakralen Ausgangsidee (etwa dass ein göttliches Kind geboren werde, um die Welt zu erlösen, so beispielsweise der Glaube der Anhänger des Zarathustra). Der imaginativ-offene Ritus bildet den Kontrast hierzu. Die bindende Kodifizierung spielt hier eine geringere

---

[7] Ähnliche Einteilungen existieren auch von Max Weber und Ernest Gellner.

Rolle. Die Durchführung erfolgt in spontan sich bildenden Gruppen, welche je nach Bedarf und Gelegenheit zusammenkommen. Das Erleben im Ritus ist wichtiger als die Form. Das heißt, die im Ritus auftauchenden heiligen Bilder (Imaginationen), Emotionen und das hierdurch angeregte neue sinnliche Erleben sind wesentliche Gründe für die Durchführung.

Wichtig ist festzuhalten: Es handelt sich um Prototypen. Jede vorhandene Religion enthält potentiell Elemente beider Ritentypen. Das obige Beispiel aus Haiti, in dem afrikanische Riten mit Resten von indianischen Riten in das Christentum verwoben sind, ist zwar ein Extrembeispiel, aber es enthält bezüglich der christlichen Riten emotionale Elemente, welche auch in Mitteleuropa gängig sind, wie z. B. bei Marienprozessionen. Andererseits zeigt es sinnlich noch aufwühlendere Szenen, Tanz, Musik, rot gewandte Priester, Blut, Töten des Stieres. Szenen voller imaginativ-sinnlicher Kraft.

Kasten 5c

Zwei Formen religiöser Riten

Primär rational-doktrinal	Primär imaginativ-offen
Bindendes schriftliches Regelsystem	Erfahrungsoffen für Imaginationen im Ritus
Regelmäßige wiederholte Riten	Freie Abfolge der Riten, je nach Bedürfnis
Ritus folgt einmal festgelegtem Schema	Lehre kann durch Erleben im Ritus verändert werden
Ritus ist für größere Gemeinschaften entwickelt worden	Ritus dient für spontane Face-to-Face-Begegnungen
Begründung des Ritus über rationale Argumentationen	Ritus hat sinnlich und emotionale Stimulation zum Ziel
Moralisch begründete strikte Disziplin	Nachsichtig gegenüber Abweichungen
Verbreitet durch Missionierung	Verbreitung durch Gruppenkontakte
Zentralisiert und hierarchisch	In Einzelzellen ohne ausgeprägte Hierarchie
Gleichbleibender Glaubenshintergrund	Variable Glaubensinhalte und Praktiken
Rigides Festhalten an Glauben und Riten	Flexibel und für Wechsel offen

Anmerkung: Neureligiöse Vereinigungen und Gruppierungen sind hierbei nicht berücksichtigt.

Als Kontrast: Die besonders strengen dogmatischen Anfangsjahre des Protestantismus mit seinem heftigen Aufbegehren gegen die vielen bibelfernen Elemente der „alten" Kirche, das Verbrennen der Heiligenbilder und Heiligenfiguren durch sog. Bilderstürmer. Die neue Doktrin sollte möglichst rein, gemäß den neuen Lehrsätzen, der neuen Exegese, verwirklicht werden. Keine „geschnitzten und gemalten Ölgötzen", wie einer der Reformatoren sich erregte, sollten nun mehr angebetet werden (Angenendt, 2000). Bezeichnenderweise war im Tempel der Juden der Thron Gottes leer.[8] In Fortsetzung dieser Tradition wurde das Bilderverbot in den Anfangsjahren des Christentums eingehalten. Imaginative, die Sinne anregende Elemente waren nicht erwünscht.

Doch sind sich die beiden christlichen Konfessionen im Grunde genommen auch wieder sehr ähnlich. Sie sind beide Wortreligionen im Sinne von Whitehead (siehe Beginn des Kapitels). Schließlich ging es bei beiden darum, den Gesetzen des Religionsstifters Folge zu leisten, ferner natürlich auch, sich an den Regularien der Konzilien und Schriften der Kirchenlehrer zu orientieren, welche die Auslegungen der Heiligen Schrift festlegten. Auch aus diesem Grund kam es oft zu Missverständnissen zwischen westlich-religiös geprägten Forschern und Vertretern anderer Religionen. Eine kleine Episode, welche Pargament (1997) in seinem Lehrbuch schildert, ist sehr bezeichnend hierfür: Ein amerikanischer Religionsphilosoph, welcher das Wesen des Shintoismus in Japan erkunden wollte, äußert sich diesbezüglich gegenüber dem gastgebenden Shinto-Priester wie folgt: „Wir haben nun recht viele Ihrer Zeremonien gesehen und nicht gerade wenige Ihrer Schreine, aber ich weiß immer noch nicht, wie Ihre Ideologie lautet, und ich weiß nichts über Ihre Theologie." Der Shinto-Priester: „Wir haben keine Theologie. Wir tanzen" (S. 36).

Natürlich ist dies überspitzt formuliert, aber es trifft den Kern. Wir erinnern uns (siehe Kap. 2.1): Auch die San tanzen ihren Heiltanz und kümmern sich recht wenig um Glaubensdoktrinen, was Generationen westlich geprägter Religionsethnologen zur Verzweiflung brachte (Guenther, 1999). Heute war ein bestimmter Gott bzw. Geist für die Jagd nützlich. Später wieder zu diesem Gott oder Geist befragt, hatte er u. U. ganz andere Eigenschaften. Man war hier recht flexibel, je nach Bedarf. Ein gut gemachter Tanzritus war im Grunde genommen wichtiger. Es war wichtig, dass die heilende Antilope in der Trance erschien. Der Kranke fühlte sich ja danach besser. Welch ein Kontrastbild zu den Anschauungen des christlich geprägten Ethnologen! Er war gewohnt, eine stringent formulierte Lehre vorzufinden.

---

[8] Jahwe, der Gott der Juden, hatte in der vorbiblischen Zeit die Funktion eines Feuer- und Vulkangottes. Dies zeigt sehr treffend die Entwicklung vom Sinnlich-Konkreten zum Abstrakten bzw. Unbildlichen.

Heilen zwischen Reinheit der Lehre und inneren Bildern

Die unter großen Mühen durchgesetzten, rational geordneten Lehren stoßen gerade im Höhepunkt ihres Triumphes an Grenzen. Eine paradoxe Situation, wie es scheint. Besonders deutlich wird dies, wenn es ums Problemlösen angesichts von Leiden und Krankheit geht. Die auf exakter experimenteller Medizin beruhende Krankheitslehre überführte den Volksheiler der Kurpfuscherei. Dem heilenden ägyptischen Priester, dem Tempelpriester im Heiligtum des Asklepios, den kräuterkundigen Druiden und Schamanen wurde bei Machtantritt des Christentums die Tür gewiesen. Schließlich wurden von Letzterem sogar den eigenen Sehern, z. B. den Marien-Visionären, das Leben schwer gemacht (Kap. 2.2, 3.1). Auch die in den Himmel gehobenen Heiler, die katholischen Heiligen als überirdische Heilspezialisten, wurden zum innerkirchlichen Problem. Die um noch größere Reinheit der Lehre bemühte Kirche, die der Protestanten, spaltete sich ab. Die Gründe hierfür sind vielschichtig. Zum einen ging es um jeweilige Interpretationshoheit und damit Machterhalt – nicht von ungefähr war dem sog. gemeinen Mann lange Zeit die Bibel nicht direkt zugänglich. Zum anderen ging es um Anpassung an die jeweils aktuelle Lesart der Bibel, aber auch anderer Schriften, z. B. die der griechischen Philosophen, und deren Auslegung durch Kirchenlehrer. Später dann, unter dem Eindruck der Aufklärung, ging es darum, sich dem Vorwurf, „primitive" Riten zu dulden, nicht auszusetzen. Folglich handelte es sich immer um ein Ringen zwischen mystischer Erlebniskultur und rationalen Lehren.

Dies ist hier jedoch nicht der primäre Gegenstand unserer Betrachtungen. (Das aufzuarbeiten, ist Aufgabe einer Sozialgeschichte des Christentums.) Uns interessieren vorwiegend psychologische Gründe für die anhaltende „Untreue" der Kirchenmitglieder, welche sich früher Magievorwürfen und des Vorwurfs der Teufelsbuhlschaft ausgesetzt sahen und nun dem Vorwurf, naiven esoterischen Heilriten anzuhängen. Da gegenwärtig eine ähnliche Entwicklung im Hinblick auf die sog. Schulmedizin, die auf naturwissenschaftlicher Lehre basierende Medizin, stattfindet, handelt es sich um eine generelle Tendenz der Reserviertheit gegenüber etablierten Heilangeboten. Zwei Drittel der Bevölkerung nutzt alternative Medizin zusätzlich und teilweise sogar primär.[9] Dies trifft nicht nur die akademische Medizin, sondern auch Psychotherapieverfahren, soweit sie staatlich anerkannte Verfahren anbietet. Letztere basieren ebenfalls auf einem Menschenbild, welches den Mensch vordringlich als naturwissenschaftliches Phänomen versteht. Insofern tritt auch hier der spirituelle Heiler in den Augen des Publikums als „mächtiger" Ratgeber in Konkurrenz zum

---

[9] Information von Ezard Ernst (2004; siehe Kap. 3.2).

Psychotherapeut – welcher ja „nur" das nüchterne Angebote einer auf Wissenschaft basierten Therapie offerieren kann.[10] In allen diesen Fällen handelt es sich um eine Abwendung von doktrinalen Lehren bzw. dem Regelwerk akademische Heilverfahren, welche im Sinne von Whitehead stark bindende rationale Anteile haben.

Man kann natürlich der akademischen Medizin und Psychologie insofern keinen Vorwurf machen, nur weil sie sich empirisch kritischen Methoden verpflichtet fühlen. Jedem Student der Medizin oder Psychologie wird eindrucksvoll vor Augen geführt, wie erfolgreich diese sind. Zahllose wissenschaftliche Studien treten dafür den Beweis an. Auch die christlichen Angebote können auf wissenschaftlich belegbare „Heilerfolge" verweisen (siehe Kap. 3.1). Ferner haben die christlichen Lehren ihre guten, nachvollziehbaren Gründe, sie vermitteln eine ethische Botschaft und waren 2000 Jahre erfolgreich. Das ist hier auch nicht der Punkt, und eigentlich bestände so gesehen kein Grund, ein Buch über alternative Heilverfahren zu schreiben, gäbe es nicht die massenhafte Abwendung von den Kirchen bzw. Suche nach „neuen" Heilformen als Alternative oder zumindest Ergänzung zu den etablierten akademischen Heilverfahren. Denn das wiederum hat gerade die akademische Psychologie zu interessieren. Die aktuelle paradoxe Situation ist Anlass für Staunen und Verwunderung – auch für die vermeintlich so „siegreichen" akademischen Disziplinen.

Der aufmerksame Leser kann sich nun – nachdem wir einiges Material zusammen gesichtet haben – sicher schon denken, wo die Gründe für die Suche des heutigen Menschen nach der „neuen" Form des Heilens liegen könnten. In modernen postrationalen Zeiten befinden wir uns in der schon mehrfach zitierten Epoche der Multioptionsgesellschaft (Gross). Die Zeit der Definitionshoheit einzelner Institutionen ist vorüber, selbst die Kulturhoheit des aufgeklärten Gedankens, auch dies trotz seiner ungeheuren Verdienste. Dessen Aufgabe ist erledigt bzw. heute dann überdehnt, wenn dieser alleinige Gültigkeit verlangt. Der schon mehrmals zitierte BMW-Ingenieur wird die Physik des Motorenbaus ausreichend verinnerlicht haben, um ein neues Einspritzaggregat zu entwickeln, aber dennoch am Abend den spirituellen Satsang genießen (siehe Kap. 3.2). Peter Gross dazu: „Wenn sich nichts mehr von selbst versteht, werden die Möglichkeiten gleichwertig" (1994, S.227). Natürlich bieten auch die (relativ heterogenen) Neuen Lehren neue Orientierungspunkte, aber die besonders von den Kirchen beschworene Gefahr des Abgleitens in eine neue Ideologie findet

---

[10] So besteht eine Standardmethode der sog. kognitiven Verhaltenstherapie darin, mit einem Angst-Patienten einen sog. sokratischen Dialog (!) zu führen. Dies ist eine bei Platon beschriebene Methode (von Sokrates), den Patienten durch geschicktes Fragen unter Einsatz zwingender Logik zur Einsicht in die Unsinnigkeit seiner Ängste zu bringen. Folglich bleibt man damit im rationale „Oberstübchen", um die Gefühle zu ändern, etwa das Herzrasen und das unangenehme Gefühl in der Magengegend angesichts der Herausforderungen des Lebens.

aus den obigen Gründen nicht statt (siehe auch weiter unten). Die neuen Heilangebote selbst tolerieren ja jede noch so ausgefallene spirituelle oder sonstwie geartete Variante. Der Patient bindet sich meist nur über Stunden, um dann nach neuen überirdischen Heilmitteln Ausschau zu halten, wie wir gesehen haben. Er lässt jedoch seine Ratio dabei keineswegs zu Hause. Nur eben schreibt keine „Heilbehörde" mehr die zu nutzenden Riten vor.

Der entscheidende psychologische Grund ist jedoch, dass Menschen ein diffuses Unbehagen bei der Wahrnehmung christlicher und akademischer Angebote beschleicht (wie gesagt, trotz deren Erfolge). Die Gründe haben wir im vorigen Abschnitt zusammengetragen. Beide Institutionen beschränken sich auf einen verengten Zugang zum Menschen. Es werden die so vielfältigen Möglichkeiten jenseits der Anwendung normgerechten Denkens, jenseits des rein sachlogischen Zugangs, welches ich hier als Trans-Intelligenz bezeichnet habe, nur unzureichend genutzt. Das, was den Menschen an Möglichkeiten ausmacht, ist jedoch mehr, als die doktrinal gefestigten Institutionen ihm zutrauen. Der Mensch versucht es nun dennoch. Die christlichen Heilangebote verweigerten sich (vermehrt ab den Zeiten der Reformation) zunehmend den Anregungen der Imaginationskraft und der sinnlich erfahrbaren Nähe zu überirdischen Kraftquellen. Die Kirchen haben, wie gesagt, ihre guten Gründe, aber damit vergeben sie ein hohes psychologisches Potential.

Whitehouse beobachtet in seinen Studien in Melanesien, dass sich eine Gruppe von Gläubigen von der rational-doktrinalen Gruppe abspaltete. Der Grund: Sie erprobten neue, stärker imaginative und offenere Ritenformen. Sie wollten daran festhalten, da sie diese als äußerst attraktiv empfanden. Dies ließ jedoch der Kodex der Muttergruppe mit doktrinaler Glaubensrichtung nicht zu. (Teilweise nutzt die neue Gruppierung alte, schon fast vergessene melanesische Ritenformen und erfand zusätzlich neue.) Das ist das, was heute geschieht. Es ist sicher auch der Grund, warum wesentlich mehr Menschen die Mitgliedschaft in der wesentlich „bildärmeren" protestantischen Kirche aufkündigen als die in der katholischen Kirche.

Der Religionswissenschaftler von Glasenapp (2003) dazu: „… während die katholische Kirche sich mit farbenprächtigen Bildern an die Phantasie des Gläubigen wendet, beschränkt sich der Protestantismus darauf, durch Gebet und Orgel zu ihm zu sprechen … wobei gegenüber der Mannigfaltigkeit an Ausdrucksformen des religiösen Lebens, die der Katholizismus seinen Anhängern bot, eine außerordentliche Vereinfachung und Verarmung eintrat" (S. 272). Aber dennoch auch in katholischen Ländern, wie etwa Italien, Frankreich oder Österreich, laufen die Kirchenmitglieder weg. Im letzteren Land traten im Jahr 2004 über 80 000 Menschen aus der katholischen Kirche aus. Letztlich sitzen alle doktrinalen „Wortreligionen" im selben, sachte sinkenden Boot.

Fähigkeiten erzeugen Neigungen. Ein zeichnerisch begabter Mensch sucht sich entsprechende Gelegenheiten usw. Selbst Magie steckt uns als profane Alltagsmagie „in den Knochen", wie wir gesehen haben. Das archaische Gehirn verfügt eben über einen wesentlich weiteren Fähigkeitsbereich. Die Entwicklung von Religionen bildet dies ab, allerdings auch ihre Kämpfe und Auseinandersetzungen um und gegen diesen Weg. Denn die judaisch-christlichen Lehren setzen das Konzept des durch keinen noch so viel versprechenden Ritus zwingbaren Gottes dagegen. Denn dieser Gott der Bibel hat nicht die Aufgabe, irdische Glücksverheißungen zu garantieren, sondern im Gegenteil auch Leiden als „liebendes Angebot" (siehe dazu die Ausführung einer Teresa von Avila, welche in Kap. 3.1 wiedergegeben ist). Oder wie es der selbst durch Attentate und schwere Krankheiten leidende Papst Johannes Paul II. formulierte: „Um die Kirche in das neue Jahrtausend eintreten zu lassen, genügt nicht mehr nur das Gebet, sondern man muss mit dem Leid eintreten und mit diesen neuen Opfern. Der Papst muss leiden, damit jede Familie und die Welt sieht, dass das höhere Evangelium das des Leidens ist."[11]

Die vollständige Erlösung vom Leiden kann erst im Paradies erfolgen. Das Zögern, dies hier schon zu tun bzw. den im Menschen fest installierten Selbstheilungsreflex stärker zu bedienen, ist zwar aufgrund der hehren Lehre nachvollziehbar. Nun aber nicht mehr so ohne weiteres durchsetzbar. Denn angesichts seiner Befreiung von „seiner selbstverschuldeten Unmündigkeit" (Immanuel Kant) versucht der Mensch nun neuer Götter mit günstigeren Botschaften habhaft zu werden. Er hat gelernt, dass er *selbst* Rechte hat und nicht andere Instanzen unbedingt über ihn – seien sie nun weltlich oder heilig. Die Schwierigkeit jeglicher Form der Gegenargumentation von Seiten der doktrinalen Lehren ergibt sich daraus, dass der befreite Mensch durchaus auf dem richtigen *psychologischen* Pfad ist. Dies verschafft dem Suchenden eine hohe subjektive Gewissheit. Andererseits kann jede geschickte Verführung ihn „glücklich machen". Denn die Gewissheit resultiert aus dem Erleben und nicht aus der festen Ideologie. Die Multioption lässt nun vieles erproben. Gerade im Zustand der nun vermeintlich ebenfalls erreichten Moderne meinen die Kirchen, es sich und den Gläubigen in dieser Hinsicht schwer machen zu müssen. Damit geraten sie wiederum in starke Diskrepanzen zur Postmoderne bzw. zu postrationalen Zeitläufen.

Wie gesagt, die Reaktion der Kirche ist aus der Innensicht heraus verständlich, da sie eine nicht hinterfragbare Wahrheit verteidigt (unabhängig davon, dass sie versucht, die Kritik der Aufklärung durch Veränderungen abzufedern). Weniger verständlich ist jedoch die Zurückhaltung der akademischen Heiler, sich mit den so artikulierten Bedürfnissen auseinander zu setzen. Denn letztere nutzen erfolgreich Komponenten des psychobiologischen Systems, welches zumindest Anlass für Nachdenken

---

[11] Angelus-Gebet, am 29.5.1994.

über eine Erweiterung des eigenen Repertoires sein könnte – was ja auch
ohne Heiligenstatue oder Mantrabeten in der Praxis möglich wäre, da
der Kern der Neuen Riten aus hinlänglich bekannten psychobiologischen
Komponenten besteht.

Synopsis: Der Kosmos in uns, schöne Verzauberungen und schöne Verführungen

Es ging mir darum, die psychologischen Wurzeln und Potentiale der neuen
„spirituellen Wanderbewegung" (Bochinger) aufzuzeigen. Wie wir gesehen
haben, hat der nun endgültig befreite Mensch entdeckt – ohne sich dessen
voll bewusst zu sein –, dass die vorher Göttern zugeschriebenen Kräfte
in ihm sind. Zumindest interpretieren es manche Teilnehmer an den
Neuen Riten so. Er fühlt sich deshalb als gleichberechtigter Teilnehmer
am „Göttlichen", an einem großartigen Geschehen. Manche Neuen Lehren
betonen entsprechend, in abstrakteren modernistischen Versionen, dass
diese Kräfte von alles durchdringender kosmischer Natur seien, somit
könne jeder an diesen teilhaben. Eine Lehre von hoher Attraktivität, da das
Angebot, den bisher verschütteten Zugang für jedermann zu öffnen bzw.
der eigenen Erfahrung zugänglich zu machen, einer Demokratisierung des
göttlichen Bereichs gleichkommt. Hinzu kommt, dass die hier erfolgte, viel
intensivere Stimulierung des internen Selbstheilungspotentials entscheidende, starke Heilanstöße bietet. Denn das Versprechen, durch den Neuen
Ritus die Kräfte des Numen in der Person selbst zur Macht kommen zu
lassen, bewegt im davon Überzeugten ungeheuer viel.

Allerdings spricht ja auch die christliche Lehre bzw. die Heilige Schrift
davon, dass Gott den Menschen nach seinem Ebenbild geschaffen habe.
Nur eben akzeptieren viele Menschen aus den genannten Gründen nicht
mehr das Herrschaftswesen einer letztlich unerreichbaren Göttlichkeit,
welche immer einer gewissen Vermittlung bedarf und den Abstand durch
die Doktrin der Erbsünde schafft. Gegenüber diesem (doktrinalen) Entwurf ist die freiere Ausgestaltung durch das Angebot der eigenen unmittelbaren Erfahrung in der spirituellen Übung der Heiler und Gurus verlockend. Die Vorschrift der Heiligen Schrift hingegen steht gegen die eigene
Erfahrung und die individuelle Interpretation.

Man könnte es als zweite Renaissance oder als deren postrationalen Vollzug bezeichnen. Die damalige Ungeheuerlichkeit war, dass der
Mensch sich selbst anstatt des einen Gottes in den Mittelpunkt stellte.
Was damals begann, scheint sich nun in der religiösen Einstellung vieler
Menschen zu vollenden. Der *homo religiosus* artikuliert sich nun mit dieser neuen Anspruchshaltung. Er will sich nicht mehr als von vorneherein
sündenbeladener Bittsteller sehen (siehe obiges Papstzitat), sondern als

gleichberechtigter Teilnehmer am Göttlichen. Allerdings bestand diese Tendenz – unter Benutzung religiöser Hintertüren – insofern immer schon, als er u. a. in der Anrufung der Heiligen bzw. durch die Anbetung von Reliquien seinen eigenen privaten und direkten Zugang zur göttlichen Kraftquelle suchte. Das schuf letztlich Konflikte mit der Amtskirche. Die katholische Kirche gab zwar durch einige ihrer Einrichtungen immer etwas mehr den psychologischen Inventarien bzw. deren Bedürfnissen nach, aber schwankte immer bezüglich der Grenzziehung (siehe Kap. 2.2.) Die Grenze ist allerdings in den Augen der Kirche dann deutlich überschritten, wenn dieselben Bedürfnisse unter anderer Etikettierung wieder auftauchen.

Die ausgrenzende und abwertende Etikettierung von Seiten der Kirche, und später dann von der Aufklärung auch gegen diese selbst, lautete: Magie und Aberglauben. Letztlich ging es immer darum, wie weit die Kirche (und später auch der aufgeklärte Staat, Kap. 3.1) dem nachgeben konnte oder wollte. Aber der Mensch ist nun mal so. Doch um kein Missverständnis aufkommen zu lassen, ich rede hier nicht einer hemmungslosen religiösen Libertinage das Wort. Im Gegenteil, ich sehe durchaus das Problem, dass eine absolute Willkürlichkeit möglich ist. Verführer haben es ja relativ leicht, sei es auch nur die Verlockung des Menschen durch die „Heilsversprechen" der Reklame neuer ökonomischer Freiheiten (siehe Deutschmanns Abhandlung zur religiösen Natur des Kapitalismus, 2001). Jeder geschickte Anbieter kann sein Angebot so zimmern, dass die spezifischen Reflexe anspringen (siehe vorher). Durch den weitgehenden Wegfall staatlicher oder kirchlicher doktrinaler Einflüsse ist der Mensch bezüglich seiner Erfahrungsräume nun wenig beschränkt. Andererseits ist gerade deswegen, wie ich in Kapitel 1 dargelegt habe, die Gefahr neuer starrer Doktrinen, z. B. des Sektenwesens, in den westlich geprägten kulturellen Räumen relativ gering. Menschen sind heute geistig eben eher Wanderer.

Die neu gewonnenen postmodernen Freiheiten – auch gerade nach der so wirkungsvollen Aufklärung und der nun sich abzeichnenden Überwindung ihres Absolutheitsanspruchs – bieten genug Regulative. Und zwar Regulative im Menschen selbst. Denn Befreiung bedeutet die Zulassung einer reichhaltigeren Bandbreite psychischer Lebensbewältigungsmöglichkeiten, was unsere rationalen Fertigkeiten natürlich nicht ausschließt. Wir sind nicht umsonst bis hierher geraten, trotz aller Umwege. Selbst die von mir mehrfach angeführten afrikanischen Zande glaubten nur manchen ihrer Heilmagier und hielten manche für Trickser. Wenn Menschen (psychologische) Hilfe in dieser Hinsicht brauchen, dann höchstens, um sich des vollen Spektrums ihrer Möglichkeiten bewusst zu werden – von der Problemlösung durch den kühlen Verstand bis zu den Zugängen mithilfe der Trans-Intelligenz. Das entspricht nebenbei bemerkt der zentralen Aufgabe der Psychotherapie, denn viele psychische Probleme lassen sich als Einschränkung des Zugangs zur vollen Bandbreite psychischer Aktivitäten erklären. Sigmund Freud zeigte die Entfremdung gegenüber den sexuellen Bedürfnissen auf, welches damals einen Sturm der Entrüstung auslöste. Er wollte jedoch die Verdrängung des frühkindlichen sexuellen Erlebens – ganz ein Kind seiner Zeit – über die Ratio auflösen. Ein Weg, welchen die einzige weitere, heute staatlich anerkannte Psychotherapierichtung, die Verhaltenstherapie, allerdings ebenso beschreitet. Das führt, wie auch hinsichtlich der Schulmedizin, zu Attraktivitätsproblemen. Der Hilfesuchende fühlt sich um einige Dimensionen verkürzt. Die neue Bereitschaft, sich anderweitig und nicht im rationalen Heilsangebot erheblich zu engagieren, spricht eine deutliche Sprache.

Religion bedeutet das Streben nach heilbringender Verzauberung. Max Weber hatte nicht Recht, wenn er das Ende der Verzauberung beklagte. Zwar dienen die heutigen technisierten Lebensbedingungen nicht unbedingt der Verzauberung, aber Max Webers Urteil war vorschnell. Stefan Zweigs spöttisches Aperçu trifft den Kern: „Dass Eisenbahnzüge fahren, hat an der seelischen Konstitution der Menschheit nichts geändert" (2002, S. 22). Hingegen werden die neuen Angebote der Verzauberung begierig aufgegriffen. Die Titel der Veranstaltungen versprechen Verlockendes: „Dein inneres Auge öffnen" etc. Der *homo religiosus* taucht verblüffenderweise dort wieder auf.

Natürlich ist es ebenso faszinierend zu lernen, dass das Einstein'sche E = mc^2 einen Teil des Bauplans der Welt erklärt. Aber das bringt, wie gesagt, nur einen Teil unserer inneren Resonanzsysteme zum Schwingen. Dieses leistet dann die aus rationalem Blickwinkel befremdlich wirkende Aufforderung zum „kosmischen Tanz" oder der Charme von Rilkes Zeilen: „Und du lächelst darauf/so herrlich und heiter/und: bald wandern wir weiter:/Tore gehen auf …" Oder Rimbauds: „Ich bestimme die Form und Bewegung jedes Konsonanten …"

„Charme" bedeutete ursprünglich „bezaubern" bzw. „Gesang, Spruch, Zauberformel". Eine Welt, welche wir, wie wir gesehen haben, als ein vernachlässigter Teil unserer archaischen Wurzeln immer noch in uns haben, aber im Ingenieurbüro, in der Managementabteilung des Elektrokonzerns und in der Stadtverwaltung nicht mehr spüren können. Der Manager, der Ingenieur und der städtische Beamte singen weder den Beschwörungsgesang, noch tanzen sie um das heilige Feuer. Wohl aber tanzen sie nun wieder im spirituellen Wochenendworkshop „ihr inneres Feuer" oder meditieren nach den Zen-Regeln. In der modernen Multioptionsgesellschaft sind selbst dem nüchternen Funktionsträger letztere Komponenten der Psyche wieder zugänglicher und erlebbarer. Doch wird er dies seinen Kollegen wahrscheinlich nicht mitteilen. Poesie, Gesang und Tanz bildeten früher innerhalb der Religion eine Einheit. Es bestimmte den Alltag. Der Ethnologe Andreas Obrecht spricht in diesem Zusammenhang von der „rituellen Vereinsamung des modernen Menschen". Die Vernunft der Aufklärung herrscht immer noch. Gut so, schlecht so – je nachdem.

Brigitte Kronauer drückt in ihrem kürzlich gehaltenen Vortrag[12] die Doppelbödigkeit unserer Bestrebungen bzw. Existenz sehr treffend so aus: „Denn herrlicher, sinnstiftender als alle Freiheit der Ambivalenz ist die Droge der fixen Idee ..."

Statt eines Nachworts: Was wir dennoch nicht wissen können

Was wir nicht wissen können, trotz aller Freiheit des Gedankens (doch gerade deshalb wird es uns bewusst): was und wo das Göttliche ist und ob es existiert. Manche Heiler veranstalten überhaupt keinen „Budenzauber", d. h., sie veranstalten keine dramatisch inszenierte Verführung unserer psychischen Resonanzsysteme. Sie betreten den Raum und wirken. Paradigmatisch hierfür ist das Verhalten der österreichischen Heilerin mit dem Pseudonym „Maria" (siehe Kap. 4.2). Der österreichische Kulturforscher Obrecht widmet ihr deshalb eine längere Abhandlung. Maria wusste lange nicht, warum sie heilen kann, bis sie einen Priester traf, der ihr sagte, es sei Gottes Kraft. Sie selbst sagt ihren Patienten, dass der Glaube an sich selbst wichtig sei, der Glaube, selbst ein Wunder bewirken zu können! Sie hat damit schon Recht, wir können nicht *wissen*, was jenseits der psychischen Kräfte noch als Heilkraft infrage kommt. Die in Kapitel 3.1 und 3.2 geschilderten experimentellen Prüfungen der Gotteskraft liefern sehr ambivalente Informationen und auch keine Hinweise auf durchschlagende Erfolge, denn die fundamentalen methodologischen Probleme jedes versuchten Gottesbeweises sind nicht beherrschbar. Es wird ja etwas geprüft, was so nicht zu prüfen ist.

Auch die Frage der Persönlichkeit des Heilers wäre zu erörtern, aber hierüber wissen wir ebenso wenig. Auch das sog. Charisma ist letztlich ein zu vager Begriff, um ausreichende Aufklärung hierüber zu erlangen. Maria tritt sehr bescheiden auf, sie war anfänglich eher verunsichert bezüglich dieses ihr widerfahrenen eigenartigen Geschehens. Auch nachdem sie internationalen Ruhm und Zulauf aus allen deutschsprachigen Ländern erlangt hatte und deswegen in den Medien gefeiert wurde, betreibt sie nach wie vor ihr Heilen in der Praxis eines Schulmediziners, um sich selbst zu vergewissern, keine Scharlatanerie zu veranstalten. Sie ließ sich mehrmals von Wissenschaftlern gründlich testen. Man fand nichts, was ihre Fähigkeiten erklären könnte. Wie auch?! Es ist der Patient, der es bewirkt, zumindest ein Stück weit (siehe oben). Denn die möglicherweise noch

---

[12] Brigitte Kronauers Vortrag anlässlich der Entgegennahme des Bremer Literaturpreises im Rathaus von Bremen am 28.1.2005.

hinzuzufügenden besonderen, „höheren" Heilkräfte oder die Kräfte, welche die Heiler und Heilerinnen an sich verspüren, können wir eventuell nicht mit irdischen Mitteln erfassen.[13] Die andauernden Berichte darüber in der Geschichte der Menschheit geben allerdings zu denken. Die Aussage des von der katholischen Kirche relegierten Pater Williges: „Was wirklich ist, erfährt man in einem anderen Zustand", ist nicht weiter hinterfragbar. Wir wissen auch nicht, ob es mehr ist, als das von mir so apostrophierte fest eingebaute, reflexhaft anspringende Resonanzsystem in uns. Betroffene Menschen berichten von Ahnungen, von Ergriffensein, von Überwältigtwerden, von plötzlichen Gewissheiten, von der Gegenwart einer ungewöhnlichen Kraft oder Erscheinung – auch völlig ohne dass ein „Zauberer", eine heilige Statue oder ein besonderer Ort Wirkung „aussenden" könnten (siehe z. B. auch Bauer und Schetsche, 2003). Sie berichten das so, als gäbe es für sie eine besondere Antenne für Botschaften aus dem Off. Was wir nur wissen, ist, dass psychische bzw. psychobiologische Kräfte allein schon erstaunlich viel mobilisieren können. Ob beides, die Verführbarkeit durch Ritualsignale und die „gegenstandslose" Gewissheit, miteinander zusammenhängt, wissen wir nicht. Doch angesichts gut dokumentierter Heilberichte nach völlig irrationalem Tun (um keinen drastischeren Ausdruck zu gebrauchen) eines Heilers oder einer Heilerin kommt selbst ein so nüchterner, von einem der strengen wissenschaftlichen Rationalität verpflichtenden Fach geprägter Psychologe und Autor dieses Buches immer wieder ins Staunen. Ich hoffe, der Leser auch.

Bibliographie-Auswahl

Angenendt, A. (2000). *Geschichte der Religiosität im Mittelalter.* Darmstadt: Primus Verlag.
Beit-Hallahmi, B. & Argyle, M. (1997). *The psychology of religious behaviour, belief and experience.* London: Routledge.
Bauer, E. & Schetsche, M. (Hrsg.) (2003). *Alltägliche Wunder. Erfahrungen mit dem Übersinnlichen – wissenschaftliche Befunde.* Würzburg: Ergon Verlag.
Coleman, D. (1997). *Emotional intelligence.* New York: Bantam Books.
Deutschmann, Ch. (2001). *Die Verheißung des absoluten Reichtums. Zur religiösen Natur des Kapitalismus.* Frankfurt a. M.: Campus.
Eliade, M. (1998). *Die Religion und das Heilige. Elemente der Religionsgeschichte.* Frankfurt a. M.: Insel Verlag.
Fichte, H. (1976). *Xango. Die afroamerikanischen Religionen.* Frankfurt a. M.: S. Fischer.

---

[13] Jedoch bemüht sich die sog. Parapsychologie hierum seit einiger Zeit, d. h., mit wissenschaftlichen Mitteln wollen diese Forscher den Einflüssen aus dem außernatürlichen Raum auf die Schliche kommen.

Grom, B. (1992; Neuaufl. 1996). *Religionspsychologie*. München: Kösel, Vandenhoek & Ruprecht.

Gross, P. (1994). *Die Multioptionsgesellschaft*. Frankfurt a. M.: edition suhrkamp.

Guenther, M. (1999). *Tricksters and Trancers*. Bloomington: Indiana University Press.

Kirsch, I. (2000). *Specifying nonspecifics: psychological mechanisms*. In: Harrington, A. (Hrsg.). *The placebo effect*. Cambridge, Ma.: Harvard University Press.

Korsch, D. (2004). *Dogmatik*. In: Christophersen, A. & Jordan, S. (Hrsg.). *Lexikon Theologie*. Stuttgart: Philipp Reclam jun.

McCauley, R. N. & Lawson, E. T. (2002). *Bringing ritual to mind. Psychological foundations of cultural forms*. Cambridge: Cambridge University Press.

Nigg, W. (1993). *Der christliche Narr*. Zürich: Diogenes.

Obrecht, A. (Hrsg.) (2000). *Die Klienten der Geistheiler*. Wien: Böhlau.

Otto, R. (1928). *The idea of the holy: An inquiry into the non-rational factor in the idea of the divine and its relation to the rational*. London: Oxford University Press.

Pargament, K. I. (1997). *The psychology of religion and coping*. New York: The Guilford Press.

Sternberg, R. J. & Kaufman, J. (1998). Human abilities. *Annual Review of Psychology, 49*, 479–502.

Theißen, G. & Merz, A. (2001). *Der historische Jesus. Ein Lehrbuch*. Göttingen: Vandenhoek & Ruprecht.

Van der Loo, H. & van Reijen, W. (1997). *Modernisierung, Projekt und Paradox*. München: Deutscher Taschenbuch Verlag.

Von Glasenapp, H. (2003). *Die fünf Weltreligionen*. München: Wilhelm Heyne Verlag.

Wagstaff, G. F. (1991). *Suggestibility: a social psychological approach*. London: Routledge.

Whitehead, A. N. (1996). *Wie entsteht Religion?* Frankfurt a. M.: Suhrkamp.

Whitehouse, H. (1995). *Inside the cult: Religious innovation and transmission in Papua New Guinea*. Oxford: Clarendon Press.

Whitehouse, H. (2000). *Arguments and icons. Divergent modes of religiosity*. Oxford: Oxford University Press.

Zweig, S. (2002). *Die Heilung durch den Geist. Mesmer, Mary Baker-Eddy, Freud*. Frankfurt a. M.: S. Fischer.

Glossar

Definitionen, welche dem Gebrauch der Begriffe im Buch zugrunde liegen

Apologetik: Verteidigung einer (religiösen) Auffassung/Lehre; beinhaltet deswegen oft eine gewisse Einseitigkeit des Standpunktes.

Aura: [lat.: Hauch] Im hier erörterten alternativ-spirituellen Kontext (Esoterik, Okkultismus): Wahrnehmung spirituell sensitiver Menschen (sog. Aurasehen) als „Schein" um den Körper eines Menschen. Je nach Farbigkeit wird eine unterschiedliche Bedeutung bezüglich des seelisch-körperlichen Zustandes (manchmal auch künftiges Schicksal) zugeordnet.

Alternativ-spirituelle Lehren: Auffassungen, welche sich auf magisch-religiöse Inhalte beziehen bzw. alternative Auffassungen zu den traditionellen christlichen Auffassungen/Lehren darstellen. Oft handelt es sich nicht um ein geschlossenes Lehrgebäude. Der Begriff „alternativ-spirituelle Lehren" beinhaltet in der Regel sog. esoterische Auffassungen. Der Ausdruck „esoterisch"/„Esoterik" wird hier weitgehend vermieden, da er oft abwertend gemeint ist (siehe dazu weitere Erläuterungen im Text, bes. Kap. 3.2).

Alternativ-spirituelle Heiler (spirituelle Heiler): Im deutschen Sprachraum eigentlich als „Geistheiler" bezeichnet. Hier im Text in Anlehnung an den im englischen Sprachraum gebräuchlichen Begriff *spritual healer* und wegen der Vereinheitlichung der Begrifflichkeit so bezeichnet.

Apotheose: Vergöttlichung eines Menschen; aber auch: Höhepunkt – durch Erscheinen des Gottes – im griechischen Drama.

Arme Seelen: In der Volksfrömmigkeit: ruhelos „umhergeisternde" Seelen Verstorbener. Durch Gebete, Gaben und Opfer soll diesen Hilfe und schnelle Erlösung zuteil werden (gelegentlich auch Annahme, dass die Armen Seelen wegen der Gebete etc. ihren Wohltätern helfen). Bezieht sich auf die Seelen, welche noch im sog. Fegefeuer verweilen müssen, um dort für lässliche Sünden zu büßen, bevor sie ins Paradies wechseln können.

Chakra: [sanskr.: Rad] Gemeint sind Energiezentren (**Chakren**) im Körper, welche man sich entlang des Rückenmarks angeordnet vorstellen kann mit einem zusätzlichen Energiezentrum über der Schädeldecke. Im Hinduismus und im tantrischen Buddhismus spielen diese Zentren bei spirituell-körperlichen Übungen eine Rolle.

Cro-Magnon-Mensch: Hier im Text als Gattungsbezeichnung für den von Afrika nach Europa eingewanderten Homo sapiens sapiens gebraucht. Benannt nach dem Fundort (Knochen, Steinwerkzeuge etc.) in der Cro-Magnon-Höhle in Südfrankreich.

Doppelblind: In der Effektivitätsprüfung der Therapieforschung eine entscheidende Voraussetzung: Der prüfende Forscher/Behandler wie auch der Patient sind „blind" bezüglich der jeweiligen Behandlungsbedingung, d. h. ob in der jeweiligen Prüfbedingung/Behandlungsbedingung der Patient das Verum (die Behandlung) oder Placebo (die Scheinbehandlung) erhält (siehe auch Text, Kap. 4.1).

Editorial: Publizierter Kommentar der Herausgeber einer wissenschaftlichen Zeitschrift zu Inhalten der Beiträge in der aktuellen Ausgabe (z. B. Begründung, warum ein bestimmter Beitrag zur Publikation zugelassen wurde) oder zur allgemeinen Publikationspolitik/zu den Kriterien für die Annahme eines Artikels.

Endemisch: Örtlich begrenzt auftretend. Der Begriff stammt aus der Medizinforschung und bedeutet dort das nur örtliche Auftreten von Krankheiten. Hier im Text in einer allgemeineren Bedeutung verwendet: regional gehäuftes Auftreten der Erscheinungen von Heiligen oder der Jungfrau Maria.

Esoterik: [griech.: das Innerliche] Früher nur einem kleinen Kreis, dem inneren Zirkel der Eingeweihten zugängliches Wissen. Heute, etwa seit den achtziger Jahren: Begriff für weltanschauliche Richtungen und Praktiken in Bezug auf die unsichtbare, verborgene Natur der Dinge und Lebewesen. In esoterischen Lehren wird diese verborgene Natur der Dinge oft in kosmischen, überirdischen Energien/Kräften gesehen. Diese können sich auch in Geistwesen manifestieren, mit denen dann Kontakt aufgenommen werden kann. Es handelt sich nicht um eine einheitliche Lehre, sondern je nach Anhängerkreis um sehr unterschiedlich ausgestaltete Auffassungsmuster (siehe auch Text, bes. Kap. 3.2).

Ethnologie: Vergleichende Völkerkunde. Erforschung der Sitten, Gebräuche und (religiösen) Anschauungen verschiedener Völker.

Experimentum crucis: Entscheidendes Experiment. Experiment, welches für eine Fragestellung eine Entscheidung für oder gegen eine wissenschaftliche These herbeiführen soll.

Evolutionspsychologie: Erforschung der Entwicklung psychischer Funktionen während der Stammesgeschichte des Menschen.

Geistheiler: Hier als alternativ-spirituelle Heiler bezeichnet.

Halluzination vs. Illusion: Bei einer Halluzination treten Wahrnehmungen auf, *ohne* dass ein äußeres Objekt vorhanden ist. Bei Illusionen handelt es sich lediglich um eine Verkennung einer tatsächlich vorhandenen Sache oder eines Vorganges.

Iberoamerika: Spanisch- oder portugiesischsprachige Länder in Mittel- und Südamerika.

Indigen, indigene Völker: [lat.: eingeboren, einheimisch] Um den früher gebrauchten, abwertenden Begriff „primitive Völker" zu vermeiden, wird in der ethnologischen Literatur dieser Begriff für Völker verwendet, welche bezüglich ihrer Sitten, Gebräuche und Anschauungen einem relativ ursprünglichen kulturellen Status angehören.

Klient: [engl.: Käufer, Kunde] Im deutschen Sprachgebrauch: jemand, welcher um eine Beratung nachsucht. Da es sich bei den Klienten der alternativ-spirituellen Heiler oft um Patienten mit somatischen Erkrankungen handelt, wird im Text der Ausdruck „Patient" auch synonym zum Ausdruck „Klient" verwendet.

Kognitionspsychologie: Derjenige Zweig der psychologischen Forschung, welcher sich vor allem mit der Wahrnehmung, dem Gedächtnis, der Sprachleistung und den Problemlösungsfähigkeiten des Menschen beschäftigt.

Libertinage: [franz.] Leitfertigkeit, Ausschweifung, Zügellosigkeit.

Magie: Der Magie-Glaube ist Element verschiedenster Religionen und Kulturen. Magie bewirkt in den Augen ihrer Anhänger die unmittelbare Problemlösung, Hilfe in Notlagen und Lebensbewältigung. Bestimmte rituelle Handlungen dienen dazu, dieses Ziel zu erreichen. Die magische Überzeugung enthält als wesentliches Element die Überzeugung, dass von bestimmten Dingen, Wesen oder Personen übernatürliche Kräfte ausgehen.

Medium: Eine Person, welche für fähig gehalten wird, außersinnliche Wahrnehmungen zu haben, und deswegen auch fähig ist, mit Geistwesen in Verbindung zu treten.

Neue Lehren: Verkürzte Ausdrucksweise für alternativ-spirituelle Lehren, wie in Kap. 3.2 dargestellt.

Nekromantie: [griech.: nekros = tot; manteia = Weissagung] Totenorakel, um durch Beschwörung Verstorbener eine Weissagung zu erreichen.

Neue Riten: Verkürzte Ausdrucksweise für alternativ-spirituelle Riten, wie in Kap. 3.2 dargestellt.

Numen: [lat.: Wink] Göttlicher Wille, Walten der Gottheit. Nach Rudolf Otto kann das Heilige bzw. das Walten einer Gottheit durch eine unmittelbare, emotional aufwühlende religiöse Erfahrung gegenwärtig werden.

Numinos: Bezieht sich auf Inhalt und Gegenstand der religiösen Erfahrung bzw. des sich hierbei einstellenden tiefen emotionalen Erlebens.

Okkultismus: [lat.: occultus = verborgen, heimlich] Sammelbezeichnung für Lehren- und Praktiken, welche sich auf außersinnliche Wahrnehmungen bzw. Erscheinungen beziehen. Im Text nur im Zusammenhang mit dem sog. **Jugend-Okkultismus** erörtert (Kap. 1).

Paläoanthropologie: Zweig der Anthropologie, welcher sich mit der stammesgeschichtlichen Entwicklung von den frühen hominiden Formen bis zum heutigen Menschen beschäftigt.

Paranormale Erlebnisse und Überzeugungen: [griech.: para = außerhalb] Wahrnehmungen und Erfahrungen außerhalb naturwissenschaftlich definierter Kräfte und Tatbestände bzw. Glauben, dass solche existieren und dass Menschen zu diesem Bereich Zugang haben oder von diesem Bereich beeinflusst werden. Diese Begriffe werden hier im Text nur am Rande erwähnt, da sie abwertende Assoziationen auslösen (= „nicht normal"). Besonders aber weil diese in der angloamerikanischen Wissenschaftssprache gebräuchlichen Begriffe Glauben über eine kulturelle Norm definieren: Anhänger alternativ-spiritueller Überzeugungen sind danach paranormal, und Christen, obwohl sie ebenso über entsprechende Erlebnisse und Überzeugungen berichten, verhalten sich demgemäß „normal". (Dies ist vor allem auch angesichts der schwindenden christlichen Anhängerschaft nicht gerechtfertigt.)

Parapsychologie: Psychologie, welche sich vor allem mit der Erforschung der Wirkkraft übersinnlicher Fähigkeiten bzw. entsprechender Überzeugungen beschäftigt. Diese Form von Psychologie wird gegenwärtig an keiner deutschen Universität beforscht oder gelehrt.

Psisolocypin: Inhaltsstoff mittelamerikanischer Pilze, welcher Halluzinationen erzeugt. Diese Eigenschaft wird bei traditionellen religiös-magischen Riten genutzt.

Psychosomatik: Wissenschaft von der Einwirkung der Psyche auf Körperfunktionen bzw. von Entstehung und Verlauf psychisch bedingter somatischer Krankheiten.

Religion: Es ist keine ausreichend umfassende und ausreichend präzise Definition möglich. Vereinfacht formuliert handelt es sich um den Glauben an übernatürliche Dinge, Vorgänge und Wesenheiten.

Sakral: [lat.: sacer = heilig] Etwas, das auf einen religiösen Kultus bezogen ist.

Spirituell: Eigentlich „geistig", in erweiterter Bedeutung: tiefe Betroffenheit und tiefergehende Beschäftigung mit einer als heilig angesehenen Sache und entsprechendes Erleben. Bedeutet, dass nicht nur oberflächliche (religiöse) Überzeugungen vorhanden sind. Bedeutet jedoch nicht, dass dies auf der Basis eines geschlossenen und formal festgelegten religiösen Anschauungssystems geschieht. Manchmal auch synonym für Moment der „Ergriffenheit", d. h. auch ohne religiöse Bedeutung.

Synkretismus: Religiöse Auffassung, welche sich aus Teilbereichen unterschiedlicher Religionen zusammensetzt; z. B. bestimmte Formen des tibetanischen Buddhismus, welcher mit Resten früherer Religionen versetzt ist.

Transzendent: [lat.: transcendere = überschreiten] Bezogen auf Dinge und Erlebnisse, welche nicht als der irdischen Welt zugehörig definiert werden bzw. diese Grenze überschreiten.

Transzendenz: Das Jenseitige, das was außerhalb der natürlichen Welt liegt.

Vierzehn Nothelfer: Eine Gruppe von 14 Heiligen, welche zusammen von (katholischen) Gläubigen, wenn sie sich in einer Notlage befinden, angerufen werden. Diesen sind mehrere Kirchen geweiht: z. B. Vierzehnheiligen bei Bamberg.

Bibelzitate

Verwendete Abkürzungen beziehen sich auf folgende Kapitel des Alten und Neuen Testaments:

Gen: Genesis; Ex: Exodus; Mt: Matthäus-Evangelium; Mk: Markus-Evangelium; Lk: Lukas-Evangelium.

Danksagung

Zu guter Letzt möchte ich ganz herzlich meinen Mann- und Frau-Schaften für die vielen guten Jahre des gemeinsamen Forschens und teils wissenschaftlichen, teils privaten Lebens sehr herzlich danken – zuvor in Düsseldorf, danach in Lausanne, in Tübingen und zuletzt dann in Jena und München. Besonders danke ich meinen Mitarbeitern, welche über längere Perioden mit mir zusammen an religionspsychologischen Fragestellungen – teilweise auch recht selbständig – gearbeitet haben: Natascha Bischoff, Gert Hellmeister, Katrin Selinger, Uwe Wofradt. Teilweise mit anderen Projekten und für kürzere, aber intensive Forschungsperioden waren mit religionspsychologischen Themen und Projekten beschäftigt: Jorinde Bär, Carola Nisch, Kathrin Dornbusch, Anette Mordt, Doris Rechsteiner-Fiesel. Natürlich gilt mein herzlichster Dank auch Regina Steil, welche mir den Rücken durch gekonnte Vertretungen auf allen universitären Feldern freigehalten hat, besonders auch im Forschungsfreisemester, in dem ich begonnen hatte, an diesem Buch zu schreiben. Ferner natürlich auch meinen Koautoren, welche wesentlich an der umfangreichen Beschaffung der hier verwendeten Literatur verantwortlich beteiligt waren.

Dem Verlag danke ich für seine geduldige Begleitung des Projektes, hier vor allem Frau Neuser-von Oettingen, welche stets ein anregender, freundlich-enthusiastischer Widerpart auf der Verlagsseite des geistigen Produktionsprozesses war. Ich danke ihr von Herzen für ihre Langmut mit einem eigenwilligen Autor. Last not least danke ich dem Institut für Grenzgebiete der Psychologie und Psychohygiene e.V., welches mich nicht nur in der Phase der Forschungszusammenarbeit, sondern auch beim Schreiben dieses Buches u. a. durch das Zur-Verfügung-Stellen von Literatur und zahlreiche wertvolle Anregungen sehr unterstützte. Besonders bin ich hier Eberhard Bauer zu Dank verpflichtet. Ferner danke ich der Deutschen Forschungsgemeinschaft (DFG) für die Unterstützung bei Forschungsprojekten, deren Ergebnisse besonders im Bereich der Pathologieforschung direkt oder indirekt in das Buch eingeflossen sind.

Jedoch wäre das Buch ohne die Toleranz, stetige Diskussionsbereitschaft und Anteilnahme meiner lieben Frau Agustina Ortiz y Arias angesichts meines monatelangen Abdriftens und geistigen „Wegtretens" an die Grenzen thematischer Verrücktheiten nie möglich geworden.